数字化管理创新系列教材

数字化基础

丁祥海 编著

清华大学出版社
北 京

内 容 简 介

数字化浪潮奔涌而来，组织和个人要么主动拥抱数字化，要么在迟疑中被数字化。对于数字化，不仅要“知其然”，还要“知其所以然”。本书从比特这一最基本的概念出发，提炼了比特与编码、运算与存储、指令与程序、通信与交互、数据与算法、智能与大脑、经济与产业、决策与优化、转型与升级，以及量子比特等核心概念，将数字化技术、工程和管理融为一体，力图建立数字化的基础知识地图。

本书可作为高等院校信息管理与信息系统、工业工程等传统专业，以及大数据、智能制造等新工科专业本科生教材，也可供广大数字化技术、工程和管理人员学习或培训使用。

图书在版编目(CIP)数据

数字化基础 / 丁祥海编著 . 一北京：清华大学出版社，2023.9

数字化管理创新系列教材

ISBN 978-7-302-64468-2

Ⅰ . ①数…　Ⅱ . ①丁…　Ⅲ . ①数字化－教材　Ⅳ . ① TP3

中国国家版本馆 CIP 数据核字 (2023) 第 153791 号

责任编辑：刘向威
封面设计：文　静
责任校对：韩天竹
责任印制：丛怀宇

出版发行：清华大学出版社
网　　址：https://www.tup.com.cn，https://www.wqxuetang.com
地　　址：北京清华大学学研大厦 A 座　　**邮　　编：**100084
社 总 机：010-83470000　　**邮　　购：**010-62786544
投稿与读者服务：010-62776969，c-service@tup.tsinghua.edu.cn
质 量 反 馈：010-62772015，zhiliang@tup.tsinghua.edu.cn
印 装 者：北京嘉实印刷有限公司
经　　销：全国新华书店
开　　本：185mm×260mm　　**印　　张：**23.5　　**字　　数：**515 千字
版　　次：2023 年 11 月第 1 版　　**印　　次：**2023 年 11 月第 1 次印刷
印　　数：1 ～ 1500
定　　价：69.00 元

产品编号：087525-01

总序

FOREWORD

2003年，在习近平新时代中国特色社会主义思想的重要萌发地浙江，时任省委书记的习近平同志提出建设“数字浙江”的决策部署。在此蓝图的指引下，“数字浙江”建设蓬勃发展，数字化转型和创新成为当前社会的共识和努力方向。特别是党的十八大以来，我国加快从数字大国向数字强国迈进，以“数字产业化、产业数字化”为主线推动经济高质量发展，我国进入数字化发展新时代。

数字强国战略的实施催生出大量数字化背景下的新产业、新业态和新模式，响应数字化发展需求的人才培养结构和模式也在发生显著变化。加强数字化人才培养已成为政、产、学、研共同探讨的时代话题。高等教育更应顺应数字化发展的新要求，顺变、应变、求变，加快数字化人才培养速度、提高数字化人才培养质量，为国家和区域数字化发展提供更好的人才支撑和智力支持。数字化人才不仅包括数字化技术人才，也包括数字化管理人才。当前，得益于新工科等一系列高等教育战略的实施以及高等学校数字人才培养模式的改革创新，数字化技术的人才缺口正在逐步缩小。但相较于数字经济的快速发展，数字化管理人才的供给缺口仍然巨大，加强数字化管理人才的培养和改革迫在眉睫。

近年来，杭州电子科技大学管理学院充分发挥数字化特色明显的学科优势，努力推动数字化管理人才培养模式的改革创新。2019年，在国内率先开设“数字化工程管理”实验班，夯实信息管理与信息系统专业的数字化优势，加快工商管理专业的数字化转型，强化工业工程专业的数字化特色。当前，学院数字化管理人才培养改革创新已经取得良好的成绩：2016年，信息管理与信息系统专业成为浙江省“十三五”优势本科专业（全省唯一），2019年入选首批国家一流本科建设专业。借助数字化人才培养特色和优势，工业工程和工商管理专业分别入选首批浙江省一流本科建设专业。通过扎根数字经济管理领域的人才培养，学院校友中涌现了一批以独角兽数字企业联合创始人、创业者以及知名数字企业高管为代表的数字化管理杰出人才。

杭州电子科技大学管理学院本次组织出版的“数字化管理创新系列教材”，既是对学院前期数字化管理人才培养经验和成效的总结提炼，也为今后深化和升华数字化管理人才培养改革创新奠定了坚实的基础。该系列教材既全面剖析了技术、信息系统、知识、人力资源等数字化管理的要素与基础，也深入解析了运营管理、数字工厂、创新平台、商业模式等数字化管理的情境与模式，提供了数字化管理人才所需的较完备的知识体系建构；既在于强化系统开发、数据挖掘、数字化构建等数字化技术及其工程管理能力的培养，也着力加强数据分析、知识管理、商业模式等数字化应用及其创新能力的培养，勾勒出数字化管理人才所需的创新能力链条。

“数字化管理创新系列教材”的出版是杭州电子科技大学管理学院推进数字化管理人才培养改革过程中的一项非常重要的工作，将有助于数字化管理人才培养更加契合新时代需求和经济社会发展需要。“数字化管理创新系列教材”的出版放入当下商科人才培养改革创新的大背景中也是一件非常有意义的事情，可为高等学校开展数字化管理人才培养提供有益的经验借鉴和丰富的教材资源。

作为杭州电子科技大学管理学院的一员，我非常高兴地看到学院在数字化管理人才培养方面所取得的良好成绩，也非常乐意为数字化管理人才培养提供指导和支持。期待学院在不久的将来建设成为我国数字化管理人才培养、科学研究和社会服务的重要基地。

是为序！

刘人怀

中国工程院 机械与运载工程学部 工程管理学部 院士

2020年6月

前言

PREFACE

数字化浪潮伴随着互联网时代的到来，日益清晰可见，势不可挡。从用数字表达物品、行为，到数字化基础设施的迅速构建，再到科技创新应用的快速“更新换代”，这些变革正促使中国加速步入数字化社会，也推动中国经济发展进入新时代。以习近平同志为核心的党中央审时度势，适时提出了建设数字中国、网络强国、智慧社会的战略目标。

数字中国的建设目标要求智慧城市的各行各业、各个领域都能实现数字化覆盖、数字化生产、数字化服务、数字化管理与治理；网络强国建设的目标是加强网络基础设施建设、促进信息通信业新的发展和保障网络信息安全，消除“数字鸿沟”，追求技术先进、全面覆盖、高效协同，逐步满足更加平衡、充分发展、安全可信的各种数字化使用的条件；智慧社会建设的目标是让所有的社会成员都能平等、公平、公正地使用数据信息，有充分使用人工智能的权利与机会，有获得更好、更充分地利用数据和人工智能来过更好生活的机会，有更有效地表达自己的想法、参与国家治理、社会治理的机会，从而建成事事、处处、时时都可集中人民的智慧、叠加历史的智慧、分享人民的智慧的智能社会。数字中国、网络强国和智慧社会共同构成了以新时代中国数字化建设为对象，以新一代数字技术和产业创新发展为引领，以信息资源为核心要素的数字化美好前景。

数字化工程是推进数字中国、网络强国、智慧社会建设的抓手，是运用数字化理论与技术改造客观世界的实现方式。数字化变革的快慢、优劣是由数字化工程的实践决定的。当今世界，数字化变革已经成为国家发展与各行各业管理者关注的热点，数字化工程也成为各行各业管理者和信息服务部门关注的问题。这是随着数字技术的深入应用而产生的一系列新课题。如何做好数字化工程？如何保证数字化工程现状更可靠、过程更有效和目标更可达？我们在这方面的知识积累和实践经验还不够，需要进一步研究和探索。

数字化工程具有综合性、集成性与跨界融合的特性，需要专门探索其实现目的、路径、方法、规则与规律，很有必要开展与之相关的学科与课程建设，加快科学人才、技术人才和管理人才的培养，打造一支多层次、多类型的数字化工程管理人才队伍。思之深，则行之远。要打造一支过硬的数字化工程管理人才队伍，必须转变思想，以全新的思路培养人才。本书是在总结杭州电子科技大学数字化工程管理创新实验班的课程建设经验，以及数字化工程管理导论课程教学经验的基础上编写而成的，也是一次有益的课程改革尝试。

本书共 11 章，内容包括比特与编码、运输与存储、指令与程序、通信与交互、数据与算法、智能与大脑、经济与产业、决策与优化、转型与升级、量子比特，覆盖数字化工程管理的核心概念。

本书紧紧围绕比特这一数字化最基本的概念展开，力图用通俗的语言阐示数字化工程中基本概念及其关系脉络，以构建数字化基础知识地图。本书既可为数字化工程方向的低年级本科生提供选课参考，也可为从事本课程教学的教师提供课程设置参考，还可供数字化工程从业者参考。

在本书的编写过程中，得到了杭州电子科技大学优秀教材项目的资助，参考了相关领域专家的著作、论文、报告、博文等资料，在此一并致以衷心的感谢。

数字化涉及领域广泛，技术门类众多，具有技术管理、经济管理、组织管理等多项业务职能。鉴于此，尽管有所实践和思考，但毕竟水平有限，书中难免有不足之处，敬请同行及读者批评指正。

编　者

2023 年 5 月

目录

CONTENTS

第1章　绪　论

这是一个数字化的时代，人们的生活已全然构建在数字之上。云计算、人工智能、虚拟现实、数字孪生、数字原生、元宇宙等不断涌现的新技术，一次次刷新着人类的认知，从根本上改造和重塑着大家的生活方式、消费习惯、生产关系和商业结构，各行各业的数字化变革已成为当今社会新潮流。

1.1　数字化的内涵与特点

数字化至今没有公认的定义，一般可作如下理解：数字化指将信息载体（文字、图片、图像、信号等）以数字编码的形式进行存储、传输、加工、处理和应用的技术途径；数字化本身指信息表示方式与处理方式，但本质上强调的是信息应用的计算机化和自动化；随着数字经济概念的发展，数字化是一切通信技术、信息技术、控制技术的统称。无论何种理解，数字化的重要性不言而喻。

（1）数字化是数字计算机的基础。数字计算机的一切运算和功能全由数字来完成，没有数字化技术，就没有当今的计算机。

（2）数字化是多媒体技术的基础。数字、文字、图像、语言、虚拟现实以及可视世界的各种信息，通过采样定理，都可用0和1来表示。换句话说，这些数字化以后的0和1成为各种信息最基本、最简单的表达。所以，计算机不仅可以计算，还可以发出声音、打电话、发传真、放录像、看电影，建造虚拟的房子，描绘形形色色的大千世界。

（3）数字化是软件技术的基础。系统软件、工具软件、应用软件等以及数字滤波、编码、加密、解压缩等信号处理技术，都是基于数字化实现的。例如，如果图像的数据量很大，可通过数据压缩技术和相应的应用软件将数据压缩至原来的十分之一甚至几百分之一；如果图像受到干扰时模糊不清，可用滤波技术和相应的应用软件使其变得清晰。

（4）数字化是信息社会的技术基础。数字化技术正引发一场波及甚广的产品革命，诸如数字通信、数字电视、数字广播、数字电影、DVD 等正迅速更新换代，各种家用电器设备、信息处理设备也都在数字化技术的支持下日臻完美。

（5）数字化是智能技术的基础。建立在计算机、多媒体、软件之上的智能技术，都是以数字化为基础的。

数字化离不开大量数字技术的应用，这些数字技术包括物联网、智能传感器、边缘计算等实时数据采集技术，互联网通信、网络安全等安全高效数据传输技术，数据存储、数据清洗等复杂数据运算技术，人工智能、深度学习等大数据分析技术，运营管理、生产工艺等业务相关技术，以及智能控制硬件等反向伺服技术。数字技术包括信息感知、分析、行动、反馈等各个环节，具有以下特点。

（1）全方位感知。感知是分析、行动和反馈的基础。数字技术通过各种装置与技术，包括各种信息传感器、射频识别技术、全球定位系统、红外感应器、激光扫描器等，实时指向任何需要监控、连接、互动的物体或过程，采集有关声的、光的、热的、电的、力的、生化的、位置的各种信息，通过各种可能的网络接入，实现物与物、物与人的泛在连接，实现对物品和过程的智能化感知、识别。

（2）全过程编码。数字技术可以通过对于现实世界经济发展全过程的数字化编码，影响到生产、消费、管理的各种领域。它能促进知识的交流和文化的传承，为技术创新奠定基础，为组织重构带来契机。全过程的数字化编码技术是实施即时决策的支撑数字技术，它使得企业和产业的感知响应周期得以逐步缩减，从过去的数月、数周到现在的数天、数小时、数分钟。未来，数字技术的发展将使更大范围的即时决策成为可能。

（3）全行业穿透。全过程编码可以将过去和未来、此地和彼地、甲人和乙物、一二三产业的信息连通起来，具有全时空的穿透能力。由于其广泛的适用性，数字技术逐渐渗透到每个行业之中。数字技术将过去隐性的、未充分利用的知识显性化、要素化，并以极低的成本推动这些数据要素的积累、交流和扩散，有力地促进了创新活动的广泛开展，成为推动经济发展中全要素生产率提升的重要因素。一些掌握了大量数据要素的信息与通信技术（information and communications technology，ICT）企业直接进入传统领域，推动了跨界的兴起和平台的繁荣，带来了产品和制造工艺的变化。

1.2 数字化阶段

数字化阶段有多种分类方法。从数据要素驱动经济增长的角度，可以把数字化分为三个阶段。

1. 数据要素注入阶段

数字技术将现场采集、后台收集的各种生产、流通、消费、管理等信息进行编码，将企业生产能力、组织知识等要素进行集合。这是数字化的数据要素注入阶段。

（1）编码化、透明化和穿透化。编码化是指信息的编码、收集和应用，是数字化的主线。服务领域的消费互联网、新零售等收集和处理了消费者的信息；工业领域的数字孪生、工业互联网平台、智能制造等收集和处理了生产者的信息。两者都是通过把现实世界进行数字化，再将这些转化后的现实数据在虚拟世界中进行建模运算，进而开展数字化生产设备创新、数字化业务流程创新，以提升经济体系的运行效率。可以说，数据是连接现实世界和数字世界的桥梁，全过程的创新链、产业链、价值链数字化是主线。数字化的实体可以在全球范围内互联，从根本上降低了通信成本，极大地扩展了包括个人、企业、组织和政府等经济主体互操作和数据共享的潜力。这不仅增强了双边和多边的联系，也支持和增强了市场运作的能力。精心设计的数字交互可以快速交换大量结构化信息，使得交易变得扁平，市场变得更大、更明智、更有效、更完整，信息不对称性大幅减少，交易成本大幅降低。数字技术带动经济体系的更多部门实现数字化，大大降低了各部门的专业化壁垒，带来了产业、创新、消费等领域的整合和发展。这种跨领域的沟通能力使得数字技术真正具备了行业间的穿透力。

（2）数字化生态圈形成。数字基础设施的大量建设、数字化设备的大量增加以及数字化专业人才的大幅培育，使数据得以更快地收集和流通，形成了一批突破地理空间限制，以高能级企业为核心的全球化产业圈、以高等级科研机构为核心的全球化创新圈，以及以高容量市场为核心的全球化消费圈。一系列平台正成为数据在经济系统中循环的枢纽，比如，基础研发平台、应用研发平台、研发推广平台正成为创新领域不可缺少的组成部分；产能共享平台与区块链技术进行深度融合，可以提高共享行为的可追溯性，更好地促进制造业协同发展。数字基础设施、数据共享平台等将推动跨圈层统一的数字化生态圈出现。数字化生态圈的形成，将提高数据在经济系统中采集、流通和注入的效率，进一步加强数据的要素属性。

2. 数据聚变扩能阶段

通过大数据的存储、挖掘、计算，形成优化的知识、技术、工艺，带动劳动生产率的提高，这是数据聚变扩能阶段。数字化技术将过去隐性化的、没有充分利用的知识编码为数据，实现显性化和结构化，与已编码化的数据聚合，扩充数据的再配置能力，提升生产率，成为经济增长的新动力。

（1）多部门数字化聚变效应。多部门生产过程数据的系统集成和优化，大大降低了大规模跨部门过程创新的成本，推动过程创新的产能呈现爆发性增长，极大地提升了数字技术开发商、数字技术装备供应商、数字技术与装备用户的市场份额和利润水平。多部门数据集成开发，实现了数据和生产、经营、组织知识等传统生产能力的融合，一方面作为新生产要素投入生产，直接促进经济的增长；另一方面通过生产率提升，引发劳动力、资本在企业间、行业间的动态配置，间接地促进经济增长。

（2）数字技术成果的转化和扩能。经济发展离不开创新成果的转化和扩能。数字化后，一方面，大企业和小企业形成长期交易关系，小企业存续时间延长，创新动力更强，成果更加丰富。另一方面，小企业进入大企业的生产网络后，由于技术能力的积累和与大企业的绑定，技术水平提高更加迅速，逐步与大企业生产率趋同。可见，数字化不只是促成了企业个体的生存和成长，更大大促进了全产业链的创新，提高了整体生产网络的效率；各行各业数据的汇集和注入，大大活跃了融合创新活动，催生了大量新业态、新模式、新增长点；众多产业逐步呈现跨界发展的态势，形成了部分初具规模、未来市场潜力大的跨界产业，如能源互联网、互联网金融、车联网、生物芯片等（图 1-1）。这些新产业的诞生是数字化扩能作用的另一体现。

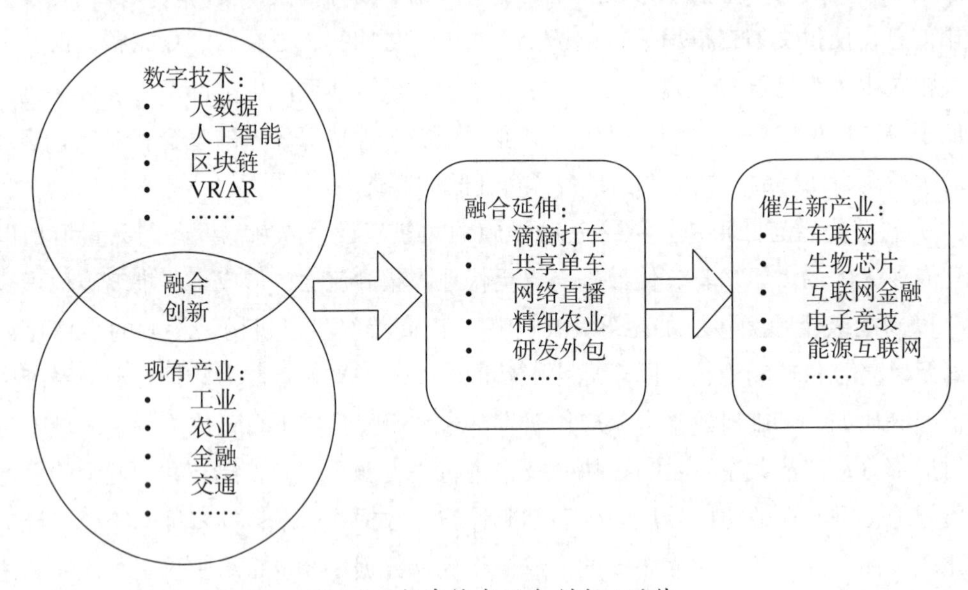

图 1-1　数字技术融合创新 / 延伸

3. 数字化增长阶段

数据要素在新的生产率水平上进一步转化，通过聚变扩能，形成更优化的知识、技术和工艺，这个过程循环往复，数字技术的通用性不断加强，数字技术全社会共享程度越来越高。率先实现数字技术装备化的企业，由于获取了明显的市场竞争优势，在通过市场竞争和产业集中度的变化后，数字技术的垄断维持时间缩短，经济体系的竞争性大大增强，社会福利水平大大提高，经济发展总体上实现了数字化转型。

数字化带来持续的技术进步和交易成本降低，导致资产专用性、合同不完备性发生改变，企业生产网络组织实现半内部化，产业以更高水平实现稳态增长。从供给侧来看，数字经济推动着供给体系实现优质、高效、多样化，推动着创新体系实现网络化、开放化、协同化，推动着生产方式实现模块化、柔性化、社会化。从需求侧来看，数字经济能够通过改变市场投资方向、推动消费升级、培育出口优势扩大新动能。

数字化对经济实现更高水平稳态增长有重要作用。数字技术成为经济的主要增长动力。随着数字技术的深度应用，过去一度处于技术停滞状态的行业在未来也会迎来新的技术进步的机会；替代劳动力的技术进步可以产生永久性的影响。机器学习、移动机器人和人工智能等数字技术在不久的将来无疑会提供可增长的替代劳动技术。

1.3 数字化任务

本节从产品生命周期和数字技术两个视角阐述数字化的任务。

1. 产品生命周期视角

数字化贯穿产品全生命周期，包括产品设计、运营以及增值服务、交付等环节，主要有以下四个要素，每个要素都担负着数字化的任务。

（1）产品。产品数字化体现在功能和形式的设计能否密切贴合用户的需要，因此需满足丰富的个性化需求，并且考虑通过增值服务以实现最大收益。

（2）运营。运营优化的目的是提升各行各业的决策效率，实现末端快速反馈，提升用户体验并合理降低运营成本。由于各行各业之间的竞争呈现出从技术、产品等单方面竞争向平台化生态系统竞争转变的趋势，因此各行各业需要关注构建资源聚集、合作共赢的生态系统。

（3）用户。各行各业数字化，首先可以考虑扩大业务流程对用户的开放，借助互联网的连接，让用户更多地参与到产品或服务的优化和推广中。数字化实现了用户和各行各业的直接对接，用户对产品或服务的体验和建议可以快速反馈，使产品优化改进的节奏加快。

（4）人员。作为数字化的主体，人员也需要相应赋能。人员的数字化素养将极大影响变革的进程，也将成为各行各业的核心竞争力之一。人员的赋能并不仅仅针对各行各业员工本身，还包括各行各业所构建的生态系统中的相关人员。

2. 数字技术视角

数字化所涉及的内容涵盖了从业务战略到关键基础设施的所有层次，其中每一个层次都担负了数字化工作开展的不同任务。

（1）业务战略。作为数字化的起点，各行各业的管理者需要依据数字经济的发展契机思考并明确业务的战略。这将涉及制定各行各业经营理念、经营策略和产品策略，以及明确数字化生态系统的构建策略。管理层也需要完成数字化领导力转型，更新各行各业的决策模式，使数据成为决策的关键因素。

（2）业务流程。业务流程将以价值流为基础进行优化，在保证最大用户价值的同时，提升流程的执行效率并合理控制各行各业的经营成本。数字化时代的一个趋势便是业务流程开放。一方面，向上下游合作伙伴开放，构建支持共享、创新的生态系统平台；另一方面，向用户开放，让用户更多地参与到业务流程的执行中，这不仅有助于提升用户体验也有助于用户意见的快速反馈。

（3）数据。数据的重要性体现在数据对于整个业务战略和业务流程的支撑作用。各行各业需要制定一个基于价值的数据治理计划，以确保其在经营过程中能方便、安全、快速、可靠地利用数据进行决策支持和业务运行。故此，或借助大数据和人工智能等技术，构建组织的数据应用能力，充分挖掘数据的价值；或利用区块链技术的特点，让数据在数字生态系统中安全可靠地流转，实现不可篡改的产品溯源、机构间结算等。

（4）应用。应用程序是业务流程的执行载体，也是数据加工的工厂。各行各业既可以在云计算平台开发满足高并发、大规模运算的分布式应用程序，也可以基于区块链开发去中心化应用程序。

（5）基础架构。各行各业需要发挥云计算的优势，构建整合计算、网络、存储等硬件的统一资源池，打造涵盖数据库、应用软件开发工具包、中间件、消息队列、网络文件等系统组建的平台和应用程序的调用接口。其数字化基础架构也要合理规划与社会数字基础设施的对接，从而构建灵活、可靠的基础架构平台。

（6）关键基础设施。各行各业数据中心建设更多关注如何利用新兴的技术和理念，实现关键信息基础设施的绿色运营。为了实现基础设施的稳定运营，需不断提高数据中心资源使用效率。

1.4 数字化工程

工程可理解为人类在生存和发展过程中，为实现特定的目的，运用科学和技术，有组织地利用资源所进行的造物或改变事物形状的集成性活动。基于此，数字化工程可以理解为各行各业、各个领域数字化的实现形式。如果把数字化工程中的“化”字作为名词，此时数字化工程是指数字化的生产、服务、城市与社会治理的工程运作体系，如智慧农场工程运作体系、工业互联网工程运作体系、智慧城市工程运作体系、智慧交通工程运作体系等。如果把“化”字作为动词，数字化工程则是指数字化工程的建设、改造以及与其相关的流程再造、模式创新、管理体制变革、运作机制创新等。

数字化工程是各个领域数字化变革的实现载体，数字化任务实现的快慢、优劣由数字化工程的实践质量决定。经过多年的发展，尤其是近十年移动互联网的飞速发展，数字化已进入大规模工程化时代。数字化工程具有以下比较特征。

1. 与计算机工程、软件工程、网络工程、自动化工程的比较

数字化工程与计算机工程、软件工程、网络工程等同属信息工程范畴，它们在目的、对象、考核评价、团队素养等方面存在以下几点不同。

（1）在目的方面。计算机工程与软件工程是为了实现自身的信息化或某一具体单项应用的知识化，网络工程是为了建设通信网络基础设施。数字化工程则是为了跨界融合应用的数字化，包括不同行业应用的全过程、全链条的数字化。数字化工程要“化”的是不同行业的生产、服务与工程的作业方式，而不在于某一个环节或链条的自动化应用。跨行业、跨界融合应用，既是数字化工程区别于其他信息工程的特点，又是数字化工程的目的。简而言之，数字化工程的目的，是实现各行各业生产、服务、工程作业方式与管理的数字化。

（2）在应用对象方面。计算机工程以计算机为应用对象，以计算机的联网为使用条件。软件工程是以某一生产与服务环节的知识化应用以及以某一个环节的流程、知识或工艺算法模式成功开发为对象。网络工程是以公共通信的实现为对象。数字化工程则是计算机工程、软件工程、网络工程等集成为一体的更复杂的系统工程，它以行业知识、技术为支撑，以打通数据链的物联及互联体系为载体，以实现大数据应用为目标，以物联网与互联网平台为应用条件，是可以基于人工智能实现超级应用的。数字化工程的应用端或客户端是物联网体系，如无人超市、物联网农场、物联网工厂、智能家居、智能楼宇等。

（3）在工程建设与运营的评价考核方面。信息工程类对工程技术要求相对简单，允许工程存在某些未自动化的环节，只要求能部分解决问题。数字化工程则一般有如下要求：要求全面实现数字化生产、管理与服务；要求工程投资合理，有更好的性价比；要求工程标准化，有规范的建设与施工操作规程，能复制；要求系统解决问题，创造更多更好的价值。

（4）在工程团队科技素养的要求方面。相比于信息工程，在进行数字化工程的建设或改造时，要求工程团队具有整体或系统解决问题的顶层规划与设计能力、软硬件一体化的开发与整体的集成能力、跨界融合的创新能力、物联网应用端与云平台的设计与施工能力、多个应用系统与复杂智能体系的施工组织与工程管理协同能力。

可见，数字化工程虽源于计算机工程、软件工程、网络工程，但数字化工程尤具综合集成性以及跨界跨行业融合的特性。

2. 与建筑、水利、交通、环保工程的比较

建筑、水利、交通、环保等硬化工程与数字化工程都是人类社会改造自然、改造客观世界的工程。硬化工程有传统硬化工程模式与新型软硬相结合工程模式。传统硬化工程模式是哑、聋、傻工程模式，新型软硬相结合的工程模式则是以“专项工程+数字化”为基础的新型工程模式，它是一种可感知、可表达、有智能的工程模式。数字化工程与硬化工程既有联系又有区别。其共同之处是，它们都同样要求有工程与工程管理方法理论或科学来指导，指导其工程的方法和理论也有相通与可相互借鉴的内容、规则与要求，比如它们都追求工程方案的经济合理性、工程进度的协同性、工程质量的安全可靠性、工程组织管理的严密性与科学性。其不同之处主要表现如下。

（1）工程的目的和要求并不完全相同。水利工程的目的和要求是防范水患、水灾、水难，化水患为水利，造福人民；建筑工程的目的和要求是让城乡居住有其屋，生产有其房，使用有水电气的保障；交通工程的目的和要求是保证货畅其流、客行方便、出行安全；环保工程的目的和要求是保护、保持、修复生态，确保山清水秀、空气清新、人民健康的生活生产环境。而数字化工程的目的和要求，首当其冲则是让上述传统硬化工程向数字化工程转型，成为“软硬相结合的工程”，从而节约工程消耗、提升工程质量、提高工程运行效率，能对工程进行数字化的预测与主动性的维护，保障工程更高效、更节约、更安全地运行。因此，数字化工程有更宽广的领域、更为宏大的目标，能更精准地开发、利用、保护资源与环境，是对各种自然资源、环境资源、科学技术与知识、经济要素、社会资源、人力资源的更节约、更精准和更可持续的利用。

（2）工程的内容对象、技术标准、质量要求、验收评价的方法不完全相同。相对于各项传统硬化工程而言，数字化工程属于跨界融合工程，它把传统硬化工程作为数字化的对象，要求既要懂得传统硬化工程的知识，还要懂得数字化及工程的知识；既要懂得传统硬化工程的设计、咨询、决策、施工建设、施工组织、安全生产的知识与经验，还要懂得数字化工程与传统硬化工程一体化融合的知识。从技术标准等要求来看，数字化工程要求将技术标准、施工安装的操作规程、工程质量验收评价体系、工程运行与绩效评价等方面进行融合性创新或集成性创新，而不可再简单地沿用传统硬化工程的技术标准与技术规范。从数字化工程的应用范围来看，既包括所有传统硬化工程的领域，又开辟了工程类生产与服务的新领域、新模式与新境界，如智能家居工程、智慧楼宇工程、电梯安防工程、智慧水务工程、智慧医疗与健康服务工程、智慧社会治理工程等，它覆盖了各行各业、各领域。

综上所述，数字化工程有其自身清晰的发展目标，它以跨界融合为标志、以系统解决问题为基本要求，具有自己的内在规律与特点。

1.5　数字化工程管理

数字化工程管理，顾名思义，数字化可理解为解决数字化转型的现实矛盾（业务+数字技术），工程是指服务于上述目标的工程性措施，管理则是对数字化转型问题进行的工程性措施运用管理学方式和技术进行协调、控制等管理活动，三者关系见图 1-2。

为什么需要数字化工程管理呢？数字化工程管理的价值具体体现在哪些方面？总结起来就是一句话，数字化工程管理能够让数字化工程现状更可靠，目标更可达，过程更可行。数字化工程管理可帮助工程负责人科学地管理工程现状、目标和过程，持续提升服务、技术、团队能力（见图 1-3）。服务包括支撑业务需求、提升业务效率、扩充业务范围和创造新业务四个阶段，技术包括创新、专利、文章、开源、组件、技术平台、代码、性能、稳定性和准确性等，团队则包括执行力、规划、组织、创新、编码能力、架构能力等。

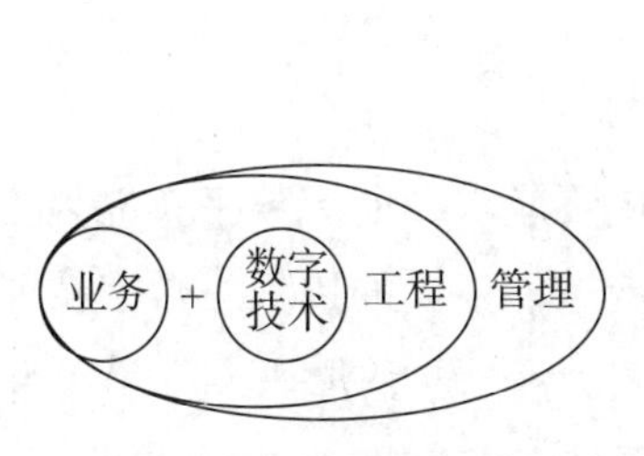

图 1-2 数字化工程管理

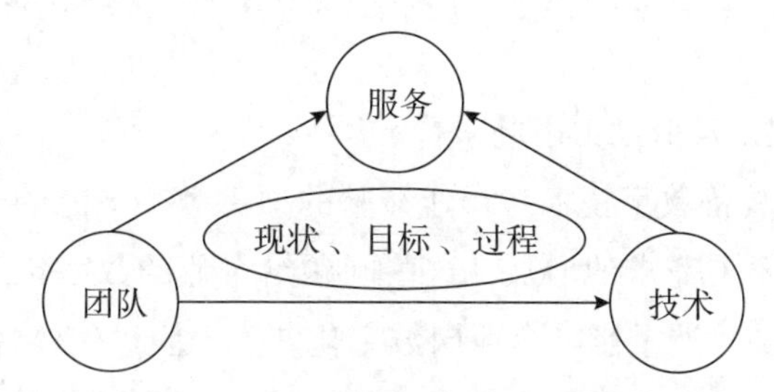

图 1-3 数字化工程管理的价值体现

从与业务关系的角度分析，可把数字化工程分为支撑业务阶段、促进业务阶段、驱动业务阶段和成为业务阶段四个阶段，每个阶段都有不同的侧重和要求，每个阶段在服务、技术、团队三个部分所关注的重点也有所不同（见表 1-1）。每个公司都想演进到第四阶段，但是否有必要演进到第四阶段就需要慎重了，因为还受到公司的具体情况、各行业的发展状况和团队的综合素质等各方面因素的制约，而且演进过程是一个螺旋式上升的过程，不可能一蹴而就。

表 1-1 数字化工程管理的工作内容

阶 段	服 务	技 术	团 队
支撑业务	完成需求	代码，快速实现	编码能力，执行
促进业务	提升业务效率	性能、稳定性、组件、工具、平台	架构能力，组织与管理
驱动业务	扩充业务	创新，专利	前瞻性，创新
成为业务	创造	创造	创造

1.6 数字化工程管理人才需求

在全球数字经济进入加速创新和深度融合的时代背景下，中国经济的数字化转型迈入了从需求端向供给端扩展的新阶段，发展重心从消费领域向生产领域转移，与消费领域数字化转型主要依靠海量互联网用户的人口红利相比，生产领域的数字化转型将更加依赖人才红利。随着中国经济数字化转型的不断深入，对拥有专业数字技能人才的需求正在急剧增长，数字人才日益成为我国创新驱动发展、企业转型升级的核心竞争力。在这样的背景下，中国数字化正面临来自人才短缺的巨大挑战。

1. 从国家层面来看

从国家根本利益出发考虑，必然需要一支掌握计算机基础理论和核心技术的创新研究型队伍，需要高校大力培养数字技术研究型人才。目前，国家数字化进程已经渗透到各行各业，大部分 IT 企业都把满足国家数字化的需求作为本企业产品的主要发展方向，这些用人单位需要大批数字化工程型人才。目前高校在研究型和工程型人才培养方面，已有一定的基础，而针对从事数字化工程管理类型工作人才的培养则几乎处于空白阶段。

2. 从劳动力市场来看

具备数字技术与行业经验的顶尖数字技能的人才供不应求，初级数字技能人才的培养跟不上需求的增长，这些问题给企业的数字化工程带来了很大的挑战。数字技能人才的短缺将严重影响企业向数字化转型，阻碍实体经济的数字化转型进程。据 2020 年新基建产业人才发展报告显示，具有管理能力的技术人员最具市场价值，如 IT 技术 / 研发总监、管理类、架构类等；人工智能技术岗位热度较高，如数据、算法相关的音频、图形开发等；产品类职位愈发受到重视，如产品实现、用户体验相关的互联网产品 / 增值产品开发经理等；数据库、算法工程师等岗位需求旺盛，如数据库开发工程师、通信研发工程师、算法工程师等岗位。具体见表 1-2。

表 1-2 新基建背景下四大产业招聘需求 TOP10 职业（2020）

排序	大 数 据	人 工 智 能	5G	工业互联网
1	软件工程师	互联网产品经理 / 主管	软件工程师	ERP 实施顾问
2	Java 开发工程师	软件工程师	通信研发工程师	软件工程师
3	IT 技术支持 / 维护工程师	项目经理 / 项目主管	质量管理 / 测试工程师	Java 开发工程师
4	项目经理 / 项目主管	运营主管 / 专员	硬件工程师	Web 前端开发
5	Web 前端开发	Java 开发工程师	通信技术工程师	项目经理 / 项目主管
6	软件测试	算法工程师	项目经理 / 项目主管	高级软件工程师
7	网络与信息安全工程师	Web 前端开发	嵌入式软件开发	ERP 技术 / 开发应用
8	互联网产品经理 / 主管	IT 技术支持 / 维护工程师	无线 / 射频通信工程师	软件测试
9	高级软件工程师	软件测试	工艺 / 制程工程师	嵌入式软件开发
10	数据库开发工程师	高级软件工程师	需求工程师	IT 技术支持 / 维护工程师

3. 从ICT技能来看

经济合作与发展组织（Organization for Economic Co-operation and Development，OECD）将数字经济所需要的ICT技能分为三类：ICT普通技能、ICT专业技能和ICT补充技能。ICT普通技能主要指绝大多数就业者在工作中所使用的基础数字技能，例如使用计算机打字、使用常见的软件、浏览网页查找信息等技能。ICT专业技能主要指开发ICT产品和服务所需要的数字技能，例如编程、网页设计、电子商务、大数据分析和云计算等技能。ICT补充技能主要指利用特定的数字技能或平台辅助解决工作中的一些问题，例如处理复杂信息、与合作者和客户沟通、提供方案等。德国机械设备制造业联合会（Verband Deutscher Maschinen-und Anlagenbau，VDMA）对数字化时代对员工的能力需求进行了研究（见表1-3）。从目前情况来看，表1-3中"应该具备""可以具备"方面的内容更缺乏。现代意义上的数字化工程管理人才，是ICT专业技能和ICT补充技能的融合，且更倾向于ICT补充技能的价值实现——拥有数据化思维，有能力对多样化的海量数据进行管理和使用，进而在特定领域转化为有价值的信息和知识的跨领域专业型人才。

表1-3 数字化时代员工数字能力需求

技能种类	必须具备	应该具备	可以具备
知识技能	IT知识与能力、数据和信息处理与分析、统计知识、结构性及过程性理解、现代接口技术	知识管理、跨学科/通用知识及组织、制程与工艺专项知识、IT安全与数据保护意识	计算机编程/代码能力、特殊工艺知识、人体工学意识、法律事务的理解
个人能力	自主时间管理、接受并具有改变的能力、团队工作的能力、社交能力、沟通能力	新技术推动力、持续改善与终身学习的思想	

4. 从职能方面来看

职能分类对应于数字产品与服务价值链供应端的战略制定、研发、制造、运营和营销五个基本环节。战略制定环节主要涉及数字化转型的顶层设计，核心职能人员包括数字化转型领导者、数字化商业模型战略引导者、数字化解决方案规划师、数字战略顾问等具有丰富经验的顶尖数字人才；研发环节主要涉及数据的深度分析和数字产品研发两大部分内容，核心职能人员包括商业智能专家、数据科学家、大数据分析师等具有深度分析能力的数字人才和产品经理、软件开发人员、算法工程师等传统产品研发类技术人才；先进制造环节主要涉及数字产品和服务的提供以及硬件设施保障，核心职能人员包括工业4.0实践专家、先进制造工程师、机器人与自动化工程师以及硬件工程师；数字化运营环节主要涉及数字产品与服务的运营、测试质量保证和技术支持，核心职能人员包括运营人员、质量测试/保证专员、技术支持人员等；数字营销/电子商务环节主要涉及数字产品与服务的营销、商务服务等内容，特别借助互联网和社交媒体等新型渠道进行营销和商务推广，核心职能人员包括营销自动化专家、社交媒体营销专员、电子商务营销人员等。

5. 从能力角度看

数字化工程要求企业发展一系列新的数字化能力。德勤研究发现，数字化工程所需人才技能可以划分为数字化领导力、数字化运营能力、数字化发展潜力三个层次（见图 1-4），表 1-4 给出了数字化人才能力需求描述。

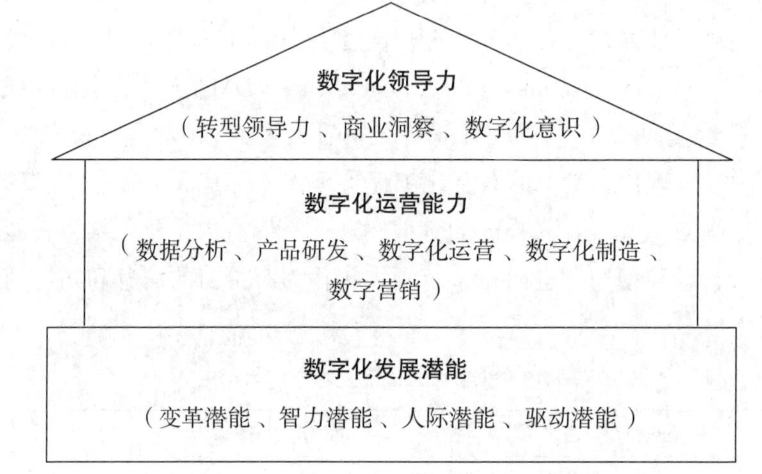

图 1-4　数字化人才所需的能力组合

表 1-4　数字化人才能力需求描述

能力层次	能力类型	能力描述
数字化领导力	转型领导力	领导人们实现转型的能力
	商业洞察能力	商业与数字化结合起来做什么
	数字化意识	数字化能做什么
数字化运营能力	数据分析	BI 研究、数据挖掘、数据分析等
	产品研发	产品设计、项目管理、算法、架构设计、软件 / 系统研发等
	数字化运营	创新运营设计、质量测试、技术支持、流程自动化
	数字化制造	硬件技术、机器人与人工智能技术、先进制造技术
	数字营销	营销自动化、新媒体运营、电子商务、新零售
数字化发展潜能	变革潜能	在有巨大不确定性的情况下领导，在新且不熟悉的情境下交付，对引领变革具有巨大使命感
	智力潜能	快速学习新知识和新技能，愈加的复杂性，长时间尺度，更大的大局远景，解决问题的多样性
	人际潜能	新型和不同类型的关系，形形色色的人，更复杂的人机环境
	驱动潜能	更大的挑战，更高的绩效期望，交付更大范围的结果，更大的工作量

综上所述，数字化工程管理的人才需求，可以概括为以下两点。

（1）产业横向技术的分享人才。数字化工程需要关注客户需求与横向技术。客户需求是指产业对于数字化产品的期望，尤其是前沿领先的企业对系统的性能与功能的需求，这使得数字化产品技术必须适应于数字产业的实际需求；而横向技术重点在于解决如何将信息技术、软件处理、硬件技术相融合，如何让这些技术能够被数字化所应用。例如，将功率电子、编码器、连接器、FPGA 芯片、智能算法等产业链上下游的企业集中在一起，根据具体需求，进行横向技术的交流，为下游企业提供技术与方法的支撑，跨界实现产业的融合。这里的人才需求，不是培养单一技术人才能解决的。

（2）产品技术与运营管理复合型人才。数字化工程的主体是企业，企业也是人才成长的地方。数字化工程面对的是各类客户追求投资回报的各种项目需求，产品设计往往带来千万亿计的营业收入，这与大学里单纯地研究某项技术具有完全不同维度级别的考量，需要工程师们具备全局、综合、系统地把握问题的能力。同时，数字化工程管理人才需要了解产业需求和客户需求、把握技术发展方向，且对商业合作有着更为深入的全局性认知，需要具备在技术、市场、财务、生产运营等多个方面进行数字化运作的能力。

1.7 数字化工程管理人才培养

数字化工程管理人才的综合素质要求高，不但要求相关的硬核技能，如人工智能、算法、互联网等方面的知识和技能，还要储备关于产品、市场的相关知识，如数据分析、产品研发、市场营销等。从各国研究的成果看，目前高等工程教育面临的矛盾有很多，比如人文与科学、通识与专业、理论与实践、基础与前沿、课内与课外、教与学等。高等工程教育实施过程中出现的问题也很严重，很多学生要么不能适应工程学习，要么虽能勉强完成学业却不一定适应设计性、创新性的工作。

知识随着社会的发展而不断丰富，但每个人的学习时间却是有限的，增长的知识量和有限的学习时间之间的矛盾必然存在。老师课上讲的量越来越多，而学生得到的质却越来越少，导致学生学习效果大打折扣。学生要学的理论课程越来越多，实践体验的时间却越来越少，从而导致得到了一些“鱼”，却没能掌握“渔”，阻碍了学生能力的发展。课内负担越来越重，课外活动越来越少，学生没有时间去思考、锻炼、交往，综合素养发展受限。在目前高等工程教育中，尤其是在数字化工程管理人才培养中，这一矛盾体现得尤其明显。对此历年来采取过一些措施，比如分学科（专业）、分层次（本、硕、博），还有延长学制，但是都没有从根本上解决问题。

从学习理论可知，学习是一个知识重建的过程。所谓知识重建是指将现有学习内容建立在学生已有知识基础之上，重视新知识与已有概念的连接和差异，以达到提高教学效率和改善教学效果的目的。任何一个领域的知识都有其系统和结构，把知识放到一个大的架构下学习，有助于理解和掌握，有益于记忆和应用，可以有效提高学习效率。知识体系是建立在为数不多的核心概念基础之上的，很多知识内容不过是这些核心概念在某种具体条件下的实例；学科知识架构非常重要，运用此方法得到的知识记忆时间长，运用速度快，迁移能力强。应用知识架构时，需要构建知识地图，以便了解知识脉络，建立知识的框架。综上，梳理知识体系和核心概念，构建起学科的整体知识脉络，是首要的任务。

本书提炼了以下概念，并把每个基本概念作为一章进行阐述，试图建立基于比特的囊括技术、工程和管理的数字化基础知识地图。

比特与编码。比特是数字化最基本的概念，比特的属性蕴含了数字化工程的一切矛盾。编码赋予了比特特定的含义，使得比特可以描述万事万物。

运算与存储。阐述比特进行运算和存储的基本原理，以及相应的关键部件和技术，包括比特逻辑运算、逻辑运算的电路实现、门电路的基本逻辑，加法器、存储器以及芯片等相关知识，最后落脚到IC这个最大的“卡脖子”技术。

指令与程序。阐述了累加器的实现原理、计算机、指令集、计算机体系架构、计算机指令的处理过程等概念，阐述了机器语言、汇编语言、高级语言之间的关系，比较了几种高级语言特征，并对计算机的BIOS、操作系统和应用程序进行了说明，分析了软件结构和工程。

通信与交互。主要从比特在计算机之间、人机之间、环境之间的传递交互，阐述了路由过程、计算机网络、现代通信网络、5G等概念和相关关键技术，阐述了人机交互的发展历程、主要问题、关键技术等。

数据与算法。主要阐述了数据的基本概念，数据库的发展历程和关键技术；算法的基本概念，算法解决的问题，一些典型的需要掌握的算法；讲述了算力的概念，阐述了云计算、边缘计算和物端计算，以及算力网络等概念和问题。

智能与大脑。阐述了智能的基本概念，分析了人类智能、人工智能、互联网类脑智能以及智能伦理等概念和内容。

经济与产业。阐述了技术经济范式、数字经济、数字产业化、产业数字化等核心概念，以及它们之间的联系。

决策与优化。比较了数字化企业与传统企业之间的竞争维度，从商业模式角度给出了决策分析方式，阐述了三个转型阶段以及各个阶段的策略选择。

转型与升级。围绕制造企业展开阐述，包括制造业不确定性、转型趋势、转型方法和转型工具，工业互联网平台，工业软件（工业App），工业物联网结构和工程等概念和知识点。

量子比特。主要是从学科的颠覆式突破来定位的。从量子比特的角度，阐明经典比特的未来。比特变了，构筑在比特概念之上的一切都可能被颠覆，蕴含无数机会。

在上述核心概念的基础上，可以形成一系列课程（见图 1-5）。在图 1-5 中，将上述核心概念分为技术 + 管理两个群组，将课程分为四个大的模块。下面是公共通识模块；左边是技术模块，包括技术应用基础和技术理论基础两个子模块；右边是经济管理模块，包括业务基础知识模块和经济管理基础模块两个子模块；上面是开发与应用模块。一般地，技术理论基础模块和经济管理基础模块的课程设置，要能覆盖所有核心概念的学习，比如，可以通过开设“计算机原理”课程来覆盖比特与编码、运算与存储、指令与程序等核心概念，数据与算法可以通过开设《算法理论》和《数据科学》两门课来覆盖，有条件的学校还可以通过开设量子力学、量子通信、量子计算方面的课程来覆盖量子比特这个基本概念。

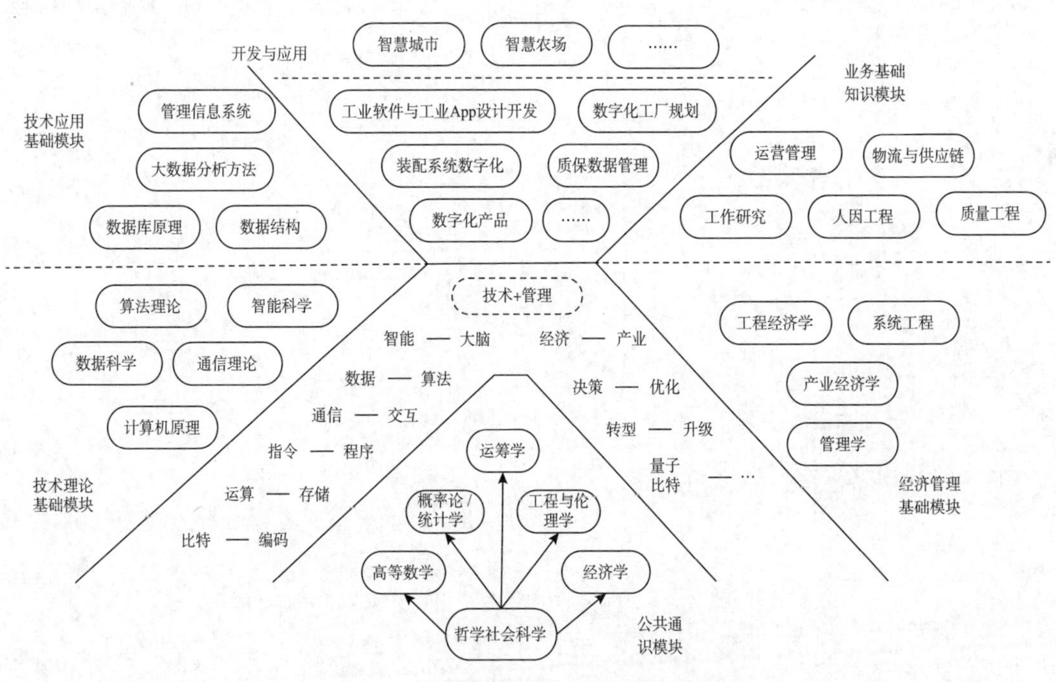

图 1-5　数字化基础概念和课程体系

本章小结

本章系统阐述了数字化的内涵、特点、阶段、任务，比较了数字化工程的特征，指出了数字化工程管理的内容，分析了数字化工程管理的人才需求，并根据目前高等教育面临的基本问题，提炼了关于数字化技术、数字化工程和管理的基本概念。

习题一

1. 如何理解数字化概念？

2. 数字化工程有什么特征？

3. 数字化工程管理的目的是什么？

4. 数字化工程管理人才需要具备哪些技能和素质？

5. 如何理解现代教育面临的不断增长的知识和学习时间有限之间的矛盾？你认为解决这个矛盾的途径有哪些？

6. 如何理解核心概念和知识地图在课程设计中的重要意义？

第2章 比特与编码

学习目标

- 理解比特的含义、基本属性、计量单位
- 掌握数字、文本、声音、图像编码的基本方法
- 了解几种压缩技术及压缩技术发展的前沿

列宁在分析《资本论》的方法论时指出：马克思首先分析了资产阶级里“最简单、最普遍、最基本、最平凡，碰到亿万次的关系——商品交换”。商品是阶级社会的“细胞”，它已经包含资产阶级“一切矛盾的胚芽”，“已经包含着资本主义尚未展开的一切主要矛盾”，由此出发，马克思一步一步地、详细地分析，揭示出“这些矛盾以及这个社会的各部分的复杂关系和自始至终的矛盾发展过程”。这个出发点便是逻辑行程的起点。检验逻辑起点是否科学必须满足三个基本条件：

（1）逻辑起点必须是研究对象最基本、最普遍的现象；

（2）逻辑起点必须与历史的起点相一致；

（3）逻辑起点必须蕴含着整个体系发展过程中一切矛盾的“胚芽”。

比特是数字化的逻辑起点，满足以上三个条件。

2.1 比特的基本概念

比特有两个基本概念，一个是二进制中的位，另一个是信息的最小计量单位。

1．比特是二进制中的位

比特来自英文 bit 的音译，表示二进制位（binary digit，bit）。位是计算机内部数据存储的最小单位。一个二进制位只可以表示 0 和 1 两种状态（2^1），两个二进制位可以表示 00、01、10、11 四种（2^2）状态，三个二进制位可表示八种状态（2^3），以此类推，空间位置数定义了比特量，有多少个位置就说有多少比特。假定总共有 N 比特，可表达数的个数是 2^N，2^0 那个位置称为最低有效位（least significant bit，LSB），2^{N-1} 那个位置称为最高有效位（most significant bit，MSB），可表达最大无符号整数 2^N-1。除了二进制以外，还有八进制、十进制和十六进制等数制。十进制是大家最习惯、最熟悉的数制，为何计算机最终选择了二进制呢？

首先，二进制数非零符号最少。数制告诉人们两个基本的知识：

①利用空间位置可构成不同的进制系统；

②引入符号 0 可以简化进制系统。

二进制、八进制、十进制和十六进制所需的非零符号计数的个数分别是 1、7、9 和 15。二进制只需要用 1 为非零符号计数，是所有数制中最少的，非常适合计算机的物理实现，这是二进制成为计算机最终选择的根本原因。

其次，二进制数可以表达很大的数。各种数制都表示数量的成倍增长，二进制表示 2 倍增长，八进制表示 8 倍增长，十进制表示 10 倍增长，十六进制表示 16 倍增长。成倍增长是指数增长，因而二进制虽然增长倍数最小，但依然可以表达很大的数。大家都知道在国际象棋棋盘里放麦子的故事吧，在最后一格中所需的麦子颗粒数为 2^{64}（约为 1.8×10^{19}）。不妨算一算，100 颗麦子重 4 克，那么填满整个棋盘需要多少吨麦子呢？

然后，二进制数能很好地表达二分法。对事物进行分类是常见的问题，最常用的是二分法。在白马非马论中，公孙龙说："马者，所以命形也；白者，所以命色也。命色者非命形也，故曰白马非马。"用二分法分析如下：白马指的是白色的马，一种有特定属性的动物。马则是马这种动物，是范围限定到种这一层次的一个生物类群的总称。理解这一论述的关键在于理解其逻辑连词非，这里的非即不是，而是的含义是多重的，其中有"属于""等同"等意思，也就有包含于和等价于的逻辑关系。而白马的概念是属于马，但不等价于马。用二进制数就能很好地表达这个问题（见图 2-1）。

最后，二进制表示的数可以方便地转化为其他各种数制。如无符号二进制数 1011011 转化为十进制数：$1\times2^6+0\times2^5+1\times2^4+1\times2^3+0\times2^2+1\times2^1+1\times2^0=91$。同理十进制数也可以方便地转化为二进制数。

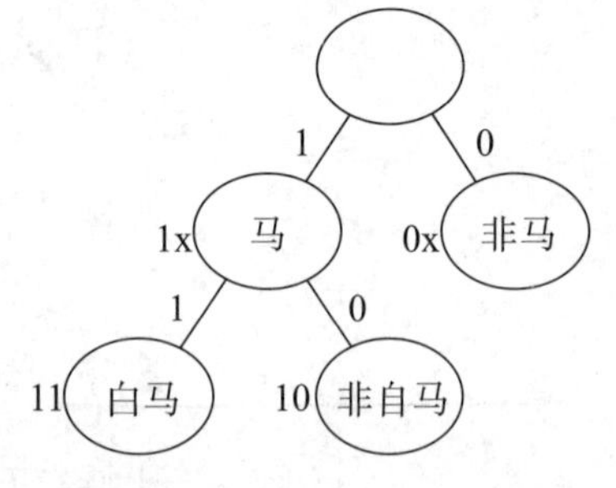

图 2-1　白马论中的二分法

2. 比特是信息量的基本单位

比特（bit）是信息熵的单位。香农（Shannon）定义了信息量的概念，即 Shannon 熵。这里介绍离散型随机变量情形，对于连续型随机变量可以类推。对离散型随机变量 $X=\{x_k,k=1,2,\cdots,K\}$，$P(x=x_k)=q_k$, $0\leqslant q_k\leqslant 1,k=1,2,\cdots,K$, $P(x=x_k)$ 表示 $x=x_k$ 的概率，则 X 的平均信息量（即熵）H（X）为

$$H(X)=\sum_{k=1}^{K}q_k\log_2\frac{1}{q_k}$$

这里定义：$\lim\limits_{q\to 0+}q\log_2\frac{1}{q}=0$。

若离散型随机变量 X 有两个事件 x_1 和 x_2，且 $P(x=x_1)=p$，$P(x=x_2)=1-p$，则 X 的平均信息量（熵）为

$$H(X)=p\log_2\frac{1}{p}+(1-p)\log_2\frac{1}{1-p}$$

称 $H(X)$ 为二元熵，其函数曲线见图 2-2。

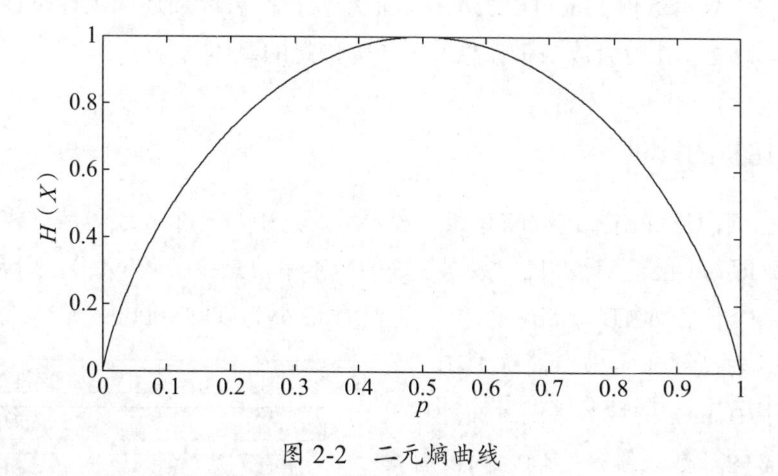

图 2-2　二元熵曲线

由图 2-2 可见，当 $p=0$ 或 $p=1$ 时，H（X）=0；当 $0<p<1$ 时，H（X）>0；当 $p=1/2$ 时，H（X）达到最大值。例如，当符号 0 和 1 出现的概率均为 1/2 时，则每一个符号携带的信息量为 $I(0)=I(1)=-\log_2\frac{1}{2}=1$，可见，符号 0 和 1 等概率时，其携带的信息量均为 1 比特。若符号 0 出现的概率为 1/4，符号 1 出现的概率为 3/4 时，则符号 0 和 1 所携带的信息量分别为 $I(0)=-\log_2\frac{1}{4}=2$，$I(1)=-\log_2\frac{3}{4}=0.415$。

投硬币的结果是一个概率事件，只能依概率预测和编码。如果每次投掷国徽那面朝上的概率是 1/2，一共投掷 N 次，对投掷结果编码需要多少比特？N 次投掷，各有 1/2 概率朝上。组合起来，具体结果：（0…0, 0…1, …, 1…0, 1…1），每种情况的概率都是 $1/2^N$，一共需要 N 比特（$-\log_2$（$1/2^N$）$=N$）。

如果将公式中对数的底数换为自然常数e，则为奈特（nat），1nat=1.44bit，1bit=0.693nat。

还可以给出条件熵、联合熵等定义。

给定一个二维离散型随机变量（X,Y）=$\{(x_k,y_j), k=1, 2,\cdots, K; j=1, 2, \cdots, J\}$，其概率分布为$P\left\{x=x_k, y=y_j\right\}=r_{k,j}$，则

X相对于Y的条件熵为

$$H(X\mid Y)=\sum_{k=1}^{K}\sum_{j=1}^{J} r_{k,j}\log_2\frac{1}{P(x=x_k\mid y=y_j)}$$

X与Y的联合熵定义为

$$H(X,Y)=\sum_{k=1}^{K}\sum_{j=1}^{J} r_{k,j}\log_2\frac{1}{r_{k,j}}$$

熵、条件熵、联合熵之间的关系：$H(X, Y)=H(X)+H(Y|X)=H(Y)+H(X|Y)$。当$X$与$Y$相互独立时，$H(Y|X)=H(Y)$，此时$H(X, Y)=H(X)+H(Y)$。

比特既可以表示数值，也可以表示非数值编码，既可以描述确定性事件也可以刻画概率性事件。总之，比特可以携带信息，可作为信息的载体。

2.2 比特的计量

计算机中的信息都用二进制的0和1来表示，其中每一个0或1被称作一个位，用小写b表示，即bit(位)。计算机中数据处理的基本单位是字节（byte），用大写B表示，1字节等于八个位，即1B＝8b。八位二进制数最小为0000 0000，最大为1111 1111。1024字节通常称为1千字节，简称1KB。公制系统是基于10的幂的计数系统，而计算机是基于2的幂的计数系统，它们之间没有交集。可以证明，不存在一对正整数a和b，使得10的a次幂等于2的b次幂。人们发现，在这两个数字队列中，1000十分接近1024，用数学表达式，即$2^{10}\approx 10^3$，所以为了方便，就把1024字节用1千字节来表示。bit是一个非常小的单位，为了方便起见，常用10的幂或者2的幂来计量。常见的比特计量单位见图2-3。

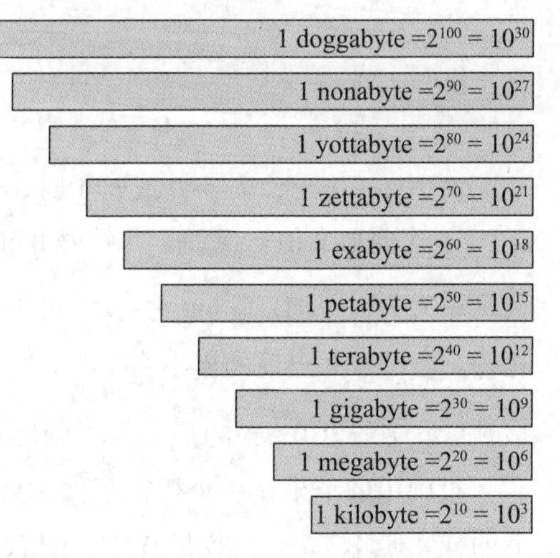

图2-3　比特计量单位

2.3　比特的基本属性

比特的基本属性包括能混合、能解释、能压缩、能校验。

（1）能混合。比特可以轻易地相互混合，可以同时或分别地重复使用。声音、图像和数据的混合被称为多媒体（multimedia），其本质是混合的比特。多媒体技术是利用计算机技术把文字、声音、图形和图像等多媒体综合一体化，使它们建立起逻辑联系，并能进行加工处理，包括数字信号处理技术、音频和视频技术、计算机硬件和软件技术、人工智能和模式识别技术、通信和图像技术等，具有集成性、交互性、实时性等特征。

（2）能解释。能用比特解释比特，告诉人们关于其他比特的事情，即关于比特的比特。它通常用一种信息标题（header，能说明后面信息的内容和特征）的形式，这有点类似于新闻报道的摘要标题，学术论文的标题、摘要等。各类协议都可以说是关于比特的比特。

（3）能压缩。能把大容量比特压缩成小容量比特。这个性质使得比特易于传输和存储，解决了二进制数位多带来的问题。（后面有详细阐述）

（4）能校验。在数据传输过程中，由于系统内部和外部的噪声，难免会产生差错。通常采用差错编码的方法校验。差错编码是指在要传输的数据代码中按照某种约定的规则人为地加入一些冗余码，使接收方能够检测或纠正传输中发生的错误。又称这种冗余码为校验码，如奇偶校验码、CRC 循环冗余校验码等。奇偶校验码是在一个二进制信息代码后加入一个奇偶校验位，使信息码中 1 的个数为偶数或奇数，若为偶数称偶校验，若为奇数称奇校验。例如，发送数字 6 的 ASCII 码为 0110 110，若采用奇校验，则抗干扰编码为 0110 1101；若采用偶校验，则抗干扰编码为 0110 1100。假定现在规定为奇校验，如果接收方接收到的码为 0110 1101，表示传输正确；如果接收到的码为 0110 0101，这个码 1 的个数为偶数，说明传输发生了错误。CRC 循环冗余校验码也是由信息位加上冗余校验位构成的，在计算机网络中应用很广泛。任何二进制数都可以用一个多项式表示，如 1011 0111 的码多项式为：$X^7+X^5+X^4+X^2+X+1$。设计一个码多项式，称为生成多项式。发送方用此多项式去除信息码多项式，余式即为冗余码，附加在信息码后。接收方用同一个多项式除整个码多项式，若除尽，表示传输正确，否则不正确。码多项式一般有 12、16 和 32 位，如 IBM 公司 CRC16 的码多项式为 $X^{16}+X^{15}+X^2+1$，CCITT 公司的则为 $X^{16}+X^{12}+X^5+1$。局域网的码多项式一般为 32 位。

混合的比特和关于比特的比特开创了无穷创新的可能性，前所未有的“节目”将从全新的资源组合中脱颖而出。能压缩和能校验方便了比特的传递，能压缩有利于降低数据传输量，降低传递成本；能校验有利于降低对数据传输的环境需求，提高传输质量。

2.4 比特的物理载体

在物理上，符号 0 和 1 可以用不同的物理信号来表示，如电压的高低、信号的有无、脉冲的强弱等，不同的物理信号有不同的特性，因而在不同的系统中有不同的物理描述。

1. 比特在计算机中的载体

比特是二进制中的位，其值只有 1 和 0 两种情况，在计算机中表示比特的方法有电路的高电平状态或低电平状态（CPU）、电容的充电状态或放电状态（RAM）、两种不同的磁化状态（磁盘）、光盘面上的凹凸变化状态（光盘）等。

例如，比特在计算机 CPU 的表示，见图 2-4。CPU 内部通常使用高电平表示 1，低电平表示 0。

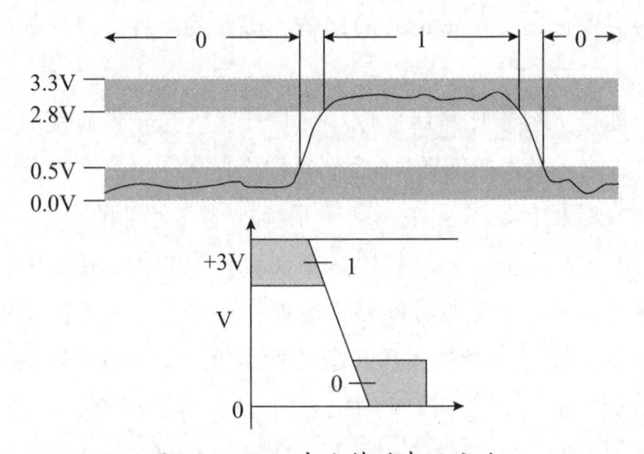

图 2-4　CPU 中比特的表示方法

例如，图 2-5 表示磁盘存储器中的比特。磁盘表面微小区域中，磁性材料粒子的两种不同的磁化状态分别表示 0 和 1（见图 2-5）

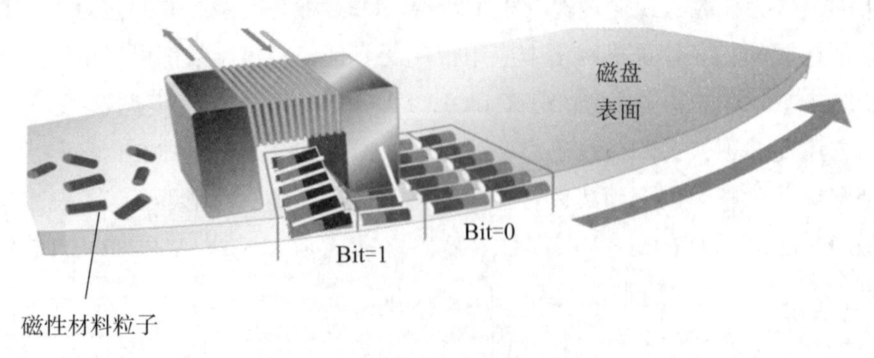

图 2-5　磁盘中比特的表示方法

例如，比特在光盘中的表示（见图 2-6）。凹坑的边缘用来表示 1，而凹坑和非凹坑的平坦部分表示 0。

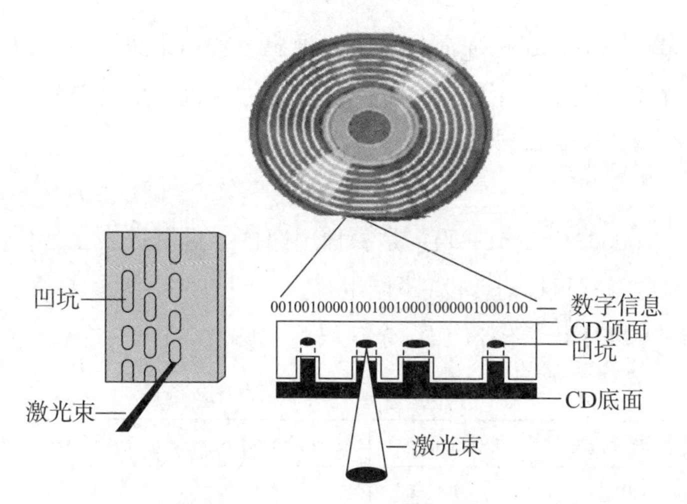

图 2-6　光盘中比特的表示方法

2. 比特在通信网络中的载体

比特在数字通信中的载体是电磁波（光波也是一种电磁波）（见图 2-7）。变化的电场产生磁场，变化的磁场产生电场，电场和磁场频率相同，互为因果，形成电磁场。电磁场可以在既没有电荷，也没有电流，而且也没有任何物体的空间中存在和传播。振幅、频率（波长）、相位、偏振（极化）等描述电磁波的物理参量都可以作为比特的载体。可以人为地控制电磁场这些物理参量的变化，使其变化量代表某种比特串，即将信息加载到电磁波的这些物理参量上。随着电磁波的传播，被加载的比特就被传送到远方。

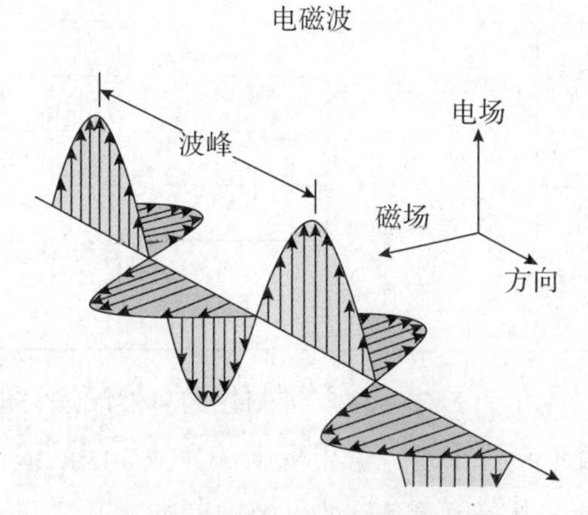

图 2-7　比特在电磁波中的表示

2.5　比特的编码

现实生活中，对事物进行编码的示例很多，如学号、身份证号、电话号码、房间号、汽车牌号等。主要以十进制数为主，也有字母和文字。在数字系统里，往往也需要对被控对象进行编码，或者对传递的信息进行编码。数字系统中的编码以二进制数形式出现，二进制存在位数太多、不直观的缺点。为了方便进行信息传输，人们提出了一些编码方法，下面介绍几种基本编码。

1. BCD 码

BCD（binary coded decimal）码，是一种用四位二进制数表示一位十进制数的编码方法。四位二进制数最多可以有 16 种不同组合，不同的组合便形成了一种编码，常见的 BCD 码有 8421 码、2421 码、5421 码、余 3 码等（见表 2-1）。

表 2-1 常见 BCD 码

二进制数	十进制数	8421 码	2421 码	5421 码	余 3 码
0000	0	0	0	0	
0001	1	1	1	1	
0010	2	2	2	2	
0011	3	3	3	3	0
0100	4	4	4	4	1
0101	5	5			2
0110	6	6			3
0111	7	7			4
1000	8	8		5	5
1001	9	9		6	6
1010	10			7	7
1011	11		5	8	8
1100	12		6	9	9
1101	13		7		
1110	14		8		
1111	15		9		

8421BCD 码，简称 8421 码。按 4 位二进制数的自然顺序，取前 10 个数依次表示十进制的 0 ～ 9，后 6 个数不允许出现，若出现则认为是非法的或错误的。8421 码是一种有权码，每位有固定的权，从高到低依次为 8,4,2,1，如：

$$(0111)_{8421}=0\times 8+1\times 4+1\times 2+1\times 1=(7)_{10}$$

$$(0001\ 0011.0110\ 0100)_{8421}=(13.64)_{10}$$

$$(10.54)_{10}=(0001\ 0000.0101\ 0100)_{8421}$$

8421 码运算时按逢 10 进 1 的原则，并且要进行调整，调整原则是有进位或出现冗余码时加 6 调整（见图 2-8）。

```
        例：8+9=17              例：7+6=13
            1000                   0111
         +) 1001                +) 0110
有进位+6 ←10001        冗余码+6 ←  1101
         +) 0110                +) 0110
            0111           丢弃 ←10011
```

图 2-8 8421 码运算进位与调整

余 3 码。由十进制数的 8421 码加上 0011 得到，是一种无权码，有 6 个冗余码：0000、0001、0010、1101、1110、1111。

其他码不再一一说明。

2. 文本编码

人类积累的大部分信息都是以文本形式保存的，文本被认为是一维的由字母、数字、标点符号和空格组成的数据流，是由一个一个字符组成的字符串（string）。为了将文本表示成比特串形式，需要构建一种系统来为每个字母、数字、标点符号赋予一个唯一的编码。具有这种功能的系统称为字符编码集（coded character set）。在计算机不断发展过程中，出现过许多字符编码集，如 Baudot 码、扩展的 BCD 交换码等，目前使用比较广泛的是 ASCII。

ASCII 是美国信息交换标准码（American Standard Code for Information Interchange），采用 7 位编码，取值范围为 000 0000 ～ 111 1111（对应十六进制 00h-FFh），可表示 128 位字符。像这样的一段字符串：

Hello, you!

转换为 ASCII 码，用十六进制表示如下：

48 65 6C 6C 6F 2C 20 79 6F 75 21

字符串：

I am 12 years old.

转换为 ASCII 码，用十六进制表示如下：

49 20 61 6D 20 31 32 20 79 65 61 72 73 20 6F 6C 64 2E

注意其中的 12 表示为 31h 和 32h，这是数字 1 和 2 的 ASCII 码。

在 ASCII 码中，对应大小写的码值相差为 20h，这种规律可以简化程序代码编写。有 95 个编码（20h-7Eh）称为图形字符（graphic character），它们可以被显示出来，还有 33 个编码（00h-1Fh，7Fh）是控制字符（control character），用来执行某一特定功能，不可显示。

尽管 ASCII 码是计算机领域最重要的标准之一，但它只是一个美国标准，还有许多不足，无法覆盖其他许多文字，甚至那些以英语为主要语言的国家也不能完全适用，于是便产生了扩展的 ASCII 字符集。ASCII 码从技术的本质来看是 7 位编码，但仍以 8 位形式存储，因此扩展ASCII采用8位编码，可包含256个字符，其中编码00h-7Fh与原ASCII一致，编码80h-FFh可以用来引入其他字符。几十年来，出现了许多版本的扩展ASCII码，这些版本之间的一致性和兼容性存在不少问题。

业界一直想建立一个统一的字符编码系统，以适用于世界上所有的人类语言文字。因此，提出了统一文字编码标准（Unicode）。Unicode采用16位编码，每个字符要2字节，编码范围0000h-FFFFh，可表示65536个字符，几乎可以囊括全世界的人类语言文字，且扩展性好。Unicode前128个字符编码与ASCII码一致（0000h-0077h），除此之外，Unicode还收录了许多其他标准。但Unicode为了使编码兼容，付出了存储空间的代价。

英文编码可以用字母编码来代替，这是因为所有英文单词都可以拆分成26个英文字母的组合。而中文就不一样了，中文一个字就是一个整体，只能按照一个字来编码，中文汉字成千上万，如果仅用8位ASCII码来编码，那么是明显不够的，ASCII码最多表示256个汉字，所以就有了下列中文编码方式。

汉字编码是为汉字设计的一种便于输入计算机的代码。汉字数量庞大，字形复杂，存在大量一音多字和一字多音的现象，进入计算机困难较多。编码是汉字信息处理系统的关键。根据应用目的不同，汉字编码分为外码、交换码、机内码、字形码和地址码。

（1）外码，也叫输入码。是用来将汉字输入到计算机中的一组符号。常用的输入码有拼音码、五笔字型码、自然码、表形码、认知码、区位码和电报码等，一种好的编码应有编码规则简单、易学好记、操作方便、重码率低、输入速度快等优点。每个人可根据自己的需要选择输入码。

（2）交换码，也叫国标码、区位码。计算机内部处理的信息，都是用二进制代码表示的，汉字也不例外。而二进制代码使用起来是不方便的，于是需要采用信息交换码。中国标准总局1981年制定了中华人民共和国国家标准GB 2312—80《信息交换用汉字编码字符集–基本集》，把国标GB 2312—80中的汉字、图形符号组成了一个94×94的方阵，分为94个区，每区包含94个位，其中区的序号由01至94，位的序号也是从01至94。94个区中位置总数=94×94=8836个，其中7445个汉字和图形字符中的每一个占一个位置后，还剩下1391个空位，这1391个位置空下来保留备用。这是交换码也称作国标码、区位码的缘故。

（3）机内码。根据交换码的规定，每一个汉字都有确定的二进制代码，称为机内码。在计算机内部汉字代码都用机内码，在磁盘上记录汉字代码也使用机内码。

（4）字形码。字形码是汉字的输出码，输出汉字时都采用图形方式，无论汉字的笔画多少，每个汉字都可以写在同样大小的方块中。通常用16×16点阵来显示汉字。

（5）地址码。地址码是指汉字库中存储汉字字形信息的逻辑地址码。它与汉字机内码有着简单的对应关系，以简化机内码到地址码的转换。

3. 声音编码

声音是靠声波传递的，声波是一种模拟格式。模拟格式的声音转化为数字格式，需要进行音频信息编码（见图 2-9）。音频信息编码是按有规律的时间间隔采样声波的振幅，并记录所得到的数值序列，需要经历采样和量化等过程。

采样是等时间间隔的读取声波幅值。采样率指单位时间内从连续信号中提取并组成离散信号的采样个数，单位 Hz。例如，44kHz 采样率的声音就是要花费 44000 个采样来描述 1 秒钟的声音波形。原则上采样率越高，声音的质量越好。

量化是把读取的幅值进行分级量化，按整个波形变化的最大幅度划分成几个区段，把落在某个区段的采样幅值归为一类，并给出相应的量化值。具体过程见图 2-9 所示。

把一个信号数字化，意味着从中取样。如果把这些样本紧密排列起来，几乎能让原状重现。例如，在一张音乐光盘中，声音采样是每秒 44100 次，声波的波形被记录成为不连贯的数字（这些数字被转化为比特）。当比特串以每秒 44100 次的速度重现时，就能以连续音奏出原本的音乐。由于分别取样的连续音节之间间隔极短，因此听不出一段段分隔的音阶，而完全是连续的曲调。

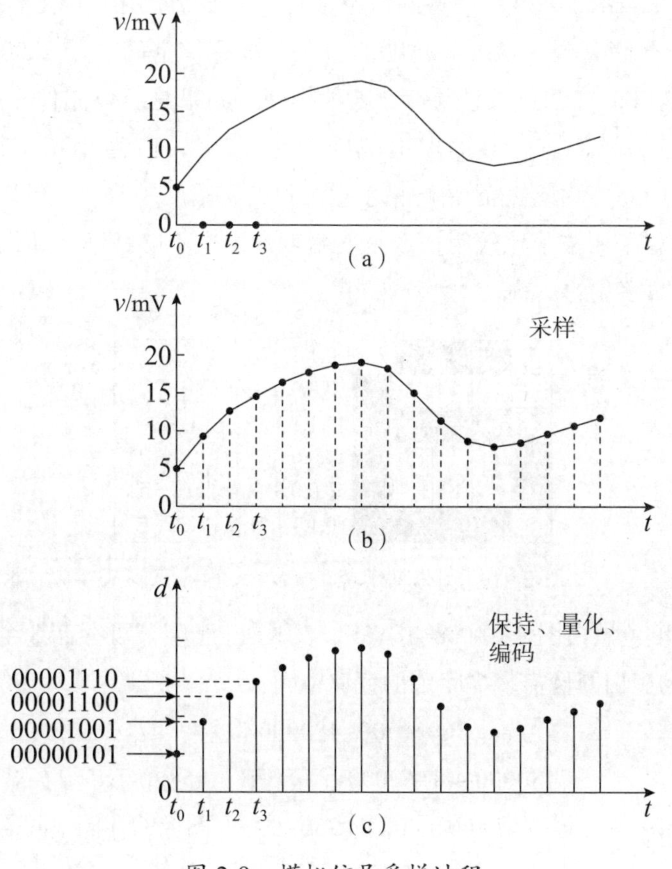

图 2-9　模拟信号采样过程

4. 图像编码

计算机中，图像包括位图和矢量图两种基本类型。

1）位图

在位图技术中，图像被看成点的集合，每一个点称为一个像素（pixel）（见图 2-10）。人们用 pix 表示 picture 的缩写，并结合了元素 elements 开头的两个字母，便组成了新的名词 pixel。从个别像素中产生连续图像的原理，和大家熟悉的物质世界现象非常相似，只不过其过程更加精细而已。现实世界中，物质是由原子组成的，如果从亚原子的层次来观察物体，即使非常光滑的表面也可以看到许多坑洞。大家看到的金属表面之所以光滑而坚实，是因为其原子组成非常微小。

编码化的位图也是如此。计算机内部承载的所有信息都用数字 0 和 1 表示。电子照相机的原理可以想象成是在一个影像上打出精密的格子（grid），然后记录每个格子的颜色就可以了。格子的数量称为分辨率，如分辨率为 800 × 600，则表示水平分为 800 格，垂直分为 600 格，总共 480000 个格子（像素）。如果是黑白图像，可以用一比特表示一个像素，1 表示黑色，0 表示白色（见图 2-10）。实际的黑白图像不是用单纯的黑和白表示，而是用灰度来表示，灰度级越多图像越真实。一个像素用 256 种不同的灰度来表示，因 2^8=256，所以存储一个像素要 8 比特即一字节的存储空间。用 0000 0000 表示全黑，1111 1111 表示全白，从黑到白总共有 256 种排列。如果是彩色图像，则每个像素用 24 位 RGB 编码来表示。R、G、B 的取值范围为 0 ～ 255，白色 RGB（255，255，255），黑色 RGB（0，0，0）。用这种严密的格子和细致的明暗度层次，就可以复制出肉眼难辨的图像。但是假如采用格子比较粗，或是明暗度的层次不够精细，那么就会轮廓线条依稀可见，这就是数字化的痕迹。

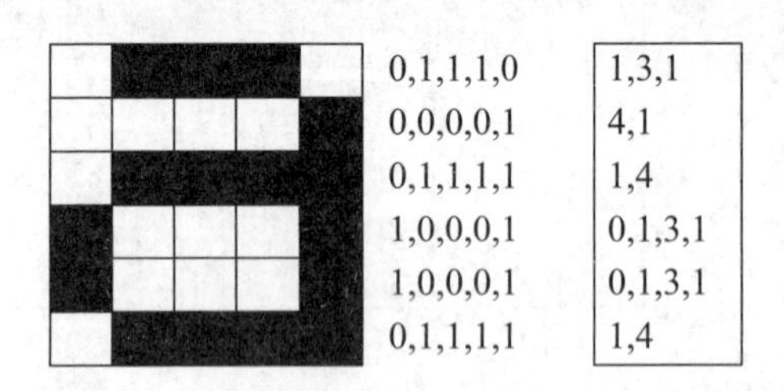

图 2-10　图像的像素、比特及其行程编码

例题 1：如单色黑白图，用 0 表示黑、1 表示白。1 字节可存储 8 个像素。一幅分辨率为 800 × 600 的黑白图像需多少字节的存储空间？

800 × 600=480000 像素

480000 ÷ 8=60000 字节（B）=58.6KB

例题 2：存储一幅分辨率为 800 × 600 的 256 级灰度图像的存储空间需多少字节（B）?

$$800 \times 600=480000 \text{ 字节 } =468.75\text{KB}$$

人们在日常生活中体验的世界其实是非常模拟化的。从宏观的角度看，这个世界一点也不数字化，反而具有连续性的特征。从一种状态到另一种状态往往需要过渡。从微观看，也许就不是这么回事了，因为世界是由粒子（电子、光子、原子等）构成的，但是它们的数量太过庞大，因此，感觉上似乎连续不断。

2）矢量图

矢量是既有大小又有方向的量，物理中称为矢量，数学中称为向量。矢量图（vector graphics）是使用数学的方法构造一些基本的几何元素，如点、线、矩形、多边形、圆、弧线等，然后利用这些几何元素构造计算机图形。矢量图形可以通过公式计算得到，无须记录像素点信息，图像文件较小，不失真。例如画圆，只需记录圆心坐标和半径即可。

与位图存储像素不同，矢量图形是通过计算机将一串线条和图形转换为一系列指令，计算机只存储指令（指令比特），而不是像素。看起来没有位图图像真实，但存储空间很小，并且放大时不失真。大量的工业制图软件（包括二维、三维）都是矢量图。

矢量图形是在一些算法的帮助下，利用直线、曲线及填充区域生产图形。这是计算机辅助设计（CAD）所应用的领域，在工程和体系结构设计中有着十分重要的作用。矢量图形一般转换为图元文件（Metafile）格式以存放在文件中。图元文件是由生产矢量图形的一系列绘制命令的集合组成，这些命令通常已经被编码为二进制形式。

位图可以由操作者利用绘图程序绘制，也可以由计算机代码通过某种算法产生，也可以通过数码相机将现实场景用位图来表示。智能手机几乎都有数码相机功能，方便采集现实世界的场景。把图元文件转换成位图文件的方法很简单。这是由于视频显示存储器与位图在概念上保持一致，如果程序能把图元文件画在视频显示存储器中，则也能在位图上画出图元文件。但是位图文件到图元文件的转换却不那么容易，如果位图文件过于复杂可能无法转换。

2.6　比特的速度

引入时间的概念，就有了比特的速度。比特的速度常用比特率来描述，其单位是比特每秒（bits per second，b/s），或千比特每秒（Kb/s），或兆比特每秒（Mb/s）等。在不同的情境中，比特率有不同的解释。

1. 网络中的比特率（网速）

比特率是网络上的速度计算单位，指每秒传送的比特数。比特率越高，单位时间内传送的数据量越大。例如，一个 56K 的调制解调器（modem），它的速度就是 56Kb/s，也就是说它 1 秒钟可传输 56Kb，或者 7168B，即它 1 秒钟可传递 7168 字节。大家还常听说某台服务器的带宽多少 M 或某个网络设备的速度多少 M，那么请注意，速度的单位都是 bit/s。通信商提供的 100M、200M 的速率都是以 Mb 计算的。比如家里常用的 100M 的网速，它的全称是 100Mb/s，就是说每秒下载 100Mb 的东西，换算为字节就是 1600KB，这个值是理论最大值，只有在特别理想的状况下才能达到。所以 100M 的网速如果下载速度在 7000 ～ 100000Kb/s 都是正常的。

2. 声音的比特率

比特率可以作为一种数字音乐采样效率的参考性指标。CD 中的数字音乐比特率为 1411.2Kb/s（也就是记录 1 秒钟的 CD 音乐，需要 1411.2×1024 比特的数据），音乐文件的比特率越高，音乐文件的音质就越好，意味着在单位时间内需要处理的数据量（bit）越多。但是，比特率高时文件变大，会占据很多的内存容量。音乐文件最常用的比特率是 128Kb/s，MP3 文件可以使用的一般是 8 ～ 320Kb/s。表 2-2 中给出了比特率值与现实音频对应情况。

表 2-2　比特率值与现实音频对照

比 特 率	现 实 音 频
16Kb/s	电话音质
24Kb/s	增强电话音质、短波广播、长波广播、欧洲制式中波广播
40Kb/s	美国制式中波广播
56Kb/s	话音
64Kb/s	增强话音（手机铃声最佳比特率设定值、手机单声道 MP3 播放器最佳设定值）
112Kb/s	FM 调频立体声广播
128Kb/s	磁带（手机立体声 MP3 播放器最佳设定值、低档 MP3 播放器最佳设定值）
160Kb/s	HIFI 高保真（中高档 MP3 播放器最佳设定值）
192Kb/s	CD（高档 MP3 播放器最佳设定值）
256Kb/s	音乐工作室（音乐“发烧友”适用）

实际上随着音频编码技术的进步，比特率也越来越高，一些格式可以达到更高的比特率和更好的音质。比如 APE 音频格式，其比特率通常为 550 ～ 950Kb/s。常见音频编码模式有动态比特率、静态比特率和平均比特率。

（1）动态比特率（variable bit rate，VBR）也就是没有固定的比特率，采样软件在采样时根据音频数据即时确定使用什么比特率，这是以质量为前提兼顾文件大小的方式。

（2）静态比特率（constant bit rate，CBR），又称常数比特率，指文件从头到尾都是一种比特率。相对于 VBR，CBR 压缩出来的文件体积更大，而且音质不会有明显的提高。

（3）平均比特率（average bit rate，ABR）是 VBR 的一种插值参数，是针对 CBR 不佳的文件体积比和 VBR 生成文件大小不定的特点提出的。ABR 在指定的文件大小内，以每50帧（30帧约1秒）为一段，低频和不敏感频率使用相对低的流量，高频和大动态频率时使用高流量，可以作为VBR和CBR的一种折中选择。

3. 视频中的比特率

视频中的比特率，又称码率，原理与声音比特率相同，都是指由模拟信号转换为数字信号的采样率。码率与文件大小之间的计算公式：

$$文件大小=时间 \times 码率/8$$

这里时间单位是秒，码率除以8，就不用说了。例如，D5的碟，容量4.3GB，考虑到音频的不同格式，占用一定的空间，姑且算为600MB，视频文件应不大于3.7GB，视频长度100分钟（6000秒），计算结果：码率应为4900Kb/s。

码率的两点原则：

①码率和视频质量成正比，但是文件体积也和码率成正比；

②当码率超过一定数值时，对视频质量没有多大影响。

使用比特来描述声音和影像时，用到的比特越少越好，这也和节约能源的道理一样。但是，每秒或每平方米所用到的比特数，会直接影响到音乐或影像的逼真程度。通常，在某些应用上希望用高分辨率的数字技术，而在其他应用上，只要低分辨率的声音和画面就够了。人们希望用分辨率很高的数字技术打印出彩色图像，但是计算机辅助的版面设计却不需要太高的分辨率。

把一系列静止图像快速播放，可达到电影和电视中出现的物体移动效果。这期间单个图像称为帧（frames），电影一般为24帧/秒，电视为25帧/秒。计算机中的电影文件一般都是由附带声音的位图组合而成，但是如果不经过压缩处理，电影文件会很大。如果每帧包含像素为640×480，每个像素为24位真彩色，每帧的大小为921,600字节，如果播放速度为30帧/秒，每秒需要的存储空间为27,648,000字节，一部两小时电影大约需要200GB。

2.7　比特的压缩

前面已经指出能够被压缩是比特的基本属性之一，是比特能被高效存储和传输的基础。下面介绍关于比特压缩的一些知识。

2.7.1　冗余的概念和分类

1. 冗余的基本概念

信息量与数据量的关系可由下式给出：

$$I=D-du$$

式中，I指信息量，D指数据量，du指冗余量。

读一篇文稿，每分钟180字，一个汉字占2字节（内码），每分钟文本数据量360B；若对文稿直接录音，采样率为4kHz，双声道，则有 $4K\times2\times8$=64Kb/s，每分钟数据量480Kb。可以看出，直接录音中，数据量和信息量之间存在巨大的冗余。

2. 数据冗余的类别

（1）空间冗余。规则物体和规则背景的表面物理特性具有相关性。

（2）时间冗余。连续播放的画面，前后几帧背景基本无变化。例如：小车行驶，外形无变化，只需小车运动矢量。

（3）统计冗余。空间、时间冗余，把图像信号看作概率信号时所反映出的统计特性。

（4）结构冗余。物体表面纹理等结构，尤其是规则图形的冗余量大。

（5）信息熵冗余。前面熵的计算公式可以等价变换为：

$$H(X)=-\sum_{i=0}^{k-1}p_i\log_2 p_i$$

P_i 是 X_i 在 X 中出现的概率，$-\log_2P_i$ 表示包含在 X_i 中的信息量，也就是编码 X_i 所需要的位数。但 $\{P_0, P_1, \cdots, P_{k-1}\}$ 难预估，取位数为最多信息所需位数，带来信息熵冗余。

（6）视觉冗余。人类视觉系统有对图像的注意有非均匀和非线性的特性。对亮度比对色度敏感，并非图像任何变化均能感知。人的分辨能力一般为 2^6 灰度等级，而一般图像量化采用 2^8 灰度等级。

（7）知识冗余。人有先验知识，如图像的结构等，但在计算机存储时未考虑。

还有其他的冗余，不再一一列举。有了冗余，就有可以压缩的空间。

2.7.2 压缩编码的方法

压缩处理一般由两个过程组成：一是编码过程，即对原始比特进行编码压缩，以便存储和传输；二是解码过程，即对压缩的比特进行解压，恢复成可用的比特串。根据解压后比特串的保真度，压缩技术可分为无损压缩编码和有损压缩编码两大类。无损压缩编码是指解码后的比特串与原始比特串完全相同，无任何偏差。这种编码通常基于信息熵原理，常用的编码有赫夫曼编码、算术编码、行程编码等。它的压缩比通常比较低，一般在2∶1～5∶1。主要用于要求数据无损压缩存储和传输的场合，如传真机、文本文件传输等。

有损压缩编码是指解码后的比特串与原始比特串相比有一定的偏差，但仍可保持一定的视听质量和效果。它主要是在保持一定保真度下对比特串进行压缩，其压缩比可达100∶1。压缩比越高，其解压缩后的视、音频质量就越低。常用的编码方法有基于线性预测原理的预测编码、基于分量量化的量化编码、基于正交变换原理的正交变换编码、基于分层处理的分层编码以及基于频带分割原理的子带编码等。

多媒体信息编码技术主要侧重于有损压缩编码的研究。经过多年的研究与开发，已经有了一系列有关的国际标准。其中，最著名的是国际标准化组织（ISO）制定的JPEG和MPEG。JPEG是静止图像的压缩标准，其压缩比可达40：1。MPEG（MPEG-1、MPEG-2及MPEG-4）是动态图像的压缩标准。其他的标准还有国际电信联合会（ITU）制定的用于可视电话、会议电视的H.261和H.263，用于音频的G.711、G.721、G.728等。

2.7.3 几种压缩编码的技术

常见的压缩编码技术有多种，其技术路线大致如下。

（1）预测编码。以相邻的且已被编码的点对目前点进行预测估计，它的基础是同帧图像的相邻像素点之间相关性比较强。

（2）变换编码。将图像光强矩阵（时域信号）转换为系数空间（频域）进行处理。

（3）量化编码。模拟转换为数字，进行量化，一次量化多个点时称为向量量化。

（4）信息熵编码。概率大的信息用短码字表示，概率小的信息用长码字表示。

（5）分频带编码。时域转频域，按频率分带，用不同的量化器进行量化。

（6）结构编码。结构特征抽取（边界、轮廓、纹理），保存参数。

（7）基于知识的编码。利用人的知识形成规则库，用参数描述，实现图像编码和解码。

下面介绍几种具体的压缩编码。

1. 香农—范诺编码

香农定律告诉人们，传输的信息量是其出现概率的单调下降函数。例如，某信息源有N个事件，且任一事件概率均相等，为$1/N$，则信息量为$\log_2 N$。如果从256个数中猜1个数，则最少提问几次一定可以猜到？第一次，是否大于128？消去一半可能……共8次。也就是说，每次提问会得到1b的信息量。因此，在256个数中选定某个数所需要的信息量为：$\log_2 256 = 8\text{b}$。信息量是指从N个相等可能事件中选出一个事件所需要的信息度量或含量，也就是在辨识N个事件中特定的一个事件的过程中所需提问是或否的最少次数。

例如，一幅图像用256级灰度表示，若每一个像素点灰度概率为1/256，则编码每个像素点需要8比特。

再例如，一幅灰度图像由40个像素组成，灰度共5级，分别用符号A、B、C、D、E表示，40个像素中出现灰度A的像素数有15个，灰度B的有7个，C的有7个，D的有6个，E的有5个，若用3位表示5个等级的灰度值，编码这幅图像总共需要120比特，用香农理论，图像熵为：

$$H(X)=(15/40)\times\log_2(40/15)+(7/40)\times\log_2(40/7)+\cdots+(5/40)\times\log_2(40/5)=2.196$$

若平均每个灰度用 2.196 位表示，则图像总共需要 87.84 位。

用香农—范诺编码（见表 2-3），压缩比为 120/91=1.3：1。

表 2-3　香农—范诺编码

灰度等级	出现次数	P_i	$\log_2(1/P_i)$	分配的代码	需要的位数
A	15	0.375	1.4150	00	30
B	7	0.175	2.5145	01	14
C	7	0.175	2.5145	10	14
D	6	0.150	2.7369	110	18
E	5	0.125	3.0000	111	15
					总位数：91

香农—范诺编码算法步骤（见图 2-11）如下：

①按照符号出现的概率减少的顺序将待编码的符号排成序列；

②将符号分成两组，使这两组符号概率和相等或几乎相等；

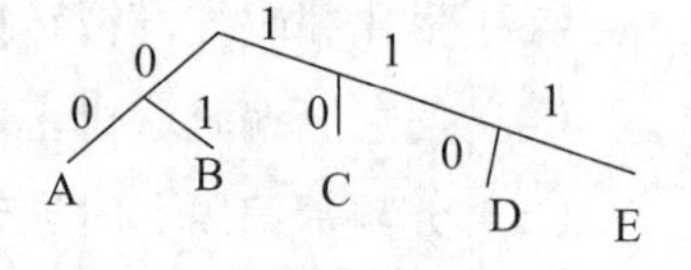

图 2-11　香农—范诺编码图示

③将第一组赋值为 0，第二组赋值为 1；

④对每一组，重复步骤 2 的操作，直至每一组只剩下一个符号为止。

2. 赫夫曼编码

赫夫曼编码也是一种信息熵编码方法，具体步骤如下：

①按出现的概率大小排队；

②把两个最小的概率相加，作为新的概率和剩余的概率重新排队；

③把最小的两个概率相加，再重新排队，直到最后变成 1。每次相加时都将 0 和 1 赋予相加的两个概率，读出时由该符号开始一直走到最后的 0 或者 1，将路线上所遇到的 0 和 1 按最低位到最高位的顺序排好，就是该符号的赫夫曼编码。

依然采用前面的图像压缩举例，一幅图像 5 个灰度等级，40 个像素。用赫夫曼编码的过程见图 2-12。赫夫曼编码后一共 90 位，压缩比为 1.33：1（见表 2-4）。

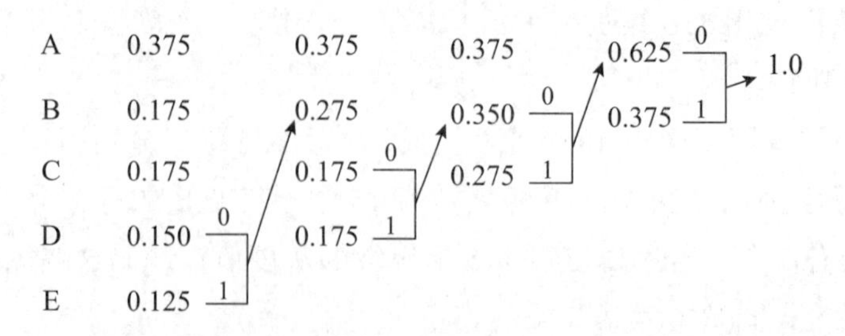

图 2-12　赫夫曼编码结构

表 2-4　赫夫曼编码

符　号	概　率	代　码	码　长	出现次数	位　数
A	0.375	1	1	15	15
B	0.175	000	3	7	21
C	0.175	001	3	7	21
D	0.150	010	3	6	18
E	0.125	011	3	5	15

用赫夫曼编码所得的平均码长为：∑(码长 × 出现概率)

上例为：$1 \times 0.375+3 \times (0.175+0.175+0.15+0.125)=2.25$bit。可以算出本例图像的熵为 2.17bit，二者已经很接近了。

赫夫曼编码的特点如下：

（1）码不唯一；

（2）码字变长，但不需要另外附加同步代码；

（3）概率分布不同，编码效率不同。概率分布不均匀时效率高，概率分布均匀时效率低；

（4）解码时需要有编码表，传输要考虑编码表所占比特率数；

（5）没有错误保护功能。

3. 算术编码

算术编码也是一种信息熵编码方法，有比较深刻的数学思想。简单来说，算术编码的基本步骤如下：

（1）假设有一段数据需要编码，统计里面所有的字符和出现的次数。

（2）将区间 [0,1) 连续划分成多个子区间，每个子区间代表一个上述字符，区间的大小正比于这个字符在文中出现的概率。概率越大，则区间越大。所有的子区间加起来正好是 [0,1)。

（3）编码从一个初始区间 [0,1) 开始，设置：low = 0，high = 1。

（4）不断读入原始数据的字符，找到这个字符所在的区间，比如 $[L, H)$，更新：

$$\text{low}=\text{low}+(\text{high}-\text{low})L$$

$$\text{high}=\text{low}+(\text{high}-\text{low})H$$

最后将得到的区间 [low, high) 中任意一个小数以二进制形式输出即得到编码的数据。

下面用一个例子进行说明。

假设信源符号为 {A，B，E，R}，其相应概率分别为 {0.2，0.2，0.2，0.4}，根据概率把间隔 [0，1）分成 [0，0.20)，[0.2，0.2)，[0.2，0.6)，[0.6，1）4 个子间隔（见表 2-5）。编码过程如图 2-13 所示。

表 2-5 算术编码间隔

符　号	概　率	初始编码间隔
A	0.2	[0，0.2）
B	0.2	[0.2，0.4）
E	0.2	[0.4，0.6）
R	0.4	[0.6，1）

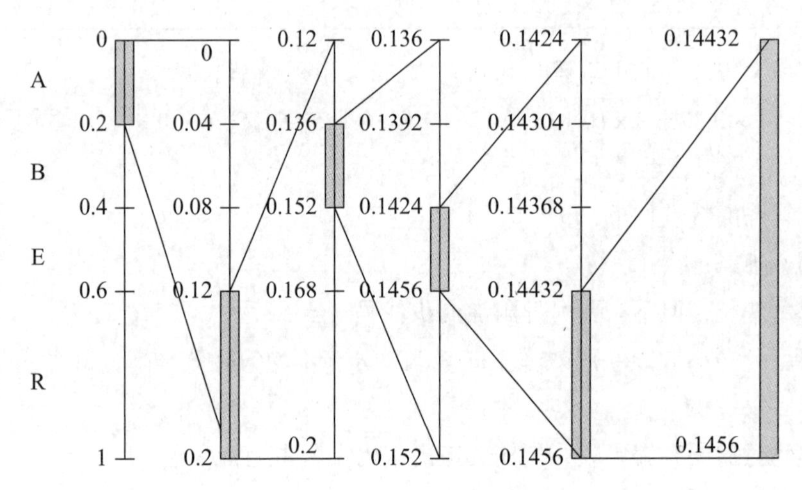

图 2-13　算术编码过程举例

在图 2-13 中：

（1）刚开始编码区间是 [0，1)，即 low=0，high=1；

（2）第一个字符 A 的概率区间是 [0，0.2)，则 $L=0$，$H=0.2$，更新

$$\text{low}=\text{low}+（\text{high}-\text{low}）L=0$$

$$\text{high}=\text{low}+（\text{high}-\text{low}）H=0.2$$

（3）第二个字符 R 的概率区间是 [0.6，1)，则 $L=0.6$，$H=1$，更新

$$\text{low}=\text{low}+（\text{high}-\text{low}）L=0.12$$

$$\text{high}=\text{low}+（\text{high}-\text{low}）H=0.2$$

（4）第三个字符 B 的概率区间是 [0.2，0.4)，则 $L=0.2$，$H=0.4$，更新

$$\text{low}=\text{low}+（\text{high}-\text{low}）L=0.136$$

$$\text{high}=\text{low}+（\text{high}-\text{low}）H=0.152$$

图 2-13 清楚地展现了算术编码的思想，可以看到一个不断变化的小数编码区间。每次编码一个字符，就在现有的编码区间上，按照概率比例取出这个字符对应的子区间。例如，一开始 A 落在 0 到 0.2 上，因此编码区间缩小为 [0，0.2)，第二个字符是 R，则在 [0，0.2) 上按比例取出 R 对应的子区间 [0.12，0.2)，以此类推。每次得到的新的区间都能精确无误地确定当前字符，并且保留了之前所有字符的信息。最后会得到一个长长

的小数，这个小数神奇地包含了所有的原始数据，不得不说这真是一种非常精彩的思想。

解码是编码过程的逆推。从编码得到的小数开始，不断地寻找小数落在了哪个概率区间，就能将原来的字符一个个地找出来。例如，得到的小数是 0.14432，则第一个字符显然是 A，因为它落在了 [0，0.2) 上，接下来再看 0.14432 落在了 [0，0.2) 区间的哪一个相对子区间，发现是 [0.6，1)，就能找到第二个字符是 R，以此类推。

算术编码具有以下特点：

（1）对整个消息只产生一个码字（[0，1）中的一个实数），译码器需接收所有位才能译码。

（2）对错误敏感。1 位错，整个消息译错。

（3）精度问题。不可能无限长。

4. 行程编码（run length encoding，RLE）

也叫长度编码，游程编码。相同灰度值相邻像素长度为：“行程”。如一幅灰度图像，第 n 行像素为

$$\underbrace{00\cdots0}_{7}\quad\underbrace{1\cdots1}_{3}\quad\underbrace{5\cdots5}_{52}\quad\underbrace{2\cdots2}_{3}\quad\underbrace{0\cdots0}_{8}$$

用 RLE 编码方法得到代码：70 31 525 32 80。这是变长行程编码，如果是定长行程编码，则可得代码：070 031 525 032 080 。编码前有 73 个代码，编码后只有 11 个代码，压缩比为 7 : 1。实际情况中，压缩比主要取决于图像本身特点，图像中相同颜色图像块越大，压缩比越高；反之，压缩比越小。颜色丰富的图像，一行中相同连续像素很少，若仍用 RLE 编码，则可能图像数据反而更大。

RLE 对差错敏感，一位符号出错会改变行程编码的长度，从而使整个图像出现偏移。

5. 词典编码（dictionary encoding）

当文本文件等数据包含重复代码时，可以：

（1）查找正在压缩的字符序列在以前输入的数据中是否出现过，若已出现过，只输出指向以前此字符串的指针（见图 2-14）。

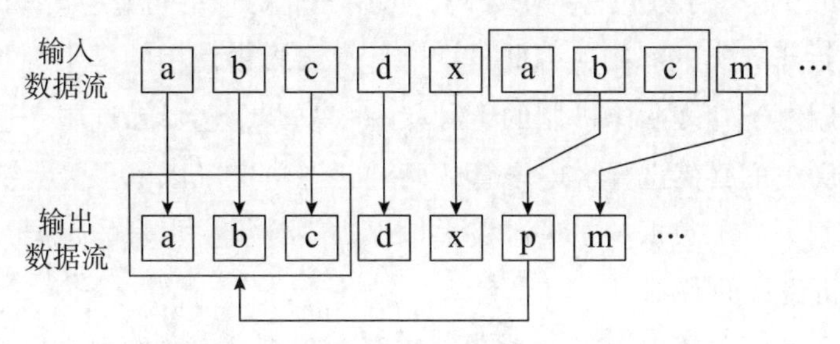

图 2-14　指针指向已经出现过的字符序列

（2）从输入的数据中创建一个短语词典，短语可以为任意字符组合，不一定有具体意义，如：严谨、求实。编码数据中出现已在词典中的短词时，编码器输出这个词典中的短语索引号（见图 2-15）。

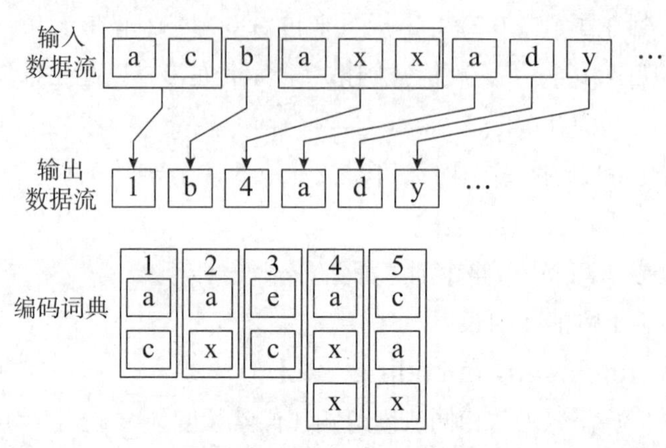

图 2-15　输出短语索引号

拓展阅读：

从计算机体系结构分析：二进制真的是最好的选择吗？

迄今为止，计算机已有 70 多年的历史，从最开始的电子管进化到现在的大规模集成电路，从硬件到操作系统都发生了翻天覆地的变化，但在进制问题上却一直沿用二进制，那么，二进制到底有什么样的魅力呢？它真的是无可替代的吗？

二进制是现代计算机的基础，它的优点显而易见：

①技术实现简单，逻辑电路用开关的接通与断开两种状态即可以表示 1 和 0；

②运算规则简化，和、积运算组合各有三种，非常有利于简化硬件内部结构；

③适合逻辑运算，二进制 0 和 1 两个数码，正好是逻辑代数中的“真”和“假”相对应；

④易于转换，二进制数与十进制数和其他进制数易于相互转换；

⑤抗干扰能力强，可靠性高，因为二进制表示的数据只有高低两个状态，即使受到一定干扰，仍能可靠分辨；

⑥实现简单可靠，由于只包含两个数码，可用任何两个不同稳定状态的元件来表示。

十进制更接近于人类的思维，因此早期的计算装置中使用的是十进制。电子计算机出现后，由于使用电子管表示十进制的十种状态太复杂，选择二进制来进行计算机体系的构建就是一种历史的必然选择，电子管的两种状态决定了以电子管为基础的电子计算机最好采用二进制来表示数据。二进制极大地促进了计算机本身的发展，直到今天，二进制仍然是计算机设计的基础。

不仅是计算机采用二进制设计，数字通信也是全面采用二进制，信息加密、信道编码和信道调制都是基于二进制设计的，于是一个二进制位代表的比特也就成了信息量的最小单位，任何信息的存储、传输、处理都是用数字 0、1 比特流来表示，信息承载在比特流上，空间电磁波到处流淌的也是 0100011101101……样的比特流。

计算机为什么不能采用十进制?

1946 年，第一台真正意义上的电子计算机 ENIAC 在美国宾夕法尼亚大学诞生，那时候的计算机比较简陋，尚没有操作系统这个概念，整个机器就是由各种门电路板组成的庞然大物，不同的电路板执行不同的程序。而且在当时的计算机中，程序和数据是完全分离的两个概念，数据放在存储器中，而程序作为控制器的一部分，这样的计算机计算效率低，灵活性较差，计算机必须依靠手工操作、由人来负责硬件的运行，每运行一个不同的程序，就得改动硬件。所以说人们一开始对计算机的操作，都是基于硬件的，非常费时费力。

而且此时的计算机还存在其他问题，由于早期的设计者们的习惯使然，依旧采用了人类的思维方式，上文提到的第一台电子计算机 ENIAC 采用的就是十进制。看起来是很方便，但这种设计的弊病很快便体现了出来：十进制在计算机中如何表示成了大麻烦，计算机做的都是位运算，那该怎么用电路来模拟这十种状态呢？于是人们用电压来控制数字，每隔 0.5V 就代表一个数字，比方说 0.5V 代表 1、1.0V 代表 2，但由于当时的机能所限，真空电子管的精度堪忧，这就导致得出的结果往往不准确；最后设计者们也没办法了，干脆用十根电子管代替 0 ～ 9，这种简单粗暴的方式使接线变得异常复杂，还造成了严重的硬件浪费，计算机的体积也相当庞大。

那么，这些问题又是如何解决的呢?

1936 年，香农基于英国数学家乔治 · 布尔关于逻辑数运算的成果，发表了著名的硕士论文 *Asymbolic analysis of relay and switching circuits*，首次将电路和数学联系起来诞生了继电器。同年，图灵也发表了一篇影响深远的文章 *On computable numbers*，*with an application to the entscheidungsproblem*，从数学的角度出发，从根本上定义了可计算数在二进制及有限指令及状态跳转下成立。随后，冯 · 诺依曼吸取了香农和图灵研究的精髓，将计算机科学引入了一个新的高度。

冯 · 诺依曼认为，ENIAC 十进制的设计很糟糕，无论是从数学还是物理的角度来看都很别扭，他将高低电平用数字 1 和 0 表示，大大降低了模拟电路的实现难度和机器的复杂程度。同时冯 · 诺依曼还将计算机细化为控制、存储、计算、输入、输出五个部分，即著名的“冯 · 诺依曼结构”。在该种结构下，不管是程序和数据，全部放在存储器中，这样计算机就可以直接调用存储器中的程序来处理数据了。因为控制器是硬件，数据和程序都是软件，这种设计将软硬件彻底分开，人们再也不用通过硬件来操作软件，自此人类实现了可编程的计算机。可以说正是冯 · 诺依曼的努力，才有了程序员这个职业。现今计算机可谓脱胎换骨，处理器的设计也远远超越了冯·诺依曼那个年代的水平，但几乎所有的计算机，都无法脱离“存储控制原理+二进制”的设计思路。

历史上，真的有三进制的计算机吗？

在20世纪60年代，苏联曾经设计过三进制的计算机，名叫Сетунь，由苏联科学院院士С. Л. Соболев带领几名研究员共同研发而成。这是人类历史上首台基于三进制的计算机，而且在1960年的时候就投入了市场，反响很不错。

当时的计算机已经发展到第二代，苏联科学家采用了速度更快、可靠性更好的铁氧体磁芯和二极管，然后以此设计出了一种全新的可控电流变压器。由于电压存在着三种状态：正电压（1)、零电压（0）和负电压（–1），三进制恰好和这三种状态对应，从物理层面来讲，三进制比二进制要先进得多。

但非常可惜，当时苏联正忙于和美国冷战，大搞军备竞赛，完全没工夫去理会С. Л. Соболев等人，而且苏联对于Сетунь的态度也相当敌视，觉得它是“资本主义的丑恶尾巴”。无奈之下，С. Л. Соболев最终放弃了项目组的心血，关闭了工厂，三进制计算机的传奇也就此落幕。不得不说一项新兴技术的命运和所处的环境息息相关。虽然Сетунь失败了，但它说明了一个非常重要的问题：过去是因为技能限制，所以只能选择二进制的设计。那么伴随着工艺水平的不断提高，计算机可否采用其他更为合理、更快捷的进制呢？

计算机最完美的进制：e进制

按照当下的工艺水平，不论是基于四进制的计算机，还是十进制的计算机，完全可以生产出来，如今电子元件都很精确，一块硅板上能集成几十亿条电路，多划分几个电压，用来表示不同的数字，一点问题都没有。并且从苏联Сетунь项目里也能看出，二进制其实并不是最好的选择，它也有缺陷，比如数位太高，可读性差，且非常烦琐。现代计算机都采用二进制，主要是出于对成本的考虑以及习惯使然。

其实，三进制也不是最好的选择。真正符合计算机逻辑的，是另一种鲜为人知的进制——e进制。自然对数e在数学界的地位非比寻常，与0、1、圆周率π、虚数i共同构成了最伟大的数学公式之一：欧拉公式。后人将其称为“上帝创造的公式”。

$$e^{i\pi}+1=0$$

那么，e又是怎么和计算机产生联系的呢？

在不加任何前提条件的情况下，一个二进制下的2bit所占用的存储空间肯定会比二进制下4bit的存储要小，相应地，2bit数据所能展现的内容也要比4bit少。假如放开条件，不再拘泥于二进制，能不能用更少的bit来表现更多的信息呢？

这个问题等同于：在不考虑物理实现的情况下，从纯数学角度来讲，能不能将n位数的产出变得最大化？

这里便涉及了另一个很常见的问题——“成本 - 效率”。先说成本，假设有 n 位数，采用 r 进制表示，每一位都可以表示 r 种状态，这里需要注意，由于数在不同位上的权不同，所以 r 进制下数的状态共计有 $r \times n$ 个。举个例子，二进制下的 3 位数 001，可以组成 001、010、100，共计 $2 \times 3=6$ 种状态。再来看效率的概念：假设现在有两个进制，$r1$ 和 $r2$，它们都用来表示 m 个数，呈现状态用 s 来表示，如果 $s1<s2$，就说明它占用的状态更少，表现的内容更多，$r1$ 的效率是高于 $r2$ 的。举个简单的例子，数字 10，在十六进制、八进制和二进制分别为 A、12 和 1010。不难看出，十六进制的效率是最高的，它用 1bit 就能体现二进制下 4bit 才能表达的信息。

可以据此得到一个数学关系式，即为了表示 m 个数，当 r 为多少时，s 可以取得最小值？下面就是纯粹的数学计算了：

$$m=r^n$$

$$s=rn$$

第一个式子两边同时取自然对数 e，解出 $n=\ln r/\ln m$，再将 n 代入第二个式子，可得函数：

$$s=r(\ln r/\ln m)$$

再对 r 求导，可得

$$ds/dr=[(\ln r-1)/\ln \hat{}2r]\ln m$$

令上述导数式等于 0，$r \approx 2.71828\cdots\cdots$此时 s 最小，值为 $e\ln m$

其实这就是个高数中的求导问题，当 r 为 e 时，效率是最高的，如果将 m 无限扩大，分别取 10^2, 10^3, …, 10^10 时，曲线的最小值就在 e 趋于 2.7 时达到最小。那为什么不采用 e 进制呢？因为在物理上无法实现，e 是一个无限不循环小数，人类不可能用电元件去模拟出这样一个电路出来，所以 e 进制只能是理论上的一个存在了。

计算机作为一个集人类智慧大成的产物，其中所缊含的知识是无法用语言去形容的，一个看上去简单的进制问题，其实是涵盖了计算机体系结构、物理、数学和逻辑多方面因素所影响的最终选择，它凝聚了众多先驱人物的心血和才华。

（摘自：从计算机体系结构分析：二进制真的是最好的选择吗？）

本章小结

比特是数字化最基本的概念，它蕴含了数字化的一切基本矛盾。比特既是二进制中的位，也是信息的最小计量单位，它能混合、能解释、能压缩、能校验，能被多种物理载体承载。通过编码赋予比特意义，通过编码描述万千世界。采样技术、编码技术、压缩技术等的创新和发展，都有可能给数字化技术带来新的突破。尤其是对比特本身的突破，如经典的比特向量子比特的进阶，将会给数字化带来颠覆性革命。

习题二

1. 比特是什么？如何理解比特是数字化分析的逻辑起点？

2. 比特的载体有哪些？这些载体有什么样的特征？

3. 比特有哪些基本性质？

4. 声音数字化的基本过程包括哪些步骤？如何理解采样率与音乐质量的关系？

5. 计算机中图片是如何存储的？如何计算黑白、灰度和彩色图像的像素所需比特数量？

6. 理解数字信息的冗余和数字压缩原理。

7. 二进制有什么优缺点？为何计算机最终选择了二进制？

8. 假设信源符号为 { 00，01，10，11}，其相应概率分别为 {0.1，0.4，0.2，0.3}，根据概率把间隔 [0，1）分成 [0，0.10），[0.1，0.5），[0.5，0.7），[0.7，1）4 个子间隔。请给出比特串为：10 00 11 00 10 11 01 的算术编码。

9. 阅读下面故事，并答题。

很久以前，有一个国王，拥有广袤的国土和众多的士兵，有一批智慧的大臣。有一天，国王突然想要知道他到底有多少士兵，于是他召集大臣们开会，命令大臣们想想办法去数数到底有多少士兵。

大臣 A：预先搬一堆石子过来，旁边放个筐。让士兵列队依次走过。每走过去一个士兵，就往筐里放一颗石子，等士兵走完了，则筐里的石子数等于士兵数。

这个思路和结绳计数的思路一致。但是，国王觉得太落后，希望寻找更先进的办法。

大臣 B：派几个人一起数，每人拿十颗石子，同时在面前放一个筐。第一个人每看到一个士兵走过去，就往自己筐里放一颗石子。每当放到十颗时就把筐里石子都取出来，同时通知第二个人；第二个人每次收到第一个人的通知就往自己筐里放一颗石子。每当放到十颗时就把筐里石子都取出来，同时通知第三个人；如此接续……每个人都接收上一个人的通知，收到一次通知就往自己筐里放一颗石子。每当放到十颗时就把筐里石子都取出来，同时通知下一个人。等士兵走完了，由各个筐里的石子数可以算出士兵数。

大臣 C：数法和大臣 B 类似，只是每个人最多数到五颗石子就清筐同时通知下一个人。这样每个人只要备五颗石子。

大臣 D：数法和大臣 B、C 类似，只是每个人最多数到两颗石子就清筐同时通知下一个人。这样每个人只要备两颗石子。

国王希望永久地留下所数的结果，同时为了节省库房的空间，希望所用石子最少。

问题 1：针对以上各种方法，你觉得还有哪些地方可以改进？

问题 2：哪个方法所用的石子数量最少？为什么？请证明。

第3章 运算与存储

学习目标

- 理解逻辑运算和布尔运算
- 理解开关电路、继电器和门电路
- 理解加法器、存储器的结构和逻辑
- 了解芯片制程，懂得芯片制造的难点

比特在电子计算机中的运算主要有两种：算术运算和逻辑运算，这些运算都是由计算机内部的逻辑部件实现的，逻辑部件通过基本门电路实现。利用这些逻辑部件，可以表示和实现布尔代数的各种运算。存储包括临时存储和永久存储，临时存储需要恒定电流，一旦断电，存储的信息消失；永久存储则断电后存储的信息不会消失。

3.1 逻辑与开关

能够判断真伪的语句为命题，例如“太阳从东方升起”是命题，“雪是黑的”是命题，“20能被4整除”是命题。命题不允许模棱两可，例如“这苹果不大”“这道菜好吃”就不是命题。命题可以用逻辑变量来表示，如

A=“雪是黑的”，则A=0，表示命题的真值为假；

B=“太阳从东方升起”，则B=1，表示命题的真值为真。

如果一个命题的真伪依赖于其他命题的真伪，相应的逻辑变量之间

有因果关系，则这些逻辑变量之间构成逻辑函数关系，如

有命题：“如果天下雨，地就湿”；

令：A= 天下雨，F= 地就湿，则有：F=A。

一个命题的真伪可能依赖于多个命题，此时函数关系中需要逻辑运算。假设：A= 张三参加会议，B= 李四参加会议，F= 我参加会议。

如果“张三和李四都参加会议，我就参加会议”，则：F=AB；

如果“张三不参加会议并且李四参加会议，我就参加会议”，则：F= $\bar{A}$B（$\bar{A}$ 表示 A 的反）；

如果“张三和李四都不参加会议，我就不参加会议”，则：F=A+B。

什么是逻辑呢？逻辑被认为是一种哲学形式，是追求真理过程中的一种分析方法。三段论法被认为是逻辑学的基础。最著名的三段论法是：

所有人都必有一死；

孔子是人；

所以，孔子必有一死。

在三段论中，首先假定两个条件正确，然后再通过两个条件推断出结论。以上三段论之所以最著名，是因为结论显而易见。

19 世纪的一些数学家一直在研究逻辑学的数学定义，在理论上取得实际突破的是布尔。1847 年，布尔发表了短篇名著 *The mathematical analysis of logic*，1854 年他又发表了 *An investigation of the laws of thought*，*on which are founded the mathematical theories of logic and probabilities*。在这两篇论文中，他发明了布尔代数，一种利用数学来描述逻辑的方法。

布尔代数看起来与传统代数非常相似，而且运算规则也类似。例如，有这样一个常见的问题。张三有 3 只羊，李四的羊是张三的 2 倍，王五的羊比李四多 5 只，赵六的羊是王五的 3 倍。试问赵六有多少只羊？这是一个非常简单的数学问题，在解题的过程中，首先将文字叙述转化为数学语言。用 A、B、C、D 分别表示张三、李四、王五和赵六的羊的数量。则有：

$$A=3，B=2\times A，C=B+5，D=3\times C$$

然后，将式依次代入，可得：

$$D=3\times C=3\times(B+5)=3\times(2\times A)+5)=33$$

这是传统代数的运算过程，其中字母 A、B、C、D 称为操作数，“+”“×”称为算子。传统代数运算遵循加法和乘法的交换律和结合律。

交换律：$A+B=B+A$，$A\times B=B\times A$

结合律：$A+(B+C)=(A+B)+C$，$A\times(B\times C)=(A\times B)\times C$

分配律：$A \times (B + C) = (A \times B) + (A \times C)$

传统代数是处理数字的，例如羊的数量、米的重量、飞机的速度、山的高度、水的体积、人的年龄等。布尔代数则不同，布尔代数中操作数不是数字而是类（class）。简单说，一个类就是一个事物的群体，也被称为集合。例如，马可以分为公马和母马，用字母 M 代表公马，用字母 F 代表母马。此时 M 和 F 两个符号已不是数量，而是表示有特定特征的马的群体。

传统代数中，符号“+”和“×”表示加法和乘法。在布尔代数中“+”表示两个集合的并集，“×”表示两个集合的交集。并集是指一个集合中的所有元素与第二个集合所有元素的集合，而交集是指既在第一个集合中，又在第二个集合中的所有元素的集合。有时为了避免混淆，用“∪”“∩”来代替“+”和“×”。

交换律、结合律、分配律在布尔代数中同样成立，且布尔代数还满足：

$$W+(B \times F)=(W+B) \times (W+F)$$

布尔代数中，用 1 代表全集，例如，用 1 代表所有的马的集合：$M+F=1$。“$1-M$”表示除了公马的所有马的集成，很明显，$1-M=F$。

在布尔代数中，用 0 代表空集。空集指不包含任何元素的集合，例如公马和母马的交集就是空集，$M \times F = 0$。

布尔代数和传统代数一样，都满足$1 \times F = F$，$0 \times F = 0$，$0 + F = F$。但也有不同，例如$1 + F = 1$，$F \times F = F$，$F + F = F$，这些在布尔代数中满足，在传统代数中不满足。

布尔代数中，还有一个矛盾律，即事物不可能既是它的本身，同时又是它的对立面，即 $F \times (1-F)=0$。

布尔代数可以用来确定某种事物是否遵循特定的标准，如

“我想要一匹公马，已绝育的，白色或褐色都可以；或者一匹母马，也要已绝育的，除了白色任何颜色都可以；或者只要是黑马就行。”

对于以上标准，可以用以下集合来描述：

$$\left(M \times N \times (W + T)\right) + \left(F \times N \times (1 - W)\right) + B \tag{3-1}$$

式中，除 M、F 分别描述公马、母马的集合外，N 表示已绝育马的集合，W 表示白色马的集合，T 表示褐色马的集合，B 表示黑色马的集合。

布尔代数中的运算，也可以用 OR 和 AND 来表示。用 OR 来表示“+”、用 AND 来表示“×”，用 NOT 来表示 1–（表示从全集中去掉某些元素）。上述标准也可表达成：

$$(M \text{ AND } N \text{ AND } (W \text{ OR } T)) \text{ OR } (F \text{ AND } N \text{ AND } (\text{NOT } W)) \text{ OR } B$$

有了这个公式，就可以进行布尔测试了。这时引入数字 0 和 1。数字 1 表示逻辑真（yes，true），表示这匹马符合这样的标准。数字 0 表示逻辑假（no，false），表示这匹马不符合这样的标准。如果现在有一匹未绝育的褐色公马，此时只有 M 和 T 的值为 1，

其他值为 0，标准式变为：

$$\left(1\times0\times\left(0+1\right)\right)+\left(0\times0\times\left(1-0\right)\right)+0$$

如何对上式进行运算呢？此时，需要一张运算规则表（见表 3-1），这样的表又叫逻辑表或真值表。上式最终的结果为 0，表示这匹马不符合标准。

表 3-1　布尔运算逻辑真值表

算　子	赋　值	0	1
AND	0	0	0
	1	0	1
OR	0	0	1
	1	1	1

那么，是否可以采用某种物理的方式，例如简单的电路来确定某类事物是否符合标准呢？在中学物理里，大家已经知道导线、开关、电源和灯泡可以组成一个电路，电路又可以分为串联和并联电路两种形式。图 3-1 展示了两个开关组合的串联（a）和并联（b）的两个电路。

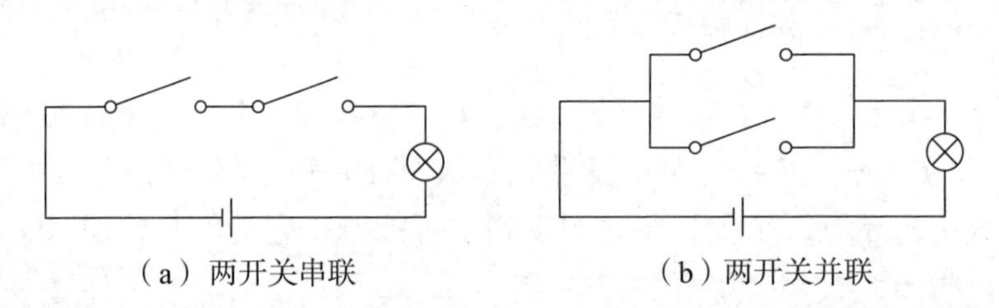

（a）两开关串联　　（b）两开关并联

图 3-1　开关电路

如果将开关闭合定位为 1，断开定义为 0；灯泡亮为 1，不亮为 0，则可以得到表 3-2 的结果。可以看到表 3-1 和表 3-2 惊人的一致。因此，串联开关电路可以完美演绎布尔代数中的 AND 运算，并联则可演绎 OR 运算。

表 3-2　开关电路逻辑真值表

电　路	开关状态	0	1
串联	0	0	0
	1	0	1
并联	0	0	1
	1	1	1

上述选择马的标准，就可以通过电路来实现。用物理电路来演绎布尔运算，这一步是非常关键的。

3.2　门电路

1938 年，香农在他的硕士学位论文中清晰严谨地阐述了以下两点：

①可以运用布尔代数的所有工具去设计开关电路；

②如果化简了一个描述电路的布尔表达式，那么也可以化简相应的电路。

例如，可以利用结合律将式 3-1 化简为：

$$\left(N\times\left(M\times\left(W+T\right)\right)+\left(F\times\left(1-W\right)\right)\right)+B$$

看起来好像没有简化多少，但少了一个操作数，对应电路就可以少一个开关。在计算机术语中，开关是一种控制电路如何工作的信息输入设备。

香农在他的硕士论文中还提到了继电器（见图 3-2）。

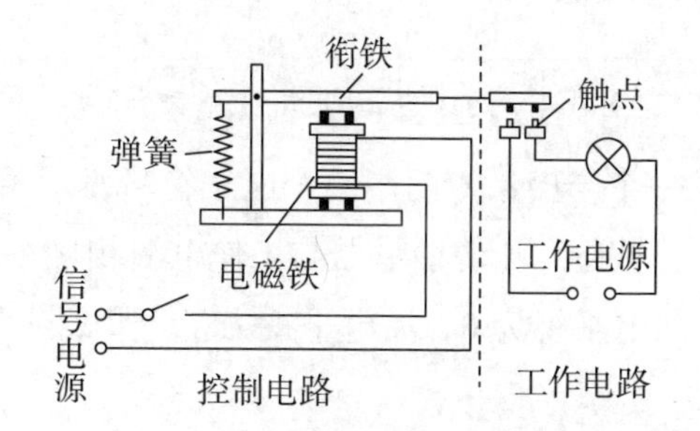

图 3-2　继电器工作原理

当控制电路开关闭合时（1），线圈有电流通过，电磁铁有磁性，铁芯吸引衔铁下降，工作电路闭合，灯泡亮（1）；但当控制电路开关断开时（0），电磁铁失去磁性，铁芯磁力消失，衔铁弹回，工作电路断开，灯泡不亮（0）。利用继电器的组合，在电路中串联或并联执行简单的逻辑任务。这种继电器的组合称为逻辑门（logic gates）。由电源、两个继电器、导线、两个开关、灯泡组成串联电路和并联电路（见图 3-3 和图 3-4）。

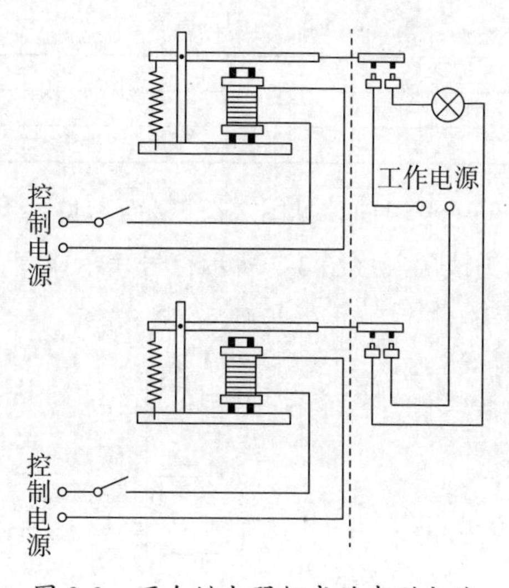

图 3-3　两个继电器组成的串联电路

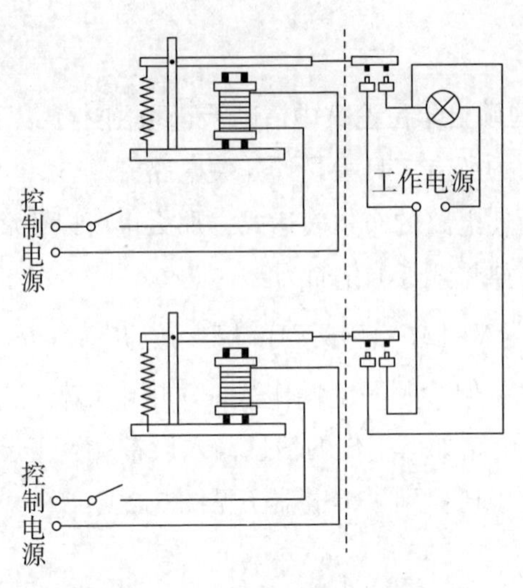

图 3-4　两继电器组成的并联电路

两个继电器串联组成一个与门，专门用一个电气符号表示（见图 3-5）。与门符号既表示两个串联的继电器，而且还意味着继电器与工作电源相接。两个开关闭合，灯泡亮，否则，灯泡不亮。如果将低电平视为 0，高电平视为 1，那么与门输入与输出之间的关系见图 3-6，真值表见表 3-3。

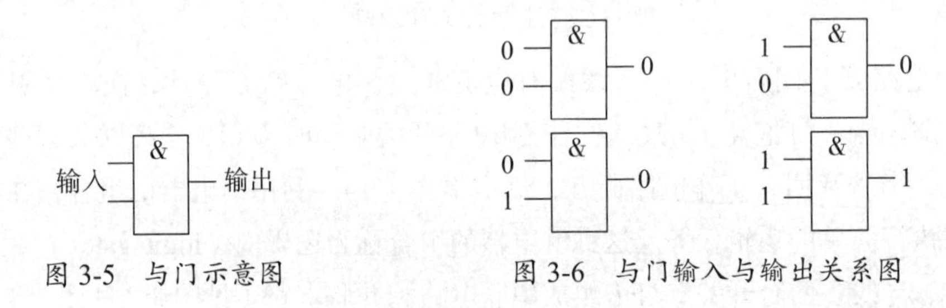

图 3-5　与门示意图　　　　图 3-6　与门输入与输出关系图

表 3-3　与门真值表

AND	0	1
0	0	0
1	0	1

两个继电器并联组成一个逻辑门，见图 3-4。显而易见，上面或者下面的开关闭合，灯泡都会亮。这样的门称为或门。用图 3-7 所示符号表示或门，或门输入与输出之间的关系见图 3-8，真值表见表 3-4。

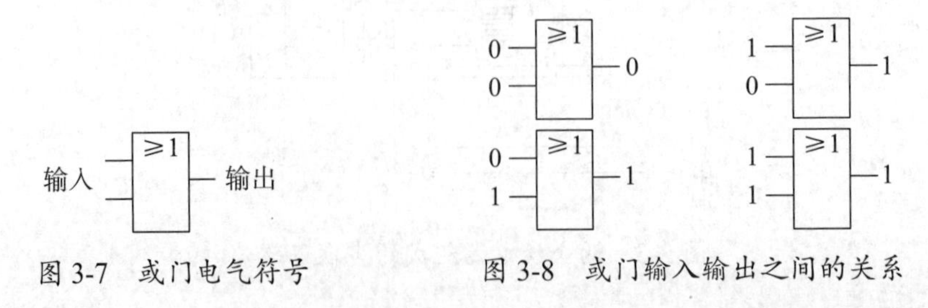

图 3-7　或门电气符号　　　　图 3-8　或门输入输出之间的关系

表 3-4 或门真值表

OR	0	1
0	0	1
1	1	1

继电器也可以用另一种方式连接，即开关断开时灯泡点亮。这种方式连接的继电器称之为反向器（见图 3-9）。反向器只有一个输入，不是逻辑门，但用处广泛。它能将 0（低电平）转换为 1（高电平），将高电平转换为低电平。

图 3-9 反向器

反向器和门连接时，要注意一个门或反向器的输出可以作为一个或多个其他门（或反向器）的输入，但两个门或反向器的输出不可以相互连接。

4 个与门和 2 个反向器连接的电路叫作 2-4 译码器（见图 3-10），输入两个二进制位，各种组合共表示 4 个不同的值，输出四个信号，但任何时刻只能一个为 1，至于哪个为 1，取决于两个输入。同理，也可以构造 3-8、4-16 等译码器。

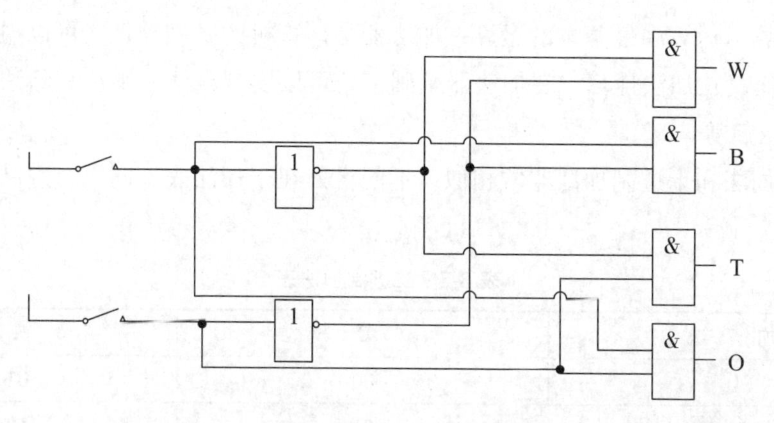

图 3-10 2-4 译码器

还可以由继电器构建或非门（NOR）、与非门（NAND），用来实现跟或门和与门相反的逻辑输出，符号见图 3-11。具体电路就不展开了，大家可以尝试画出来。它们的真值表见表 3-5 和表 3-6。

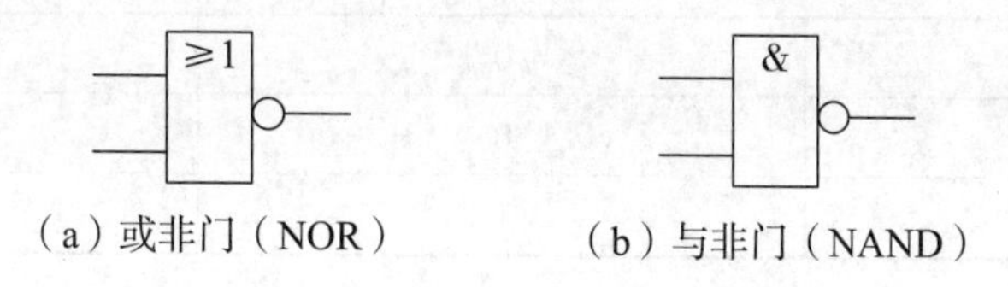

（a）或非门（NOR）（b）与非门（NAND）

图 3-11 或非门 / 与非门电气符号

表 3-5　NOR 真值表

NOR	0	1
0	1	0
1	0	0

表 3-6　NAND 真值表

NAND	0	1
0	1	1
1	1	0

缓冲器（buffer）的输出与输入具有相同的值（见图 3-12），似乎没什么作用。但是在输入信号很弱时，缓冲器可以放大信号，起到信号传输的中继作用。另外，缓冲器可以延迟一个信号，因为继电器的触发需要时间，通常为几分之一秒。

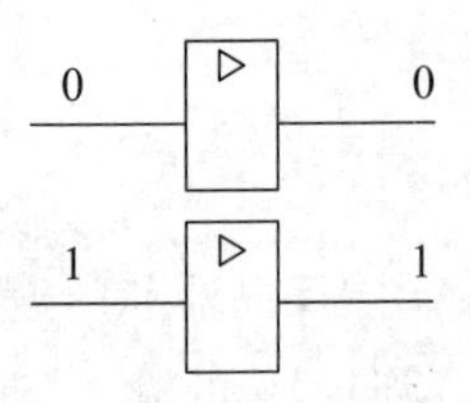

图 3-12　缓冲器

到此为止，已经介绍了四个逻辑门、一个反向器和一个缓冲器。

3.3　加法器

加法是算术运算中最基本的运算，加法器是计算机的基础器件。可以说，计算机要做的唯一工作就是加法计算。在加法器基础上，可以实现减法、乘法和除法，可以计算路径、可以导航等。

二进制加法和十进制加法非常相似，不同之处在于加法表不同，二进制加法表更简单（表 3-7）。

表 3-7　二进制加法表

加　法	0	1
0	00	01
1	01	10

在表 3-7 中，一个二进制数相加的结果中具有两个数位，其中一个位叫加法位（sum bit，S）（见表 3-8），另一位叫进位位（carry out bit，CO）（表 3-9）。

表 3-8　二进制加法位

加 法 位	0	1
0	0	1
1	1	0

表 3-9 二进制进位位

进 位 位	0	1
0	0	0
1	0	1

二进制加法器中加法位和进位位分别进行。下面一起来分析两个8位二进制的加法器。

先设计控制面板布局（见图3-13）。面板上的开关是输入设备，断开表示0，闭合表示1。灯泡为输出设备，亮为1，不亮为0。下面的重要任务是分析设计面板下面的电路。

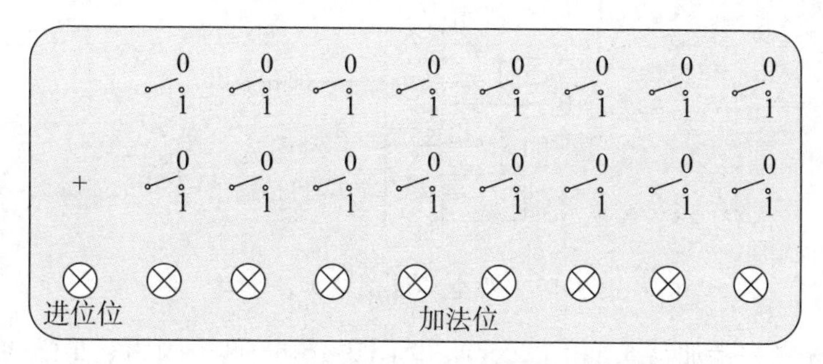

图 3-13 8位二进制加法器控制面板布局

对照可以发现，二进制加法的进位跟与门的输出结果相同，因此可以利用与门计算两个二进制数加法的进位。而加法位的计算，则不是那么直观。比较加法位跟或门的逻辑表，除了右下角不同外，其他都相同；跟与非门同样也相似，除了左上角的结果（见表3-10）。

表 3-10 加法位输出与或门、与非门的输出结果比较

输入 A	输入 B	或 门 输 出	与非门输出	想要的结果
0	0	0	1	0
0	1	1	1	1
1	0	1	1	1
1	1	1	0	0

仔细观察表3-10，在第一行和第四行，想要的结果是0，如果或门和与非门的输出通过一个与门连接到一起，便可得到想要的结果（见图3-14）。

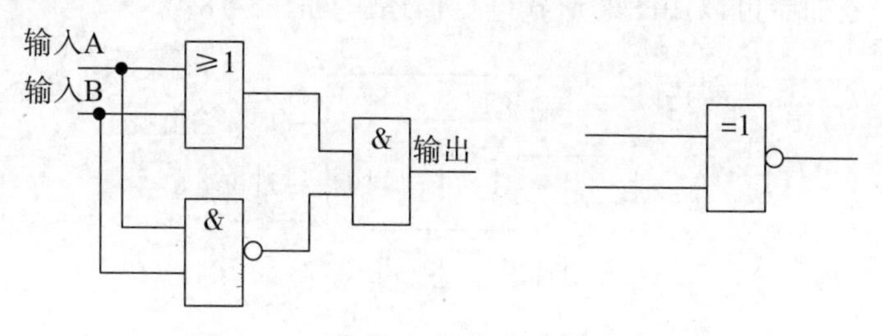

图 3-14 异或门电路图及符号表示

这个电路就是异或门，简写成 XOR，其符号和逻辑特征见表 3-11。

表 3-11　异或门真值表

XOR	0	1
0	0	1
1	1	0

至此，可用 XOR 和 AND 来实现二进制加法位和进位位的结果。因此，可以用与门和异或门连接在一起来计算两个二进制数的和（见图 3-15）。

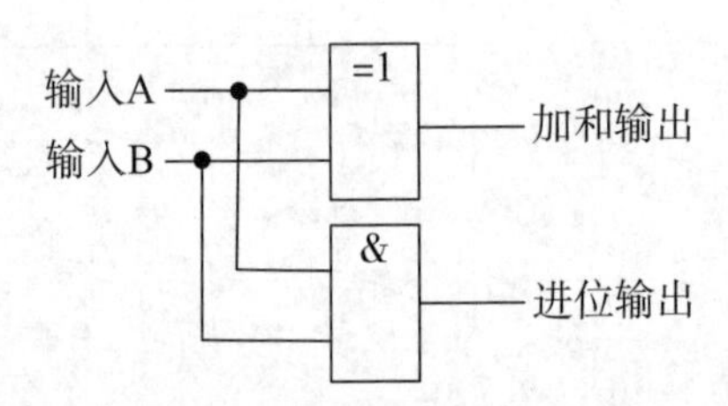

图 3-15　两个二进制数加法电路

这个符号称之为半加器（half adder）（见图 3-16）。这是因为它虽然可以得出一个加法位和一个进位位，但没有做到将进位纳入高一位的运算中。

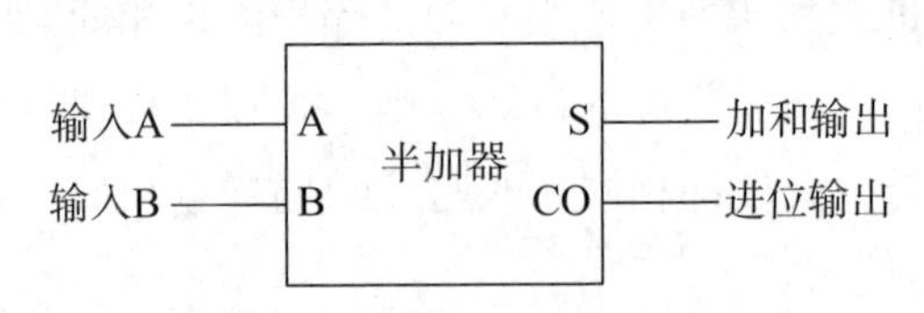

图 3-16　半加器符号

如果考虑将前一位的进位输出纳入运算，则要设计实现三个二进制数加法运算的电路，此时需要两个半加器和一个或门连接的电路（见图 3-17）。

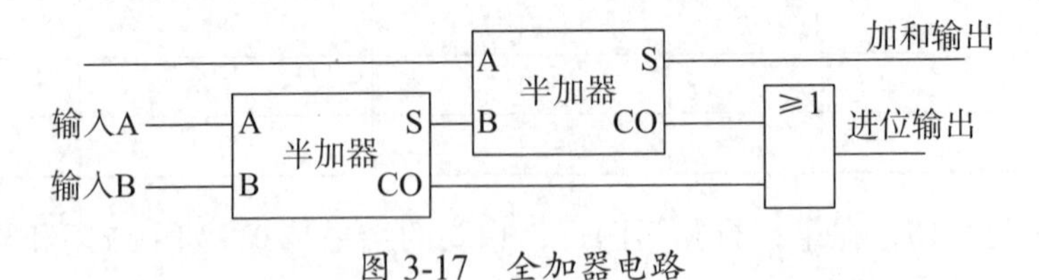

图 3-17　全加器电路

为了简便，全加器可以用图的形式进行描述（见图 3-18）。

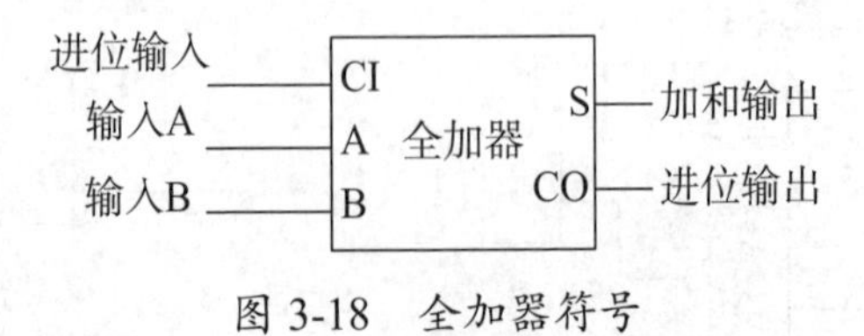

图 3-18　全加器符号

表 3-12 给出了全加器所有可能的输入组合及对应的输出结果。

表 3-12 全加器真值表

输入 A	输入 B	进位输入	加位输出	进位输出
0	0	0	0	0
0	1	0	1	0
1	0	0	1	0
1	1	0	0	1
0	0	1	1	0
0	1	1	0	1
1	0	1	0	1
1	1	1	1	1

全加器要多少个继电器呢？每个与门、或门和与非门都需要 2 个继电器，一个异或门包含 6 个继电器，所以半加器需要 8 个继电器；每个全加器需要 2 个半加器和一个或门组成，所以全加器需要 18 个继电器。8 位二进制的加法器，需要 8 个全加器，因此需要 144 个继电器。

有了全加器，就可以实现控制面板下的电路了，连接方法如下。

（1）每个开关分别连接全加器的输入 A、B；

（2）第一个全加器进位输入接地，表示为 0；

（3）每列的进位输出是下一列的进位输入；

（4）每列的加法位输出连接灯泡；

（5）最后一位的进位输出连接最后一个灯泡。

也可以用图 3-19 所示的方式，表达 8 个全加器的连接。

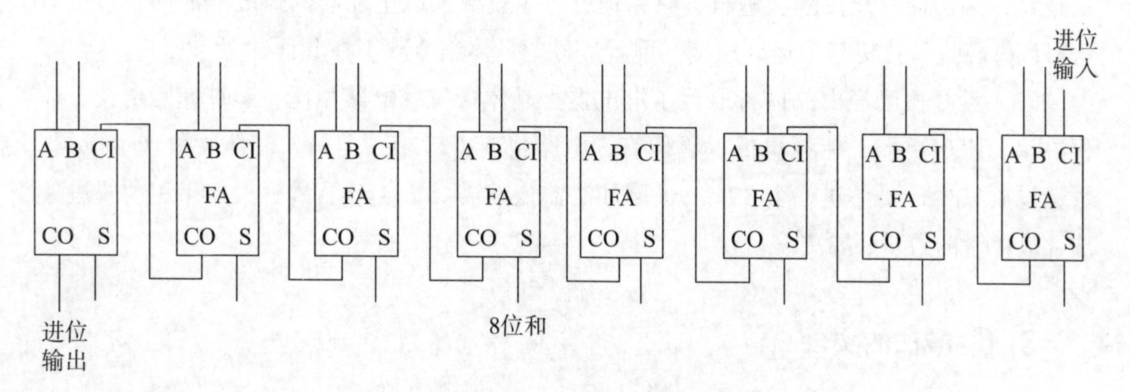

图 3-19 全加器电路简图

可用一个盒子将 8 位全加器封装起来，形成一个完整的 8 位二进制加法器（见图

3-20 和图 3-21）。基于 8 位加法器，可以扩展出 16 位、32 位等加法器。

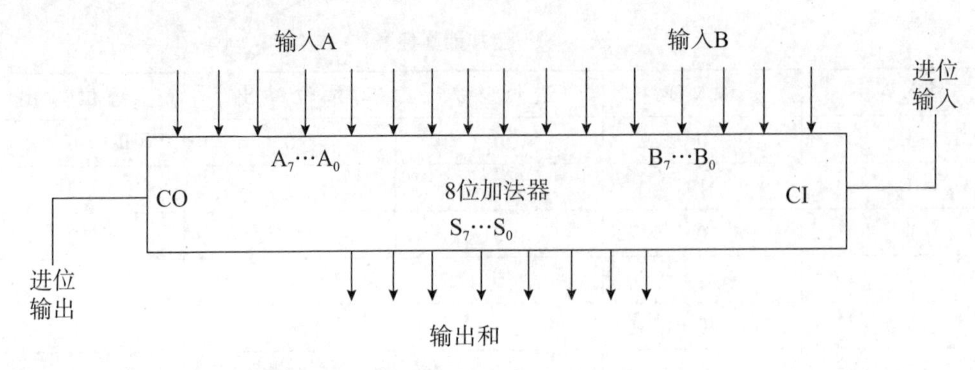

图 3-20　八位二进制加法器框图

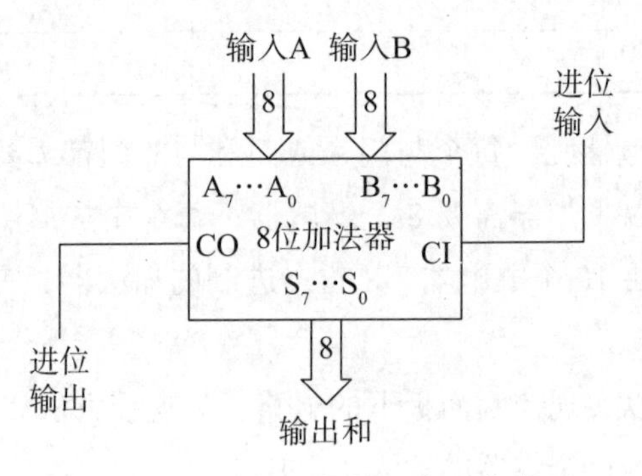

图 3-21　八位二进制加法器电气图

以上阐述了计算机加法器基本的工作方式。实际应用中的加法器，已经在此基础上有了很大的改进，具体如下：

（1）采用前置进位取代行波进位，使得运算速度更快。上面制作的加法器，称之为行波进位（ripple carry，或脉冲进位）。最低有效位的进位输出，要参加下一对数字的加法运算，加法器只能按顺次进行，整体速度等于位数乘以全加器的速度。而前置进位方法可以并行进行，提高了运算速度。前置进位的具体细节就不在此详述了。

（2）计算机已经由晶体管取代了继电器。晶体管与继电器相比，运算速度更快、体积更小、噪声更弱、能耗更低、更便宜，电路也变得极小。但是，晶体管取代继电器，数量没有减少，要搭建一个 8 位二进制加法器依然需要 144 个晶体管，如果用前置进位法，晶体管的数量还要更多。

3.4　减法的实现

减法是加法的逆运算，减法中没有进位，而是有借位，这是减法与加法的本质区别。借位机制直接用逻辑门实现比较困难。计算机中用了一个小技巧来解决借位问题。

例如，253–176=77，为了避免相减过程中产生借位，将式左边改写成：

253+(999–176)+1–1000

式中，用两个加法和两个减法代替一个减法，这样就成功避免了借位。由于是三位数，所以用999，如果是四位数，则用9999。从一串9中减去某个数叫作对9求补数，176对9求补是823。无论减数是多少，计算对9求补数都不需要借位。

如果减数大于被减数怎么办呢？例如176–253=–77。这时可以将式左边化为：

176+(999–253)–999 = –(999–(176+(999–253)))

这样也成功避免了借位。

相同的技巧也可以用于二进制数中，而且更简单。在二进制中是对1求补数，而对1求补数时，只需将原来的二进制数中的1变0，将0变1即可，因此对1求补数有时称为相反数或反码，而反向器正好可以实现将0变1，将1变0。

例如，计算253–176，等价于1111 1101–1011 0000。

第一步，用1111 1111减去减数

1111 1111–1011 0000=0100 1111

第二步，将减数对1的补数与被减数相加

1111 1101+0100 1111=101001100

第三步，上式所得结果加1，得结果为1 0100 1101

第四步，减去1 0000 0000，得0100 1101，即十进制数的77。

所以可以用全加器和反向器来设计减法器。

在二进制中负数是如何表示的呢？在计算机中是用一个二进制位来表示的，当该位为1的时候表示负数，为0则为正数。

在实数的数轴中，以0为中心点，正数沿着一个方向延伸，负数沿着相反的方向延伸。如果需要描述的正数介于–500到499，则最大的数是499，500～999的正数并不需要，可以用来表示负数。具体为用999表示–1，998表示–2，…，501表示–499，500表示–500，这样数的排列为：

500，501，502，…，999，999，000，001，002，…，498，499

这样就形成了一个循环排列，最小的负数（500）看似是最大正数（499）的延续，数字999（实际为–1）是比0小的第一负数，如果999再加1，就是1000，但是我们只处理三位数，进位溢出，结果就成了000。这种标记方法称为10的补数，为了将三位负数转化为10的补数，用999去减后再加1。利用10的补数，将不会再用到减法，所有步骤都用加法进行。例如，计算143–78，求解过程

143–78=143+(999–078+1)=143+922=065（进位忽略了）

再如，计算65–150，求解过程

65–150=65+(999–150+1)=065+850=915（实际 –85）

这样的机制在二进制中被称为 2 的补数，表 3-13 列出了 8 位二进制表示负数情况，表中以 1 开头的数都是负数。数的范围为 –128 到 127，最高有效位（最左位）为符号位（sign bit），1 表示负数，0 表示正数。为了计算 2 的补数，首先计算 1 的补数，然后再加 1，等价于每位取反再加 1。

表 3-13　二进制正负整数表示

二 进 制	十 进 制
1000 0000	–128
1000 0001	–127
⋮	⋮
1111 1111	–1
0000 0000	0
0000 0001	1
⋮	⋮
0111 1110	126
0111 1111	127

这样就找到了一个不用负号就能表示正负数的方法，同时也可以方便地将正数和负数用加法法则相加。例如，–127+124，等价于 1000 0001 +0111 1100 =1111 1101，结果为十进制数 –3。不过计算过程要注意，如果结果大于 127 或小于 –128，此时结果是无效的。

因此，二进制数可以是有符号的，也可以是无符号的。当一个二进制数字转化为十进制数字时，先要明白它是否有符号。

3.5　反馈与触发器

反馈（feedback）是自动化领域中一个非常重要的概念，它表示把一个系统的输出信号作为输入信号，进而实现对系统的更有效控制。如果把反向器的输出连接到输入（见图 3-22），会发生什么情况呢？反向器的输入为 0 时，输出为 1；输入为 1 时，输出为 0。因此，电路中一旦开关闭合，反向器中的继电器将会在连通和断开两种状态之间反复交替。这里的关键是继电器由一个状态到另一个状态需要一点点时间。这种电路叫作振荡器（oscillator）。振荡器可以完全自发工作，不需人工干涉。随着时间的推移，振荡器的输出在 0 和 1 之间按照固有的规律变化（见图 3-23）。因此，振荡器又称为时钟（clock），可以通过振荡器计数来计时。

振荡器每秒振动的次数称为频率，单位为赫兹（Hz）。频率的大小取决于继电器的内部构造。

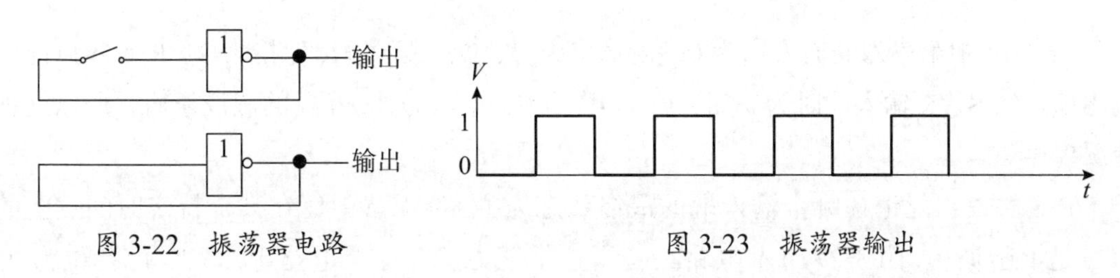

图 3-22　振荡器电路　　　　图 3-23　振荡器输出

下面来分析电路（见图 3-24）。这个电路的特点是两个或非门的输出互为输入。可以发现，该电路存在以下现象。

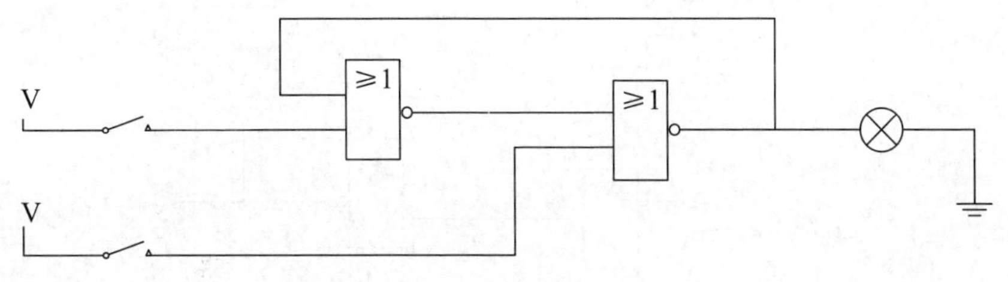

图 3-24　R-S 触发器电路表示方式（一）

（1）接通上面的开关，灯泡被点亮，断开此开关，仍亮；

（2）接通下面的开关，灯泡被熄灭，断开此开关，仍然不亮。

同样在两个开关都断开的状态下，灯泡有时亮，有时不亮，此时电路有两个稳定态，这类电路被称为触发器（flip-flop）。触发器可以记住某些信息。触发器种类繁多，这是最简单的一种 R-S（reset-set，复位 - 置位）触发器。图 3-25 是 R-S 触发器的另一种表达方式，其中用 Q 来表示输出状态，$\overline{Q}$ 表示 Q 的反。也可以用图 3-26 所示框图表示。

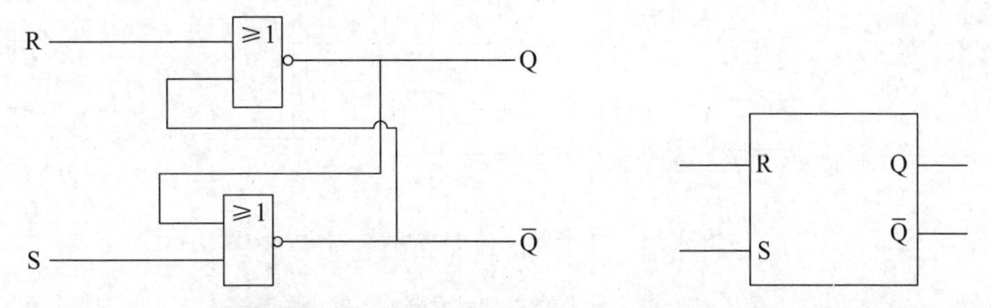

图 3-25　R-S 触发器表示电路表示方式（二）　　　　图 3-26　R-S 触发器表示框图

置位可以理解为把 Q 设为 1，而复位是把 Q 设为 0，其真值表见表 3-14。

表 3-14　R-S 触发器真值表

输　入	S	1	0	0	1
	R	0	1	0	1
输　出	Q	1	0	Q	禁止
	$\overline{Q}$	0	1	$\overline{Q}$	

表 3-14 中第三列的输入均为 0，而输出为 Q、$\bar{Q}$，表示输出保持为 S、R 置零以前的输出值。当 S、R 输入同时为 1 时，Q、$\bar{Q}$均为 0，这与 Q、$\bar{Q}$互反的假设矛盾，所以这种情况要避免。

R-S 触发器能记住哪个输入端的最终状态为 1，但无法记住在某个特定时间点上的信号是 1 还是 0。图 3-27 所示电路具备了这个能力。在这个电路中，只要保持位为 0，则置位端对于输出结果不会有任何影响。可惜的是，有三个输入，期望只有两个输入。

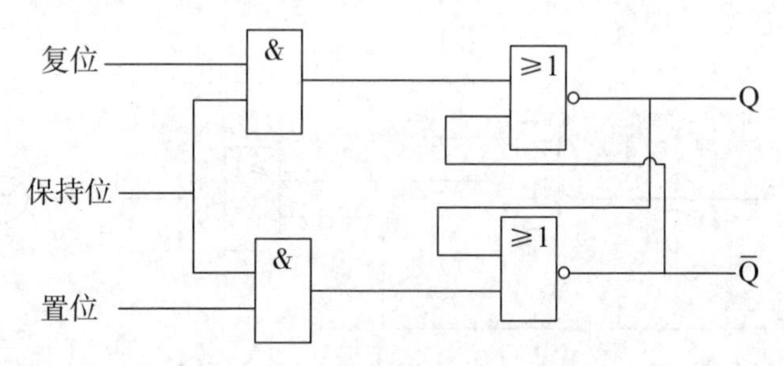

图 3-27　R-S 触发器改进电路

在 R-S 触发器功能表中，两个输入端同时为 1 是非法，要尽量避免，而两个同时为 0，输出保持不变，没有实际意义，只要将“保持位”置 0，就完全可以实现相同的功能。因此，可对上述电路进行改进（见图 3-28），表 3-15 给出了该电路的输入输出关系。

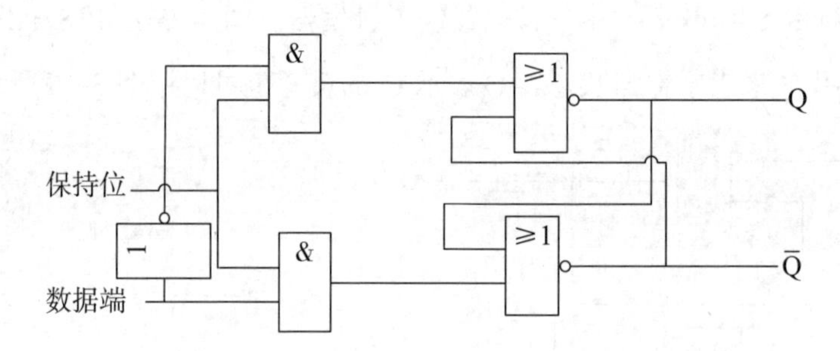

图 3-28　电平触发的 D 型触发器电路

表 3-15　电平触发的 D 型触发器输入输出关系表

输　入		输　出	
数据（D）	保持位（Clk）	Q	$\bar{Q}$
0	1	0	1
1	1	1	0
X	0	Q	$\bar{Q}$

这样，电路“记得”保持位最后一次置 1 时数据端输入的值，数据端的变化对输出没有影响。这个电路称为电平触发的 D 型触发器，D（data）表示数据输入。通常情况下，

保持位标记为时钟（Clk），用来指示什么时候保存数据。此时该电路又称为电平触发的D型锁存器，表示电路锁存一位数据并保存它，以便将来使用。这个电路也称为1位存储器，多个存储器连接就构成多位存储器，可以用图3-29来描述8位锁存器。

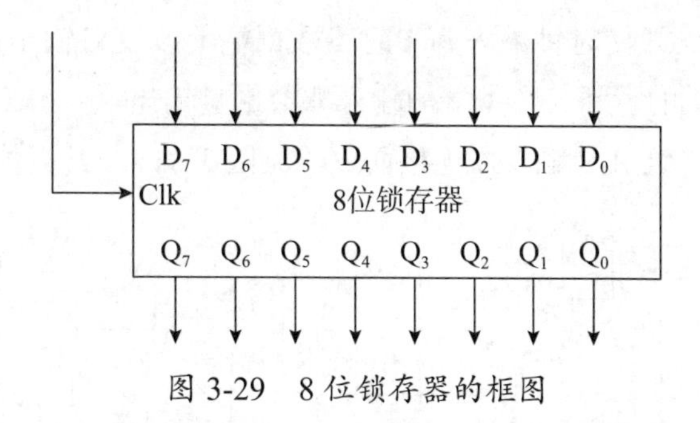

图3-29 8位锁存器的框图

在锁存器中保存多位值通常是很有用的。假想在前面的加法器中把三个8位数相加。第一行开关存入第一个加数，第二行开关存入第二个加数，记下相加的结果，然后把结果输入第一行开关，第三个加数存入第二行开关中。如果有一个锁存器，就可以临时存储中间计算结果（见图3-30）。8位加法器的输出端既连接到灯泡，又连接到锁存器的数据输入端。标记为保存的开关是锁存器的时钟输入，用来存放加法器的运算结果。标识为2-1选择器的方块是用来选择加法器的B端输入是取自第二排开关还是锁存器的Q端输出。

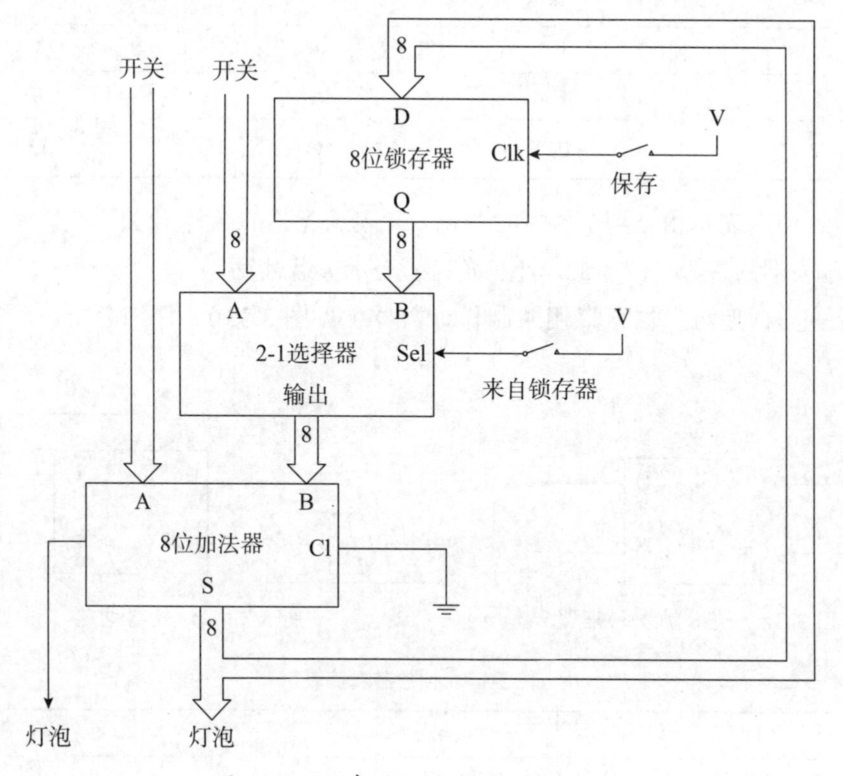

图3-30 具有累加功能的加法器电路

前面的 D 型触发器是电平触发的，下面介绍一种边沿触发器。边沿触发器是指只有当时钟从 0 跳变到 1 时，才会引起输出的改变。电平触发和边沿触发有以下区别：

在电平触发器中，当时钟输入为 0 时，数据端的改变对输出不产生影响；

在边沿触发器中，即使时钟输入为 1 时，数据端的改变对输出也不产生影响，只有在时钟输入由 0 变到 1 的瞬间，数据端的输入才会影响输出。

边沿触发器可由二级 R-S 触发器连接而成（见图 3-31）。其真值表见表 3-16。

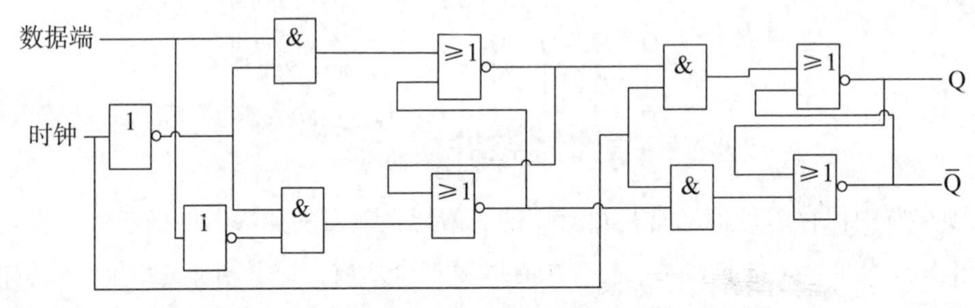

图 3-31　边沿触发器电路

表 3-16　边沿触发器真值表

输　入		输　出	
D	Clk	Q	$\bar{Q}$
0	↑	0	1
1	↑	1	0
X	0	Q	$\bar{Q}$

表 3-16 中↑表示由 0 到 1 的瞬时变化，X 表示无论 D 发生什么变化，都不影响输出。边沿触发器的符号见图 3-32。小三角符号表示边沿触发。

边沿触发 D 型触发器可以用来制作计数器（见图 3-33）。仔细分析，可得真值表（见表 3-17）。

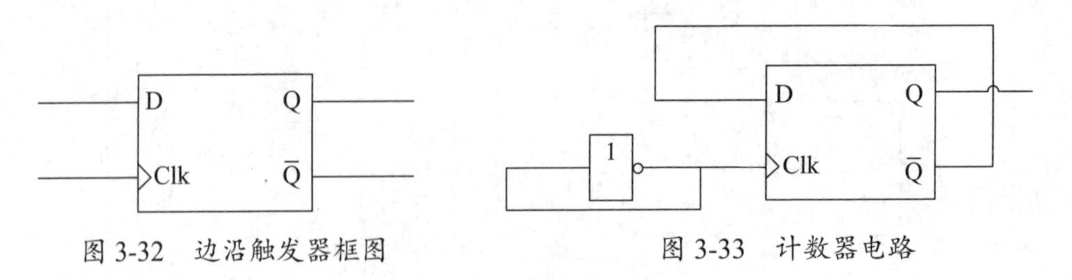

图 3-32　边沿触发器框图　　　图 3-33　计数器电路

表 3-17　计数器真值表

输　入	D	1	1	0	0	0	1
	Clk	0	↑	1	0	↑	1

续表

输　出	Q	0	1	1	1	0	0
	$\overline{Q}$	1	0	0	0	1	1

每当时钟输入由 0 变 1 时，Q 端输出就发生变化（见图 3-34）。

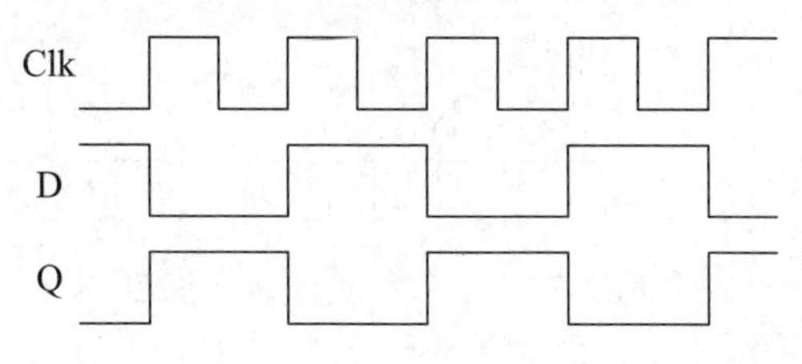

图 3-34　计数器输出时序图

如果时钟的频率为 20Hz，那 Q 的输出频率为 10Hz。因此，这种电路称为分频器（frequency divider），它的 $\overline{Q}$ 端输出反馈到数据输入端 D。当然分频器的输出可以作为另一个分频器 Clk 的输入，并再一次分频。三个分频器的连接（见图 3-35），信号输出规律见图 3-36。在图 3-36 中，把信号标上了 0 和 1，可以看到每一列的 4 位数，分别对应十进制中的 0 ～ 15 中的一个数。可以看出，这个电路具有了计数功能（记录了时钟信号正跳变的次数），而且如果添加更多触发器，计数范围将以指数级增加。

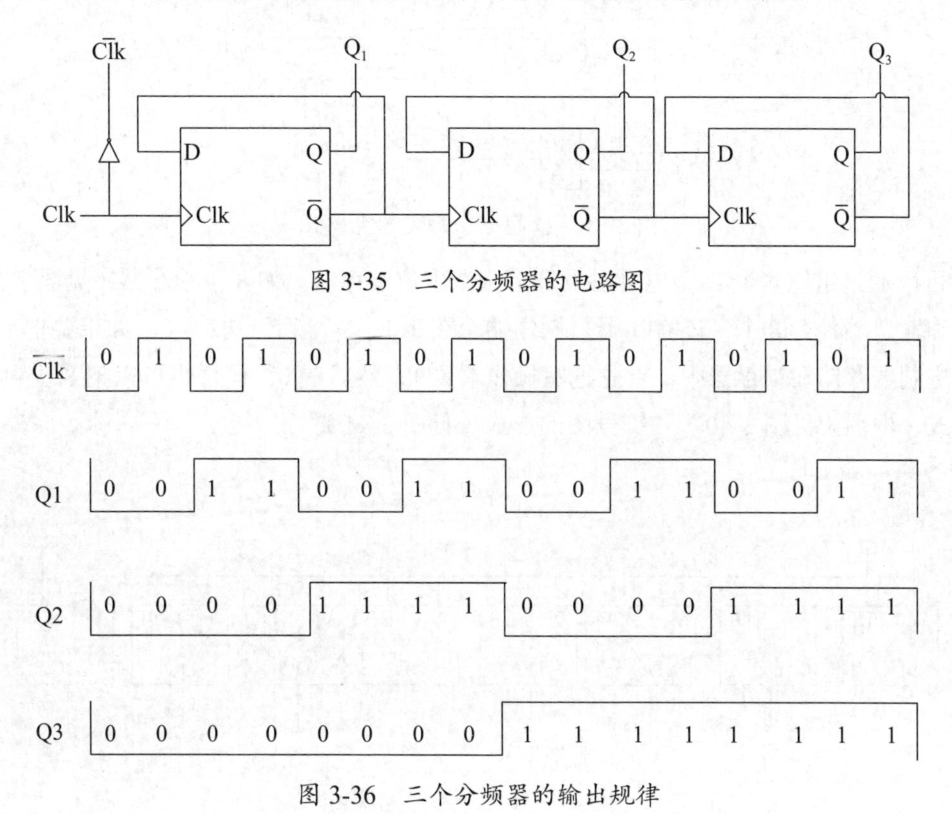

图 3-35　三个分频器的电路图

图 3-36　三个分频器的输出规律

把 8 个触发器连接在一起，然后放入一个盒子中，构成了一个 8 位计数器（见图 3-37）。这个 8 位计数器中每个触发器的输出都是下一个触发器的输入，变化在触发器中一级一级传递，因此延迟不可避免。这种计数器叫行波计数器。并行计数器是一种更先进的计数器，这种计数器的所有输出是在同一时刻改变的，具体细节就不在此阐述了。

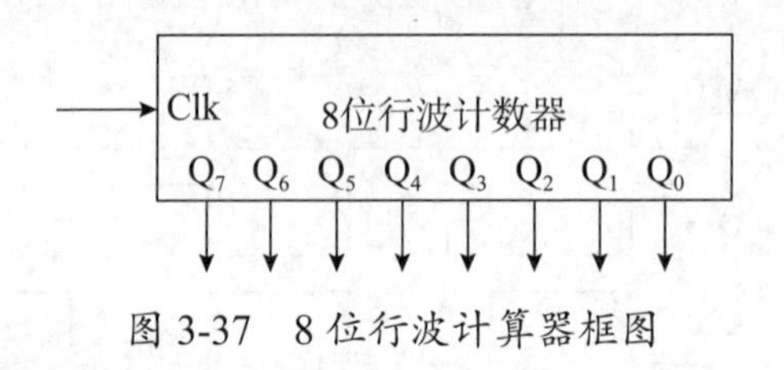

图 3-37　8 位行波计算器框图

3.6　存储器

在 D 型电平触发器中，当时钟输入为 1 时，Q 端输出与数据端输入保持一致（见图 3-28）。为了保存 1 位信息，对电路图作重新表述（见图 3-38），其中 Q 端改写为数据输出端（data out，Do），时钟输入端为写操作端（write，W）。数据输入端被称为数据输入（data in，DI），指将数据存储到电路中。

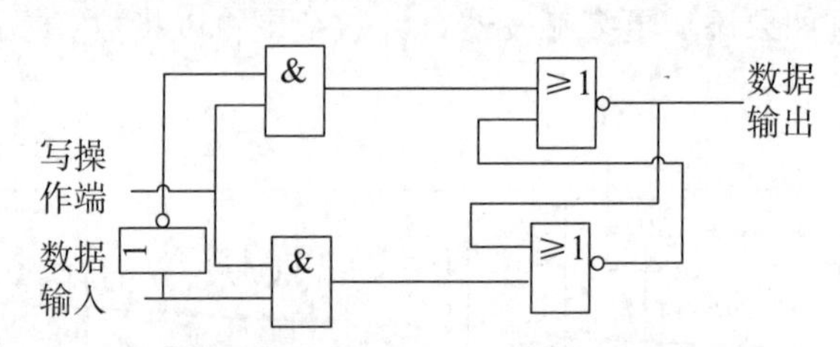

图 3-38　D 型电平触发器电路图

可以通过组织多个 D 型电平触发器，构造多位锁存器。如 8 位锁存器（见图 3-39），输入和输出端各有 8 个，还有一个写操作端，在非工作状态下一般为 0。如果要把一个 8 位二进制数存储在锁存器中，首先把写操作端置 1，然后置 0。同样也可以把 8 位锁存器表示成一框图（见图 3-40）和符号图的形式（见图 3-41）。

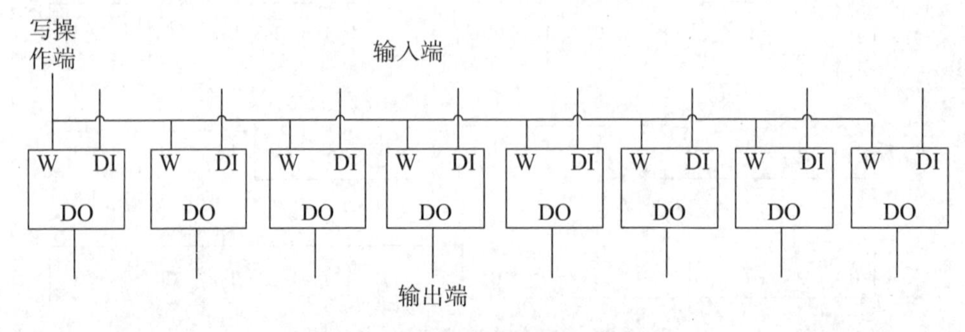

图 3-39　8 位锁存器电路图

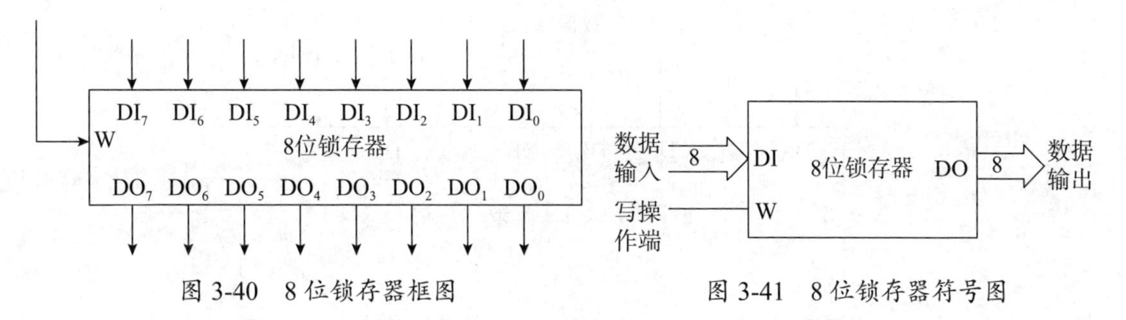

图 3-40 8 位锁存器框图　　　　图 3-41 8 位锁存器符号图

以上锁存器需要 8 个输入端和 8 个输出端。但如果只有 1 个输入端和 1 个输出端呢？能否将输入数据分 8 次独立存储呢？（相当于存储 8 个单独的比特，而不是一次存储 1 个 8 位二进制数）。

这个问题可以分解为两个子问题。第一个子问题是如何用一个输出（灯泡）来确定锁存器的数据输出信号，第二个问题是如何把一个输入端数据写入相应的锁存器。

首先来分析第一个问题。可用开关来实现灯泡与各锁存器的联系，其本质是一个 8 选 1 的选择器，用 3 个开关通过闭合与断开的排列组合，共同可表示 8 个不同的值。

8-1 选择器电路包括 3 个开关、3 个反向器、8 个 4 端口输入与门、1 个 8 端口输入或门。8-1 选择器的电路结构见图 3-42、框图见图 3-43。其输入输出关系见表 3-18。

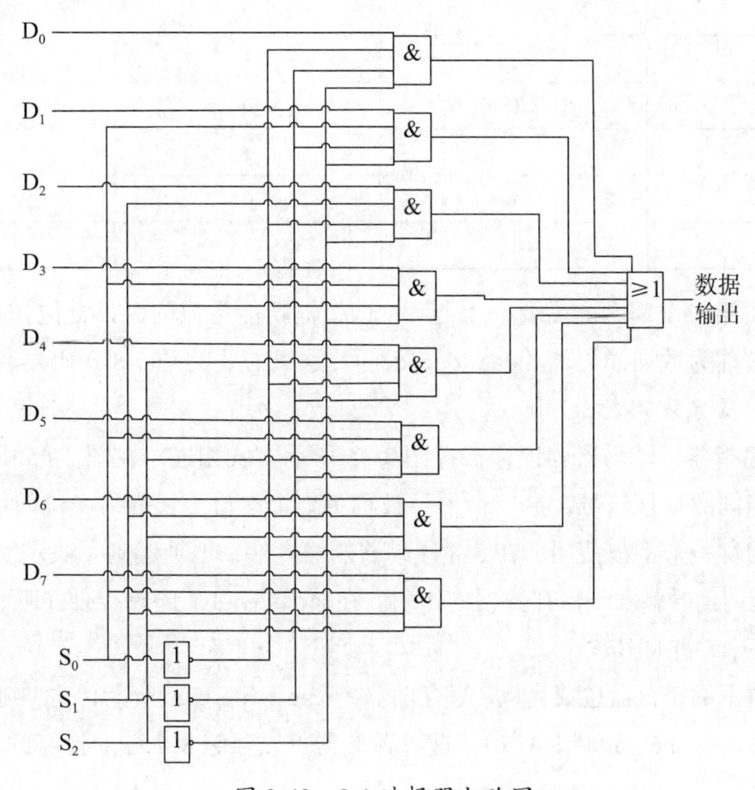

图 3-42 8-1 选择器电路图

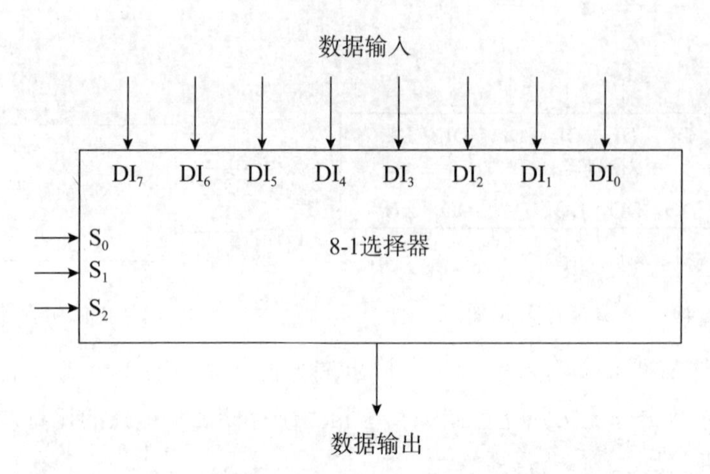

图 3-43　8-1 选择器框图

表 3-18　8-1 选择器输入输出关系表

输　入			输　出
S_2	S_1	S_0	Q
0	0	0	D_0
0	0	1	D_1
0	1	0	D_2
0	1	1	D_3
1	0	0	D_4
1	0	1	D_5
1	1	0	D_6
1	1	1	D_7

接着分析第二个问题。需要一个与 8-1 选择器功能类似的元件，但作用正好相反。这样的元件被称为数据译码器（data decoder）。这里需要的是 3-8 译码器，其电路图如图 3-44 所示。关系表如表 3-19 所示。

最后将选择器、译码器和锁存器按图 3-45 所示方式相连。在图 3-45 中，译码器和选择器具有相同的选择信号，这三个信号被称为地址端口。长度为三位的地址决定了 8 个锁存器中的哪一个将被使用。在 3-8 译码器的输入端，地址起到了决定哪些锁存器可以被写操作端的信号触发来保存数据的作用。在输出端，8-1 选择器通过地址来选择 8 个锁存器中的一个，并将其输出。

这种配置下的锁存器也成为读 / 写存储器（read/write memory），也叫随机访问存储器（random access memory，RAM）。这种存储器可以存储 8 个独立比特的 RAM，其符号图见图 3-46。

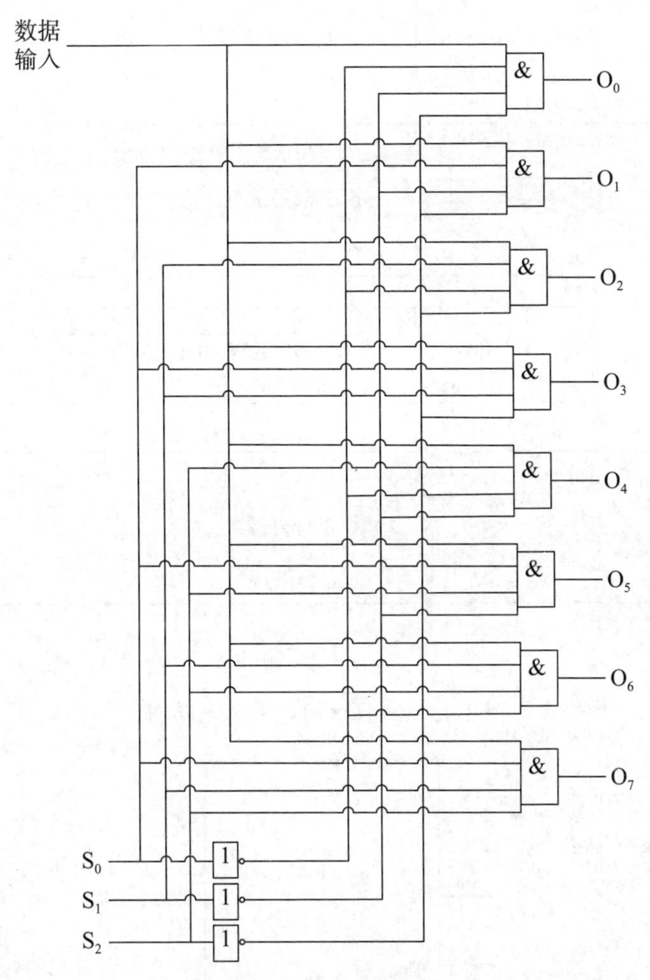

图 3-44 3-8 译码器电路图

表 3-19 3-8 译码器输入输出表

输 入			输 出							
S_2	S_1	S_0	O_7	O_6	O_5	O_4	O_3	O_2	O_1	O_0
0	0	0	0	0	0	0	0	0	0	Data
0	0	1	0	0	0	0	0	0	Data	0
0	1	0	0	0	0	0	0	Data	0	0
0	1	1	0	0	0	0	Data	0	0	0
1	0	0	0	0	0	Data	0	0	0	0
1	0	1	0	0	Data	0	0	0	0	0
1	1	0	0	Data	0	0	0	0	0	0
1	1	1	Data	0	0	0	0	0	0	0

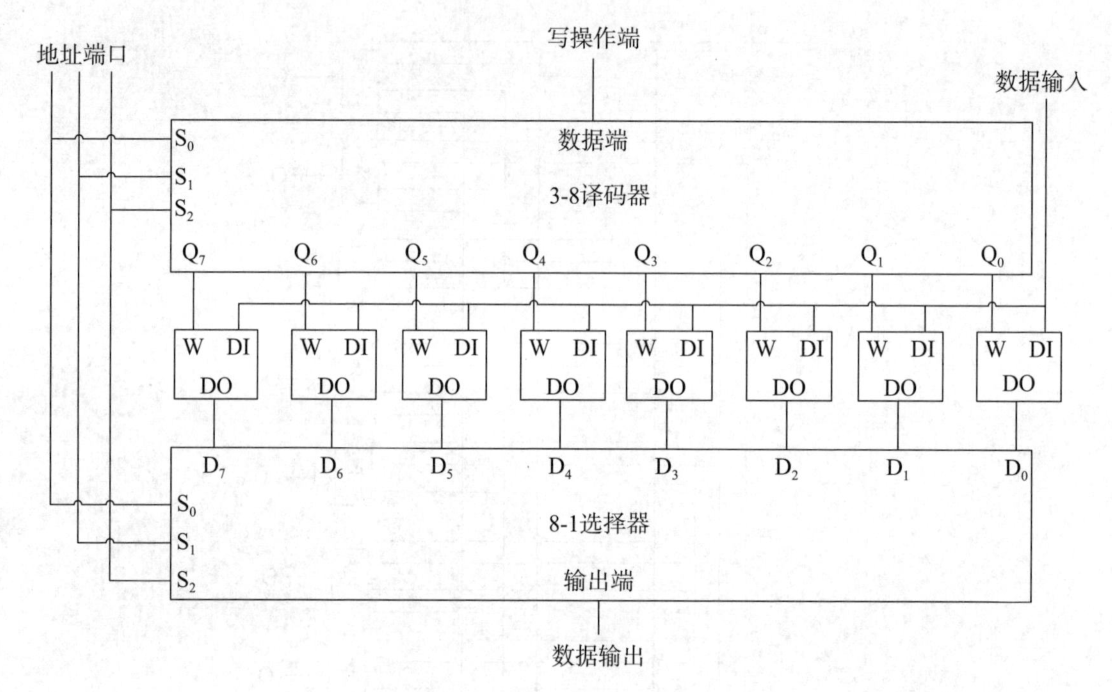

图 3-45 随机访问存储器电路图

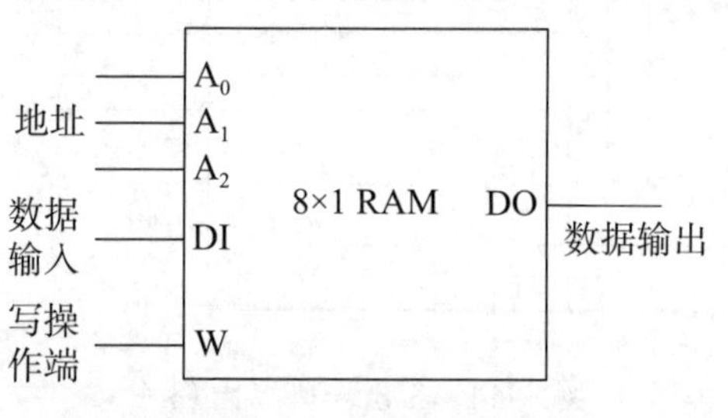

图 3-46 8×1RAM 符号图

将 RAM 进行特殊的配置可形成形式多样的 RAM 阵列（array）。例如，可以通过共享地址的方式，形成 8×2 的 RAM 阵列，该阵列可存储的二进制数依然是 8 个，但每个数的位变为 2 位。再如，可把两个 8×1 的 RAM 阵列当成两个锁存器，使用一个 2-1 选择器和一个 1-2 译码器，可以得到一个存储量为 16 个单位，每个单位占 1 位的 RAM 阵列，称为 16×1 RAM 阵列（见图 3-47）。在图 3-47 中可以看出，多了一根地址线，其作用是在两个 8×1RAM 阵列中选择一个。图 3-48 所示的 RAM 阵列存储容量为 16 个单位，每个单位占 1 位。图 3-49 所示的 RAM 阵列容量为 8192 比特的信息，每 8 比特为一个字符，共有 1024 个字符。

RAM 阵列的容量与地址数的关系满足：

$$Q = 2^n$$

Q 为容量，n 为地址数。

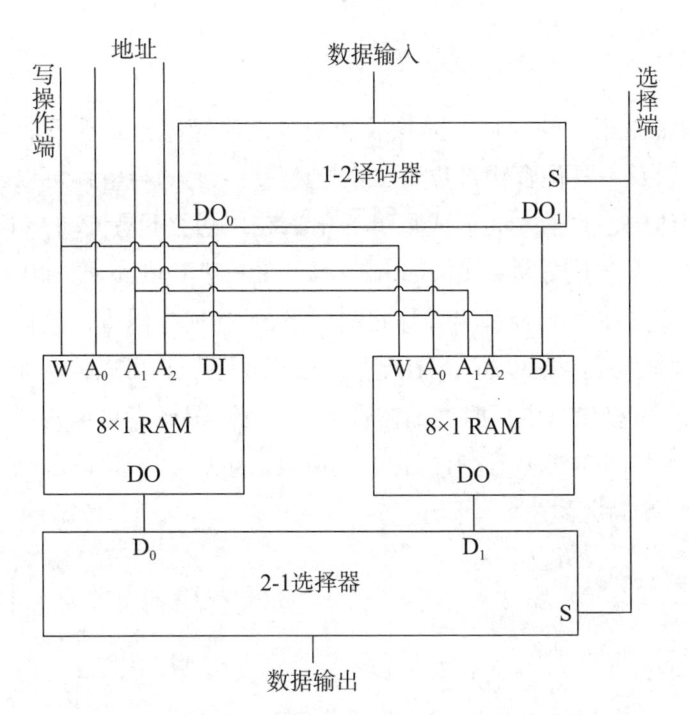

图 3-47　16×1RAM 阵列电路图

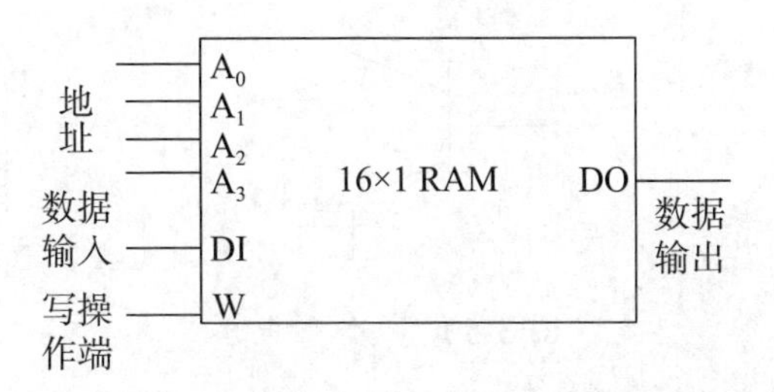

图 3-48　16×1RAM 阵列符号图

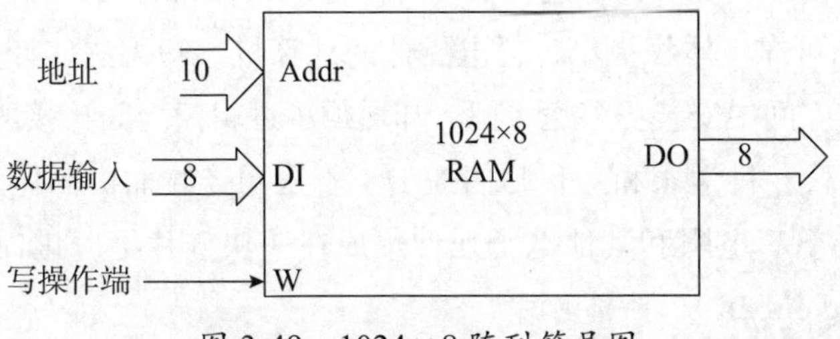

图 3-49　1024×8 阵列符号图

当地址数为 10 时，RAM 阵列可存储 1024 字节的信息。

当地址数为 16 时，存储器的容量为 65536 字节（64Kb）。16 位地址恰好可用 2 字节表示。地址范围用十六进制就是 0000h ～ FFFFh。根据前面的分析，存储 1 比特需要 9 个继电器，64K×8 的 RAM 需要至少 500 万个继电器。

至此，可以构造任意大小的 RAM 阵列了。

3.7 芯片

金、银、铜都是很好的导体，而橡胶和塑料是绝缘体，几乎不能导电。还有些元素，如锗和硅，以及一些化合物被称为“半导体”，它们的导电性可以通过多种方式操控，在纯的半导体中，原子之间形成稳定的化学键，电子不易流动，不是良好的导体，但可以掺入一些杂质，形成N型（negative，N）和P型（positive，P）两种类型的半导体。把P型半导体夹在两个N型半导体之间就形成NPN晶体管，包括集电极、基极和发射极。NPN晶体管具有放大功能。在基极施加微小电压，可以控制非常大的从集电极到发射极的电压，基极没有电压时，晶体管不能导通。晶体管可以构造类似于继电器形成的与门和或门（见图3-50）。具有同样的真值表，而且晶体管体积小，所需电量更小，产生的热量更少，更持久耐用。

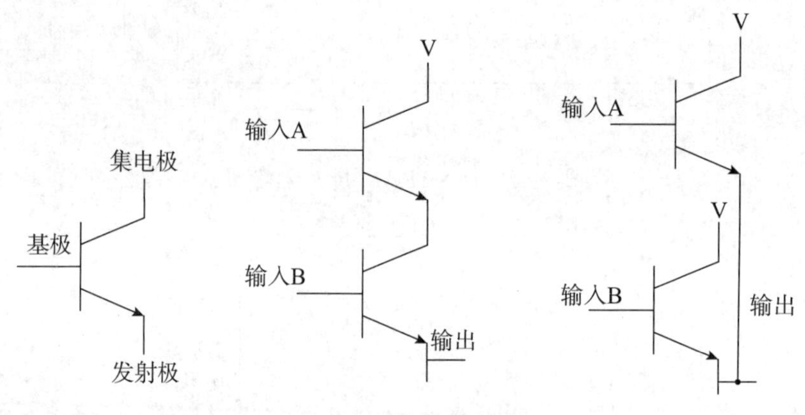

图3-50 晶体管电路

前面用继电器构造的逻辑门和其他部件的方法对晶体管是等效的。可以用晶体管构建门，用门构建振荡器、加法器、选择器、解码器、锁存器、RAM阵列等常见构件，在此基础上构建更加可靠、体积更小、耗电更低的计算机，却无法使计算机结构简单。晶体管允许在更小的空间中安装更多逻辑门，却增加了逻辑门之间连接的难度。

20世纪50年代，科学家和工程师们提出了不采用连线而由固体块形成电子设备的思想，将许多晶体管、电阻和其他电子元件集成在一块硅片上，进而发明了集成电路，又叫IC（integrated circuit），俗称芯片。

芯片对数字社会的重要性不言而喻。一枚小小芯片，成了大国争锋的博弈焦点。没有芯片，就没有计算机、没有手机、没有网络购物、没有网络社交、没有直播。

芯片的构成非常复杂，分类也很复杂。但是现在应用广泛的芯片，最小的构成单位是大量的晶体管和连接晶体管的导线。一般来说，同样大小的芯片上，能够放的晶体管数量越多，这个芯片的性能就越好。而大家都听过的摩尔定律，其实就是关于晶体管数量的定律。根据集成晶体管数量的等级，芯片可以进行分级（见表3-20）。

表 3-20 芯片分级表

名　称	英　文	缩　写	逻辑门数量
小规模芯片	small-scale integration	SSI	小于 10
中规模芯片	medium-scale integration	MSI	10 ～ 100
大规模芯片	large-scale integration	LSI	100 ～ 5000
特大规模芯片	very-large-scale integration	VLSI	5000 ～ 50 000
超大规模芯片	super-large-scale integration	SLSI	50 000 ～ 100 000
超特大规模芯片	ultra-large-scale integration	ULSI	100 000 以上

芯片是把各种晶体管、电阻、电容和电感等元件及布线互连一起，制作在一小块或几小块半导体晶片或介质基片上，然后封装在一个管壳内，成为具有所需电路功能的微型结构。按照流程，芯片生产一般分四步，即芯片设计、晶圆加工、芯片封装、芯片测试。如果把封装和测试算成一大步，芯片生产流程就是设计、加工和封测三大环节。芯片产业非常大也非常复杂，其特性就是投资大、风险高、投资周期长。因此，一家企业要布局芯片全产业链，是非常难的。目前，各企业大多数是彼此分工的，做设计的做设计，做制造的做制造，搞封测的搞封测。每个产业链上的企业，都有自己的技术难题，都需要花很大的精力去探索、去突破。

1. 芯片原材料

芯片所需原材料主要包括晶圆片（wafer）、掩模版、光刻胶、高纯化学试剂、电子气体、抛光材料、靶材等。

（1）晶圆片。指硅半导体集成电路制作所用的硅晶片，由于其形状为圆形，故称为晶圆片。晶圆片的原始材料是硅。硅在自然界中以硅酸盐或二氧化硅的形式广泛存在于岩石、砂砾中。晶圆片制造过程复杂，需经历晶圆制造→晶棒料→晶片三个阶段，中间还有许多工序，在此不再阐述。在晶圆片市场中，日本的 Shin-Etsu 和 Sumco、中国台湾的环球晶圆、德国的 Siltronic、韩国的 LG Silitron 等是非常有名的厂家。晶圆片制造过程的重要设备包括直拉单晶炉、内圆切片机 / 切片研磨一体机、外延设备等，高端设备基本被外国厂家垄断。中国半导体制造用硅材料市场规模在百亿元以上。

（2）掩模版。在芯片制造的整个流程中，其中一部分就是从版图到晶圆制造中间的一个过程，即光掩模或称光罩制造。这一部分是流程衔接的关键部分，是流程中造价最高的一部分，也是限制最小线宽的瓶颈之一。掩模版可以分为铬版、干版、菲林和凸版等。

（3）光刻胶。光刻胶是光刻工艺的关键材料，它是一种对光敏感的有机化合物，它受紫外光曝光后，在显影液中的溶解度会发生变化。光刻胶可以分为正胶和反胶两类。正胶是指曝光前对显影液不可溶，而曝光后变成了可溶，能得到与掩模版遮光区相同的图形。负胶是指曝光前对显影液可溶，而曝光后变成了不可溶，能得到与掩模版遮光区不同的图形。光刻胶有数亿元的市场规模。

（4）高纯化学试剂。在国际上称为工艺化学品，是集成电路和超大规模集成电路制作过程中的关键性基础化工材料之一。高纯化学试剂的用途主要有两个方面：一是用于硅圆片工艺加工过程中的硅片清洗。硅圆片在进行工艺加工过程中，常常会被不同的杂质所沾污，因为各种沾污可引起芯片产率下降 50% 左右，为了获得高质量、高产率的集成电路芯片，必须去除硅圆片表面的各类沾染物；二是用于芯片制造中涂胶前的湿法清洗和光刻过程中湿法蚀刻及最终的去胶。高纯化学试剂产品可以分为酸类产品、碱类产品、腐蚀剂产品、有机溶剂产品和其他产品。

（5）电子气体。是发展集成电路特别是超大规模集成电路不可缺少的基础性支撑材料，它被称为电子工业的血液和粮食，它的纯度和洁净度直接影响到光电子、微电子元器件的质量、集成度、特定技术指标和成品率，并从根本上制约着电路和器件的精确性和准确性。电子气体按纯度等级，可以分为纯电子气体、高纯电子气体、半导体特殊材料气体。中国市场规模在数十亿元以上。

（6）抛光材料。主要用于化学机械抛光工艺。化学机械抛光工艺是一个平坦化处理的过程，旋转的工件以一定的压力压在随工作台一起旋转的抛光垫上，由磨粒和化学氧化剂等配成的抛光液在晶片与抛光垫间流动，在工件表面产生化学反应，生成易于去除的氧化表面，再通过机械作用将氧化表面去除。最后，去除的产物被流动的抛光液带走，露出新的表面，若干次循环去除后最终获得均匀的平坦化晶圆片表面。

（7）靶材。是通过磁控溅射、多弧离子镀或其他类型的镀膜系统在适当工艺条件下溅射在基板上形成各种功能薄膜的溅射源。靶材按应用领域可以分为半导体膜、介质膜、光学膜、玻璃镀膜；按材质可以分为金属靶材、合金靶材、磁性靶材、氧化物靶材；按形状可以分为板状、管状、线状、棒状。

2. 芯片设计

芯片设计流程如图 3-51 所示。一款芯片的设计开发，首先确定产品的应用需求，之后进入系统开发和原型验证阶段。系统开发和原型验证通过后，就进入芯片版图的设计实现阶段，就是数字后端、与模拟版图拼接。芯片版图通过各种仿真验证后就可以生成 GDS（电路版图的一种文件格式）文件，发给代工厂进行加工。

芯片设计，电子设计自动化（EDA）软件是必不可少的。在电子设计自动化软件发布之前，芯片设计依赖于工程师的手绘。当然，虽然已经进入了 5 纳米时代，芯片设计也不是不可以依靠手绘的。但两者的时间消耗和难度是不一样的，试想，对一个采用 5 纳米工艺，集成超过 150 亿个晶体管和几十个电路的处理器，用手绘制出来会是怎样一幅场景！根据有关机构的统计，如果用 EDA 软件设计一个 5 纳米芯片，设计成本约为

4000万美元，但如果没有EDA软件，即使不算时间成本，这个芯片的设计成本将增加200倍，高达77亿美元。因此，必须使用EDA软件。当然，EDA软件不仅仅是绘制电路图那么简单。如果只是画一张电路图，有太多的软件可供选择。通过EDA软件，芯片设计者可以从概念、算法、协议等方面设计电子系统，并完成电子产品从电路设计、性能分析到集成电路版图设计等全过程，同时，在EDA软件中有大量的逻辑单元可以直接使用，这是EDA软件中最重要的资源。在我国，EDA软件是一个“卡脖子”的问题。EDA软件主要被三大国外巨头垄断（Synopsys、Cadence、Mentor）。这三大巨头的市场份额已经达到85%，而国内的EDA软件只占10%。此外，我国EDA软件的水平远远落后于国外三大巨头，需要不断开发，迎头赶上。

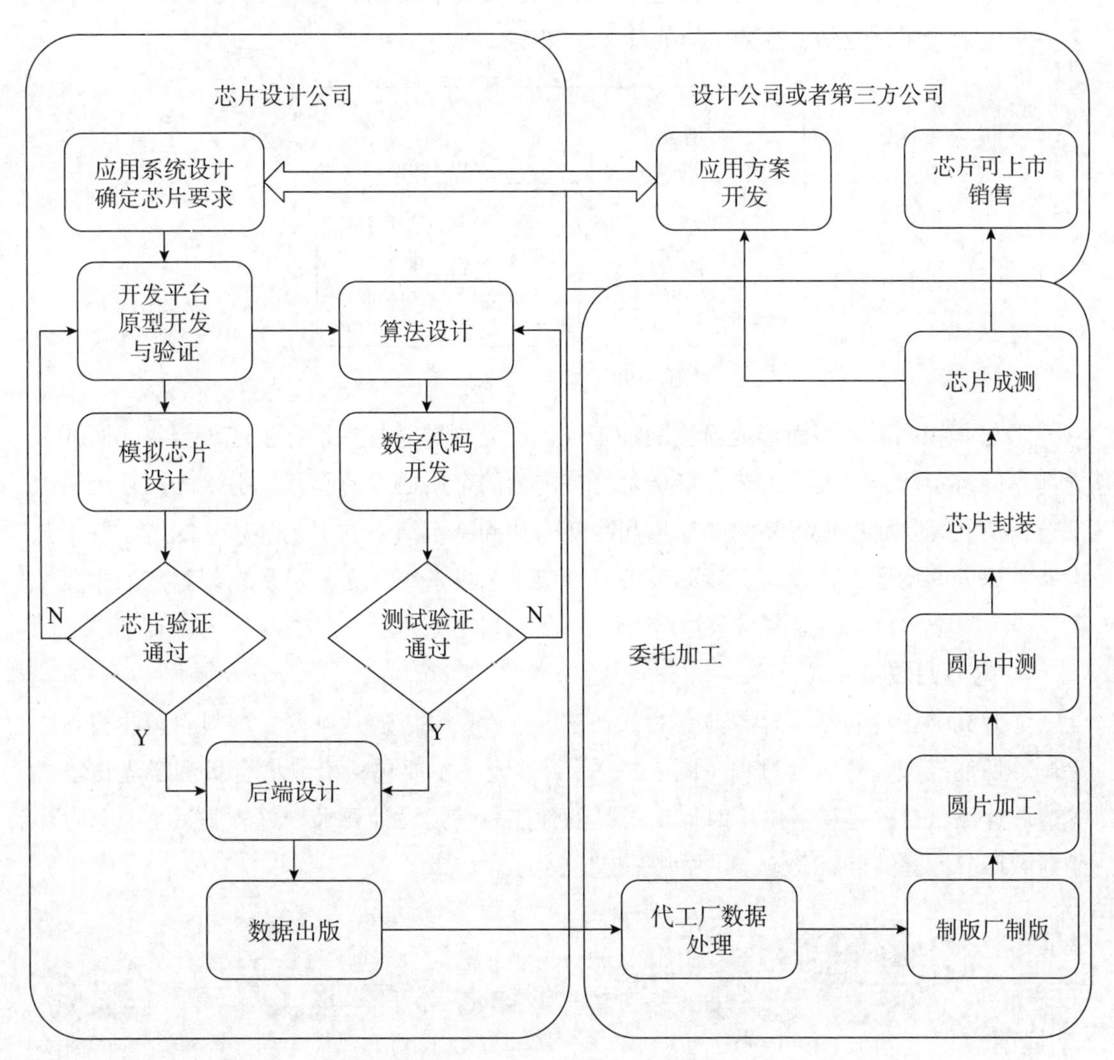

图3-51　芯片设计和制造流程

从产品领域分布来看，芯片设计业主要产品分布在通信（物联网、可穿戴设备、汽车电子等）、消费电子和多媒体三大领域，占据了近80%的市场份额。目前高端芯片设计业务仍被国外垄断，国内设计企业的盈利能力不强。美国的高通、新加坡的博通、中国大陆的华为海思和中国台湾的联发科是比较有名的芯片设计企业。

3. 芯片制造

芯片制造的流程，简单讲，就是把上游的芯片设计厂家的设计图，刻在晶圆片上的过程。芯片制造商拿到芯片设计商的图纸后，通过一套复杂的工序，把电路图纸上的设计，在晶圆片上加工出来，完成图纸到实物的工作。类似于以前洗照片的过程，芯片设计就像拍照，而芯片制造就像把照片洗出来，当然实际上要复杂得多。芯片制造企业使用最基本的工艺方法通过大量的工艺顺序和工艺变化制造出特定的芯片。这些基本的工艺方法包括增层、光刻、掺杂、热处理（见图3-52）。

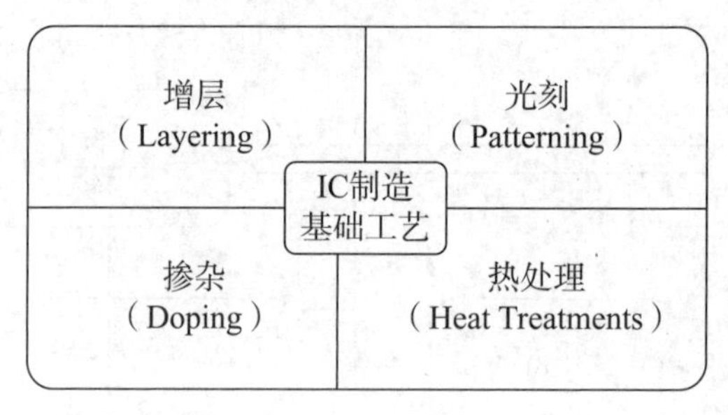

图3-52　芯片制造工艺

增层是在晶圆片表面形成薄膜的加工工艺，光刻是通过一系列生产步骤将晶圆片表面薄膜的特定部分除去的工艺，掺杂是将特定量的杂质通过薄膜开口引入晶圆片表层的工艺，热处理是简单地将晶圆片加热和冷却来达到特定结果的工艺。芯片制造主要工艺设备可以分为增层工艺设备、光刻设备、掺杂工艺设备等。光刻机是光刻工艺的重要设备，极为复杂，是目前国内与国外差距最大的芯片制造设备。

4. 芯片封装和测试

芯片封装工艺包括硅片减薄、芯片切割、硅片贴装、芯片互联、塑料封装、去飞边毛刺、切筋成型、打码等过程（图3-53）。封装设备主要包括引线键合机和激光切割机等。芯片测试目的是最后出厂时保证产品的性能可满足设计要求。封装测试企业只专注于封测环节，提供封测服务，并收取一定比例的加工费。

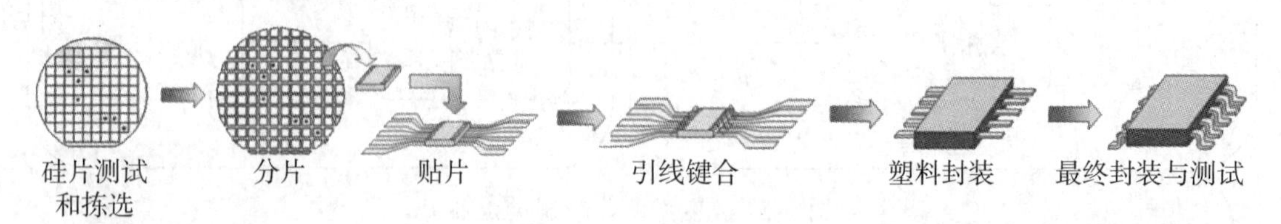

图3-53　芯片封装步骤

5. 芯片制程

怎样才能在同样大小的芯片上，放置越来越多的晶体管呢？答案很简单，让晶体管变得越来越小就行了。可以简单地把晶体管看成由三个核心部分构成的，即入口、闸门和出口。在专业术语上，入口叫源极（source），指电路的来源；出口叫漏极（drain），指电路的漏出处；闸门叫栅极（gate），指电路的控制闸门（见图 3-54）。

制程指的是栅极的宽度。大家经常说的 14nm、7nm、5nm，其实就是指栅极有 14nm 宽、7nm 宽、5nm 宽。专业术语上通常称之为栅长，但其实不是长度，而是宽度。栅长越小，晶体管就越小，一个芯片上，能够放的晶体管数量就越多。甚至可以夸张点说：栅极的长度，决定了芯片的性能。因为电流是通过栅极传递的，电流承载信息，栅长越短，信息传递速度越快，电子产品的运行速度就越快、越强大。那么，从技术上来说，提高芯片制程、缩小晶体管的栅长，到底有多难呢？

提高芯片制程的难度。1nm 相当于一根头发丝直径的六万分之一，要在这么小的空间上，进行精细化的作业，制造成电路，其难度可想而知了。在缩小芯片制程的技术进步中，漏电和光刻是两个最困难的问题。

漏电问题。当栅长越来越小的时候，会产生漏电问题（见图 3-55）。一旦漏电了，就会加大芯片的功耗、降低芯片的性能。可以说，如何在晶体管越来越小的情况下，克服漏电问题，是各大芯片制造厂共同面临的技术难题。为了解决这一问题，各大芯片厂纷纷在晶体管结构上下功夫，集思广益，设计出了各种结构的新型晶体管。图 3-56 是最早的晶体管结构，这种结构，由于源极漏极和栅极的接触面比较小，所以限制了电流通过，就容易产生漏电的现象。这种漏电既可能是穿过栅极的，也可能是穿过下面的垫板的。

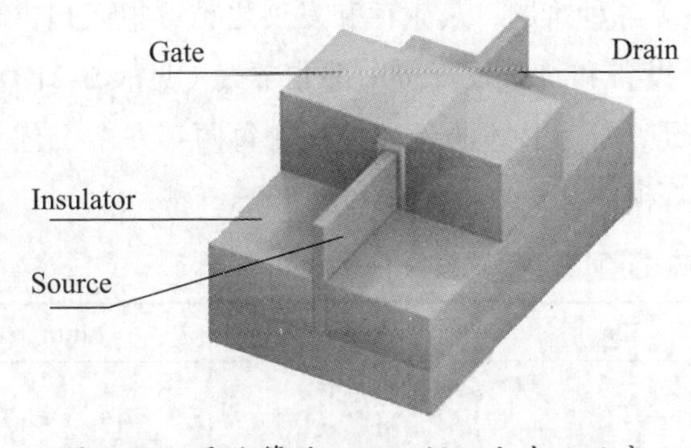

图 3-54 晶体管的入口、闸门和出口示意

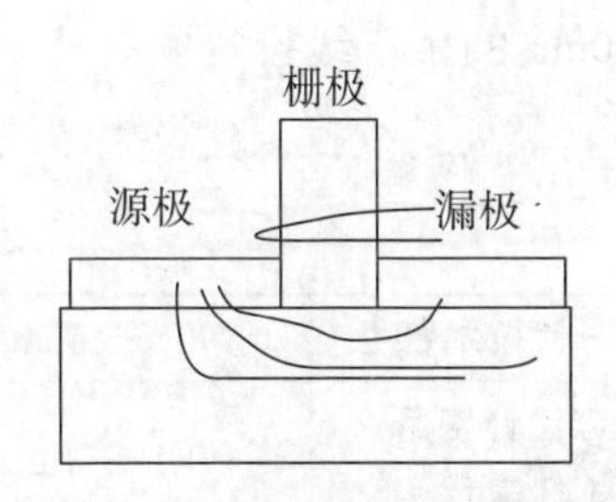

图 3-55 芯片的漏电现象

目前，改进漏电的思路基本就是两个，一是增强底盘和源极漏极栅极之间的绝缘性，防止从底盘漏电；二是改变源极漏极的形状，减少漏电。可以从芯片厂家们发明的一些晶体管看到这种思路（见图 5-56）。

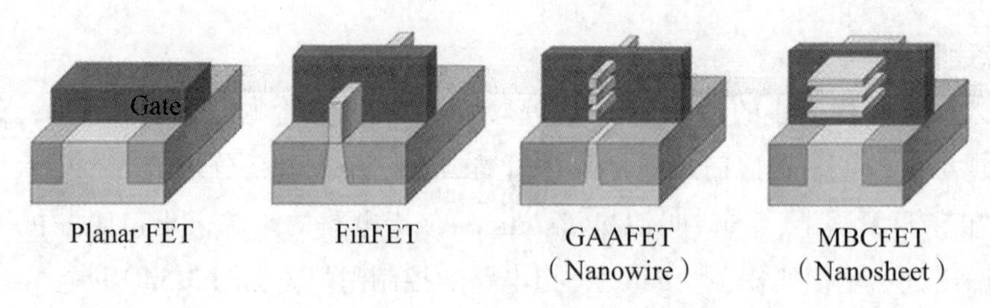

图 3-56　晶体管结构的改善

光刻技术问题。光刻可形象地描述为以光为刀、进行雕刻。但是光有个问题，就是衍射现象。光的波长越长，衍射问题越严重，雕刻出错的概率越大。所以就需要波长很小的光源。一般来说，越是小的制程，就需要越小的光波。例如，14nm 的芯片制程已经是 DUV（深紫外光）光刻的极限。要想突破 14nm 的工艺，就必须得使用 EUV（极紫外光）进行光刻。

光刻离不开光刻机。现在市面上主流的光刻机以 DUV 光刻机为主。中芯国际为了生产中芯的 14nm 芯片，曾从荷兰光刻机生产厂家 ASML 订购了 DUV 光刻机。像台积电和三星这样的顶尖芯片工厂，对 EUV 光刻机也是极度需求。现在全世界能生产 EUV 光刻机的厂家，只有 ASML 一家。EUV 光刻机价格昂贵，一台要卖 1 亿欧元以上。光刻机是芯片制作过程中最核心、最关键的设备，对芯片制程的发展起着决定性的作用。行内人都说，EUV 光刻机的研发难度，比研究原子弹还要大。

6. 投资分析

为什么芯片制造业中，后来者追赶领先者会这么吃力？除了缺少技术上的漫长积累外，还有一个重要的问题，即成本和收益的问题。越是领先的芯片，它的成本越低，同样售价下，要比技术落后的竞争对手，获取到高得多的利润。落后者面临技术攻克难、成本高、利润薄，甚至还有市场需求小等各种难题，其生存和发展之难可想而知。芯片产业是需要不断投入巨额资金的产业，设备和科研投资费用都非常大（见表 3-21）。仅仅 20nm 的生产线投资额高达 100 亿美元，加上技术更新速度快，每两年一个工艺节点推进，需要持续投入建设生产线以形成规模优势。

表 3-21　芯片设计与制造投资额

下一代技术费用	90 ～ 65nm	32nm	22nm	14nm
IC 设计费用（亿美元）	1.1 ～ 1.2	4.2 ～ 5	7 ～ 11	14 ～ 21
制造建厂费用（亿美元）	175 ～ 210	245 ～ 280	315 ～ 420	490 ～ 700
工艺节点研发费用（亿美元）	14 ～ 28	42 ～ 56	70 ～ 91	120 ～ 180

续表

封装建厂费用（亿美元）	4亿（10亿块FBP）

（注：FBP：flat bump package，平面凸点封装）

回报周期。据国际数据统计，半导体厂没有一家前5年赚钱。以目前的28nm生产线为例，一般前2.5年为建成期，后2年为产能爬坡期，生产线投入5～6年才能产生效益。其他细分产业也存在同样的规律。

投资风险。从设计、制造、设备到封装，前几名企业均占据细分领域接近70%～80%的市场份额，因此在集成电路行业有第一名吃肉、第二名喝汤、第三名勉强维持收支平衡的说法，如果不能挤进行业的前列，投资风险非常大。

利润。Intel、高通等一流企业毛利率基本在50%以上。

以上就是芯片制程的提高中，需要面临的各种困难，既有技术上的，也有成本上的，所以说，后来者要想迎头赶上，不是那么容易。芯片制造的难度很大，需要埋头苦干，尽快赶上。

现在，大家明白了芯片设计和芯片制造完全是两回事，大多数专业的芯片设计公司，根本不具备芯片制造的能力；芯片制造的技术非常复杂，赶超很困难。现在，在芯片设计领域，我国的华为海思已取得行业领先地位，让国人为之自豪。在芯片制造领域，我国哪个或哪些企业将力挽狂澜，担此历史的重任？

本章小结

计算机底层逻辑是开关电路，由继电器到晶体管，其本质并没有改变。由继电器或晶体管组成门电路，继而组成加法器和存储器，计算机就能完成加法运算，而且计算机也只能做加法，其他运算都是以加法为基础设计实现的。把超大量的加法器、存储器和电阻、电容等电子元器件集成在晶圆上，并通过测试封装就形成了芯片。芯片已经成为数字化的重要基础，而芯片设计软件和光刻设备已经成为我国数字化的“卡脖子”技术。

习题三

1. 摩根定律是简化布尔表达式的重要手段。请用电路实现摩根定律：$\overline{A}\times\overline{B}=\overline{A+B}$，$\overline{A}+\overline{B}=\overline{A\times B}$

2. 请分析设计2-1选择器的电路，并给出逻辑真值表。

3. 设计具有清零功能的D触发器。

4. 设计只有一排开关的加法器。
5. 计算机中负数的表示机制、减法的实现方法是什么？
6. 16 根地址线的 8 位和 16 位 RAM 的存储容量分别是多少比特？多少字节？
7. 比较 16 根地址线的 8 位 RAM 和 15 根地址线的 16 位 RAM 的异同。
8. 芯片领域“卡脖子”的技术主要有哪些方面？为什么芯片赶超那么困难？

第4章 指令与程序

学习目标

- 了解计算机的指令集
- 了解程序的本质
- 了解计算机程序开发语言
- 了解常用系统软件和应用软件
- 了解架构、工程的概念
- 了解软件架构与工程

什么是计算机程序？计算机程序就是为实现特定目标或解决特定问题而用程序设计语言编写的命令序列的集合。程序是由命令序列组成的，它告诉计算机如何完成一个具体的任务。

4.1 指令集

如何配置一个自动累加器，使它不仅可以对一组数字进行累加运算，还能自主确定要累加多少个数，而且还能记住 RAM 中存放了多少个结果？此时，累加器需要完成四个操作：

（1）加载（Load），把 1 字节从存储器中传送到累加器中；

（2）加（Add），把存储器中的 1 字节加到累加器的内容中去；

（3）存放（Store），把累加器中的计算结果取出并存放到存储器中；

（4）停止（Halt）。

为了完成这些操作，需要利用RAM的数据输入，并需要一种用来控制RAM写入信号的方法。为了便于分析，用线性地址表的方式来描述RAM阵列（见图4-1）。图4-1是一小段存储器，方格表示存储器的内容，每个方格写1字节，地址标记在方格左边，地址是线性的，可以计算确定，方格右边是关于该存储单元的说明。对于RAM阵列中的每一个数，需要用一些数字代码来标识加法器要做的每项工作，这些代码可以任意指定，这里加载用10h、相加用20h、保存用11h和终止用FFh，h表示十六进制数，这些代码称为指令。为了实现这些指令代表的功能，需要通过锁存器、选择器等器件组成逻辑电路来实现。前述已知，锁存器、选择器等器件是通过一系列开关电路的动作来实现的，可以把控制这些动作的命令称为微命令。一条指令往往包含多条微命令。为了表述简便，后文一般不再讨论具体的电路实现，若没有特殊需要，也不讨论微命令。

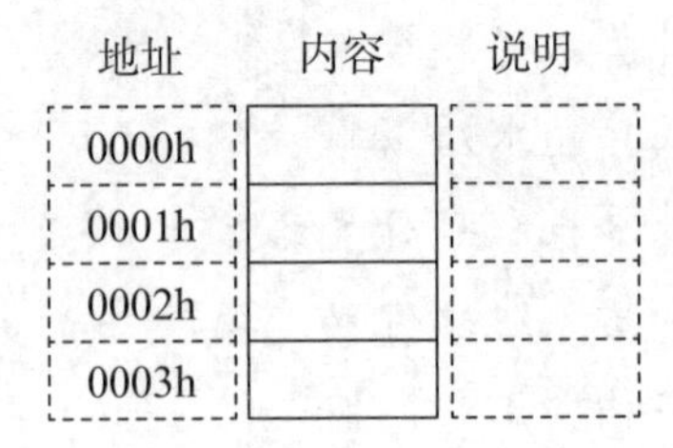

图4-1　RAM描述示意

要实现上述四个操作有很多种方法，比如可以用代码RAM阵列和数据RAM阵列，分别存放代码和数据，两者一一对应。如要实现56h+2Ah–38h，可以按照图4-2两个RAM阵列中的代码和数据完成。图4-2中增加了一个相减（subtract）操作和指令（21h）。

代码阵列

地址	内容	说明
0000h	10h	Load
0001h	20h	Add
0002h	21h	Subtract
0003h	11h	Store
0004h	FFh	Halt

数据阵列

地址	内容	说明
0000h	56h	
0001h	2Ah	
0002h	38h	
0003h		结果
0004h		

图4-2　两个RAM阵列实现累加

也可以用一个RAM阵列在不同的地址分别存储代码和数据来完成（见图4-3）。在图4-3中，每个操作码在存储器中占3字节，其中第一个字节为代码本身，另外两个字节用来存放一个16位存储器的地址（Halt除外）。对Load指令来说，后两个字节保存的地址用来指明一个存储单元，该存储单元存放的是需要被加载到累加器中的字节。对Add、Subtract、Add with Carry、Subtract with Borrow指令来说，该地址指向的存储单元保存的字节是累加器加或减的结果。对Store指令来说，该地址指明的是累加器中的内容将要保存到的存储单元。一般地，指令从 0000h 开始存放，最后 Halt 放在 000Ch。可以把 3 个操作数以及运算结果放在 RAM 阵列除最前面 13 字节外的任何地方。图 4-3 中是从 0010h 开始的，数据和结果依次存储在地址 0010h、0011h、0012h 和 0013h。

0000h	10h	Loah
0001h	00h	
0002h	10h	
0003h	20h	Add
0004h	00h	
0005h	11h	
0006h	21h	Subtract
0007h	00h	
0008h	12h	
0009h	11h	Store

000Ah	00h	
000Bh	13h	
000Ch	FFh	停止
…	…	
0010h	45h	
0011h	A9h	Store
0012h	8Eh	
0013h		结果存放
	…	

图 4-3　用一个 RAM 阵列实现累加

当两个相加的数是 16 位数的时候，高字节和低字节要分开存储。图 4-4 展示了 76ABh 和 232Ch 相加的情况。在图 4-4 右侧，需要把两个数的低字节保存到 4001h 和 4003h 地址，高字节保存到 4000h 和 4002h 地址，运算结果分别保存在 4004h 和 4005h。此时 16 个存储单元不必连在一起，可以分布在 RAM 阵列的其他位置。图 4-4 中增加了 Add with Carry 操作，代码设定为 21h），表示执行进位加。可以看到，保存在地址 4001h 和 4003h 处的 2 字节先执行加法，其结果保存在 4005h 地址处，两个高字节数（分别保存在 4000h 和 4002h 处）通过 Add with Carry 指令相加，结果保存在地址 4004h 处。

0000h	10h	Load
0001h	40h	
0002h	01h	
0003h	20h	Add
0004h	40h	
0005h	03h	
0006h	11h	Store
0007h	40h	
0008h	05h	
0009h	10h	Load

000Ah	40h	
000Bh	00h	
000Ch	22h	Add with Carry
000Dh	40h	
000Eh	02h	
000Fh	11h	Stote
0010h	40h	
0011h	04h	
0012h	FFh	Halt
……	……	……

……	……	……
4000h	76h	第一个数高位
4001h	ABh	第一个数低位
4002h	23h	第二个数高位
4003h	2Ch	第二个数低位
4004h		结果数高位
4005h		结果数低位
……	……	……

图 4-4　两个 16 位数相加的指令

如何向存储器输入新的指令，以增加其功能呢？例如，从0020h处存放新的指令，并从0030h处开始存放新的操作数据，见图4-5（a）、图4-5（b）。

目前，两部分指令分别始自地址0000h和0020h，两部分操作数始自0010h和0030h。希望累加器开始执行所有指令完成计算任务。这时需要移除000Ch处的Halt指令，并用Jump（跳转）新指令来替换，指令代码设定为30h。Jump有时又叫分支（branch）指令或者goto指令，即转移到另一个位置（见图4-5（c））。

如何用自动加法器进行两个8位数的乘法运算呢？如A7h与1Ch相乘这种简单的运算，这时，需要实现有条件下的跳转（conditional jump）。

两个8位数相乘得到一个16位数，为了方便起见，把三个数都表示成16位数。第一步确定乘数和乘积保存到什么位置（见图4-6）。A7h和1Ch相乘的结果本质是28个A7h累加，因此可以给出的程序代码见图4-7，1004h和1005h实际是累加的结果。

0020h	10h	Load
00Ah	00h	
000Bh	30h	
000Ch	20h	Add
…	00h	
0010h	31h	
0011h	11h	Store
0012h	00h	
0013h	32h	
	FFh	
…	…	…

（a）

	…	
0030h	43h	
0031h	2Fh	
		结果

（b）

000Ch	30h	Jump
	00h	
	20h	

（c）

图4-5　Jump指令追加代码

1000h	00h	乘数1
	A7h	
1002h	00h	乘数2
	1Ch	
1004h		结果
1005h		

图4-6　乘数与结果存储阵列

0000h	10h	Loah
	10h	
	05h	
0003h	20h	Add
	10h	
	01h	
0006h	11h	Store
	10h	
	05h	
0009h	10h	Load
	10h	
	04h	

000Ch	22h	进位加
	10h	
	00h	
000Fh	11h	保存
	10h	
	04h	
0012h	10h	Load
	10h	
	03h	
0015h	20h	Add
	00h	
	1Eh	

0018h	11h	存储
	10h	
	03h	
000Bh	33h	非零跳转
…	00h	
	00h	
001Eh	FFh	停止

图4-7　乘法实现过程

6条指令执行完后，存储器1004h和1005h地址保存了A7h乘以1的结果。为了保存A7h乘以1Ch的结果，还需反复执行27次，此时需要一条Jump指令。但如何保证恰好执行27次呢？这时需要一条条件跳转指令。例如，Jump if Not Zero（非零跳转），即表示如果上一步的加法、减法、进位加法或借位减法等运算的结果为0时，将不会发生转移。表4-1列出了四条跳转指令。

表4-1 部分跳转指令

Jump if Zero	零跳转	31h
Jump if Carry	进位跳转	32h
Jump if Not Zero	非零跳转	33h
Jump if Not Carry	非进位跳转	34h

第一次循环后，位于地址1004h和1005h处的16位数等于A7h与1的乘积。在图4-6中1003h处通过Load指令载入到累加器的字节是1Ch。这个字节与地址001Eh存储的值相加，001Eh处存储的FFh既是Halt指令，同时也是一个有效数字。FFh和1Ch相加的结果与从1Ch中减去1的结果相同，都是1Bh。因为这个数不为零，所以零标志位是0。1Bh这个结果会存回地址1003h中。下一条要执行的指令是Jump if Not Zero，零标志位没有设置为1，因此发生跳转。接下来要执行的一条指令位于0000h地址。Store指令不会影响零标志位的值，只有Add、Subtract、Add with Carry、Subtract with Borrow才会。当执行第28次循环时，1004h和1005h保存的6位数等于A7h和1Ch的乘积，1003h保存的值为1，它和FFh相加为0，因此零标志位被置位，不再跳转，执行下一条指令即Halt指令。

把前文涉及的几个操作码和代码汇总（见表4-2），当然这只是计算机指令的小部分。每个代码都分配了对应的简短助记符，包括2个或3个大写字母。

表4-2 部分操作码和代码汇总

助记符	代码	操作码	解释
LOD	10h	Load	加载
STO	11h	Store	存储
ADD	20h	Add	加法
SUB	21h	Subtract	减法
ADC	22h	Add with Carry	进位加法
SBB	23h	Subtract with Borrow	借位减法
JMP	30h	Jump	跳转
JZ	31h	Jump If Zero	零跳转
JC	32h	Jump If Carry	进位跳转

续表

助记符	代　码	操作码	解　释
JNZ	33h	Jump If Not Zero	非零跳转
JNC	34h	Jump If Not Carry	无进位跳转
HLT	FFh	Halt	停止

至此，加法器具备了控制循环的能力，计算器变为了计算机。既然可以用条件跳转实现两个数的乘法运算，当然也可以实现除法运算；可以实现 8 位数的运算，也可以实现 16 位、24 位、32 位、64 位甚至更高位的加、减、乘、除、开平方根、取对数、三角函数等运算。这样的计算机是数字计算机，只能处理离散数据。

一套用来控制计算机系统的指令集合称为指令集，指令集是有限集合。指令以编码的形式如同数据一样存放在存储器中。一条指令一般由操作码和操作数地址码两部分组成，每条指令都可以用硬件实现。根据前面分析，指令可以分为三种基本类型：

①算术逻辑运算指令，如加法、乘法、逻辑运算、移位运算等指令；

②流程控制指令，如跳转、分支、调用子程序等指令；

③数据传送指令，如装载、存储等指令。

有了这三类指令，计算机就能够完成各种复杂的运算。

指令集体系结构（instruction set architecture，ISA）定义了一台计算机可以执行的所有指令的集合，每条指令规定了计算机执行什么操作，所处理的操作数存放的地址空间以及操作数类型。ISA 规定的内容包括数据类型及格式，指令格式，寻址方式和可访问地址空间的大小，程序可访问的寄存器个数、位数和编号，控制寄存器的定义，I/O 空间的编制方式，中断结构，机器工作状态的定义和切换，输入输出结构和数据传送方式，存储保护方式等。因此，ISA 是计算机的灵魂，是计算机硬件和软件的接口，是软件能够感知到的部分，也称软件可见部分（见图 4-8）。

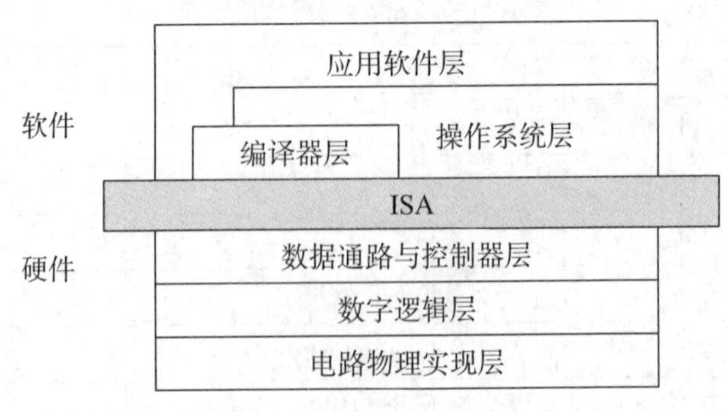

图 4-8　指令集体系结构

目前世界上只有为数不多的 ISA，主要包括 ARM、x86、PowerPC、MIPS、C*Core（M*Core）和 SH3/SH4 等，它们占据了绝大部分的市场份额。ISA 是各式程序和处理器之间的桥梁，其背后是一个生态链，而不是一两家公司。发明一套新的 ISA 并不难，难的是要让别人接受发明的 ISA。

4.2　指令处理

当前计算机基本上都是冯·诺依曼计算机，包括运算器、存储器、控制器、输入设备和输出设备五个部分（见图 4-9）。运算器是实现基本计算的电路（如加法器、乘法器、反向器等）组合，也称为算术逻辑单元（arithmetic and logic unit，ALU），ALU 既可进行算术运算，也可以进行与、或等逻辑运算。控制器控制着存储器中的数据送到运算器中进行计算，然后结果存回到存储器中的过程。复杂的计算需要大量的输入数据和输出数据，因此需要一个存储器将其存起来。数据要从外部输进来，结果也要输出去，因此还需要输入和输出设备。

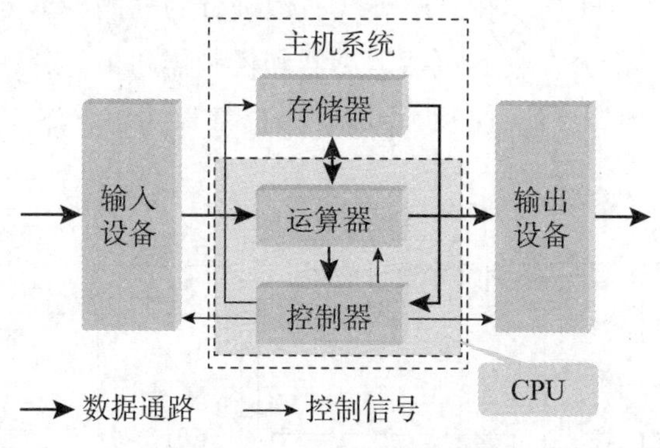

图 4-9　计算机的基本结构

计算机本质是指令处理系统。整个任务执行过程可以分为 5 个阶段：取指令、指令译码、执行指令、访存取数和结果写回（见图 4-10）。

（1）取指令（instruction fetch，IF），即将一条指令从主存储器中取到指令寄存器的过程。程序计数器（PC）中的数值，用来指示当前指令在主存中的位置。当一条指令被取出后，PC 中的数值将根据指令字长度自动递增。

（2）指令译码（instruction decode，ID），取出指令后，指令译码器按照预定的指令格式，对取回的指令进行拆分和解释，识别区分出不同的指令类别以及各种获取操作数的方法。

（3）执行指令（execute，EX），具体实现指令的功能。CPU 的不同部分被连接起来，以执行所需的操作。

（4）访存取数（memory，MEM），根据指令需要访问内存、读取操作数，CPU 得到操作数在内存中的地址，并从内存中读取该操作数用于运算。部分指令不需要访问内存，可以跳过该阶段。

（5）结果写回（write back，WB），把执行指令阶段的运行结果数据写回到某种存储形式。结果数据一般会被写到 CPU 的内部寄存器中，以便被后续的指令快速地存取。

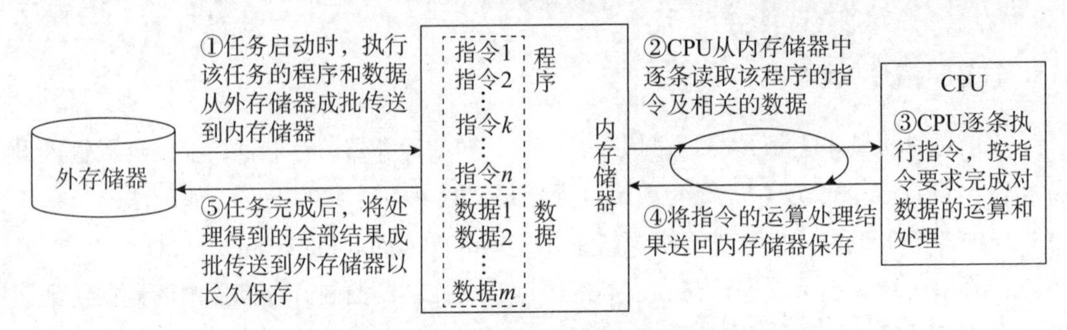

图 4-10　指令的执行和存储过程

4.2.1　指令执行过程

指令执行过程如图 4-11 所示，其中虚线右边部分为存储器部分，它用于存放指令和数据；左边则属于 CPU 部分，它又包括运算器和控制器两个部分，实现指令的分析、执行以及数据的运算和处理等功能。CPU 中有几个最基本的功能部件，下面简单说明之。

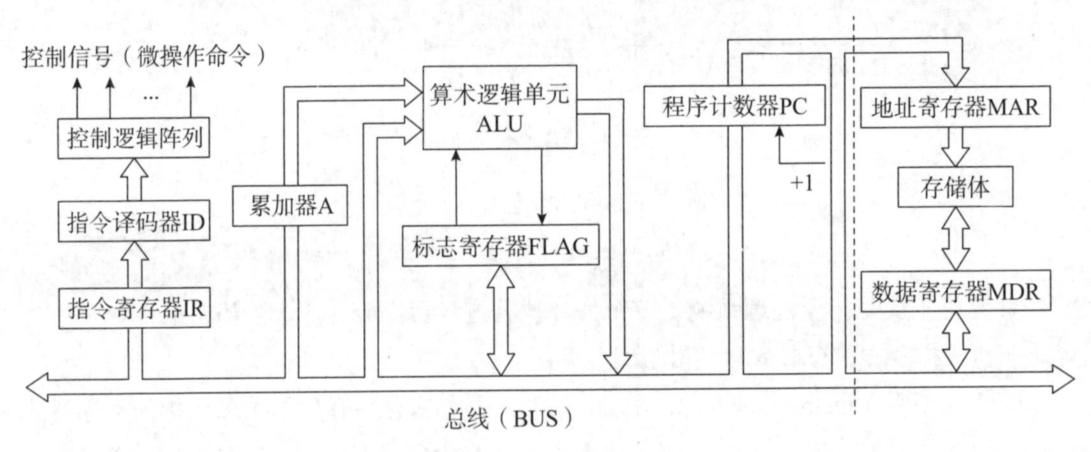

图 4-11　指令执行过程

（1）程序计数器（program counter，PC）。程序计数器也称指令计算器，用来指出将要执行的指令所在存储单元的地址，具有自动增量计数的功能。程序是由指令序列组成的，指令序列被存放于存储器中，要从存储器中取出指令，必须首先给出指令所在存储单元的地址。当程序被执行时，CPU 总是把 PC 的内容作为地址去访问存储器，从指定的存储单元中取出一条指令并加以译码和执行。与此同时，PC 的内容必须自动地转换成下一条指令的地址，为取出下一条指令做好准备。

（2）指令寄存器（instruction register，IR）。它保存着计算机当前正在执行或即将执行的指令。IR 在“进栈并取数”指令中发挥着重要作用，在执行该指令过程中，将累加器A的内容发送给IR，之后将操作数取到累加器A，后将IR内容进栈。

（3）指令译码器（instruction decoder，ID）。它用来对指令进行译码，以确定指令的性质和功能。

（4）控制逻辑阵列。由它产生一系列微操作指令信号，当微操作的条件（如指令的操作性质、各功能部件送来的反馈信息、工作节拍信号等）满足时，就会发出相应的微操作命令，以控制各个部件的微操作。

（5）累加器A。它是一个在运算前存放操作数而在运算结束时存放运算结果的寄存器。它也用于CPU与存储器和I/O接口电路间的数据传送。

（6）算术逻辑单元（ALU）。ALU是能实现多组算术运算与逻辑运算的组合逻辑电路，是中央处理器中的重要组成部分。ALU的运算主要是进行二位元算术运算，如加法、减法、乘法。

（7）标志寄存器（flags register，FLAG）。它是用来反映和保存运算的部分结果，如结果是否为零，结果的正、负，运算时是否产生进位以及是否发生溢出等。另外，CPU的某种内部控制信息（例如是否允许中断等）也反映在标志寄存器中。

除了上述基本元件之后，还有用于传输指令的总线（BUS）。人们通常把和CPU直接相连的局部总线叫作CPU总线或者内部总线，将那些和各种通用的扩展槽相接的局部总线叫作系统总线或者外部总线。在内部结构比较单一的CPU中，往往只设置一组数据传送的总线即CPU内部总线，用来将CPU内部的寄存器和算数逻辑运算部件等连接起来，因此也可以将这一类的总线称之为ALU总线。而部件内的总线，通过使用一组总线将各个芯片连接到一起，一般会包含地址线以及数据线这两组线路。系统总线是将系统整体连接到一起的基础，而系统外的总线是将计算机和其他的设备连接到一起的基础线路。

总线是计算机内部数字信号的集合。这些信号可以分为数据信号、地址信号和控制信号。数据信号包括两类信号，第一类是由微处理器产生，用来把数据写入到RAM或其他设备的信号，第二类是通常由RAM也可以是其他设备提供的、微处理器读取的信号。地址信号由微处理器产生，通常用来对RAM寻址操作，也可以用来对连接到计算机的其他设备进行寻址操作。控制信号多种多样，通常与特定的微处理器相对应。因此，计算机总线也相应地分为三类，即数据总线、地址总线和控制总线（见图4-12）。

总线的技术指标主要包括带宽、位宽和工作频率。总线带宽是指单位时间内总线上传送的数据量，单位是MB/s。总线位宽是指总线能同时传送的二进制数据的位数，或数据总线的位数，如32位、64位等。总线位宽越宽，每秒钟数据传输率越大，总线的带宽越宽。总线工作频率是指工作时钟频率（MHz），工作频率越高，总线工作速度越快，总线带宽越宽。带宽、位宽和频率之间的关系是：总线带宽＝总线工作频率×总线位宽/8。

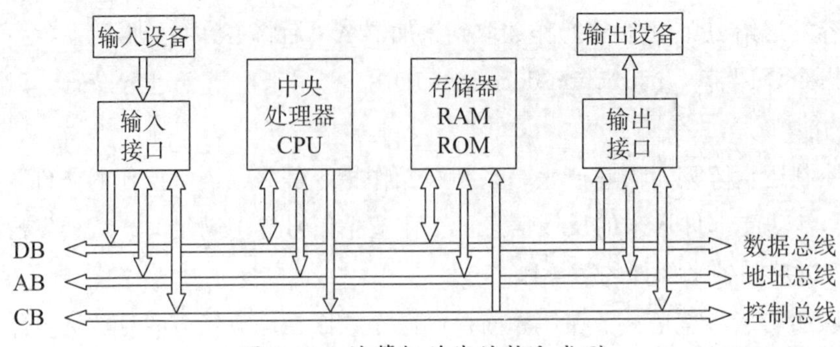

图 4-12　计算机总线结构和类型

如前所述，计算机要执行一条指令，要先从存储器中把它取出来，经过译码分析之后，再去执行该指令所规定的操作。所以，概括而言，一条指令的执行过程可以分为 3 个基本过程，即取指令、分析指令和执行指令，具体步骤如下。

（1）开始执行程序时，PC 中保存第一条指令的地址，它指明了当前将要执行的指令存放在存储器的哪一个单元中。

（2）控制器把 PC 中保存的指令地址送往存储器的地址寄存器，并发出读命令。存储器按给定的地址读出指令，经由数据寄存器送往控制器，保存在指令寄存器中。

（3）指令译码器对寄存器中的指令进行译码，分析指令的操作性质，并由控制逻辑阵列向存储器、运算器等有关部分发出微操作命令。

（4）当需要由存储器向运算器提供操作数时，控制器根据指令的地址部分，形成操作数所在的存储器单元地址，并送往地址寄存器，然后向存储器发出读命令。

（5）存储器读出的数据经由数据寄存器直接送往运算器。与此同时，控制器命令运算器对数据进行指令规定的运算。

（6）一条指令执行完毕后，控制器就要接着执行下一条指令。为了把下一条指令从存储器取出来，通常控制器把 PC 的内容自动加上一个值，以形成下一条指令的地址；而在遇到转移指令时，控制器则把转移地址送往 PC。总之，PC 中存放的是下一条指令所在存储单元的地址。控制器不断重复上述过程的（2）～（6），每重复一次，就执行了一条指令，直到整个程序执行完毕。

4.2.2　指令执行的速度

计算机是一个指令系统，计算机的发展历史，可以说是一个不断提高指令执行速度的历史。提高计算机系统的整体性能，就是不断提高指令的处理速度，可以在两个方面做出努力，一是改进构成计算机的器件性能（如半导体电路的运行速度、功耗等），二是采用先进的系统结构设计。而在系统结构设计方面，一个重要的手段就是采用并行处理技术，设法以各种方式挖掘计算机工作中的并行性。执行一个程序所花费的时间可由以下公式计算：

$$P=I\times \mathrm{CPI}\times t$$

P：执行一个程序所花费的时间；

I：这个程序所需执行的总指令数；

CPI：每条指令执行的平均周期数；

t：以毫秒或毫微秒计的时钟周期。

由此，可以找到减少指令执行时间的三个手段，即减少 I 值、CPI 值和 t 值。

1. 减少 *I* 值

在计算机技术的发展过程中，为了保证同一系列内各机型的向前兼容和向后兼容，后来推出机型的指令系统往往只能增加新的指令和寻址方式，而不能取消老的指令和寻址方式。于是指令系统变得越来越庞大，寻址方式和指令种类越来越多，CPU 的控制硬件也变得越来越复杂。人们研究了大量的统计资料后发现：复杂指令系统中仅占 20% 的简单指令，竟覆盖了程序全部执行时间的 80%。这是一个重要的发现，它启发人们产生了这样一种设想：能否设计一种指令系统简单的计算机，它只用少数简单指令，使 CPU 的控制硬件变得很简单，能够使处理器在执行简单的常用指令时实现最优化，提高 CPU 的时钟频率并且设法使每个时钟周期能完成一条指令，从而使整个系统的性能达到最高，甚至超过传统的指令系统庞大复杂的计算机。用这种想法设计的计算机就是精简指令集计算机（reduced instruction set computer，RISC）。它的对立面——传统的指令系统复杂的计算机被称为复杂指令集计算机（complex instruction set computer，CISC）。表 4-3 对比了 CISC 和 RISC。

表 4-3　CISC 指令集与 RISC 指令集比较

CISC	RISC
增强指令功能	80-20 原则
填补高级语言和机器指令之间的间隙	精简指令集，提高指令集的执行效率
减少需要的指令数目	定长指令以方便优化
可变长指令以提高存储器利用率	Load/Store 结构以方便指令调度和提高效率
面向存储器的指令	有利于 CPU 的设计
不利于 CPU 的设计	硬连逻辑实现，效率高
硬逻辑实现困难，多使用微程序实现	I 的少量增加带来 CPI 和 t 的减小

虽然 RISC 技术得到了迅猛发展，并对计算机系统结构产生了深刻影响，但要在 RISC 结构和 CISC 结构之间做出是非裁决还为时尚早。事实上，RISC 结构和 CISC 结构只是改善计算机系统性能的两种不同的风格和方式。可从如下两个方面来看。

（1）从公式 $T=I\times \mathrm{CPI}\times t$ 来说，为提高程序的执行速度，CISC 着眼于减小 I，却付出了较大 t 的代价；RISC 力图减小 CPI，却付出了较大 I 的代价；CISC 和 RISC 都努力减

小 t，即提高处理器的时钟速率。

（2）CISC 技术复杂性在于硬件，在于 CPU 芯片中控制部分的设计与实现；RISC 技术复杂性在于软件，在于编译程序的设计与优化。

今后，RISC 技术还会进一步发展，但 CISC 技术也不会停滞不前。在不断挖掘和完善自身技术优势的同时，双方都在取长补短，都注重取对方之长以改进自己的系统结构，两者相互融合。后来的 RISC 设计已不再是纯 RISC 结构，如 Power PC 处理器；而后来的 CISC 设计也融进了不少 RISC 特征，如 Pentium 系列处理器。RISC 机器的指令数已从最初的 30 多种增加到 100 多种，增加了一些必要的复杂功能指令。CISC 机器也吸取了很多 RISC 技术，发展成了 CISC/RISC 系统结构，如 Pentium Pro 处理器。

2. 减少 CPI 值

CPI 是指每条指令的时钟周期数（clock per instruction）。CPI 随指令的不同而异，比如在 RISC 机器中，大多数指令的 CPI 等于 1，但有些复杂指令需要几个时钟周期才能执行完，则其 CPI 大于 1，通常可以用平均 CPI 来描述。平均 CPI 是把各种类型的指令所需的时钟周期数按一定的混合比（出现的频度）加权后计算得到。目前，降低 CPI 主要有指令级并行、超长指令字结构和超标量等技术。

（1）指令级并行。并行性有粗粒度和细粒度之分。所谓粗粒度并行性是在多个处理器上分别运行多个进程，由多个处理器合作完成一个程序。所谓细粒度并行性是指在一个进程中实现操作一级或指令一级的并行处理。这两种粒度的并行性在一个计算机系统中可以同时存在，而在单处理器上则采用细粒度（指令级）并行性。高性能处理器在指令处理方面采用了一系列关键技术，大多是围绕指令级并行处理这个核心问题发挥作用的。下面通过两个例子来说明指令级并行性的特点和含义。

例 1		例 2	
	ADD R1 ← R1+20		ADD R1 ← R1+40
	SUB N1 ← N2-N1		SUB R3 ← R1-R2
	LOAD N3 ← 30R2		STORE R4 ← R3

在上面的例 1 中，3 条指令是互相独立的，它们之间不存在数据相关，所以可以并行。即例 1 存在指令并行性，可同时执行 3 条指令，其并行度为 3，而例 2 的情况则完全不同，在其 3 条指令中，第二条要用到第一条的结果，第三条又要用到第二条的结果，它们都不能并行执行，即例 2 的并行度为 1，指令间没有并行性。

多个处理器合作组成 N 级流水线的情形，并行性可以极大提高性能。针对 N 级流水线，每个周期做 $1/N$ 的工作，时间也是整个指令的 $1/N$，每个周期有一条指令完成执行，性能提高 N 倍（见图 4-13）。需要说明的是，在单处理器中实现指令级并行处理是由编译程序和处理器硬件电路负责实现的，用户不必考虑如何使自己编写的程序去适应指令级并行处理的需要。

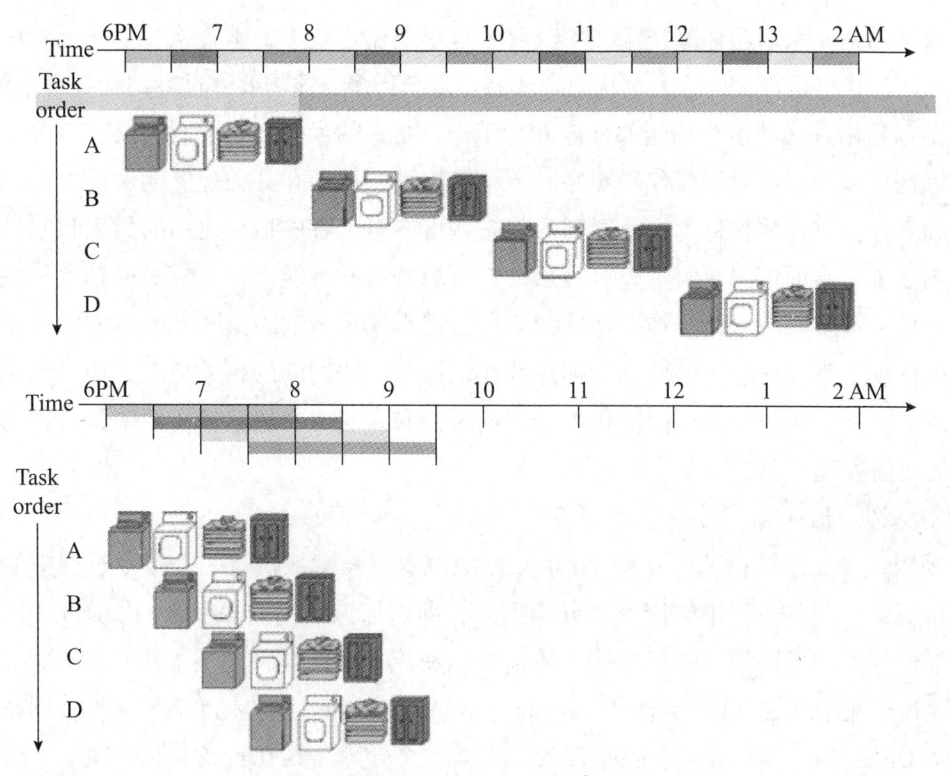

图 4-13 *N* 级流水线并行

（2）超长指令字结构。超长指令字（very long instruction word，VLIW）技术由编译程序在编译时找出指令间潜在的并行性，进行适当调整安排，把多个能并行执行的操作组合在一起，构成一条具有多个操作段的超长指令，由这条超长指令控制 VLIW 机器中多个互相独立工作的功能部件，相当于同时执行多条指令。VLIW 指令的长度和机器结构的硬件资源情况有关，往往长达上百位。传统的设计计算机的做法是先考虑并确定系统结构，然后才去设计编译程序。而对于 VLIW 计算机来说，编译程序同系统结构两者必须同时进行设计，它们之间的关系十分紧密。据统计，通常的科学计算程序存在着大量的并行性。如果编译程序能把这些并行性充分挖掘出来，就可以使 VLIW 机器的各功能部件保持繁忙并达到较高的机器效率。

（3）超标量技术。在早期采用流水线方式的处理器中只有一条流水线，它是通过指令的重叠执行来提高计算机的处理能力的，而在采用超标量结构的处理器中则有多条流水线，即在处理器中配有多套取指、译码及执行等功能部件，在寄存器组中设有多个端口，总线也安排了多套，使在同一个机器周期中可以向几条流水线同时送出多条指令，并且能够并行地存取多个操作数和操作结果，执行多个操作。这就是所谓超标量技术（super scalar）。采用超标量结构的处理器中流水线的条数称为超标度。例如，Pentium 处理器中的流水线为两条，其超标度为 2；Pentium Ⅱ /Pentium Ⅲ处理器的超标度为 3 等。

需要指出的是，采用超标量技术，不仅要考虑单条流水线中的重叠执行，还要考虑在流水线之间的并行执行，比单流水线的处理器要复杂得多。这需要通过专门的技术来解决。

前已指出，为使多个功能部件能并行工作，指令的操作数之间必须没有相关性。为此可以通过编译程序对程序代码顺序进行重新组织，从而在某种程度上保证指令之间的数据独立性。这种技术称为指令序列的静态调度。对于有些指令之间的数据独立性在编译时判断不出来的情况，为了充分利用硬件资源的可并行能力，超标量处理器一般可在控制部件中设置一个对指令动态调度的机构，在程序执行期间由硬件来完成对程序代码顺序的调整工作。动态调度可以处理一些在编译时无法判断的相关情况，如一些关于存储器的数据相关等，并且可以简化编译器的设计和实现。在超标量机器中，这种动态调度能力是由处理器中的指令分发部件完成的。

3. 减少 t 值

采用超级流水线技术可以减少 t 值。超级流水线技术把执行一条指令过程中的操作划分得更细，把流水线中的流水级分得更多（即增加流水线的深度），由于每个操作要做的事情少了，可以执行得更快些，因而可以使流水线的时钟周期缩短，即可以把 t 缩短。这样的流水线就是超级流水线（super pipe line）。如果设法把 t 缩短一半，则相当于起到了 CPI 减少一半的作用。也可以说，如果一个处理器具有较高的时钟频率和较深的流水级（如 8 级、10 级等），那么就称它采用了超级流水线技术。

超级流水线技术的实现方式，一般是将通常流水线中的每个流水级进一步细分为两个或更多个流水小级，然后，通过在一个机器时钟内发射多条指令，并在专门的流水线调度和控制下，使得每个流水小级和其他指令的不同流水小级并行执行。注意，对于超级流水线结构的处理器，其机器时钟和流水线时钟是不同的。在这种情况下，流水线时钟频率通常是机器时钟频率的整数倍，具体数值决定于流水级划分为流水小级的程度。例如，在 MIPS R4000 处理器中，流水线时钟频率就是外部机器时钟频率的两倍。

以上这些提高指令的技术都集成在 CPU 这个计算机的核心部件中。表 4-4 列出了 CPU 的发展进程。目前市场上的 CPU 品牌包括“龙芯”系列、Intel、AMD、上海兆芯、上海申威等。CPU 芯片是信息产业的基础部件，也是武器装备的核心器件。我国缺少具有自主知识产权的 CPU 技术和产业，不仅造成信息产业受制于人，而且国家安全也难以得到全面保障。“十五”期间，国家“863 计划”开始支持自主研发 CPU。“十一五”期间，核心电子器件、高端通用芯片及基础软件产品（核高基）重大专项将“863 计划”中的 CPU 成果引入产业。从“十二五”开始，我国在多个领域进行自主研发 CPU 的应用和试点，在一定范围内形成了自主技术和产业体系，可满足武器装备、信息化等领域的应用需求。但国外 CPU 垄断市场已久，我国自主研发 CPU 产品和市场的成熟还需要一定时间。

表 4-4　CPU 发展进程表

阶　段	时 间 段	特　征	主要性能参数	典 型 产 品
第一阶段	1971—1973	运算器与控制器集成，CPU 诞生	4 位和 8 位	Intel 4004
第二阶段	1974—1977	指令系统比较完善	8 位	Intel 8080
第三阶段	1978—1984	x86 指令集架构	16 位	Intel 8086
第四阶段	1985—1992	5 级标量流水	32 位	Intel 80386，Intel 80486
第五阶段	1993—2005	超标量流水，乱序执行和分支预测	32 位，超标量指令流水，乱码和分支预测技术	Intel Pentium
第六阶段	2005—2021	多核，虚拟	64 位	AMD 锐龙，Intel 酷睿

4.2.3　指令存储

存储可以简单分为内部存储和外部存储两个部分，下面通过分析内存和硬盘来说明指令的存储过程和效果。

1. 内存

内存（memory）是计算机的重要部件之一，也称内存储器或主存储器，它用于暂时存放 CPU 中的运算数据，以及与硬盘等外部存储器交换的数据。内存是外存与 CPU 进行沟通的桥梁，计算机中所有程序的运行都在内存中进行，内存性能的强弱影响计算机整体性能的发挥。只要计算机开始运行，操作系统就会把需要运算的数据从内存调到 CPU 中进行运算，当运算完成，CPU 将结果传送出来。内存经历了内存芯片时代、内存条时代、SDRAM 时代、DDR（DDR1、DDR2、DDR3 和 DDR4）时代。按工作原理，可以分为以下几类。

（1）只读存储器（ROM）。ROM 表示只读存储器（read only memory），在制造 ROM 的时候，信息（数据或程序）就被存入并永久保存。这些信息只能读出，一般不能写入，即使机器停电，这些数据也不会丢失。ROM 一般用于存放计算机的基本程序和数据，如 BIOS ROM。现在比较流行的只读存储器是闪存（flash memory），它属于 EEPROM（电擦除可编程只读存储器）的升级，可以通过电学原理反复擦写。现在大部分 BIOS 程序就存储在 Flash ROM 芯片中。U 盘和固态硬盘（SSD）也是利用闪存原理做成的。

（2）随机存储器（RAM）。随机存储器（random access memory）表示既可以从中读取数据，也可以写入数据。当机器电源关闭时，存于其中的数据就会丢失。内存条是将 RAM 集成块集中在一起的一小块电路板，它插在计算机中的内存插槽上，以减少 RAM 集成块占用的空间。RAM 分为两种：DRAM 和 SRAM。DRAM（dynamic RAM，动态随机存储器）的存储单元是由电容和相关元件组成的，电容内存储电荷的多寡代表信号 0 和 1。电容存在漏电现象，电荷不足会导致存储单元数据出错，所以 DRAM 需要周期性刷新，以保持电荷状态。DRAM 结构较简单且集成度高，通常用于制造内存条中的存储芯片。SRAM（static RAM，静态随机存储器）的存储单元是由晶体管和相关元件组成的锁存器，每个存储单元具有锁存 0 和 1 信号的功能。它速度快且不需要刷新操作，但集成度差和功耗较大，通常用于制造容量小但效率高的 CPU 缓存。

（3）高速缓冲存储器（cache）。cache 也是经常遇到的概念，也就是平常看到的一级缓存（L1 cache）、二级缓存（L2 cache）、三级缓存（L3 cache）等，它位于 CPU 与内存之间，是一个读写速度比内存更快的存储器。当 CPU 向内存中写入或读出数据时，这个数据也被存储进高速缓冲存储器中。当 CPU 再次需要这些数据时，CPU 就从高速缓冲存储器读取数据，而不是访问较慢的内存，当然，如需要的数据在 cache 中没有，CPU 会再去读取内存中的数据。

内存还可以按技术标准分为 SDRAM、DDR SDRAM、DDR2 SDRAM 和 DDR3 SDRAM，具体技术指标包括内存数据位宽、时针频率、等效频率、核心频率等，具体不再展开说明。

内存的技术指标一般包括奇 / 偶校验、容量、存取时间、延迟、主频等。

（1）奇 / 偶校验（ECC）。是数据传送时采用的一种校正数据错误的方式，分为奇校验和偶校验两种。如果采用奇校验，在传送每个字节的时候另外附加一位作为校验位，当原来数据序列中 1 的个数为奇数时，这个校验位就是 0，否则这个校验位就是 1，这样就可以保证传送数据满足奇校验的要求。在接收方收到数据时，将按照奇校验的要求检测数据中 1 的个数，如果是奇数，表示传送正确，否则表示传送错误。同理，偶校验的过程和奇校验的过程一样，只是检测数据中 1 的个数为偶数。

（2）容量。内存容量同硬盘、软盘等存储器容量单位都是相同的，它们的基本单位都是字节（B）。内存条的容量都是翻倍增加的，也就是若内存条容量为 512MB，则意味着再往下发展就将为 1024MB 了。

（3）存取时间。存取时间是内存的另一个重要指标，指存取一次所需的时间，其单位为纳秒（ns），常见的 SDRAM 有 6ns、7ns、8ns、10ns 等几种，相应在内存条上标为 -6、-7、-8、-10 等字样。这个数值越小，存取速度越快，但价格也越高。在选配内存时，应尽量挑选与 CPU 时钟周期相匹配的内存条，这将有利于最大限度地发挥内存条的效率。

（4）延迟（CL）。CL 反应时间是衡量内存的另一个标志。CL 指的是内存存取数据所需的延迟时间，是内存接到 CPU 指令后的反应速度。一般的参数值是 2 和 3 两种。数字越小，代表反应所需的时间越短。在 Intel 制定的规范中，强制要求 CL 的反应时间必须为 2。CL 还有另外的诠释：内存延迟基本上可以解释为系统进入数据进行存取操作就绪状态前等待内存响应的时间。就像在餐馆里用餐，首先要点菜，然后等待服务员上菜。同样的道理，内存延迟时间设置得越短，计算机从内存中读取数据的速度也就越快，进而计算机其他的性能也就越高。

（5）主频。内存主频代表该内存能达到的最高工作频率，以 MHz（兆赫）为单位来计量。内存主频越高在一定程度上代表内存能达到的速度越快。内存主频决定该内存最高能在什么样的频率正常工作，但无法决定自身的工作频率，其实际工作频率是由主板来决定的。

从功能上理解，可以将内存看作是内存控制器与 CPU 之间的桥梁或仓库。显然，内存的容量决定“仓库”的大小，而内存的带宽决定“桥梁”的宽窄，两者缺一不可，这就是人们常常提到的内存容量与内存速度。除了内存容量与内存速度，延时周期也是决定其性能的关键。当 CPU 需要内存中的数据时，会发出一个由内存控制器所执行的要求，内存控制器接着将要求发送至内存，并在接收数据时向 CPU 报告整个周期（从 CPU 到内存控制器，内存再回到 CPU）所需的时间。毫无疑问，缩短整个周期也是提高内存速度的关键。数据在 CPU 以及内存间传送所花的时间通常比处理器执行功能所花的时间更长，因此缓冲器被广泛应用。其实，所谓的缓冲器就是 CPU 中的一级缓存与二级缓存，它们是内存这座“大桥梁”与 CPU 之间的“小桥梁”。一般情况下，当 CPU 接收到指令后，它会最先向 CPU 中的一级缓存（L1 cache）去寻找相关的数据，虽然一级缓存是与 CPU 同频运行的，但是由于容量较小，所以不可能每次都命中。这时 CPU 会继续向下一级的二级缓存（L2 cache）寻找，同样的道理，当所需要的数据在二级缓存中也没有的话，会继续转向 L3 cache、内存和硬盘。由于目前系统处理的数据量都是相当巨大的，因此几乎每一步操作都得经过内存，这也是整个系统中工作最为频繁的部件。如此一来，内存的性能就在一定程度上决定了这个系统的整体表现。

2. 硬盘

硬盘是实现永久存储大量数据的主要设备。硬盘主要由盘体、控制电路板和接口部件等组成。

硬盘的内部结构通常专指盘体的内部结构。盘体是一个密封的腔体，里面密封着磁头、盘片（磁片、碟片）等部件。硬盘的盘片是硬质磁性合金盘片，片厚一般在 0.5mm 左右，直径主要有 1.8in（1in=25.4mm）、2.5in、3.5in 和 5.25in 四种，其中 2.5in 和 3.5in 盘片应用最广。盘片的转速与盘片大小有关，考虑到惯性及盘片的稳定性，盘片越大转速越低。一般来讲，2.5in 硬盘的转速在 5400 ～ 7200 r/min；3.5in 硬盘的转速在 4500 ～ 5400 r/min；而 5.25in 硬盘转速则在 3600 ～ 4500 r/min。随着技术的进步，现在 2.5in 硬盘的转速最高已达 15000 r/min，3.5in 硬盘的转速最高已达 12000 r/min。

有的硬盘只装一张盘片，有的硬盘则有多张盘片，这些盘片安装在主轴电机的转轴上，在主轴电机的带动下高速旋转。每张盘片的容量称为单碟容量，而硬盘的容量就是所有盘片容量的总和。早期硬盘由于单碟容量低，所以盘片较多，有的甚至多达 10 余片，现代硬盘的盘片一般只有少数几片。一块硬盘内的所有盘片都是完全一样的，不然控制部分就太复杂了。一个牌子的一个系列一般都用同一种盘片，使用不同数量的盘片，就出现了一个系列不同容量的硬盘产品。

硬盘驱动器采用高精度、轻型磁头驱动 / 定位系统。这种系统能使磁头在盘面上快速移动，可在极短的时间内精确地定位在由计算机指令指定的磁道上。目前，磁道密度已高达 5400TPI（每英寸磁道数）或更高；人们还在研究各种新方法，在保持磁盘机高速度、高密度和高可靠性的优势下，大幅度提高存储容量。

硬盘驱动器内的电机都是无刷电机，在高速轴承支持下机械磨损很小，可以长时间连续工作。硬盘驱动器磁头与磁头臂及伺服定位系统是一个整体。由于定位系统限制，磁头臂只能在盘片的内外磁道之间移动。因此，不管开机还是关机，磁头总在盘片上，所不同的是，关机时磁头停留在盘片启停区，开机时磁头飞行在磁盘片上方。启停区是指离主轴最近的盘片区域，它不存放任何数据。启停区外就是数据区，离主轴最远的地方是 0 磁道，硬盘数据的存放就是从最外圈开始的。

硬盘不工作时，磁头停留在启停区，当需要从硬盘读写数据时，磁盘开始旋转。旋转速度达到额定的高速时，磁头就会因盘片旋转产生的气流而抬起，这时磁头才向盘片存放数据的区域移动。盘片旋转产生的气流相当强，足以使磁头托起，并与盘面保持一个微小距离。这个距离越小，磁头读写数据的灵敏度就越高，当然对硬盘各部件的要求也越高。早期设计的磁盘驱动器使磁头保持在盘面上方几微米处飞行。稍后一些设计使磁头在盘面上的飞行高度降到约 0.1 ～ 0.5μm，现在已经达到 0.005 ～ 0.01μm，这只是人类头发直径的千分之一。气流既能使磁头脱离开盘面，又能使它保持在离盘面足够近的地方，非常紧密地跟随着磁盘表面呈起伏运动，使磁头飞行处于严格受控状态，既避免擦伤磁性涂层，又不让磁性涂层损伤磁头。但是，磁头也不能离盘面太远，否则，就不能使盘面达到足够强的磁化，难以读出盘上的磁化翻转。

这种硬盘就是采用温切斯特（Winchester）技术制造的硬盘，也被称为温盘。这种硬盘的逻辑结构可以分为盘面、磁道、柱面和扇区，下面进行简单介绍。

（1）盘面。硬盘的每一个盘片都有两个盘面（side），即上、下盘面，一般每个盘面都会被利用到，都可以存储数据，成为有效盘片，也有极个别的硬盘盘面数为单数。每一个这样的有效盘面都有一个盘面号，按顺序从上至下从 0 开始依次编号。在硬盘系统中，盘面号又叫磁头号，因为每一个有效盘面都有一个对应的读写磁头。硬盘的盘片组在 2 ～ 14 片不等，通常有 2 ～ 3 个盘片，故盘面号（磁头号）为 0 ～ 3 或 0 ～ 5。

（2）磁道。磁盘在格式化时被划分成许多同心圆，这些同心圆轨迹叫作磁道（track）。磁道从外向内从 0 开始按顺序编号。硬盘的每一个盘面有 300 ～ 1024 个磁道，新式大容量硬盘每面的磁道数更多。一个标准的 3.5in 硬盘盘面通常有几百到几千条磁道。磁道是看不见的，只是盘面上以特殊形式磁化了的一些磁化区，在磁盘格式化时就已规划完毕。

（3）柱面。所有盘面上的同一磁道构成一个圆柱，通常称作柱面（cylinder），每个圆柱上的磁头由上而下从0开始编号。数据的读/写按柱面进行，即磁头读/写数据时首先在同一柱面内从0磁头开始，依次向下在同一柱面的不同盘面即磁头上进行操作，只在同一柱面所有的磁头全部读/写完毕后磁头才转移到下一柱面，因为选取磁头只需通过电子切换即可，而选取柱面则必须通过机械切换。电子切换相当快，比在机械上磁头向邻近磁道移动快得多，所以数据的读/写按柱面进行，而不按盘面进行，这样就提高了硬盘的读/写效率。一块硬盘驱动器的圆柱数（或每个盘面的磁道数）既取决于每条磁道的宽窄（同样，也与磁头的大小有关），也取决于定位机构所决定的磁道间步距的大小。

（4）扇区。信息以脉冲串的形式记录在磁道中，这些同心圆不是连续记录数据，而是被划分成一段段的圆弧，每段圆弧叫作一个扇区（sector），扇区从1开始编号，每个扇区中的数据作为一个单元同时读出或写入。

操作系统以扇区形式将信息存储在硬盘上，每个扇区包括512字节的数据和一些其他信息。一个扇区有两个主要部分：存储数据地点的标识符和存储数据的数据段（见图4-14）。标识符就是扇区头标，包括组成扇区三维地址的三个数字：扇区所在的磁头

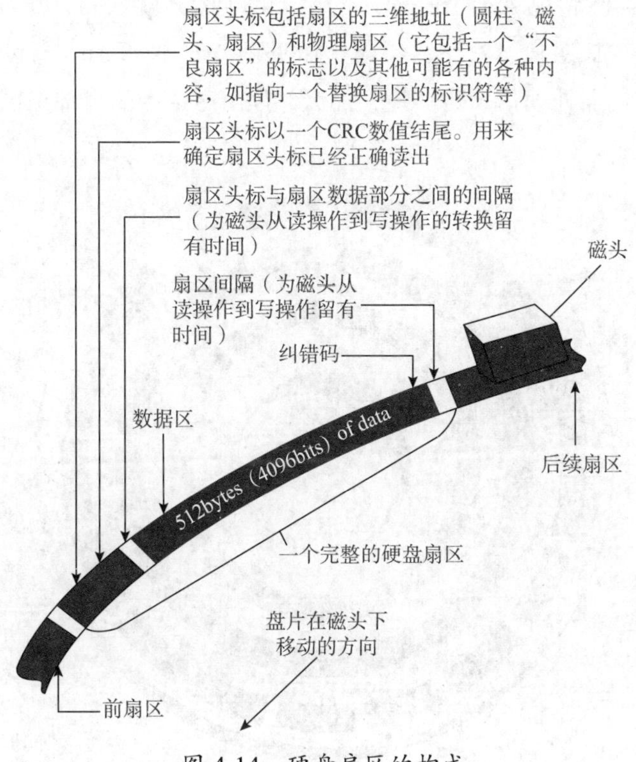

图4-14　硬盘扇区的构成

（或盘面）、磁道（或柱面号）以及扇区在磁道上的位置即扇区号。头标中还包括一个字段，其中有显示扇区是否能可靠存储数据，或者是否已发现某个故障因而不宜使用的标记。有些硬盘控制器在扇区头标中还记录有指示字，可在原扇区出错时指引磁盘转到替换扇区或磁道。最后，扇区头标以循环冗余校验（CRC）值作为结束，以供控制器检验扇区头标的读出情况，确保准确无误。扇区的第二个主要部分是存储数据的数据段，可分为数据和保护数据的纠错码（ECC）。

给扇区编号的最简单方法是按 1、2、3、4、5、6 等顺序编号。如果扇区按顺序绕着磁道依次编号，那么，控制器在处理一个扇区的数据期间，磁盘旋转太远，超过扇区间的间隔（这个间隔很小），控制器要读出或写入的下一扇区已经通过磁头，也许是相当大的一段距离。在这种情况下，磁盘控制器就只能等待磁盘再次旋转几乎一周，才能使得需要的扇区到达磁头下面。

显然，要解决这个问题，靠加大扇区间的间隔是不现实的，那会浪费许多磁盘空间。解决这个问题的方法是交叉因子（interleave）编号。交叉因子用比值的方法来表示，如 3∶1 表示磁道上的第 1 个扇区为 1 号扇区，跳过两个扇区即第 4 个扇区为 2 号扇区，这个过程持续下去直到给每个物理扇区编上逻辑号为止。例如，每磁道有 17 个扇区的磁盘按 2∶1 的交叉因子编号就是：1、10、2、11、3、12、4、13、5、14、6、15、7、16、8、17、9，具体见图 4-15 情况 A；而按 3∶1 的交叉因子编号就是：1、7、13、2、8、14、3、9、15、4、10、16、5、11、17、6、12，具体见图 4-15 情况 B。当设置 1∶1 的交叉因子时，如果硬盘控制器处理信息足够快，那么，读出磁道上的全部扇区只需要旋转一周；

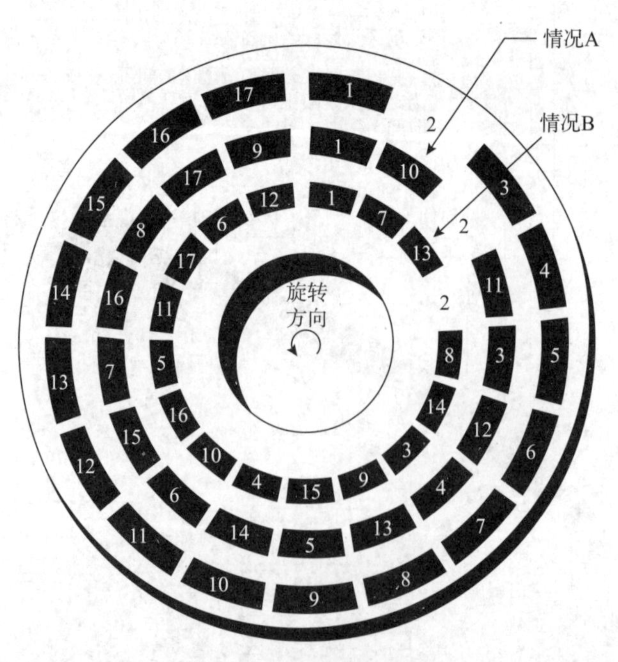

图 4-15　不同交叉因子

但如果硬盘控制器的后处理动作没有这么快，磁盘所转的圈数就等于一个磁道上的扇区数，才能读出每个磁道上的全部数据。将交叉因子设定为 2∶1 时，磁头要读出磁道上的全部数据，磁盘只需转两周。如果 2∶1 的交叉因子仍不够慢，磁盘旋转的周数约为磁道的扇区数，这时可将交叉因子调整为 3∶1。

图 4-15 所示的是典型的 MFM（modified frequency modulation，改进型调频制编码）硬盘，每磁道有 17 个扇区，画出了用三种不同的扇区交叉因子编号的情况。最外圈的磁道（0 号柱面）上的扇区用简单的顺序连续编号，相当于扇区交叉因子是 1∶1。1 号磁道（柱面）的扇区按 2∶1 的交叉因子编号，而 2 号磁道按 3∶1 的扇区交叉因子编号。

交叉因子的确定是一个系统级的问题。一个特定硬盘驱动器的交叉因子取决于磁盘控制器的速度、主板的时钟速度、与控制器相连的输出总线的操作速度等。如果磁盘的交叉因子值太高，就需多花一些时间等待数据在磁盘上存入和读出。如果交叉因子值太低，就会大大降低磁盘性能。

前面已经述及，系统在磁盘上写入信息时，写满一个磁道后转到同一柱面的下一个磁头，当柱面写满时，再转向下一柱面。从同一柱面的一个磁道到另一个磁道，从一个柱面转到下一个柱面，每一个转换都需要时间，在此期间磁盘始终保持旋转，这就会带来一个问题：假定系统刚刚结束对一个磁道前一个扇区的写入，并且已经设置了最佳交叉因子比值，现在准备在下一磁道的第一扇区写入，这时，必须等到磁头转换好，让磁头部件重新准备定位在下一道上。如果这种操作占用的时间超过了一点，尽管是交叉存取，磁头仍会延迟到达。这个问题的解决办法是以原先磁道所在位置为基准，把新的磁道上全部扇区号移动约一个或几个扇区位置，这就是磁头扭斜。磁头扭斜可以理解为柱面与柱面之间的交叉因子，已由生产厂设置好，用户一般不用去改变它。磁头扭斜的更改比较困难，但是，它们只在文件很长、超过磁道结尾进行读出和写入时才发挥作用，所以，扭斜设置不正确所带来的时间损失，比采用不正确的扇区交叉因子值带来的损失要小得多。交叉因子和磁头扭斜可用专用工具软件来测试和更改。

扇区号存储在扇区头标中，扇区交叉因子和磁头扭斜的信息也存放在这里。扇区交叉因子由写入到扇区头标中的数字设定，所以，每个磁道可以有自己的交叉因子。

现代硬盘寻道都是采用 CHS（cylinder head sector）（柱面、磁头、扇区）的方式，硬盘读取数据时，读写磁头沿径向移动，移到要读取的扇区所在磁道的上方，这段时间称为寻道时间（seek time）。因读写磁头的起始位置与目标位置之间的距离不同，寻道时间也不同。磁头到达指定磁道后，通过盘片的旋转，使得要读取的扇区转到读写磁头的下方，这段时间称为旋转延迟时间（rotational latency time）。一个 7200r/min 的硬盘，每旋转一周所需时间为 $60 \times 1000/7200=8.33$ms，则平均旋转延迟时间为 $8.33/2=4.17$ms（平均情况下，需要旋转半圈）。

在了解了硬盘的基本原理之后，可以得到硬盘的容量计算公式：

硬盘容量 = 盘面数 × 柱面数 × 扇区数 ×512 字节

在了解了硬盘的基本原理之后，不难推算出，磁盘上数据读取和写入所花费的时间可以分为三个部分，即寻道时间、旋转延迟时间和传输时间。

通过上面硬盘读写数据所分的三部分时间不难看出，大部分参数是和硬件相关的，操作系统无力优化。只是所需移动的磁道数是可以通过操作系统来进行控制的。因为操作系统内可能会有很多进程需要调用磁盘进行读写，因此合理地安排磁头的移动以减少寻道时间就是磁盘调度算法的目的所在，几种常见的磁盘调度算法如下。

（1）先来先服务方法（FCFS）。这种算法将对磁盘的 I/O 请求进行排队，按照先后顺序依次调度磁头。这种算法的特点是简单合理，但没有减少寻道时间。

（2）最短寻道时间方法（SSFT）。这种算法优先执行所需读写的磁道离当前磁头最近的请求。这保证了平均寻道时间的最短，但会导致饥饿现象，即离当前磁头比较远的寻道请求有可能一直得不到执行。

（3）扫描算法（SCAN）。这种算法在磁头的移动方向上选择离当前磁头所在磁道最近的请求作为下一次服务对象，这种改进有效避免了饥饿现象，并且减少了寻道时间。但缺点依然存在，那就是不利于最远一端的磁道访问请求。

（4）循环扫描算法（CSCAN）。这种算法就像电梯一样，只能从 1 楼上到 15 楼，然后再从 15 楼下到 1 楼。这种算法的磁头调度也是如此，磁头只能从最里磁道到磁盘最外层磁道。然后再由最外层磁道移动到最里层磁道，磁头是单向移动的，在此基础上，才执行和最短寻道时间算法一样的，离当前磁头最近的寻道请求。这种算法改善了 SCAN 算法，消除了对两端磁道请求的不公平。这种算法俗称为电梯算法。

（5）其他优化手段。除去上面通过磁盘调度算法来减少寻道时间之外，还有一些其他的手段同样可以利用。例如，基于局部性原理，可以采用提前读、延迟写、优化物理分布等方法。局部性原理可以分为时间和空间上的。由于程序是顺序执行的，因此当前数据段附近的数据有可能在接下来的时间被访问到。这就是所谓的空间局部性。而程序中还存在着循环，因此当前被访问的数据有可能在短时间内被再次访问，这就是所谓的时间局部性原理。因此在了解了局部性原理之后，可以通过提前读、延迟写和物理分布优化几个手段来减少磁盘的输入输出量。

提前读。也被称为预读。根据磁盘原理不难看出，在磁盘读取数据的过程中，真正读取数据的时间只占了很小一部分，而旋转延迟和寻道占据大部分时间，因此根据空间局部性原理，每次读取数据不仅读取所需要的数据，还将读取所请求数据附近的数据。这样可以有效地减少 I/O 请求。

延迟写。同样，根据时间局部性原理，最近被访问的数据有可能被再次访问，因此当数据更改之后不马上写回磁盘，而是继续放在内存中，以备接下来的请求读取或者修改，这是减少磁盘I/O的另一个有效手段。

物理分布优化。根据磁盘原理不难看出，如果所请求的数据在磁盘物理磁道之间是连续的，那么会减少磁头的移动距离，从而减少了寻道时间。因此相关的数据放在连续的物理空间上会减少寻道时间。在数据库技术中，可以通过聚集索引使得数据根据主键在物理磁盘上连续，也可减少寻道时间。

4.3　程序语言

一般地，计算机程序设计语言分为三类，即机器语言、汇编语言和高级语言。

1. 机器语言

机器语言（machine language）是能够被机器直接响应的操作码，也称为机器码。机器语言是二进制的比特串。

2. 汇编语言

汇编语言（assembly language）是一种机器语言和指令文字的结合体，每一条汇编语言都对应着机器语言中的某些特定字节。如下面的程序语言

```
LOD  A，[1003h]     表示把地址1003h处的字节装载到累加器；
ADD  A，[001Eh]     表示把地址001Eh处的字节加到累加器；
STO  [1003h]，A      表示把累加器中的内容保存到1003h地址；
JNZ  0000h           表示零标识位不是1时跳转到0000h地址处。
```

其中，A和[1003h]等称为参数，是操作码操作的对象。参数包括两个部分，左边称为目标操作数（A代表累加器），右边的称为源操作数。方括号“[ ]”表示装载的不是括号内的数值，而是存储在这个地址处的数值。

显然，使用汇编语言编写程序要比使用机器语言简单得多，但微处理器并不能解释汇编语言。汇编语言需要通过编译器自动转换为机器语言。汇编语言是如何自动变为机器语言的呢?

例如，有一个汇编语言编写的文本文件如下。

```
ORG  0100h  （表明下列语句的地址从0100h处开始）
LXI  DE.TEXT （LXI：load extend immediate，表明将一个16位数加载到寄存器DE。该
16位数是由标记Text提供的，该标记在程序底端的附件，位于DB（data byte）语句之前）
MVI  C，9  （MVI：move immediate，将数值9转移到寄存器C）
Call 5  （实现函数调用功能）
RET  （语句结束）
Text：DB ’ Hello! $’（DB后面可接一些字节，这些字节以逗号分隔或者用单引号括起来）
END （指明汇编语言结束）
```

可以将该文件命名为Programm1.txt。如何将这个包含语句的文本文件转换为机器语

言呢？这时需要一个汇编器（assembler）。假设使用ASM.com汇编器，汇编完成后将产生一个新程序Programm1.com，该程序包含的汇编程序相对应的机器码如下。

11 09 01	0E 09	CD 05 00	C9	48 65 6C 6C 6F 21 24
LXI	MVI	CALL	RET	Hello！$

像ASM.com这样的汇编器程序所做的工作是：读取一个汇编语言文件，将其转换得到一个包含机器码的可执行文件。汇编语言的助记符与机器码之间是一一对应的。汇编器有一张包括所有可能的助记符及其参数的表，它通过读取汇编语言程序，把每一行分解为助记符和参数，然后把这些短小的单词和字符与表中的内容匹配。通过这种匹配过程，每一个语句都会找到与其对应的机器码。当一种新的微处理器面世时，就需要为其编写新的汇编器。新的汇编器可以在已有的计算机上编写，并利用其汇编器进行汇编。这种方式称为交叉汇编，即利用计算机A的汇编器对运行在计算机B上的程序汇编。第一个编写汇编器的人就需要手工对程序进行汇编。汇编器的引入消除了汇编语言编程中的手动汇编部分，但汇编语言仍然存在两个主要问题：

①非常乏味，这是微处理器芯片级的编程，需要考虑每一个细节；

②不可移植（portable），为Intel 8080写的汇编语言程序，不能在摩托罗拉MC 6800上运行。

3. 高级语言

高级语言是相对汇编语言来说的。一般地，把汇编语言称为低级语言，把汇编语言以外的其他编程语言都称为高级语言，当然高级语言之间也还有高低之分。高级语言是经过深思熟虑后设计的、更加概念化的语言。它不仅要定义语法来表示语言可以描述的一切事务，还需要一个将高级语言的程序语句转换为机器码指令的编译器。编译器和汇编器类似，也是逐字逐句地读取源文件并将其分解为短语和数字，但过程更复杂。汇编语言和机器码一一对应，而高级语言一般不具有这种对应关系，编译器需要将一条语句转换为多个机器码指令，因此编译器的编写非常复杂。

任何事情都有两面性，高级语言有易于学习、易于编程、易于阅读、可移植性好等优势，但也有不少缺陷，高级语言提高了处理器的易用性，但并没有增强其功能，微处理器的任何一个功能都可以通过汇编语言实现。汇编语言可以高度利用处理器的功能，而高级语言往往需要具有可移植性，有时不得不牺牲对微处理器某些特有功能的适用性。目前，除了一些特殊应用场合，汇编语言已经很少使用了。与此同时，编译器越来越成熟，越来越多的程序开始使用高级语言来编写。

ALGOL是通用高级语言的鼻祖，比较适合用来研究高级程序设计语言的本质。下面是一个文本文件，可用ALGOL.com编译器进行编译，该程序实现2～10000之间所有素数的筛选。

```
begin
        Boolean array  a[2: 10000];
        Integer i, j;
        for i: =2 step 1 until 10000 do
        a[i]: =true;
        for i: =2 step 1 until 100 do
              if a[i] then
                    for j: =2 step i until 10000÷i do
                          a[ixj]: =false;
        for j: =2 step 1 until 10000 do
              if a[i] then
                    print[i];
end
```

可以看出，ALGOL 程序具有以下特征：

ALGOL 程序以 begin 开始，以 end 结尾，两个语句之间包含程序主体内容；

Boolean 和 Integer 语句是声明（declaration）语句，用来指明程序中要定义的变量；

i: =1 和 a[i]: =true 是赋值语句，表示将 2 赋给变量 i，将 true 赋给数字 a[i]；

for 表示循环语句；

if … then 是条件语句，表示只有当其条件成立时才会执行另一条对应的语句；

print 为输出语句。

不仅是 ALGOL 具有这些特征，绝大部分高级程序语言都具有这样的特征。高级程序设计语言对语法要求都非常严格，如关键字 for 的后面，只能跟一个变量等。

随着时间的推移，新的开发语言如雨后春笋般地涌现出来，同时一些旧的开发语言被取代，成为了历史。其中的原因是什么？大家该如何选择学习哪种语言？

假如考虑开始学习一种开发语言，那么在选择时有许多因素需要考虑。如果只是想把编码作为一种爱好来追求，那么可选择最感兴趣的那一个，即使它已经不再被广泛使用或正在被淘汰。但如果正从事开发工作或计划通过某一种语言进入软件开发行业，那么不应该只选择最时髦的，或者被正炒作的开发语言，而应通过功能、市场需求和可见的未来发展潜力等角度综合地去评估。

从最近几年 TIOBE 公布的最热门的十种编程语言排行榜中，大家可以发现，Java、C/C++、Python 三种语言一直排在前三位，应该是生命力最强的三种语言了。

（1）Java 是一种面向对象、基于类的编程语言，安全性高，可移植性强。不仅吸收了 C++ 语言的各种优点，还摒弃了 C++ 里难以理解的多继承、指针等概念。允许程序员以优雅的思维方式进行复杂的编程。不过这种优雅就像女孩子穿高跟鞋，技术不好非常容易摔倒。

（2）C/C++。可以这么说，了解了 C 语言，就了解了关于编程语言的一切。因为几乎所有的现代化编程语言都脱胎于C。而且学习C和C++不仅仅为编程提供了入门知识，还为整个计算机学科提供了入门知识。即便将注意力集中在其他编程语言上，C/C++提供的基础性知识也很有价值。

（3）Python本身很复杂，但是使用起来很方便、很简单，开发效率高，是一种用C语言编写的解释型的语言，运行速度会低于编译型语言。不过随着硬件性能不断提升，降低的速度已经感受不到了，这也是为什么近几年Python越来越火的原因。

语言本身并不存在优劣区分，只能说在某个领域的实用性更强而已。但也可以看出，C/C++、Java和Python的地位很稳固，是学习编程语言的首选。

4.4 系统软件

4.4.1 基本输入输出系统

1975年，基本输入输出系统（basic input output system，BIOS）首次出现在CP/M操作系统中，是个人计算机（PC）启动时加载的第一个软件程序。它是一组固化在计算机主板上ROM芯片中的程序，包括计算机基本输入输出程序、开机后自检程序和系统自启动程序，其主要功能是为计算机提供最底层的、最直接的硬件设置和控制。系统硬件的变化由BIOS隐藏，程序使用BIOS功能而不是直接控制硬件。在MS-DOS、PC-DOS或DR-DOS中可以找到IO.SYS、IBMBIO.COM、IBMBIO.SYS或DRBIOS.SYS等文件，就是所谓的DOS BIOS，它包含操作系统中较低级别的硬件指定部分。

英特尔公司从2000年开始，发明了可扩展固件接口（extensible firmware interface，EFI），用以规范BIOS的开发。而支持EFI规范的BIOS也被称为EFI BIOS。之后为了推广EFI，业界多家著名公司共同成立了统一可扩展固件接口（unified extensible firmware interface，UEFI）论坛，制定了新的国际标准——UEFI规范。因此，BIOS慢慢被UEFI BIOS淘汰，新主板逐步普及UEFI BIOS。UEFI BIOS是一种详细描述全新类型接口的标准。这种接口用于计算机自动从预启动的操作环境加载到一种操作系统上，从而使开机程序化繁为简，节省时间。

BIOS设置程序是存储在BIOS芯片中的，BIOS芯片是主板上的一块芯片，只有在开机时才可以进行设置。BIOS设置程序主要对计算机的基本输入输出系统进行管理和设置，使系统运行在最好状态下，使用BIOS设置程序还可以排除系统故障或者诊断系统问题。BIOS是程序，属于软件，但与硬件的联系也是相当紧密。形象地说，BIOS是连接软件程序与硬件设备的一座桥梁，负责解决硬件的即时要求。

在微机发展初期，BIOS都存放在ROM中。ROM内部的资料是在ROM的制造过程中用特殊的方法烧录进去的，其中的内容只能读不能改。EPROM（erasable programmable

ROM，可擦除可编程ROM）芯片可重复擦除和写入，解决了ROM芯片只能写入一次的弊端，但操作欠方便。奔腾586以后的主板上BIOS ROM芯片大部分都采用EEPROM（electrically erasable programmable ROM，电可擦除可编程ROM）。通过跳线开关和系统的驱动程序盘，可以对EEPROM进行重写，便利地实现BIOS升级。从奔腾时代开始，现代的计算机主板都使用NORFlash来作为BIOS的存储芯片。除了容量比EEPROM更大外，主要是NORFlash具有写入功能，通过软件的方式进行BIOS的更新，而无需额外的硬件支持，且写入速度快。BIOS的功能包括三个部分。

第一部分，自检及初始化。这部分负责计算机启动，包括自检、初始化和引导三个过程。

①自检，用于计算机刚接通电源时对硬件部分的检测，也叫作加电自检（power on self test，POST）。完整的POST包括对CPU、内存、主板、串并口、显示卡、硬盘等进行测试，一旦在自检中发现问题，系统将给出提示信息或鸣笛警告。自检中如发现严重故障则停机，发现非严重故障则给出提示或声音报警信号，等待用户处理。

②初始化，包括创建中断向量、设置寄存器、对一些外部设备进行初始化和检测等，其中很重要的一部分是BIOS设置，主要是对硬件设置的一些参数和实际硬件设置进行比较，如果不符合，会影响系统的启动。

③引导程序，功能是引导操作系统。BIOS先从软盘或硬盘的开始扇区读取引导记录，如果没有找到，则会在显示器上显示没有引导设备，如果找到引导记录会把计算机的控制权转给引导记录，由引导记录把操作系统装入计算机，在计算机启动成功后，BIOS的这部分任务就完成了。

第二部分，程序服务处理。程序服务处理主要是为应用程序和操作系统服务，这些服务与输入输出设备有关，如读磁盘、文件输出到打印机等。为了完成这些操作，BIOS必须直接与计算机的I/O设备打交道，它通过端口发出命令，向各种外部设备传送数据以及从它们那里接收数据，使程序能够脱离具体的硬件操作。

第三部分，硬件中断处理。硬件中断处理则分别处理计算机硬件的需求，BIOS的服务功能是通过调用中断服务程序来实现的，这些服务分为很多组，每组有一个专门的中断。例如视频服务，中断号为10H；屏幕打印，中断号为05H；磁盘及串行口服务，中断14H等。每一组又根据具体功能细分为不同的服务号。应用程序需要使用哪些外设、进行什么操作只需要在程序中用相应的指令说明即可，无须直接控制。

第二、三部分功能虽然是两个独立的内容，但在使用上密切相关。这两部分分别为软件和硬件服务，组合到一起，使计算机系统正常运行。用户手上所有的操作系统都是由BIOS转交给引导扇区，再由引导扇区转到各分区激活相应的操作系统。市面上较流行的主板BIOS主要有Award BIOS、AMI BIOS、Phoenix BIOS和Insyde BIOS等。

4.4.2 操作系统

在讲述 BIOS 时，已经对操作系统（operation system，OS）有所提及。操作系统是配置在计算机硬件上的第一层软件，是对硬件系统的第一次扩充，占据整个计算机系统的核心地位。从 1945 年第一台计算机诞生至今，操作系统也经历了企业商用、个人计算机、移动端三个阶段，诞生了诸如 UNIX、Linux、Windows、macOS、Android、鸿蒙等操作系统。

1. 操作系统的工作机制

操作系统到底能做些什么呢？又是如何工作的？下面以 CP/M（control program for micros）为例，了解操作系统的工作机制。CP/M 是最重要的 8 位微处理器操作系统，20 世纪 70 年代中期专门为 Intel 8080 微处理器开发的。

早期 CP/M 常用的磁盘是单面、8 英寸，有 77 个磁道，每个磁道有 26 个扇区，每个扇区 128 字节。CP/M 系统存放在磁盘开始的两个磁道，剩下 75 个磁道用来存储文件。CP/M 文件系统满足两个基本要求：每个文件都有自己的名字，文件名以及读取这些文件的信息也存放在磁盘中；文件存在磁盘中，不一定要占据连续的扇区空间。文件系统具有强大的管理功能，可以把一个大文件分散存储在不连续的磁盘上。75 个磁道中扇区按分配块（allocation blocks）进行分组，每个分组块中有 8 个扇区，总计 1024 字节。因此，磁盘上共有 243 个分配块，编号为 0 ～ 242。

目录（directory）区占用最开始的两个分配块（编号为 0 和 1），是磁盘中的一个非常重要的区域，磁盘文件中每个文件的名字和其他一些信息都存储在该区域，可使得查找文件方便、高效。每个文件对应的目录项（directory entry）大小均为 32 字节，由于目录区大小为 2048 字节，所以这个磁盘最多可以存放 64（2048/32）个文件。这 32 字节的目录项包含的信息见表 4-5。

表 4-5 CP/M 目录区结构

字　节	含　义
0	共享属性。通常设为 0，有两人或以上共享时置 1
1 ～ 8	文件名
9 ～ 11	文件类型
12	文件扩展
13 ～ 14	保留
15	最后一块扇区占用空间数量
16 ～ 31	磁盘存储表

文件名命名方式采用 8.3 格式，点前最多 8 个字母（1 ～ 8 字节），点后最多 3 个字母（9 ～ 11 字节）。16 ～ 31 字节是磁盘存储表，标明文件所存放的分配块，如磁盘存储

表的前 4 项分别为 14h、15h、07h、23h，其余项为零，表明文件占用了 4 个分配块的空间，大小为 4Kb，实际文件可能并没有用完 4Kb 空间，因为最后一个分配块往往只用了一部分。到底用了多少的信息保存在第 15 字节。磁盘存储表的长度为 16 字节，最多可以容纳 16Kb 的文件，如果文件长度超过 16Kb，就需要多个目录来表示，这种方法称为扩展（exents）。如果大文件使用目录扩展项，则将第一目录项的第 12 个字节置 0，第二目录项第 12 个字节置 1，依次类推。

磁盘最开始的两个磁道存储 CP/M 本身，而 CP/M 在磁盘上是无法运行的，必须加载到内存里。这时在 ROM 存储一小段代码，通常称为引导程序（bootstrap loader），引导程序的功能是通过自主操作来高效地引导操作系统的其余部分。开机时，磁盘上最开始的 128 字符的扇区内容会首先由引导程序加载到内存并运行，这个扇区包含特定的代码，可以把 CP/M 中的其他部分加载到内存中，这个过程称为操作系统的引导（booting）。

引导过程完成后，内存最高地址区域存放 CP/M，加载完 CP/M 后，整个内存地址空间组织结构见表 4-6。

表 4-6　CP/M 存储结构表

0000h	系 统 参 数
0100h	临时程序区域（TPA）
最高地址，约占 6Kb	控制台命令处理程序（CCP）
	基本磁盘操作系统（BDOS）
	基本输入输出系统（BIOS）

CCP、BDOS 和 BIOS 是 CP/M 的三个组成部分，占用 6Kb 大小的内存空间。临时程序 TPA 大约占 58Kb，但开始时是空的。CCP 的功能和前面讨论过的指令处理程序一样，键盘和显示器组成控制台（console），控制台命令处理程序显示如下所示提示符（prompt）。

```
A>
```

CP/M 能识别 DIR、ERA、REM、TYPE、SAVE 等命令。如果输入一个不能被 CP/M 识别的命令，CP/M 就会默认输入是保存在磁盘上的一个程序名。控制台命令处理程序负责在磁盘上查找此文件，找到后把文件加载到临时程序区域，调入内存后，即可运行。存储在磁盘上的 CP/M 程序并不能随意存放到内存的任意位置，必须加载到指定位置，如以 0100h 开始的内存空间。

为了能把输出信息显示在视频显示器上、从键盘读取输入的内容和读写磁盘文件，需要 CP/M 程序能够直接向视频显示器的内存写入输出内容，也需要 CP/M 访问键盘硬件捕获所输入的内容。还需要 CP/M 程序能够访问磁盘驱动器来读 / 写磁盘扇区。这些常用事务由 CP/M 中的子程序集通过调用来完成。这些子程序都是专门设计的，可以通过它们来访问计算机硬件，如视频显示器、键盘、磁盘驱动器等，程序员无须关心这些外设实际是如何连接的，可全部交给 CP/M 完成。

操作系统提供的另一个功能是让程序能够方便地访问计算机硬件，这种访问称为应用程序编程接口（application programming interface，API）。对计算机硬件来说，API 是一个与设备无关的接口，API 屏蔽了硬件之间的差异。有了 API，尽管计算机硬件差别很大，访问外设的方式也不尽相同，但 CP/M 程序都可以在上面运行，从而实现 CP/M 程序既能运行在 Intel 8080 微处理器上，还可运行在能执行 8080 指令的其他处理器上。所以，在使用 CP/M 系统的计算机中，程序对硬件的访问是通过 CP/M 来实现的。

2. 操作系统发展历程

追溯最早诞生的微机操作系统，是配置在 8 位处理器上的 CP/M，前文对其基本功能已有详细阐述。

（1）第一个微机操作系统 CP/M。1973 年，第一代通用 8 位微处理器芯片 Intel 8080 发布，同一年，PL/M 创始人 Gary Kildall 博士开发了一个管理程序和数据程序。1974 年，Gary Kildall 成立 Digital Research（DR），并发布第一个微机操作系统 CP/M V1.3，CP/M V1.3 后来陆续被各国微机厂商采用，围绕它的软件开发也呈爆炸式增长。1977 年 DR 公司对 CP/M 进行重写，使其适配于 Intel 8080、Intel 8085、Z80 等 8 位芯片为基础的多种微机上。1979 年又推出带有硬盘管理功能的 CP/M V 2.2 版本。由于 CP/M 具有较好的体系结构、适应性和可移植性强以及易学易用等优点，其在 8 位微机中占据了统治地位。但是，由于芯片 VLSI 技术的快速发展，CP/M 在向 16 位 CPU 的转化上错失机会，在 16 位个人计算机市场上，惨败给微软的 DOS 系统，后逐渐从市场上消失。

（2）磁盘操作系统（DOS）崛起。1978 年，Bill Gates 开始为 Intel 8086 处理器编写程序，1980 年 8 月，Bill Gates 与 IBM 签订合同，同意为 IBM 的 PC 开发操作系统，并以 5 万美元价格收购 QDOS 操作系统。在对其进行升级改造后，微软于 1981 年发布了第一代 16 位机 MS-DOS 系统，并授权给 IBM 使用，第一台 IBM-PC 问世。该系统在 CP/M 基础上进行了较大扩充，功能上有很大增强。很快，装有 MS-DOS 系统的 IBM-PC 便击败了当时流行的 8 位机 CP/M，并开启了 DOS 统治桌面操作系统的时代，1983 年 IBM 推出配有 Intel 80286 芯片的 PC/AT，相应地，微软开发出 MS-DOS 2.0 版本，它不仅能支持硬盘设备，还采用了树形目录结构文件系统。1987 年微软宣布 MS-DOS 3.3 版本。从 1.0 到 3.3 版本，MS-DOS 都属于单用户单任务操作系统，内存被限制在 64Kb。1989 年到 1993 年，微软又先后推出多个 MS-DOS 版本，它们都可以配置在 Intel 80386、80486 等 32 位微机上。1995 年微软停止更新 MS-DOS 系统，转向 Windows 系统开发，由于系统的优越性能得到当时用户的广泛欢迎，MS-DOS 成为了事实上的 16 位单用户单任务操作系统标准。

（3）桌面操作系统 Windows。作为单用户单任务操作系统，无论是 CP/M，还是 MS-DOS，都只能在同一时间处理一个程序。单用户多任务操作系统，指仅允许单用户上机，但允许用户把程序分为若干个任务并发执行，进而有效改善系统性能。1985 年，微软尝试推出第一款图形操作系统 Windows 1.0，微软操作系统从此进入单用户多任务阶段，1985 年、1987 年微软分别推出 Windows 1.0 和 Windows 2.0。由于当时硬件平台只支持 16 位处理器，而对 Windows 1.0 和 2.0 不能提供很好的支持，1990 年，微软针对人机交互界面、内存管理都进行了改进，同时添加了多国语言版本，迅速占领市场，至 1993 年，微软针对 Intel 386 和 486 等推出 32 位 Windows 3.1 时，Windows 已成为微型计算机的主流操作系统。1995 年，微软推出 Windows 95，较之以前的 Windows 3.1 有许多重大改进，采用了全 32 位处理技术，并兼容旧的 16 位应用程序，使应用开发有了很好的延续，同时，在该系统中还集成了支持 Internet 网络功能。1998 年又推出 Windows 98，它是最后一个仍兼容以前 16 位应用程序的 Windows，其最主要的改进是把微软公司自己开发的 Internet 浏览器整合到系统中，方便用户上网浏览，另一个特点是增加对多媒体的支持。2001 年微软发布了 32 位版本的 Windows XP，同时提供家用和商业工作站两个版本，成为当时使用最广泛的个人操作系统。同年，还发布了 64 位 Windows XP。表 4-7 简单描述了 Windows 操作系统的发展历程。

表 4-7 Windows 桌面操作系统发展历程

版 本	年 份	增加的功能
1.0	1985	日历、记事本、计算器；鼠标功能、多任务
2.0	1987	窗口缩放、内存扩展
3.0	1990	界面、人性化交互、内存管理；多国语
3.1	1992	32 位机、虚拟设备驱动（VxDs）支持、SDK、新图标、多媒体等
3.11	1993	网络功能、即插即用技术、局域网功能
3.2	1994	True type、中文版 Windows 3.11
95	1995	全 32 位机、Internet 网络功能、内核 NT4.0、“开始”工具条
98	1998	IE、FAT32 文件系统、多显示器、WebTV、内核 NT4.1
XP	2001	内核 NT5.1、家庭与商用版、内核 NT5.1
7	2009	内核 NT6.1、DirectX11、IE 8、支持 GPU
8	2012	分布式文件夹文件系统复制（NFSR）服务、系统管理程序虚拟化技术（Hyper-V）、Metro 应用、云服务（SkyDrive）、新用户界面
8.1	2013	恢复“开始”按钮、软键盘手势操作、Kiosk 模式
10	2015	生物识别技术、Cortana 搜索、多桌面、放弃 Metro 风格

（4）UNIX/Linux多用户多任务操作系统。多用户多任务操作系统是允许多个用户通过各自的终端使用同一台机器、共享主机系统中的各种资源，从而每个用户程序可进一步分为几个任务，使之并发执行，以进一步提高资源利用率和系统吞吐量的操作系统。UNIX是此类操作系统的典型代表，在大、中和小型机中所配置的，多数是多用户多任务操作系统。随着开源免费的UNIX/Linux系统及其衍生版本出现，UNIX/Linux在PC上也迅速流行起来，其中UNIX版本包括Open BSD、Net BSD、Free BSD、Open Solaris等，Linux包括Debian、Mint、Ubuntu、Fedora、Open SUSE、CentOS、Arch Linux、Red Hat等。国产本土化操作系统发轫于1999年，多数是基于Linux进行的二次开发，目前市场比较流行的有Deepin、Ubuntu Kylin、Neo Kylin等。

UNIX诞生于贝尔实验室。1965年，贝尔实验室开始一项由通用电气（GE）和麻省理工学院（MIT）合作的MULTICS计划——建立一套多用户、多任务、多层次的操作系统。1970年，AT&T公司Ken Thompson将系统移植入PDP-7机上，UNIX操作系统雏形就此诞生，由于只能支持两位使用者，故有人称之为UNiplexed Information and Computing Service，UNICS，取音为UNIX。由于UNIX在开发过程中，没有任何商业管理制度，从诞生到1979年的UNIX Version 7，其源码都是属于半公开状态——允许UNIX源码为各大学教学使用。到了20世纪70年代末，AT&T注意到UNIX商业价值，在UNIX Version 7之后，开始禁止大学使用源码，包括教学使用。1980年，UNIX源代码不再对外开放，UNIX操作系统因此裂变成为两条主线：一个是AT&T的商业版本，另一个则是加州大学伯克利分校开发的半开源BSD（Berkeley software distribution）UNIX。前者衍生出微软Xenix、IBM的AIX、Sun的Solaris和惠普的HP-UX，后者则衍生出Sun OS、NExT STEP等。苹果macOS、iOS从系统底层架构上，也延续了UNIX的设计思想与研究成果，直接继承了BSD许多设计理念。IBM的AIX、惠普的HP-UX和SUN公司的Solaris系统，都是非常重要的服务器操作系统，其安全性、稳定性与可靠性得到了市场的普遍认可，是中高端服务器的主要参与者。

Linux是深刻改变操作系统市场的一个系统，是UNIX的一个重要变种，最初是由芬兰大学生Linus Torvalds针对Intel 80386开发而来，是一套完全免费和自由传播的类UNIX操作系统。Linux基于POSIX和UNIX的多用户、多任务、多线程和多处理器设计理念，支持32位和64位硬件，同时还继承了UNIX以网络为核心的设计思想，是一个性能稳定的多用户网络操作系统。Linux操作系统广泛支持各类硬件平台。经过全球开发者的共同努力，Linux操作系统各大主流发行版本几乎支持所有主流处理器，硬件驱动也日益完善，由于Linux内核的精简、高效与网络设计，使得Linux操作系统适用于各类掌上电脑、机顶盒、汽车电子或游戏机中。当前，Linux在全球已经有成百上千个发行版本，任何个人或者机构，只要对Linux加入GPL开源协议，都可以对内核进行编译。并且，即使发行版本众多，但系统所采用的内核仍是统一的。尽管开源操作系统为世界提供了 Windows 之外的另一个选择，很好地支持了从大型机到中小型机等各类设备，但在消费领域，却没有像微软一样，出现一款成熟的商业桌面系统。造成这一状况的原因之一是，没有成熟的商业运作，生态缺位，无法形成统一的标准与专业团队；另一原因是，混乱的发行版本提高了软件开发商的研发难度，增加了研发成本。

（5）Android/iOS 移动互联网时代。Android 是一种基于 Linux 的自由及开放源代码的操作系统。主要使用于移动设备，如智能手机和平板电脑，由谷歌公司和开放手机联盟领导及开发。Android 操作系统最初由 Andy Rubin 开发，主要支持手机，后来逐渐扩展到了平板电脑及其他领域上，如电视、数码相机、游戏机、智能手表等。iOS 是由苹果公司开发的移动操作系统。iOS 与苹果的 macOS 操作系统一样，属于类 UNIX 的商业操作系统，其最初是为 iPhone 设计使用的，后来陆续套用到 iPod touch、iPad 以及 Apple TV 等产品上。从宏观上讲，Android 和 iOS 最大的不同是前者底层是 Linux 系统，后者是苹果特有的封装系统。苹果特有的系统能够保证在相同配置下，在显示、动画和运行效率上都优于 Android 系统。另外一个区别是，Android 是开源的，可以拥有更多的自由和创造力；iOS 是闭源的，以提供标准化规则和建议，保证质量。

（6）华为鸿蒙。大数据、云计算、IoT、5G 和人工智能等对操作系统提出了多机互联、多设备智能协同的新需求。同时，网络信息安全呈现多元化、复杂化、频发高发趋势，需要一个足够安全的系统进行保障。另外，中国面临“卡脖子”的挑战，也迫切需要独立自主地研发操作系统。在此背景下，华为公司早年布局，把握机遇，鸿蒙操作系统（HarmonyOS）横空出世（见表 4-8）。

表 4-8 华为鸿蒙系统的发展历程

时 间	事 件
2012	华为自有操作系统开始进行规划
2016.05	消费者 BG 软件部立项研发分布式操作系统 1.0 版本
2017.05	分布式操作系统 1.0 版本研发完成，开始研发 2.0 版本
2017	消费者 BG 核心管理讨论自主研发分布式操作系统的可行性
2018 年初	开始自主研发分布式操作系统的计划
2018.04	自研分布式操作系统项目获得投资，成为消费者 BG 的正式项目
2018.05	华为申请“华为鸿蒙”商标
2019.05	“华为鸿蒙”商标注册公告
2019.05	华为被列入所谓实体清单，谷歌操作系统对华为禁供
2019.05	华为正式发布自主知识产权操作系统——鸿蒙，随后在华为智能屏上投入使用
2019.08	华为正式发布鸿蒙系统（Harmony OS）

续表

时　间	事　件
2020.08	中国信息化百人会 2020 年峰会华为正式发布鸿蒙系统
2020.09	鸿蒙系统升级至 2.0 版本，即 HarmonyOS 2.0
2020.12	华为发布基于鸿蒙 OS 的手机开发者 Beta 功能
2021.04	鸿蒙 OS 2.0 向内存 182MB ～ 4GB 的设备开源，华为 Mate X2 等手机正式搭载鸿蒙
2021.04	华为鸿蒙 OS 2.0 开发者公测版本大批量向已申请的开发者提供
2021.05	认证信息为华为终端有限公司的 @ 华为 HarmonyOS 官方微博正式上线
2021.05	鸿蒙 OS 2.0 开启第二轮公测，新增多款 Nova 机型
2022.07	鸿蒙 OS 3 正式发布
2023.08	鸿蒙 OS 4 正式发布

鸿蒙操作系统采用分层设计，包括内核层、系统服务层、框架层、应用层。内核层包含内核子系统和驱动子系统。鸿蒙 OS 具有多个内核，针对不同的设备可以选择不同的内核，通过内核抽象层可以将底层的不同内核之间的差异屏蔽，并对上一层提供统一的接口。驱动子系统负责提供统一的外设访问接口，以及负责驱动开发和管理框架。系统服务层包含四个子系统集：

①系统基本能力子系统集，可以使分布式应用在多设备上运行、调度和迁移；

②基础软件服务子系统集，可以提供基础的通用软件服务；

③增强软件服务子系统集，可以针对不同的设备提供差异化的软件服务；

④硬件服务子系统集，提供硬件服务，如位置定位、指纹识别等。根据部署环境的不同，除基本能力子系统集以外的子系统内部可以进行裁剪。

应用层包括系统应用和第三方开发的非系统应用。框架层提供了 Ability 框架、UI 框架和用户程序框架等。

微内核和方舟编译器是鸿蒙系统中的两大核心。方舟编译器是华为自主研发的编译器平台，它将以前边解释边执行的低效运行方式转为将 Java、C、C++ 等代码一次编译成机器码的高效运行方式，同时也实现多语言的统一，方便安卓 App 移植到鸿蒙系统。华为官方数据表明，方舟编译器能提升 24% 的操作系统流畅度、44% 的系统响应能力和 60% 的三方应用操作流畅度。

华为鸿蒙采用微内核结构。内核是操作系统内最基础的构件，内核的设计对于操作系统的外部特性也有着至关重要的影响。常见内核结构可以分为宏内核、微内核、混合内核、外内核等。宏内核是存在历史最长的内核，也在应用领域占据着主导地位。微内核是较新的内核结构，但是它拥有着众多宏内核不具有的优良特性（见表 4-9）。

表 4-9　宏内核和微内核优缺点比较

内　　核	优　　点	缺　　点
宏内核	易于设计和实现 硬件性能高	维护成本高 容错机制差
微内核	提高了系统的可扩展性、可靠性、可移植性 提供了对分布式系统的支持 融入面向对象技术	通信失效率高 IPC 有额外开销 cache 命中率低 内存复制

鸿蒙 OS 依靠分布式软总线、分布式设备虚拟化、分布式数据管理、分布式任务调度等技术，可以实现多种类、多数量的设备之间硬件互助和资源共享。鸿蒙 OS 设计初衷是满足全场景智慧体验的高标准链接要求，可适配于手机、平板、电视、智能汽车、可穿戴设备等广泛的终端设备，将在未来万物互联的智能社会中打造下一代操作系统。从技术上来说，华为已经非常先进了，能否在激烈的操作系统市场中胜出，关键在于华为鸿蒙能否建立起强大的生态环境。

综上所述，提高计算机资源利用率的需要、方便用户使用计算机的需要、硬件技术不断发展的需要和计算机体系结构发展的需要是推动操作系统不断向前发展的动力。中国操作系统行业发展起步较晚，在核心技术和市场占有率上并不占突出优势。

4.5　应用软件

应用软件（application software）是为满足用户不同领域、不同问题的应用需求而提供的那部分软件，是用户可以使用的各种程序设计语言，以及用各种程序设计语言编制的应用程序集合。日常生活中常见应用软件类别见表 4-10。专门为手机等移动工具开发的应用软件又简称 App。

表 4-10　常见的通用应用软件名称及所属类别

序　号	类　别	举　例
1	文字处理类	记事本 Notepad、写字板 Wordpad、微软 Word、金山 WPS、Acrobat Reader
2	文字输入类	智能 ABC、微软拼音、搜狗拼音、极品五笔、拼音加加、谷歌拼音
3	网页浏览类	微软 IE、谷歌 Chrome、Mozilla Firefox、苹果 Safari、微软 Edge
4	杀毒软件类	瑞星、诺顿、卡巴斯基、金山毒霸、360
5	网络聊天类	腾讯 QQ、微信、微软 MSN、阿里旺旺
6	解 / 压缩类	WinRAR、WinZip、7-Zip、ChinaZip、Zipghost
7	下载工具类	迅雷 Thunder、网际快车 FlashGet、比特彗星 BitComet、电驴 emule、腾讯旋风

续表

序　号	类　别	举　例
8	媒体播放类	暴风影音、Windows Media Player、RealPlayer、QuickTime、千千静听、Winamp
9	网页制作类	FrontPage、Dreamweaver、Web Page Maker、ASP Maker
10	邮件收发类	Outlook Express、Foxmail、DreamMail、Koomail、U-Mail
11	防火墙类	瑞星个人防火墙、江民防火墙、360 防火墙、天网防火墙、风云防火墙
12	图像处理类	Paint、Photo Editor、PhotoImpact、ACDSee32、Adobe Photoshop
13	矢量绘图类	Corel Draw、Illustrator、Freehand、Microsoft Visio、Adobe Flash、3ds Max
14	视频编辑类	Adobe Premiere、Windows Movie Maker、Video Edit Magic、PowerDirector
15	声音编辑类	CoolEdit、GoldWave、Adobe Audition、Nero Wave Editor
16	网络电视类	PPlive、PPStream、QQLive、UUsee、TVKoo、CCTV Box、迅雷看看
17	FTP 工具类	Serv-U FTP、CuteFTP、TurboFTP、ChinaFTP、LeapFTP
18	搜索引擎类	Baidu、谷歌、北大天网、搜狐 Sogou、新浪爱问、网易有道、雅虎易搜

还有很大一部分应用软件是工业软件（industrial software）。工业软件大体上分为两个类型：嵌入式软件和非嵌入式软件。嵌入式软件是嵌入在控制器、通信、传感装置之中的采集、控制、通信等软件，应用在军工电子和工业控制等领域之中，对可靠性、安全性、实时性要求特别高，必须经过严格检查和测评。非嵌入式软件是装在通用计算机或者工业控制计算机之中的设计、编程、工艺、监控、管理等软件。工业软件在产品设计、成套装备设计、厂房设计、工业系统设计中起着非常重要的作用，可以大大提高设计效率，节约成本，实现可视化管理。从业务功能角度分，工业软件大概可以分为以下三类。

（1）产品创新数字化软件领域。具体包括 CAD（计算机辅助设计）、CAE（工程仿真）、CAM（计算机辅助制造）、CAPP（计算机辅助工艺规划）、EDA（电子设计自动化）、Digital manufacturing（数字化制造）、PDM/PLM（产品数据管理 / 产品全生命周期管理），以及相关的专用软件，如公差分析、软件代码管理（CASE/ALM）、MRO（大修维护管理）、实验数据管理、设计成本管理、设计质量管理、三维模型检查、可制造性分析等。CAD 软件还包括工厂设计、船舶设计等专用软件，以及焊接 CAD、模具设计等专用软件。数字化制造主要包括工厂的设备布局仿真、物流仿真、人因工程仿真等功能。CAE 软件包含的门类很多，可以从多个维度进行划分，主要包括运动仿真、结构仿真、动力学仿真、流体力学仿真、热力学仿真、电磁场仿真、工艺仿真（涵盖铸造、注塑、焊接、增材制造、复合材料等多种制造工艺）、振动仿真、碰撞仿真、疲劳仿真、声学仿真、爆炸仿真等，以及设计优化、拓扑优化、多物理场仿真等软件，以及仿真数据管理软件。近年来，数字孪生技术和创成设计（generative design）成为热点。这些工具类和管理类软件支持工业企业进行产品研发创新。

（2）管理软件领域。具体包括ERP、MES、CRM、SCM、SRM（供应商关系管理）、EAM（企业资产管理）、HRM（人力资源管理）、BI（业务智能分析）、APS（先进生产排程）、QMS（质量管理系统）、PM（项目管理）、EMS（能源管理）、MDM（主数据管理）、LIMS（实验室管理）、BPM（业务流程管理）、协同办公与企业门户等。ERP是从MRP、MRPII发展起来的。CRM、HCM、BI、PM、协同办公和企业门户应用于各行各业支持企业业务运行，但工业企业对这些系统有特定的功能需求。

（3）工控软件领域。主要包括APC（先进过程控制）、DCS（集散控制系统）、PLC（可编程逻辑控制）、SCADA（数据采集与监控系统）、组态软件、DNC/MDC（分布式数控与机器数据采集），以及工业网络安全软件等。其中，DCS、PLC和SCADA的控制软件与硬件设备紧密集成，是工业物联网应用的基础。工控软件支持对设备和自动化产线进行管控、数据采集和安全运行。

工业应用软件的特质是包含复杂的算法和逻辑、融合工程实践知识、需要与硬件系统和设备集成、具有鲜明的行业特点、要能够满足客户的个性化需求、需提供二次开发平台、需实现端到端的集成应用才能发挥预期价值。因此，很多工业软件企业将软件进行配置，形成行业解决方案，以便缩短实施与交付周期。

4.6　软件架构与工程

从冯·诺依曼结构开始，程序逻辑开始脱离硬件，采用二进制编码。在硬件上编写出的程序就是软件，用来控制硬件的行为。在初期，软件是使用二进制编写的，从硬件到软件，成本都非常高。随着半导体技术的进步，硬件的成本越来越低，性能越来越高。软件方面，为了简化难度，开始采用汇编，进一步出现了类似于人类语言的高级语言，人类可以用类似于人的语言与计算机沟通。软件工程师慢慢越来越多，开发软件的成本也越来越低。人们越来越愿意把由人做的事情，交给计算机来做。结果导致软件越来越丰富，能够做的事情越来越多，成本越来越低。随着互联网的发展，人类社会也开始软件化了。原来必须由实体店进行售卖的，被搬到互联网上，开店成本更低，并且能够被更多的人浏览和购买。

4.6.1　架构

1. 什么是架构

《现代汉语词典》中给出了架构的三种解释：建造，构筑；框架，支架；泛指事物的组织、结构、格局。架构的英文单词是architecture，从EikiPedia上的定义来看，架构是一个过程以及这个过程的结果。IEEE 1471（ISO/IEC 42010—2011）中，架构是一个系统在其所处环境中所具备的各种基本概念和属性，具体体现为其所包含的各个元素、它们之间的关系以及架构的设计和演进原则。《软件体系结构：一门初露端倪学科的展望》

一书将架构描述为组件及组件之间的交互。Rational 统一过程重点表达的观点是软件架构包含了如何对软件系统进行组织、如何选择组成系统的结构要素和它们之间的接口，以及如何设计这些元素相互协作时所体现的行为、如何组合这些元素使它们逐渐合成更大的子系统、如何让用户知道这个系统组织的架构风格等问题的决策。因此，架构兼具组成和决策的特点。一般地，当提及架构这个词时，通常都有特定的上下文环境，可以指代系统架构、信息架构、软件架构等。下面通过分析社会架构和建筑结构的演化过程，来分析架构的基本属性。

（1）社会架构的形成。每个人都希望把自己的利益最大化，但每个人的能力和时间都是有限的，不可能什么都懂，同时因为人的生理和身体结构限制，每个人都有自己所擅长的工作和事务。于是，在进行生产和劳动时，自然会回避自己不擅长的领域，用自己所擅长的去换取别人不擅长的，这样就导致了分工的产生。一旦分工产生，就会形成不同的社会角色，形成社会利益的交易，自然而然地产生了社会架构。由此，可以得出一个有关架构的结论：架构是把一个整体切分成不同的部分（分工），由不同的角色来完成这些分工，并通过建立不同部分相互沟通的机制（交易），使得这些部分能够有机结合为一个整体，并完成这个整体所需要的所有活动。

（2）建筑架构的演变。建筑的本质是对地球上的空间进行切分，并通过门窗、地基等，保持和地球以及空间有机的沟通。当人类开始学会用火之后，茅棚里面自然而然慢慢就会被切分为两部分，一部分用来烧饭，一部分用来生活。当人的排泄需求逐渐移到室内后，洗手间也就出现了。这就是建筑内部的空间切分。这个时候人们对建筑的需求也就越来越多，空间的切分也变成多种，组合的方式也变得不同，比如宜居的房子、宗教性质的房子、日常集会的房子等。为满足越来越多的需求，人们逐渐开始有意识地去设计房子，为了提升质量，减少时间，人们更有效率地切分空间，让空间之间能够更加有机地进行沟通。这就是建筑架构，以及建筑架构的演变。从建筑架构演变过程来看，架构是根据要解决的问题对目标系统的边界进行界定，对目标系统按某个原则进行切分，并建立切分部分的沟通机制，使得各部分之间有机集成为一个整体，以完成目标系统的所有工作。

架构实际上就是指人们根据自己对世界的认识，为解决某个问题，主动地、有目的地去识别问题，并进行分解、合并、解决该问题的实践活动。架构的产出物，包括对问题的分析、解决问题的方案，包括拆分的原则以及理由、沟通合并的原则，以及拆分出来的各个部分所对应的角色和所需要的核心能力等。

2. 怎样做好架构

要做好架构必须具备能够正确认识概念，能够发现概念背后所代表的问题，进而认识目标领域所需要解决的问题的能力。事实上，这一能力在任何一个领域都是适用的，比如如果想要学习一项新的技术，如 Hibernate、Spring、Photoshop、Internet 等，如果知道这些概念所要解决的问题，学习这些新的技术或者概念就会如虎添翼，快速入手。使用这些概念来解释问题，甚至发明新的概念都是很容易的事。

做好架构首先需要识别出需要解决的问题。一般来说，如果把真正的问题找到了，那么问题就已经解决了80%。在问题是什么的思考上多花一些时间，避免在弄懂真正的问题之前，盲目地讨论解决方案和实现细节。识别问题的一个最大的前提就是要搞清楚是谁的问题。这个问题搞清楚了，问题的边界也就跟着确定了，再去讨论问题才有意义。识别了问题的主体，这个主体就自然会带来很多边界约束，自然而然就附带了许多信息，能够引发一些其他问题。这样才算是真正明白了问题。只有真正明白了是谁的问题，才能够真正地完成自己的任务，真正地把自己的问题解决掉。一旦确定了主体，剩下的就是去搞明白主体有哪些问题。常用的方式就是直接面对主体进行访谈，深入到主体的工作生活当中，体验并感受这些问题，甚至通过数据的反馈来定位问题。总之，要正确地认识问题，需要问两个问题，即这是谁的问题和有什么问题。一旦确定了问题的主体，那么系统的利益相关人（stakeholder）就确定了下来。所发现的问题，主要有两种情况，一是某个或者某些利益相关人时间上负载太重，二是某个或者某些利益相关人的权利和义务不对等。

每个人的时间是有限的，怎么在有限的时间内做出更多的事情？答案是任务切分。切分时要注意几个基本原则。

（1）必须在连续时间内发生的一个活动，不能切分。

（2）切分出来部分的负责人，对这个部分的权利和义务必须是对等的。如果权利和义务不对等，则会伤害每个个体的利益，切分后执行的效率会比切分前还要低，实际上损害了整体的利益。

（3）切分出来的部分，不应该超出一个自然人的负载。当然对于每个人的能力不同，负载能力也不一样，需要不断地根据实际情况调整。

（4）切分是内部活动，内部无论怎么切，对整个系统的外部应该是透明的。如果因为切分导致整个系统解决的问题发生了变化，那么这个变化不属于架构的活动。把问题分析得比较清楚时，整个系统的边界会进一步地完善，这就会形成螺旋式的进化。但这不属于架构所应该解决的问题。进化的发生，也会导致新的架构的切分。

切分的过程就是建模的过程，每次对大问题的切分都会生成很多小问题，每个小问题就形成了不同的概念。这些不同的概念大部分时候已经存在了，要去理解这些概念，识别概念背后所代表的人的利益。例如，对于一个企业，一开始一个人干所有的事情。当业务量逐渐变大，就超过了一个人能够处理的容量，这些内容就会被分解出来，开始招聘人进来，把他们组合在一起，帮助处理企业的事务。整个企业的事务，分出来了营销、售前、售中、售后、财务、HR等新概念。企业创始人的工作就变成了如何组合这些不同的概念来完成企业的工作。如果业务再继续增大，这些分出来的部分还要继续分拆。如果某个技术的提升，提高了某个角色的生产力，使得某个角色可以同时承担更多的工作，就会导致职责合并，降低层数。

架构切分的输出实际上就是一个系统的模型，对于一个整体问题，有多少的相关方，每个相关方需要承担哪些权利和义务，不同的相关方是如何结合起来完成系统的整体任务的。有的时候是从上往下切，有的时候是从下往上合并。而切分的结果最终都会体现在组织架构上，因为切分的实际上就是人的利益。从这方面也可以看出，任何架构调整都会涉及组织架构，千万不可轻视。同样，如果对于 stakeholder 的利益分析不够透彻，也会导致架构无法落地，因为没有人愿意去损害自己的利益。

3. 架构与规划、设计之间的关系

规划、架构、设计这三者是紧密联系的，有确定的上下文环境，有明确的目标。图 4-16 清楚展示了规划、架构、设计三者的层次关系，有助于更好地理解这些概念。架构处于承上启下的位置。

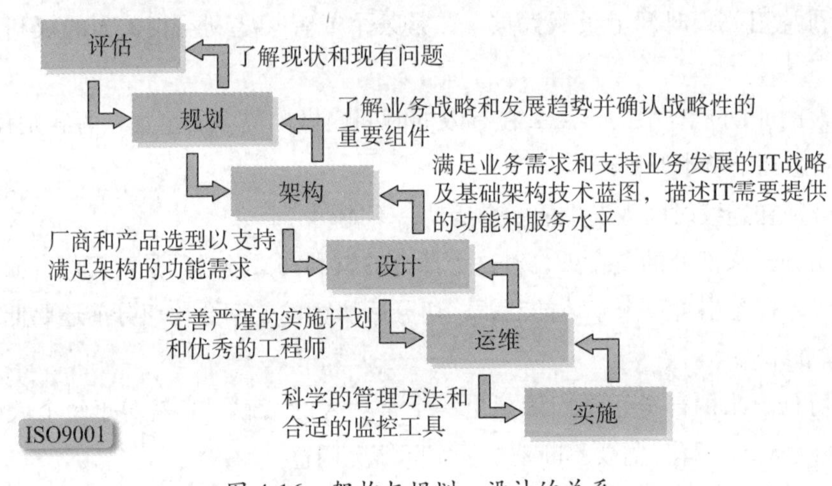

图 4-16　架构与规划、设计的关系

（1）规划与架构。把规划和架构分开阐述，是为了帮助理解思考与实践的不同阶段和步骤，使思路更加清晰。架构是比规划更具体的层次。在中国历史上，曾经有很多著名的大都城在城市规划布局上体现“九经九纬”“前朝后市”“左祖右社”等思想，这些都可以理解为规划。然而，宫、殿等各种房屋怎么建就要涉及架构了，比如我国的硬山式、庑殿式，西方的罗马式、哥特式等。通过基本架构的灵活组合，可以得到各种各样的具体架构，用于满足各个项目的具体需求。

（2）架构与设计。所有的架构都是设计，但不是所有的设计都是架构。架构可以是宏观设计、顶层设计。与架构相比，设计属于更具体的层面。比如要建一个硬山式房屋，每个房间要具备某些功能，就要有对应的设计；又比如在软件架构上，有三层架构、

MVC 架构等，用于指导软件设计，确定设计方案和技术方向。

4.6.2 工程

1. 什么是工程

工程（engineering）一词创造于18世纪的欧洲，其本来含义是有关兵器制造、具有军事目的的各项劳作，后扩展到许多领域，如建筑屋宇、制造机器、架桥修路等。随着人类文明的发展，人们可以建造出比单一产品更大、更复杂的产品，这些产品不再是结构或功能单一的东西，而是各种各样的所谓人造系统（比如建筑物、轮船、铁路工程、海上工程、地下工程、飞机等），于是工程的概念就产生了，并且它逐渐发展为一门独立的学科和技艺。在现代社会中，工程一词有广义和狭义之分。就狭义而言，工程定义为以某组设想的目标为依据，应用有关的科学知识和技术手段，通过有组织的一群人将某个（或某些）现有实体（自然的或人造的）转化为具有预期使用价值的人造产品过程。就广义而言，工程则定义为由一群（个）人为达到某种目的，在一个较长周期内进行协作（单独）活动的过程。

2. 工程的基本职能

将科学的理论应用到具体工农业生产部门中形成了许多工程的学科分支，如水利工程、化学工程、土木建筑工程、系统工程、生物工程、海洋工程、软件工程等。工程的所有分支领域几乎都有如下主要职能。第一是研究，应用数学和自然科学概念、原理、实验技术等，探求新的工作原理和方法。第二是开发，解决把研究成果应用于实际过程中所遇到的各种问题。第三是设计，选择不同的方法、特定的材料并确定符合技术要求和性能规格的设计方案，以满足结构或产品的要求。第四是施工，包括准备场地、材料存放、选定既经济又安全并能达到质量要求的工作步骤，以及人员的组织和设备利用。第五是生产，在考虑人和经济因素的情况下，选择工厂布局、生产设备、工具、材料、元件和工艺流程，进行产品的试验和检查。第六是操作，管理机器、设备以及动力供应、运输和通信，使各类设备经济可靠地运行。第七是管理及其他职能。

3. 工程思维

工程活动是社会中基础性的实践活动，而每种工程活动都伴随着一定形式的工程思维。一般地，工程思维具有以下基本属性。

（1）科学性。工程是一个系统的概念，工程活动是技术要素和非技术要素的集成，而不是要素的简单相加。作为一个系统，工程有整体性的新特征，有技术要素和非技术要素的非线性相关机制。任何一项工程，无论是宏观的物流、机械、建筑，还是微观的化学与生物分子工程等，付诸现实的造物活动的时候，不仅要考虑技术的可行性，还要考虑设备、资金、人员配备、环境、多种方案的决策、工程风险等诸多问题，无论哪个环节出错都可能使工程无法有效地得以实施。科学性为工程思维设置了不可能目标和不可能行为的严格限制，可避免创造违反或违背科学规律的目标。

（2）艺术性。工程思维的艺术性更多地表现在工程的决策者、设计师和工程师表现出的思维个性或者说工程美上。杰出的工程都渗透着决策者以及设计师和工程师独特的个性美。每一个好的工程都是一件艺术品。当工程的业主为同一工程项目进行招标时，不同的设计者可能为同一工程项目提出完全不同的工程图纸和设计方案。当人们在对比不同投标者的工程图纸和设计方案时，他们不但会进行技术先进性、经济合理性、安全可靠性、环境友好性等方面的对比，同时也会进行艺术性的对比。

（3）逻辑性。在工程思维中，决策者、设计师和工程师常常不得不面对矛盾的要求，往往不得不对相互矛盾的观点或要求采取权衡协调的立场和态度。在一些情况下，工程问题的判断和选择不一定总是非此即彼的，工程思维有时需要根据工程总体的要求，把两个以上冲突、矛盾的因素协调在一起。在工程系统中，对技术要素的思考，往往坚持逻辑的思维原则，严格承认矛盾律和排中律等通常的逻辑思维规律。可是，在非技术要素的边界领域，在全局水平上往往又不承认矛盾律和排中律，要在思维中对矛盾权衡协调。在工程思维中，如何处理逻辑和协调的关系常常是一个关键性的问题。

（4）问题求解的非唯一性。工程思维解答的是如何有效地建构一个新的存在物，答案是非唯一的。工程思维需要考虑工程系统的所有因素，技术要素中技术路线不是唯一的，非技术要素中，各种社会经济环境因素更是因时因地不断发生变化，再加上工程师、管理者等工程思维主体独特的思考方式，都决定了工程思维问题求解的非唯一性。在现代社会中，业主方之所以常常对工程项目采用招标的方法，其“前提”和“基础”正是因为工程问题的求解具有非唯一性。

（5）运筹性。工程问题求解的非唯一性随之而来的一个问题就是如何对各种资源进行统筹协调以找到最优的解决方案。工程思维的一个基本内容是考虑如何才能合理地运用各种工具、机器、设备和其他手段等组成合理的工艺流程来实现工程的目的。工程首先来源于需求，其次必须通过操作才能变成现实，这就使工程思维具有了工具性思维和运筹性思维。

（6）可靠性、可错性和容错性。由于客观方面存在着许多不确定性因素，再加上主观方面人的认识中往往存在一定的缺陷和盲区，这就使工程思维成为一种不可避免地带有风险性和不确定性的思维。工程面临着可错性和不允许失败的矛盾，如何认识和解决这个矛盾就成为推动工程思维进展的一个重要动因。从某种程度上讲，这个矛盾永远不会得到完全解决，但可以尽可能地处理好。工程思维把可靠性作为一个基本要求，同时又对可错性保持清醒意识。为了提高工程活动的可靠性，往往要加强对工程容错性问题的研究。所谓容错性就是指在出现了某些错误的情况下仍然能够继续正常地工作或运行。例如，人的许多生理功能系统、计算机系统等都具有一定的容错性，因为其不是一出现毛病就发生系统功能瘫痪，而是能够在一定范围内和一定程度上带病可靠运行，这就是容错性在发挥作用。

4.6.3　软件架构

1. 软件扮演的角色

随着软件规模的变大，做好一个软件也变得越来越难了。早期的程序员写程序，主要是为了帮助自己研究课题。这些程序员熟练了之后，提高了自己的生产力，并发现还可以帮助别人写程序，慢慢软件就变成了一个独立的行业。程序从早期由一个人完成，逐渐变成了由很多不同角色的人共同合作来完成。

在没有软件之前，每个人做自己的工作，自行保存自己的工作结果。人们面对面或者通过电话等沟通。有了软件之后，日常生活中所做的事情，包括自己本人都一起虚拟化到了计算机中（见图 4-17）。而人则演化成通过计算机的输入输出设备，控制计算机中的自己，来完成日常的工作，以及与他人的沟通。也就是说，软件一直以来的动力，始终都是来模拟人和这个社会的，比如模拟大气运动、模拟人类社会、模拟交易等。模拟的对象越来越高级，难度越来越大。不管如何发展，模拟人的所有行为都是一个大的趋势。软件的主要目的，依然是把人类的生活模拟化，以提供更低成本、更高效率的新生活。从这个角度来看，软件主要依赖于人类的生活知识。

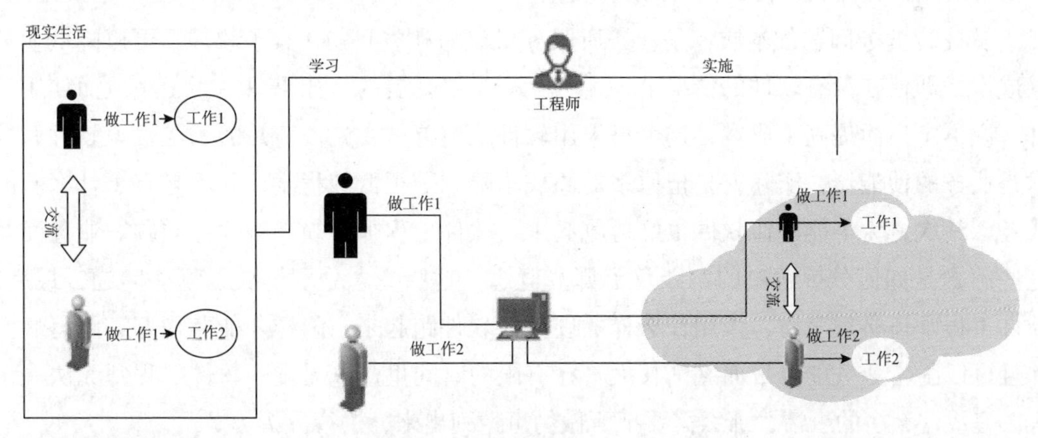

图 4-17　软件角色的演变

软件工程师是实现这个模拟过程的关键人物，他必须先理解人是如何在日常生活中完成工作的，才能够很好地把这些工作在计算机中模拟出来。可是软件工程师需要学习大量的计算机语言和计算机知识，还需要学习各行各业的专业知识。培养一名软件工程师本身就很难，同时行业知识要靠时间的积累才能获得，故行业对软件工程师的要求已远远超出了其能力范围。所以软件开发就开始出现分工，出现了业务分析师、架构师、项目经理等，多种角色相互配合。这就把原来一个人的连续工作，拆分成不同角色的人连续配合，演化成不同的软件开发模式，慢慢地出现了专门为人开发软件的公司。

综上所述，软件的本质就是通过把人类的日常工作生活虚拟化，以减少成本，提升生产力，获得更多利益。软件工程师的职责在这个浪潮中，不堪重负，自然而然就分拆为不同的角色，形成了一个独特的软件架构体系。

2. 如何做软件架构

软件实际上就是把现实生活模拟到计算机中，并且软件是需要在计算机的硬件中运行起来的。要做到这一点需要解决业务问题和计算机问题。业务问题指在具体的现实生活状态下，没有软件的时候，所解决问题的主体是谁？解决的是什么问题？是如何解决？如何运作的？计算机问题指如何把现实生活用软件来模拟？模拟出来的软件，需要哪些硬件设施才能够满足要求？并且当访问量越来越大的时候，软件能否支持硬件慢慢长大，性能线性扩展？因为硬件是可能会失效的，软件如何在硬件失效的情况下，仍然能够保证可用性，让用户能够不中断地访问软件提供的服务？怎么收集软件产生的数据，为下一阶段的工作提供依据？

这些问题由谁来解决呢？应该由业务的所有者和软件工程师来解决。业务的所有者需要提升业务的效率，降低业务的成本，这是动机。这个实际上是业务的问题，所以一般软件开发的出发点就在这里；软件工程师要解决业务所有者把业务虚拟化的问题，并且要解决软件开发和运营的生命周期问题。

首先，业务问题的本质，是业务所服务对象的利益问题。有了软件，可以降低业务的成本，即使在没有软件的情况下，业务一样是要开展的。如果只是为了跟风而使用软件，说不定反而提高了成本，这个是采用软件之前首先要先搞清楚的。经常说软件和技术是业务的使能器，实际就是把原来的高成本降到了很低的程度，并不是有了什么新的业务。其次，为了能够让软件很好地跑起来，软件工程师必须理解业务问题。业务面对这些问题是如何分拆解决的？涉及了哪些概念？这些概念分别解决了哪些问题？最后，软件工程师还必须考虑，该用什么样的硬件让软件跑起来，怎样才能跑得好、跑得快？并且可以随着业务的流量而逐渐长大？在有限的时间里，毫无疑问软件工程师无法一个人去完成这么多的事情，那么需要把所做的事情列出来，进行分析。

（1）虚拟化业务需要完成的工作。首先，学习业务知识，认识业务所涉及的利益相关者的核心利益诉求，以及业务是如何分拆满足这些利益诉求的，并通过怎样的组织架构完成整个组织的核心利益的，以及业务运作的流程，涉及哪些概念，有哪些权利和责任等。其次，通过对业务知识的学习，针对这些概念所对应的权利和责任以及组织架构，对业务进行建模，并把建模的结果用编程语言来实现。这是业务的模型，通常是现实生活中利益斗争的结果，是非常稳定的。接着，学习利益相关者是如何和业务打交道，并完成每个人的权利和义务的，通过编程语言，结合业务模型实现这些打交道的沟通通道。这部分是变化最频繁的，属于组合关系。最后，找到办法把业务运行的结果持久化，并通过合适的手段把持久化后的数据，在合适的时间合适的地点加载出来。

（2）运营代码需要解决6个问题：

①需要多少硬件设备来满足访问的需求？

②代码要分成多少个组件部署到哪些硬件设备上？

③这些代码如何通过硬件设备互相连接在一起？

④当业务流量增大到超过一台机器的容量时，软件能否支持通过部署到新增机器上的方式，扩大对业务的支撑？

⑤当某台或某些硬件设备失效时，软件是否仍然能够不影响用户的访问？

⑥软件运行产生的数据，能否提取出来并加以分析，为下一轮的业务决策提供依据？

（3）如果分成不同的角色来完成这些事情，就需要一个组织架构来进行代码的编写和运营，具体需要做哪些工作？完成这些事情，需要哪些角色参与？这些事情基本都需要按一定顺序发生，如何保证信息在不同角色的传递过程中不会有损失？或者说即使有损失，也能快速纠正？这些角色之间该如何协调，才能共同完成虚拟化业务的需求？

（4）会生成哪些架构。如果业务足够简单，用户流量够小，时间要求也不急迫，那么一个人、一台机器就够了，这个时候一般不会去讨论架构的问题。当访问的流量越来越大，机器就会越来越多，代码的部署单元拆分也越来越多，这样就需要更多的人来完成拆分出来的部署单元，甚至同一个部署单元也需要分拆为多人合作才能完成。这样就会产生以下的架构。当流量越来越大时，软件所部署的机器就会开始按照树状的结构开始分拆，就会形成硬件的部署架构；为了让业务在软件中实现并落地，需要前端人员、业务代码人员、存储层等不同技巧的人员同时工作，需要切分成代码架构；当参与的人员越来越多，就会形成开发体系的组织架构。因为代码开发的过程是一个连续的过程，用流程把不同的角色串联起来，这就是软件工程。为了完成业务的工作，需要识别出业务架构和支撑业务的组织架构，以及业务运作的流程，这是被虚拟化的业务架构和组织架构。

软件涉及两个业务体系，即软件本身的业务体系和虚拟的业务体系。根据以上分析，所生成的架构，究竟哪些算是软件架构呢？软件因为流量增大而分拆成不同的运行单元，在不同机器部署所形成的架构，属于软件架构。每个运行单元为了让不同角色的人，比如前端、业务、数据存储等能够并行工作，所分成的代码架构，也属于软件架构。当人们说软件架构的时候，一定要讲清楚，究竟说的是部署架构，还是代码架构。软件架构的落地，需要软件的组织架构和流程来保障，否则，软件架构将是一句空话。

3. 常见软件部署架构

这里给出目前主要的四种软件部署架构以及它们的优缺点，包括单体结构、分布式架构、微服务架构和Serverless架构。

单体架构比较初级，是典型的三级架构见图4-18。单体架构的应用比较容易部署、测试，在项目的初期，单体应用可以很好地运行。然而，随着需求的不断增加，越来越多的人加入开发团队，代码库也在飞速地膨胀。慢慢地，单体应用变得越来越臃肿，可维护性、灵活性逐渐降低，维护成本越来越高。下面是单体架构应用的一些缺点。

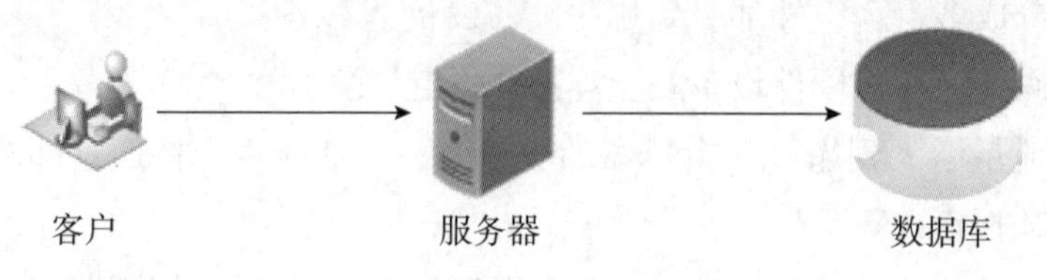

图 4-18　单体架构

（1）复杂性高。以一个百万行级别的单体应用为例，整个项目包含的模块非常多、模块的边界模糊、依赖关系不清晰、代码质量参差不齐、混乱地堆砌在一起。可想而知整个项目非常复杂，代码修改、功能增减都有可能带来隐含的缺陷。

（2）技术债务。随着时间推移、需求变更和人员更迭，会逐渐形成技术债务，并且越积越多。不坏不修，系统设计或代码难以被修改。

（3）部署频率低。在单体应用中，每次功能的变更或缺陷的修复都会导致需要重新部署整个应用，这种部署的方式耗时长、影响范围大、风险高，使得单体应用项目上线部署的频率较低。部署频率低又导致两次发布之间会有大量的功能变更和缺陷修复，出错率比较高。

（4）扩展能力受限。单体应用只能作为一个整体进行扩展，无法根据业务模块的需要进行伸缩。例如，应用中有的模块是计算密集型的，它需要强劲的 CPU；有的模块则是输入输出密集型的，需要更大的内存。由于这些模块部署在一起，不得不在硬件选择上作出妥协。

（5）阻碍技术创新。新单体应用往往使用统一的技术平台或方案解决所有问题，团队每个成员都必须使用相同的开发语言和框架，要想引入新框架或新技术平台会非常困难。

分布式架构是单体架构的并发扩展，将一个大的系统划分为多个业务模块，业务模块分别部署在不同的服务器上，各个业务模块之间通过接口进行数据交互。数据库也大量采用分布式数据库，如 Redis、ES、Solor 等。通过 Agent 代理将用户请求均衡地分配到不同的服务器上（见图 4-19）。

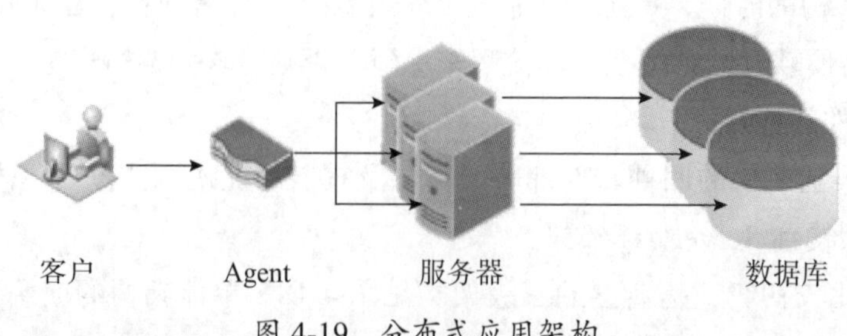

图 4-19　分布式应用架构

相对于单体架构来说，这种架构提供了负载均衡的能力，提高了系统负载能力，解决了网站高并发的需求。另外还有以下特点。

（1）降低了耦合度。把模块拆分，使用接口通信，降低模块之间的耦合度。

（2）责任清晰。把项目拆分成若干个子项目，不同的团队负责不同的子项目。

（3）扩展方便。增加功能时只需要再增加一个子项目，调用其他系统的接口就可以。

（4）部署方便。可以灵活地进行分布式部署。

（5）提高代码的复用性。

该架构的缺点是系统之间的交互要使用远程通信，接口开发增大工作量，但是利大于弊。

微服务架构，主要是中间层分解，将系统拆分成很多小应用，即微服务（micro service），微服务可以部署在不同的服务器上，也可以部署在相同服务器不同的容器上（见图 4-20）。单应用的故障不会影响到其他应用，负载也不会影响到其他应用，其代表框架有 Spring Cloud、Dubbo 等。该架构具有以下优点。

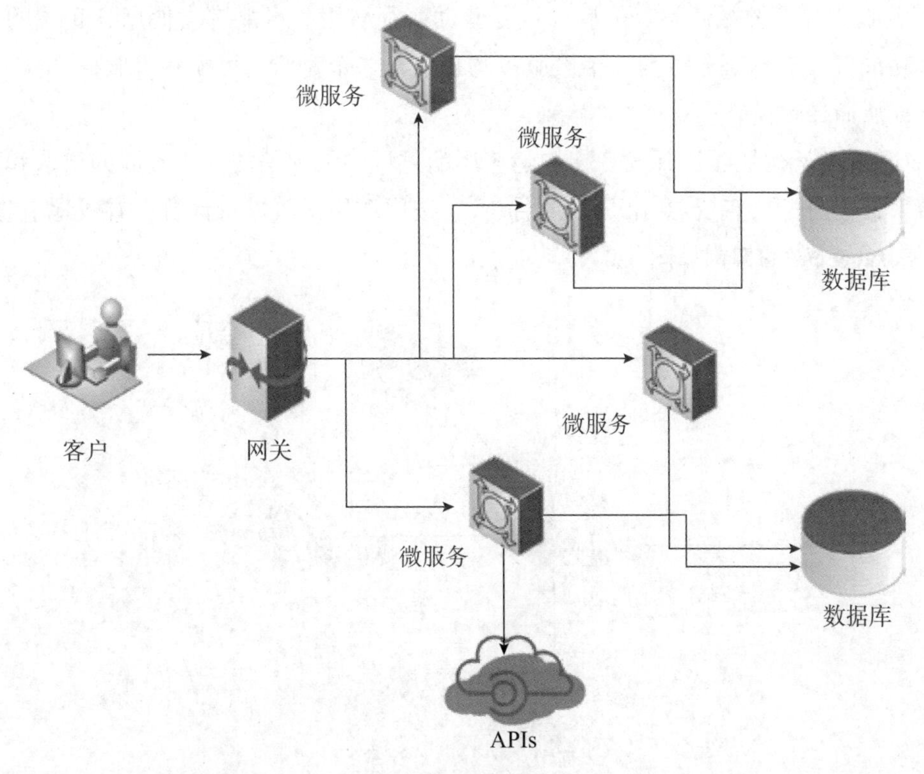

图 4-20　微服务架构

（1）易于开发和维护。一个微服务只会关注一个特定的业务功能，所以它业务清晰、代码量较少。开发和维护单个微服务相对简单，而整个应用是由若干个微服务构建而成的，所以整个应用也会被维持在一个可控状态。

（2）单个微服务启动较快。单个微服务代码量较少，所以启动会比较快。

（3）局部修改容易部署。单体应用只要有修改，就得重新部署整个应用，微服务解决了这样的问题。一般来说，对某个微服务进行修改，只需要重新部署这个服务即可。

（4）技术栈不受限。在微服务架构中，可以结合项目业务及团队的特点，合理地选择技术栈。例如，某些服务可使用关系数据库 MySQL；某些微服务有图形计算的需求，可以使用 Neo4j；甚至可根据需要，部分微服务使用 Java 开发，部分微服务使用 Node.js 开发。

微服务虽然有很多吸引人的地方，但使用它是有代价的。首先，运维要求较高。更多的服务意味着更多的运维投入。在单体架构中，只需要保证一个应用的正常运行。而在微服务中，需要保证几十甚至几百个服务的正常运行与协作，这给运维带来了很大的挑战。其次，分布式固有的复杂性。使用微服务构建的是分布式系统，对于一个分布式系统，系统容错、网络延迟、分布式事务等都会带来巨大的挑战。再次，接口调整成本高。微服务之间通过接口进行通信。如果修改某一个微服务的 API，可能所有使用了该接口的微服务都需要做调整。最后，重复劳动。很多服务可能都会使用到相同的功能，而这个功能并没有达到分解为一个微服务的程度，这个时候，可能各个服务都会开发这一功能，从而导致代码重复。

Serverless 架构能够让开发者在构建应用的过程中无须关注计算资源的获取和运维，由平台来按需分配计算资源并保证应用执行，按照调用次数进行计费，有效地节省应用成本。ServerLess 的架构见图 4-21，其优点如下。

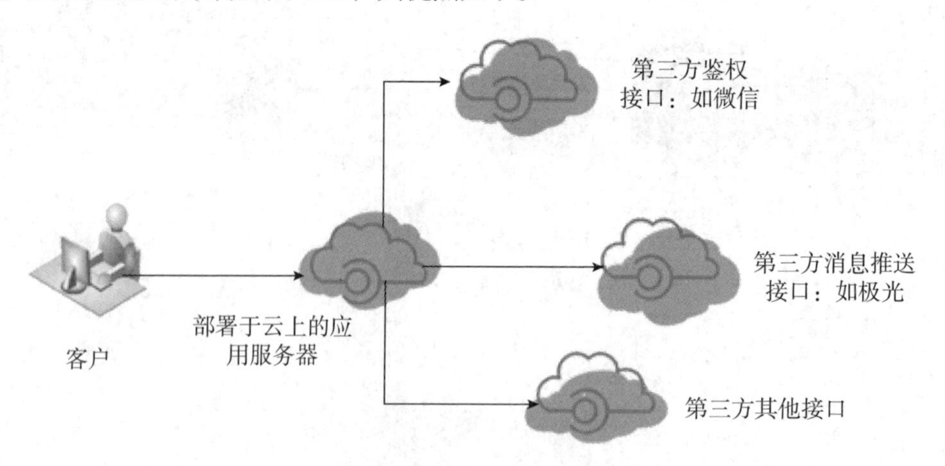

图 4-21　ServerLess 架构

（1）降低运营成本。在业务突发性极高的场景下，系统为了应对业务高峰，必须构建能够应对峰值需求的系统，这个系统在大部分时间是空闲的，这就导致了严重的资源浪费和成本上升。在微服务架构中，服务需要一直运行，实际上在高负载情况下每个服务都不止一个实例，这样才能完成高可用性。在 Serverless 架构下，服务将根据用户的调用次数进行计费，可节省使用成本。同时，用户能够通过共享网络、硬盘、CPU 等计算资源，在业务高峰期通过弹性扩容方式有效地应对业务峰值，在业务波谷期将资源分享给其他用户，有效地节约了成本。

（2）简化设备运维。在原有的 IT 体系中，开发团队既需要维护应用程序，同时还要维护硬件基础设施。Serverless 架构中，开发人员面对第三方开发或自定义的 API 和 URL，技术团队无须再关注运维工作，能够更加专注于应用系统开发。

（3）提升可维护性。Serverless 架构中，应用程序将调用多种第三方功能服务，组成最终的应用逻辑。目前，例如登录鉴权服务，云数据库服务等第三方服务在安全性、可用性、性能方面都进行了大量优化，开发团队直接集成第三方的服务，能够有效地降低开发成本，同时使得应用的运维过程变得更加清晰，有效地提升了应用的可维护性。

但 ServerLess 架构也存在厂商平台绑定、行业标准缺乏的缺点。

目前，在以上四种部署架构中，微服务架构处于主流地位，很多应用第一、第二种架构的企业也开始慢慢转向微服务架构，微服务的技术日趋成熟，ServerLess 架构可能是未来发展的一种趋势。

4.6.4 软件工程

自软件诞生之日起，交付问题一直解决不好。到了 20 世纪 60 年代，软件项目不能按计划的时间、质量、范围和成本交付给客户，软件危机越发严重。1968 年提出了软件工程的概念，希望借鉴工程思维来解决问题。长期以来，软件工程一直在探索，也不断地涌现瀑布、敏捷、精益等新方法，但总体而言还是步履蹒跚。全球 IT 项目的成功率一直维持在 40% 左右，没有显著的改善。近年来提出的 DevOps 和持续交付是软件工程的演化，其思路是希望更多的角色进入到软件开发的项目中来，协同工作。DevOps 提出要整合开发与运维。持续交付则要整合业务市场、产品、开发、测试和运维 5 个角色。

在《持续交付 2.0》一书中，提出了确保能够创造出价值的三个假设，即有用户、用户有需求、有解决方案来满足用户的需求且性价比最高。这三个假设任何一个不成立，都会导致软件项目、产品走向失败。如何确保这 3 个假设同时成立？《持续交付 2.0》提出了价值探索环的活动，分为了 4 个步骤，即提问、锚定、共创、精练。大致是要确定假设，并用实例的数字来验证假设，随之设计出最小可用产品（minimum viable product，MVP）。

在软件公司中，有些管理者关注的是人，这些领导最不希望的就是人浮于事。在这种生态下，可能所有的人都忙得焦头烂额，或者表现为忙得焦头烂额，但是由于在某些环节上存在瓶颈，则会造成交付物的空闲和等待。例如，很多功能开发完成了，却迟迟不能测试，因为此时测试团队已经是在满负荷工作了。最后的情况是，人员规模增加了不少，但是总的产量并没有相应地增加——增长的指数小于1。更好的方法是将关注点由人转换到物上。由下游的需求来决定上游的供给，这样才能保证每一个交付物都能在软件生产线上流畅地运行。要实现这一点，关键点是将交付物功能需求拆分成大小均匀的份额。这时，需求量化管理就变成了一个关键问题。软件工程有SMART的要求，即目标必须是具体的（specific）、目标必须是可以衡量的（measurable）、目标必须是可以达到的（attainable）、目标必须和其他目标具有相关性（relevant）、目标必须具有明确的截止期限（time-bound），其中的M就是度量，也就是说一切要用数字来说明。

度量是重要的基础工程。项目和产品是两个概念，要分别对其进行正确的管理和度量。但目前，无论是大公司还是小公司，度量项目显著多于产品。对于客户和用户来说，要实现的是业务需求，无论开发团队是选择瀑布模式，还是进行敏捷开发，或者是以持续交付2.0的方式来做项目，都不会影响到产品这个最终的产出物。只有IT产品，才能为客户提供价值，并且核算最终的资产。这个产品可能包括了多个项目、多个合同、多个供应商、多个开发团队的费用。

规模是软件产品最重要的属性，应该对这个属性进行客观、科学的量化表达。功能点是用来度量软件功能规模的计量单位。敏捷开发中所说的故事点，本质上就是在对故事进行规模度量。这个故事点的称谓就来源于功能点。相较于功能点方法，故事点的学习成本、制度的管理成本低，但存在不一致性，例如，同一个公司的两个不同团队，对于同一个故事，会估算出不同的规模。

国际著名的软件工程专家Caper Jones曾经总结出软件度量的十三条准则，故事点方法最多只能满足其中的四条。这个方法不能标准化，非常含糊其词（容易引发歧义），不足以发布组织级的数据，不适用于其他的新项目或历史项目，不能转换为其他相关的度量数据，不能适用所有的产出物，不能够支撑所有类型的软件，也不支持重复使用。在规模度量的过程中，应该有意地去忽略项目，而更加关注于产品本身，产品所有者最关心的是产品的收入和成本。

4.6.5 业务、架构和工程的关系

业务、架构和工程之间的关系可见图4-22。以软件架构与工程为例，代码和流程是软件工程的核心。从代码的角度考虑，工程的目标是保证软件的高可用性、可扩展性、可伸缩性、性能以及安全，这些要素共同组成了软件的技术架构。在架构之外，工程从更宏观的角度完善开发和维护流程的管控，强调项目迭代的规范性、有序性、可控性和高效性，并根据架构特征提供额外的辅助功能。也就是说，架构是工程的子集。

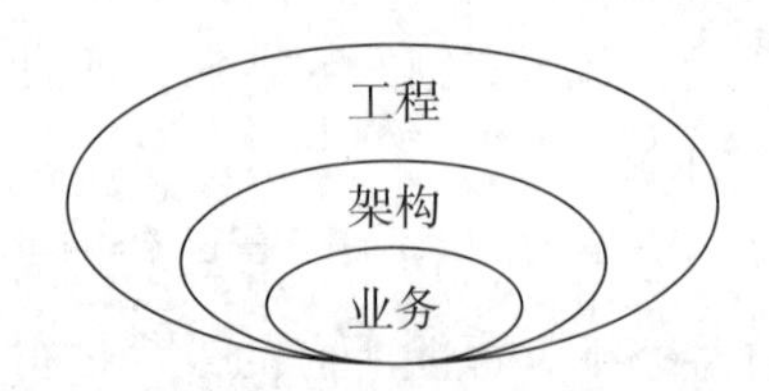

图4-22 业务、架构和工程的关系

本章小结

计算机的本质是一个指令处理系统，计算机的发展史，可以说是提高指令处理速度的历史。了解计算机的指令集以及指令执行过程，有利于深刻理解 CPU、内存、硬盘等计算机关键设备的技术及其演化进阶途径。程序是计算机指令执行顺序的编码，无论何种高级语言编写的程序，最后都需要转化为机器语言，计算机才能执行。指令集和基本输入输出系统实现了对计算机硬件的屏蔽，操作系统实现了对计算机软硬件资源的管理，应用系统为用户提供各种服务。软件工程是为了高效开发各种应用软件而提出来的。在我国，指令集和操作系统方面基本都被国外垄断，一些大型的工业应用软件也由国外占据统治地位。

习题四

1. 理解计算机指令和指令体系结构。
2. 描述计算机执行过程。
3. 了解主要的指令集体系结构、主要的处理器厂家和产品，每个产品采用的指令集体系结构。
4. 阐述 RISC 和 CISC 的异同和各自的优缺点、发展趋势。
5. 阐述减少程序处理时间的有效途径。
6. 阐述提高处理器性能的有效途径。
7. 阐述描述内存性能的参数及其含义。
8. 了解内存的主要产品。
9. 阐述温切斯特硬盘的物理结构、数据组织逻辑。
10. 阐述硬盘读写数据的过程，以及提高读写速度的途径。
11. 阐述机器语言、汇编语言和高级语言的关系。
12. 阐述操作系统的基本功能。
13. 阐述操作系统的主要厂家、产品以及市场情况。
14. 阐述主要的工业软件系统。
15. 阐述软件的本质。
16. 什么是架构？请描述一个具体组织的架构。
17. 阐述做架构的基本步骤和原则。
18. 查找资料，比较分析科学思维、技术思维和工程思维的不同特征。
19. 软件架构包括哪些主要部分？
20. 比较分析四种软件部署架构的特点和优缺点。

21. 下面有几则小故事，请从中概括出工程师的一些思维特征。

故事一。工程师具有与物理学家、数学家不同的思维方式。一位农夫请了工程师、物理学家和数学家来，想用最少的篱笆围出最大的面积。工程师用篱笆围出一个圆，宣称这是最优设计。物理学家将篱笆拉开成一条长长的直线，假设篱笆有无限长，认为围起半个地球总够大了。数学家好好嘲笑了他们一番。他用很少的篱笆把自己围起来，然后说："我现在是在外面"。

故事二。牧师、医师、工程师三个人在打高尔夫。由于前一组人进度实在太慢，因此他们的行进也频频受阻。他们忍不住问球童："前面一组都是些什么人？"球童回答："全都是盲人"。牧师听了，油然生出悲悯之心，说道："我将时时刻刻为他们祈祷，请求上帝让他们重见光明。"医师亦不甘人后，接着道："我要召集世界一流的眼科医师，设法治好他们的目盲。"工程师则不疾不徐地说道："既然他们是盲人，为何不利用夜晚来打球？"

故事三。有一天，牧师问一些教徒："假设诸位上了天堂，在葬礼时，你希望亲朋好友如何看待你？"一位官员道："我希望大家说'他真是奉公守法，功在国家。'"一位主妇道："我希望每个人都称赞：'她真是持家有道的贤妻良母。'"一位工程师道："我只希望有人发现大喊'他的身体还在动！还在动！'"

故事四。一伙人去登山，结果遇到一头熊。大家正怔立而不知所措时，工程师从容地脱下笨重的登山鞋，换上轻便的运动鞋，旁边的伙伴不解地问："换上运动鞋难道可以跑得比熊快？"工程师答："只要跑得比你们快就可以。"

故事五。几个工程师讨论上帝造人之精妙，赞美道：

"我看，上帝是个杰出的机械工程师。那些接合部多么合理啊！"

"不对，一定是个优秀的电子信息工程师。神经系统对信号的处理多么完美啊！"

"哪里，肯定是个顶尖的化学工程师。化学反应控制得多么恰到好处啊！"

"什么，准是个卓越的土木工程师。否则谁又能在那么狭小的空间设计出那么多管道？"

故事六。"试错"是工程师解决问题的重要手段。机械工程师、化工工程师、电气工程师和计算机工程师同坐一辆汽车。汽车在半路上抛锚了。机械工程师说：肯定是传动系统有问题。电气工程师说：肯定是电路系统有问题。化工工程师说：肯定是汽油成分有问题。计算机工程师说：大家先都出去，将所有的窗户（视窗）都关掉，然后回来，重新启动（汽车）。

第5章 通信与交互

学习目标

- 路由过程
- 通信技术
- 人机交互

通信是人与人之间的沟通方法，解决的是人与人之间的沟通问题。不断优化的各种通信方法，让人与人之间的沟通变得更加便捷和有效。从古代的人类简单语言和壁画，至烽火狼烟、飞鸽传信、驿马邮递，到交警指挥、航海旗语，再到现代社会的电话、网络，人们通过各种通信方式传递各类信息。信息又称为消息，且一般指的是有用的消息，消息总是通过某种媒介以某种形式表达出来。比特承载信息，所以通信可以说是比特的运输系统。那么，比特是如何在计算机之间进行交互的？人机之间比特又是如何交互的？

5.1 通信

5.1.1 路由过程

计算机上的数据，是如何走到远端的另一台计算机上的呢？

先来看看同一局域网内部的通信。局域网结构见图 5-1，其中 Hub 是集线器的意思。局域网内部有两台主机 A 和 B 互相通信。在图 5-2 中，IP 是指 Internet protocal，ARP 是指 address resolution protocol，PPP

是指 peer-peer protocol，MAC 指 media access control。MAC 帧是数据帧的一种。而所谓数据帧，就是数据链路层的协议数据单元，它包括三部分，即帧头、数据部分和帧尾。其中，帧头和帧尾包含一些必要的控制信息，比如同步信息、地址信息、差错控制信息等；数据部分则包含网络层传下来的数据，比如 IP 数据包。

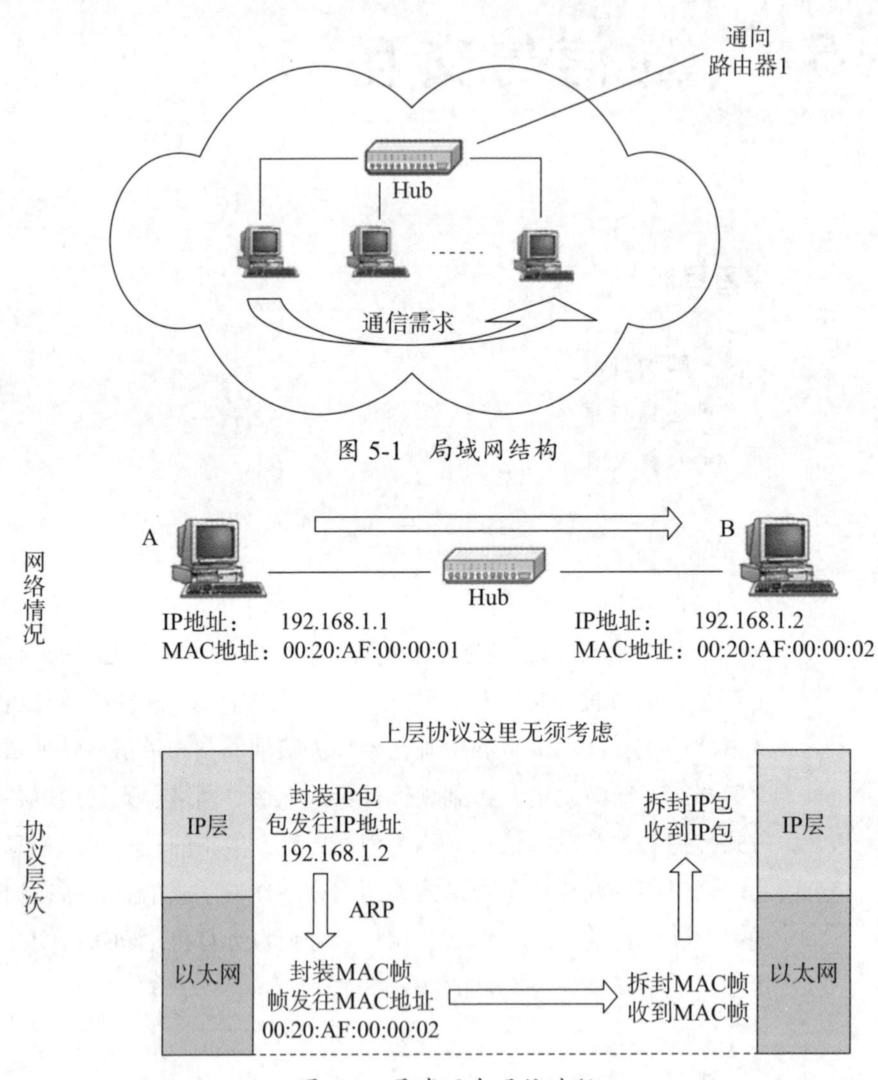

图 5-2　局域网内通信过程

首先，主机 A 先将主机 B 的计算机名转换为 IP 地址，然后用自己的 IP 地址与子网掩码计算出自己所处的网段。通过计算发现主机 B 的 IP 地址与自己处于相同的网段，于是主机 A 在自己的 ARP 缓存中查找是否有主机 B 的 MAC 地址。如果能找到，主机 A 将直接进行数据链路层封装，通过网卡将封装好的以太数据帧发送到物理线路上去；如果不能找到，主机 A 将启动 ARP 协议，通过本地网络上的 ARP 广播以及查询主机 B 的 MAC 地址，并在获得主机 B 的 MAC 地址后将其写入 ARP 缓存表，再进行数据链路层封装，直至发送数据。

了解了同一网络内部的通信之后，再来看不同网络之间的通信。假设网络 A 中有一台主机想要和网络 B 中一台主机通信（见图 5-3），不同的数据链路层网络必须分配不同网段的 IP 地址并且由路由器将其连接起来。图 5-4 描绘了两个不同网络的数据通信过程。

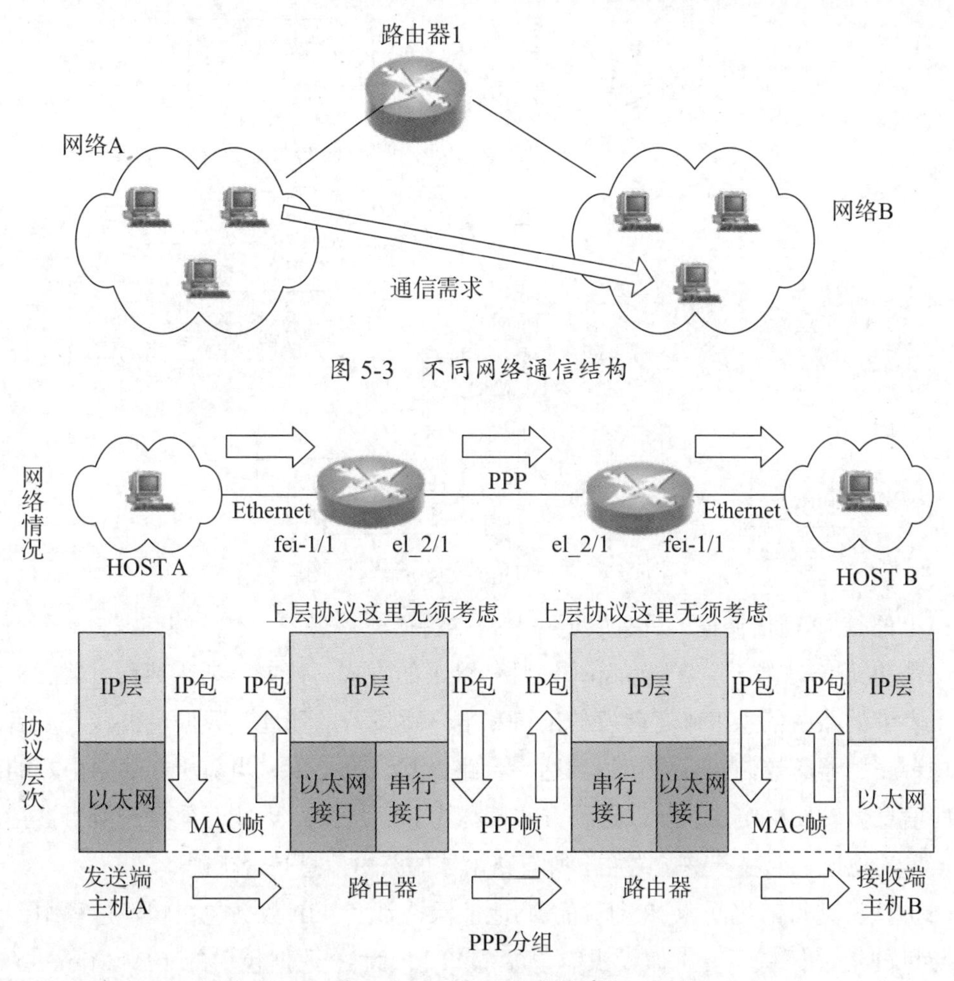

图 5-3　不同网络通信结构

图 5-4　不同网络通信过程

在图 5-4 中，主机 A 先将主机 B 的计算机名转换为 IP 地址，并用自己的 IP 地址与子网掩码计算出自己所处的网段，然后比较目的主机 B 的 IP 地址，此时主机 B 与主机 A 处于不同的网段。接着主机 A 会将此数据包发送给自己的缺省网关，即路由器的本地接口。主机 A 在自己的 ARP 缓存中查找缺省网关的 MAC 地址，如果能找到，则直接将数据链路层封装并通过网卡将封装好的数据帧发送到物理线路上去；如果找不到，主机 A 将启动 ARP 协议，通过在本地网络上的 ARP 广播来查询缺省网关的 MAC 地址，并在获得缺省网关的 MAC 地址后将其写入 ARP 缓存表，进行数据链路层封装并发送数据。数据帧到达路由器的接收接口后将首先解封装，变成 IP 数据包，接着对 IP 数据包进行处理，根据目的 IP 地址查找路由表，在决定转发接口后做适应转发接口数据链路层协议的帧的封装，并发送到目的主机。源主机的网络通信数据流程见图 5-5。

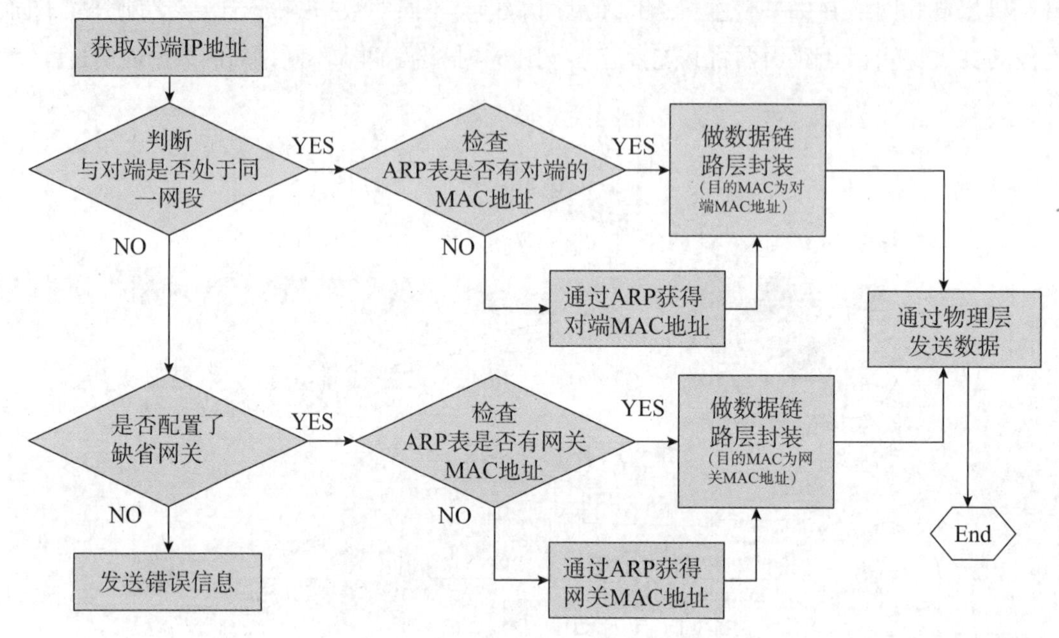

图 5-5　源主机网络通信数据流程

以上便是 IP 通信流程，具有以下一些基本特征。

（1）IP 通信是基于 hop by hop（一跳一跳）的方式。数据包到达某路由器后，将根据路由表中的路由信息来确定转发的出口和下一跳设备的地址，数据包被转发以后就不再受这台路由器的控制。数据包每到达一台路由器，都是依靠当前所在的路由器的路由表中的信息做转发决定的，所以这种方式被称为 hop by hop 方式。数据包能否被正确地转发至目的地址，取决于整条路径上所有路由器的路由信息是否正确。

（2）从源到目的之间源 IP 和目的 IP 地址保持不变。IP 数据包在转发过程中，起源地址与目的地址保持不变（假设没有设置 NAT），而 IP 数据包中的 TTL（time to live）值与包头的校验位及某些 IP 数据包选项在每经过一台路由器时将被改变。

（3）每经过一个数据链路层，数据链路层都要做相应的重新封装。数据帧被接收接口接收后被解封装，然后根据数据包里的目的地址信息查找路由表，以决定转发出口。在被转发之前，数据帧还要基于转发接口的数据链路层协议类型做相应的重新封装。所以数据包在每经过一个数据链路层网络时，其数据链路层封装都要被改变一次。

（4）返回的数据选路与到达的数据选路无关。一般的数据通信过程都是双向的过程，假设数据通信是从 A 网络中的一台主机发起，到达 B 网络中的一台主机，然后返回回应。数据包从 A 到 B 的转发过程中将基于 B 的网络地址决定转发路径，而返回数据包的选路是基于 A 的网络地址的。数据包能够被成功地从 A 转发至 B 说明整条链路中所有的路由器都具有B网络的正确路由信息，但并不意味着所有路由器上都有正确的A网络的路由信息。所以能从A转发至B并不代表着一定能从B转发至A，并且两个方向的数据转发可能选择的路径不同。

图5-6示意了不同网段计算机通信的路由过程。不同网段主机间通信时，将先由源主机将数据发送至其缺省网关路由器，路由器从物理层接收到信号成帧地将其送数据链路层处理、解封装后将IP数据包送三层处理，然后根据目的IP地址查找路由表决定转发接口，并将新的数据链路层封装后通过物理层发送出去，每台路由器都进行同样的操作，按照一跳一跳（hop by hop）的原则和目的地址将数据发送，直至送达。

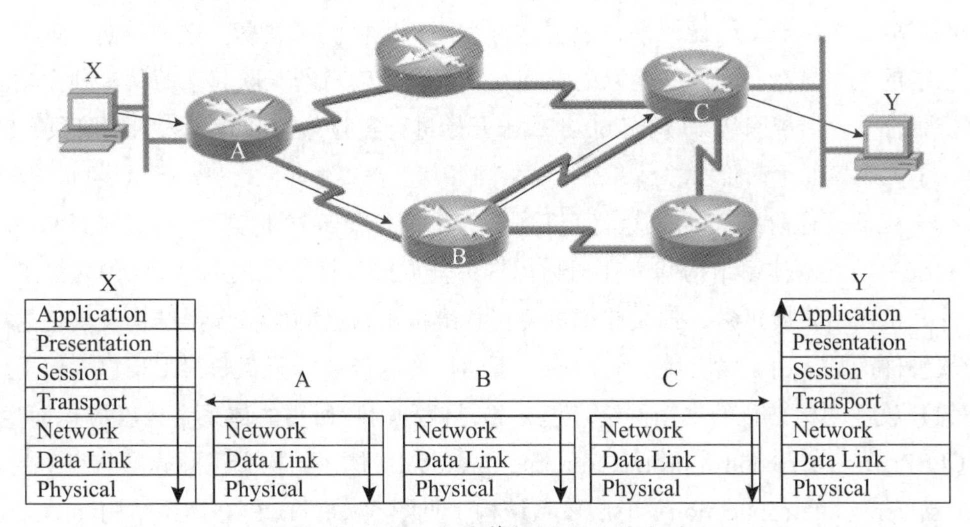

图5-6 不同网段计算机通信的路由过程

5.1.2 计算机网络

要完成上述路由过程，离不开计算机网络。计算机网络是路由过程的物理载体。通俗地理解，计算机网络就是由多台计算机，或其他计算机网络设备，通过传输介质和软件逻辑连接在一起组成的。

1. 计算机网络发展阶段

纵观计算机网络的发展，其大致经历了以下几个阶段。

（1）孕育阶段。二进制是互联网得以运行的基础，故二进制的发明可视为互联网历史上的第一个里程碑。电话对于互联网的诞生具有不可替代的作用，因为正是依赖于电话线的数据传输，互联网才得以快速发展。电话为互联网的诞生奠定了线路基础，可以算是第二个里程碑。计算机可以看作第三个里程碑。

（2）诞生阶段。第一代计算机网络诞生于20世纪60年代中期之前，是以单个计算机为中心的远程联机系统。典型应用是飞机订票系统，由一台计算机和全美范围内2000多个终端组成。终端是一台计算机的外围设备，包括显示器和键盘，无CPU和内存。随着远程终端的增多，在主机前增加了前端机。当时，人们把计算机网络定义为以传输信息为目的而连接起来，实现远程信息处理或进一步达到资源共享的系统，这是计算机网络的雏形。

（3）形成阶段。第二代计算机网络形成于20世纪60年代中期至70年代，是由多个主机通过通信线路互联起来，为用户提供服务，在20世纪60年代后期尤其兴盛。典型代表是美国国防部协助开发的ARPANET，它标志着计算机通信网络时代的到来。此时网络系统的主机之间不是直接用线路相连，而是由接口报文处理机（IMP）转接后互联。IMP和它们之间互联的通信线路一起构成了通信子网，负责主机间的通信任务。通信子网互联的主机组成资源子网，负责运行程序，提供资源共享。这个时期，形成了计算机网络的基本概念，即网络是以能够相互共享资源为目的互联起来的具有独立功能的计算机集合体。局域网从20世纪60年代末开始进行实验，70年代进入研制阶段，80年代进入了大规模的生产阶段。

（4）互联互通阶段。第三代计算机网络，互联互通于20世纪70年代末至90年代，是具有统一的网络体系结构并遵守国际标准的开放式和标准化的网络。ARPANET兴起后，计算机网络发展迅猛，各大计算机公司相继推出自己的网络体系结构及实现这些结构的软硬件产品。由于没有统一的标准，不同厂商的产品之间互联很困难，人们迫切需要一种开放性的标准化的实用网络环境，于是两种国际通用的体系结构就应运而生了，即TCP/IP（transfer control protocol/internet protocol）体系结构和国际标准化组织的OSI（open systems interconnection）七层体系结构（见图5-7）。TCP/IP体系结构和OSI之间存在对应关系，见图5-8。TCP/IP协议由美国科学家罗伯特·卡恩（Robert Kahn）和文顿·瑟夫（Wenton Cerf）共同开发，该协议为每一台运行在互联网上的计算机制定了访问地址，同时为不同的计算机甚至不同类型的网络间传送信息包制定了统一标准。所有连接在网络上的计算机，只要遵守这两个协议，就能够进行通信和交互。由此，TCP/IP协议可以看作互联网世界里计算机的通用世界语。

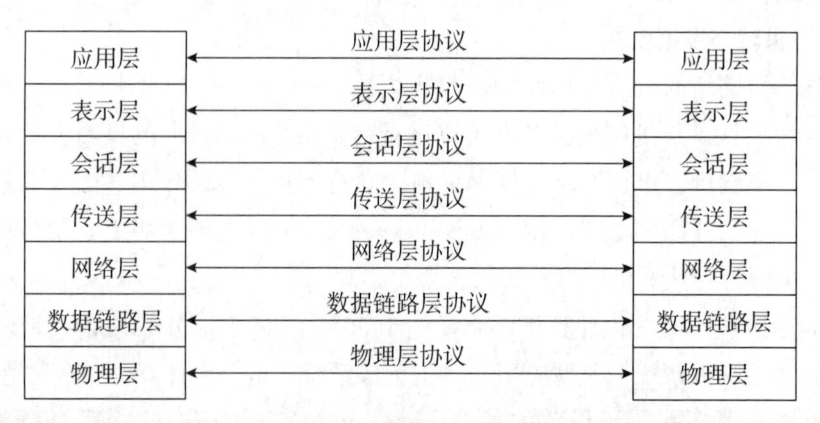

图5-7　通用协议模型

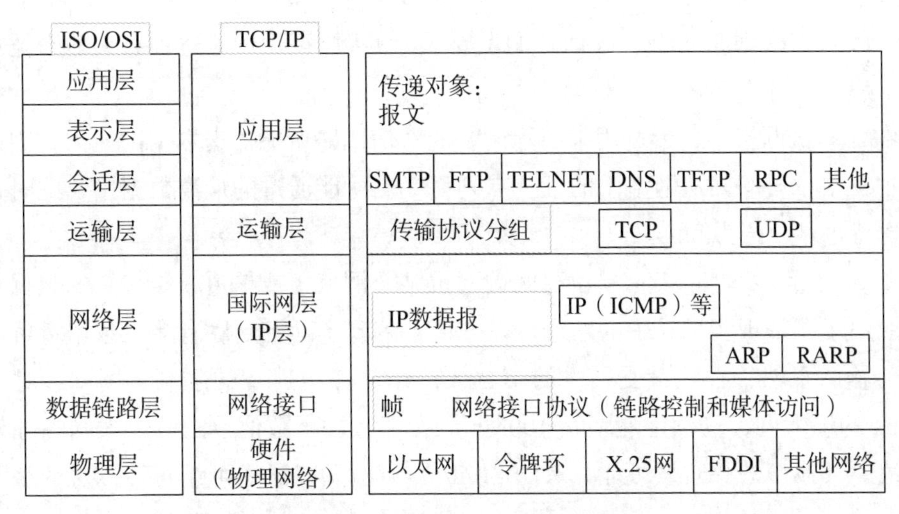

图 5-8 ISO/OSI 与 TCP/IP 关系

（5）万维网推出，人类的知识海洋出现。互联网诞生之后，1969—1983 年出现了四个重要的应用技术，分别是电子邮件（Email）、FTP（文件传输协议）、BBS（公告板系统）和电子游戏，它们使人类能更快地通过互联网传递和分享信息。但这些应用存在缺点，即计算之间的通信问题解决了，但运行在它们之上的文件系统是相互隔离的，无法实现应用之间的信息共享。1980 年，伯纳斯·李（Berners-Lee）选择了超文本链接标示语言（HTML），成功地实现了所有文档的可读和可链接。并创建了第一台网络服务器，实现了服务器与互联网的连接，万维网诞生了。万维网的诞生，让任何登录到万维网的用户都可以在信息海洋中自由地遨游。万维网与 BBS、FTP、电子邮件一样，是互联网提供的服务之一。构成万维网的文字、声音、图片和视频等大多存放在网络服务器中。这些信息用许多相互链接的超文本格式编写，并可以与其他服务器中的信息相互引用。

（6）高速网络阶段。20 世纪 90 年代至今的第四代计算机网络，由于局域网技术已发展成熟，光纤及高速网络技术使得整个网络就像一个对用户透明的大的计算机系统，这就是以 Internet 为代表的互联网。

2. 计算机网络性能指标

人们一般根据以下几个性能指标去度量计算机网络的性能。

（1）速率。计算机发送出的信号都是数字形式的。比特是计算机中数据量的单位，也是信息论中信息量的单位。网络技术中的速率，指的是连接在计算机网络上的主机在数字信道上传送数据的速度，也称为数据率（data rate）或比特率（bit rate）。速率是计算机网络中最重要的一个性能指标。

（2）带宽。带宽有以下两种不同的意义。

①带宽是指某个信号具有的频带宽度。信号的带宽是指该信号所包含的各种不同频率成分所占据的频率范围。例如，在传统的通信线路上传送的电话信号的标准带宽是

3.1kHz（从 300Hz 到 3.4kHz，即话音的主要成分的频率范围）。这种意义的带宽单位是赫（或千赫、兆赫、吉赫等）。

②在计算机网络中，带宽用来表示网络的通信线路所能传送数据的能力，因此网络带宽表示在单位时间内从网络中的某一点到另一点所能通过的最高数据率，此时带宽的单位是比特每秒，记为 bit/s。

（3）吞吐量。吞吐量表示单位时间内通过某个网络（或信道、接口）的数据量。吞吐量一般用于测量现实世界中的网络，以方便了解到实际上到底有多少数据量可通过网络进行传输。显然，吞吐量受网络的带宽或网络的额定速率的限制。例如，对于一个 100Mbit/s 的以太网，其额定速率是 100Mbit/s，那么这个数值也是该以太网吞吐量的绝对上限值，其典型的吞吐量可能只有 70Mbit/s。有时吞吐量还可用每秒传送的字节数或帧数来表示。

（4）时延。时延是指数据（一个报文或分组，甚至比特）从网络（或链路）的一端传送到另一端所需的时间，有时也称为延迟或迟延。网络中的时延是由以下四个不同的部分组成的。

①发送时延。发送时延是主机或路由器发送数据帧所需要的时间，也就是从发送数据帧的第一个比特算起，到该帧的最后一个比特发送完毕所需的时间。因此发送时延也叫作传输时延。发送时延的计算公式是：发送时延 = 数据帧长度 / 带宽。由此可见，对于一定的网络，发送时延并非固定不变，而是与发送的帧长成正比，与带宽成反比。

②传播时延。传播时延是电磁波在信道中传播一定的距离需要花费的时间。传播时延的计算公式是：传播时延 = 信道长度（m）/ 电磁波在信道上的传播速率（m/s）。电磁波在自由空间的传播速率是光速，在网络传输媒体中的传播速率比在自由空间要略低一些。

③处理时延。主机或路由器在收到数据包时要花费一定的时间进行处理，例如，分析数据包的首部，从数据包中提取数据部分，进行差错检验或查找适当的路由等，这就产生了处理时延。

④排队时延。分组在经过网络传输时，要经过许多的路由器。但分组在进入路由器后要先在输入队列中排队等待处理。在路由器确定了转发接口后，还要在输出队列中排队等待转发。这就产生了排队时延。

数据在网络中经历的总时延是以上四种时延之和。

（5）往返时间。在计算机网络中，往返时间也是一个重要的性能指标，它表示从发送方发送数据开始，到发送方收到来自接收方的确认（接收方收到数据后便立即发送确认）总共经历的时间。当使用卫星通信时，往返时间相对较长。

（6）利用率。利用率有信道利用率和网络利用率两种。信道利用率指某信道有百分之几的时间是被利用的（有数据通过），完全空闲信道的利用率是零。网络利用率是全网络的信道利用率的加权平均值。

除了以上这些重要的性能指标外，还有一些非性能特征，它们对计算机网络的性能也有着很大的影响。

（1）费用。即网络的价格。网络的性能与其价格密切相关，一般说来，网络的速率越高，其价格也越高。

（2）质量。网络的质量取决于网络中所有构件的质量，以及这些构件组成网络的方式。网络的质量影响到很多方面，如网络的可靠性、网络管理的简易性以及网络的一些性能。但网络的性能与网络的质量并不是一回事，例如，有些性能也还不错的网络，运行一段时间后就出现了故障，变得无法再继续工作，说明其质量不好。高质量的网络往往价格也较高。

（3）标准化。网络的硬件和软件的设计既可以按照通用的国际标准，也可以遵循特定的专用网络标准。最好采用国际标准的设计，这样可以得到更好的互操作性，更易于升级换代和维修，也更容易得到技术上的支持。

（4）可靠性。可靠性与网络的质量和性能都有密切关系。速率更高的网络，其可靠性不一定更差。但速率更高的网络要可靠地运行，则往往更加困难，同时所需的费用也会较高。

（5）可扩展性和可升级性。网络在构造时就应当考虑到今后可能会需要扩展（即规模扩大）和升级（即性能和版本的提高）。网络的性能越高，其扩展费用往往也越高，难度也会相应增加。

（6）可维护性。网络如果没有得到良好的管理和维护，就很难达到和保持所设计的性能。

3. 计算机网络功能

计算机网络可以大大扩展计算机系统的功能，扩大其应用范围，提高可靠性，为用户提供方便，同时也减少了费用，提高了性能价格比。计算机网络具有以下基本功能。

（1）数据通信。数据通信是计算机网络的最主要的功能之一。数据通信是依照一定的通信协议，利用数据传输技术在两个终端之间传递数据信息的一种通信方式和通信业务。它可实现计算机和计算机、计算机和终端以及终端与终端之间的数据信息传递，是继电报、电话业务之后的第三种最大的通信业务。数据通信中传递的信息均以二进制形式来表现，数据通信的另一个特点是总是与远程信息处理相联系，是包括科学计算、过程控制、信息检索等内容的广义信息处理。

（2）资源共享。资源共享是人们建立计算机网络的主要目的之一。计算机资源包括硬件资源、软件资源和数据资源。硬件资源的共享可以提高设备的利用率，避免设备的重复投资，如利用计算机网络建立网络打印机；软件资源和数据资源的共享可以充分利用已有的信息资源，减少软件开发过程中的劳动，避免大型数据库的重复建设。

（3）集中管理。网络技术的发展和应用，已使得现代的办公手段、经营管理等发生了变化。目前，已经有了许多管理信息系统、办公自动化系统等，通过这些系统可以实现日常工作的集中管理，提高工作效率，增加经济效益。

（4）实现分布式处理。网络技术的发展，使得分布式计算成为可能。对于大型的课题，可以分为许许多多小题目，由不同的计算机分别完成，然后再集中起来，解决问题。

（5）负荷均衡。负荷均衡是指工作被均匀地分配给网络上的各台计算机系统。网络控制中心负责分配和检测，当某台计算机负荷过重时，系统会自动转移负荷到较轻的计算机系统去处理。

5.1.3 三网融合

1876 年贝尔发明电话，1877 年贝尔电话公司成立，标志着电信网的诞生。电信网是实现人与人之间进行远距离信息交互的语音通信网络。1941 年美国开始电视广播，1953 年美国开始彩色电视广播，用户可通过电视天线接收广播电视信号，后来在此基础上，逐步形成了广播电视网（广电网），实现了视频信息的传播。计算机网络是计算机与通信相结合形成的数据通信技术，既可以传输话音，又可以传输数据。计算机网络可分为传输网和业务网两部分，传输网是以主营通信的人为主设计的，他们主要研究通信链路的建立、信道资源的分配等，扮演了通信网络中修桥铺路的角色，铺设的传输网被人们称为数据管道。业务网是以计算机出身的人为主设计的，他们主要致力于数据的路由、重组及各种通信业务的实现。

电信网络、有线电视网络和计算机网络相互渗透、互相兼容、逐步整合成为统一的信息通信网络（又称三网融合）。这种融合不仅是三大网络的物理合一，而且是高层业务应用的互通。三网融合打破了此前广电在内容输送方面、电信在宽带运营领域各自的垄断，明确了互相进入的准则——在符合条件的情况下，广电企业可经营增值电信业务、部分基础电信业务、基于有线电视网络提供的互联网接入业务等；而国有电信企业在有关部门的监管下，可从事除时政类节目之外的广播电视节目生产制作、互联网视听节目信号传输、转播时政类新闻视听节目服务，以及除广播电台电视台形态以外的公共互联网音频节目服务和 IPTV 传输服务、手机电视分发服务等。手机可以看电视、上网，电视可以打电话、上网，计算机也可以打电话、看电视。三者之间相互交叉，形成你中有我、我中有你的格局（见图 5-9）。图 5-9 中，ONU 为网络光网络单元（optical network unit），EPON 为以太网无源光网络（ethernet passive optical network）。

三网融合是当下科技和标准逐渐融合的一种典型表现形式。融合带来的优点显而易见：

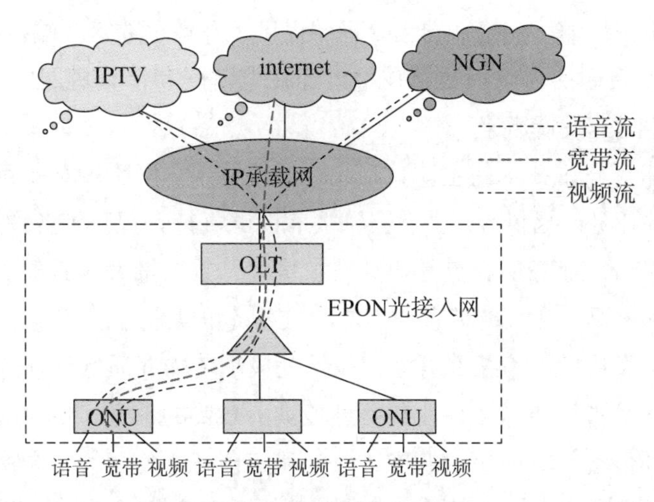

图 5-9　三网融合示意图

①信息服务由单一业务转向文字、话音、数据、图像、视频等多媒体综合业务；

②有利于尽可能地减少基础建设投入，优化网络管理，降低维护成本；

③使网络从各自独立的专业网络向综合性网络转变，网络性能得以提升，资源利用水平进一步提高；

④三网融合是业务的整合，它不仅继承了原有的话音、数据和视频业务，而且通过网络的整合，衍生出了更加丰富的增值业务类型，如图文电视、视频邮件和网络游戏等，极大地拓展了业务提供的范围；

⑤三网融合打破了电信运营商和广电运营商在视频传输领域长期的恶性竞争状态。三网融合应用广泛，遍及智能交通、环境保护、政府工作、公共安全、平安家居等多个领域。三网融合可以涉及技术融合、业务融合、行业融合、终端融合及网络融合等不同角度和层次（见图 5-10）。三网能成功融合，得益于以下技术的发展。

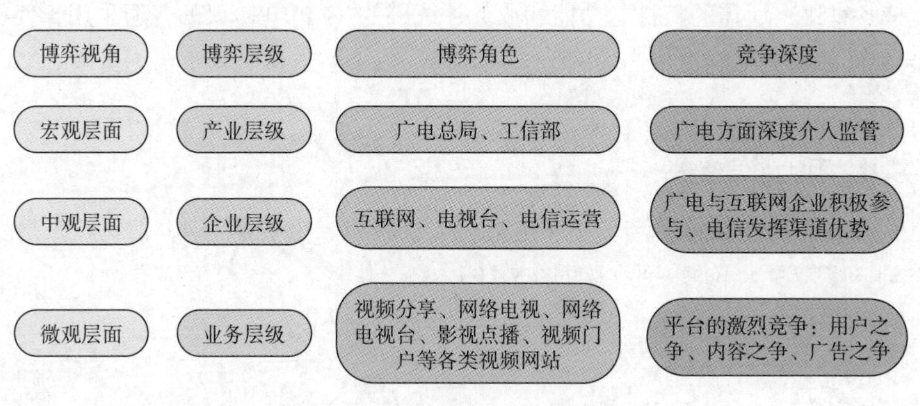

图 5-10　三网融合的角度和层次

（1）基础数字技术。数字技术的迅速发展和全面采用，使电话、数据和图像信号都可以通过统一的编码进行传输和交换，从而使得话音、数据、声频和视频各种内容都可以通过不同的网络来传输、交换、选路处理和提供，并通过数字终端存储起来或以视觉、听觉的方式呈现在人们的面前。数字技术已经在电信网和计算机网中得到了全面应用，并在广播电视网中迅速发展起来。

（2）宽带技术。宽带技术的主体就是光纤通信技术。网络融合的目的之一是通过一个网络提供统一的业务。提供统一业务必须要有能够支持音视频等各种多媒体（流媒体）业务传送的网络平台。业务的特点是业务需求量大、数据量大、服务质量要求较高，因此在传输时一般都需要非常大的带宽。另外，从经济角度来讲，成本也不宜太高。这样，容量巨大且可持续发展的大容量光纤通信技术就成了传输介质的最佳选择。宽带技术特别是光通信技术的发展为传送各种业务信息提供了必要的带宽、传输质量和低成本。具有巨大容量的光纤传输是三网理想的传送平台和信息高速公路的主要物理载体。无论是电信网，还是计算机网、广播电视网，大容量光纤通信技术都在其中得到了广泛的应用。

（3）软件技术。软件技术是信息传播网络的神经系统，软件技术的发展，使得三大网络及其终端都能通过软件变更最终支持各种用户所需的特性、功能和业务。现代通信设备已成为高度智能化和软件化的产品。今天的软件技术已经具备三网业务和应用融合的实现手段。

（4）IP 技术。IP 技术（特别是 IPv6 技术）的产生，满足了在多种物理介质与多样的应用需求之间建立简单而统一的映射需求，可以顺利地对多种业务数据、多种软硬件环境、多种通信协议进行集成、综合、统一，对网络资源进行综合调度和管理，使得各种以 IP 为基础的业务都能在不同的网络上实现互通，加之核心交换机的业务处理能力越来越强悍，使得办公组网结构越来越简单化。

综上，光通信技术的发展，为综合传送各种业务信息提供了必要的带宽和高质量传输，成为三网业务的理想平台；软件技术的发展使得三大网络及其终端都通过软件变更，最终支持各种用户所需的特性、功能和业务；统一的 TCP/IP 协议的普遍采用，使得各种以 IP 为基础的业务都能在不同的网上实现互通。以上三点从技术上为三网融合奠定了最坚实的基础。

5.1.4 现代通信技术

现代通信网络包括信源与信宿（电话机、计算机、电视机等）、信道、发送变换器（modem）、噪声源（不期待的）（见图 5-11）。

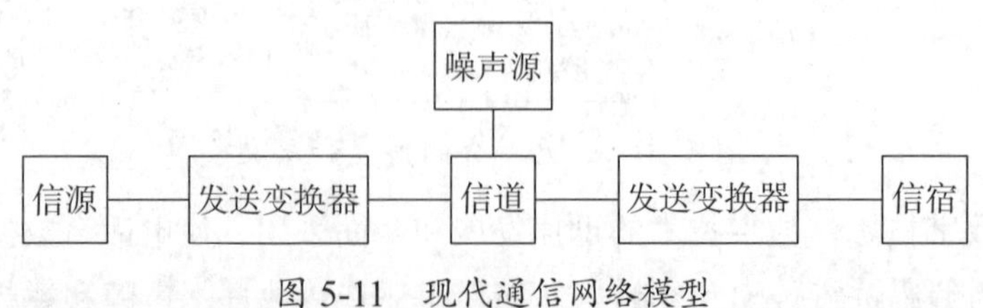

图 5-11 现代通信网络模型

1. 信道

（1）信道介质。信道使用的介质包括有线和无线两种。有线介质主要包括双绞线和光纤电缆等。双绞线是把两根绝缘导线扭绞在一起构成双绞线的基本单元，再把多对这样的扭绞线单元组合在一起，外面包裹上保护层材料。有5类/超5类标准，通过水晶头连接，速度可达10M、100M和1000M。光纤电缆可以传输光信号，利用光电转换的原理，可以很容易地实现电信号与光信号之间的转换，分为多模光纤和单模光纤。光纤具有传输频带宽、通信容量大、传输损耗小、抗电磁干扰能力强、保密性好、不易被窃听、体积小、重量轻等优点，一般用作主干线电缆。无线介质主要包括无线电短波、微波、红外线等。

（2）信道信号。信道传递的信号可以分为模拟信号和数字信号。早期的电话通信都是模拟的，特点是原理简单，易于实现。现在的电话系统基本是数字电话系统了。信号在信道两端设备上的传输方向有三种情况。一种是信号只能从一个终端发向另一个终端，信号传输是单方向的，称为单工，见图5-12（a）；一种是在两个终端之间既可以发送，又可以接收，可以双向传输，但信道仍然是单一的，在同一时刻只能发送或接收，称为半双工，见图5-12（b）；另一种是由两个信道构成通信系统，在同一时刻，两个终端既可以发送信息，也可以接收信息，称为双工，见图5-12（c）。

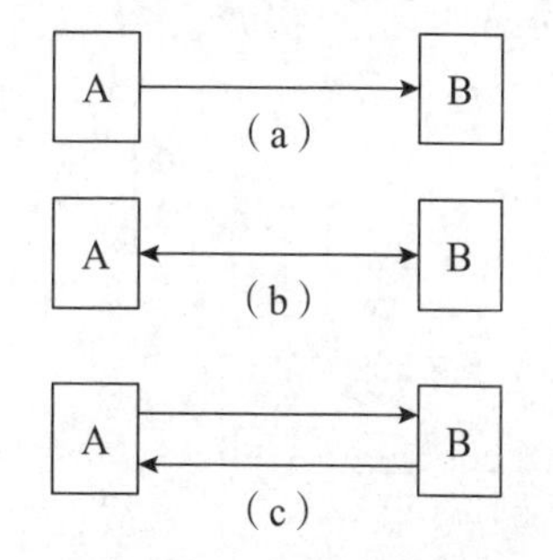

图5-12　单工、半双工和双工

2. 发送变换器

发送变换器是指模拟信号和数字信号之间的转换装备，如modem、调制解调器等。如果是模拟数据和模拟信道，可以直接传输；如果是数字数据和模拟信道，需要把数字信号通过modem变换器变换为模拟信号进行传输；如果是模拟数据和数字信道，需要把模拟信号变换为数字信号进行传输；如果是数字数据和数字信道，可以直接传输。模拟信号与数字信号的变换技术是数字通信的基础技术，称之为脉冲编码调制（pulse code modulation，PCM），过程见图5-13。取样、量化与编码过程和声音的数字化过程相同。

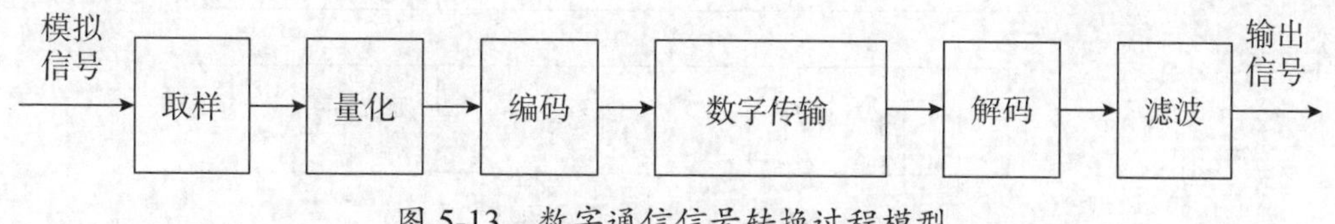

图5-13　数字通信信号转换过程模型

3. 数字通信方式

数字通信有并行和串行两种基本方式。并行方式是使代表一个数据的各位二进制码元，在一个选通脉冲的作用下同时传输，每个数据位都需要一条单独的传输线，信息由多少二进制位组成就需要多少条传输线，见图 5-14。一般发生在可编程序控制器的内部各元件之间、主机与扩展模块或近距离智能模板的处理器之间，如前文描述的总线通信。串行通信是指数据的各个不同位分时使用同一条传输线，从低位开始一位接一位按顺序传送，数据有多少位就需要传送多少次，见图 5-15。现在的数字通信都采用串行方式，串行通信也用于可编程序控制器与计算机之间、多台可编程序控制器之间的数据传送。

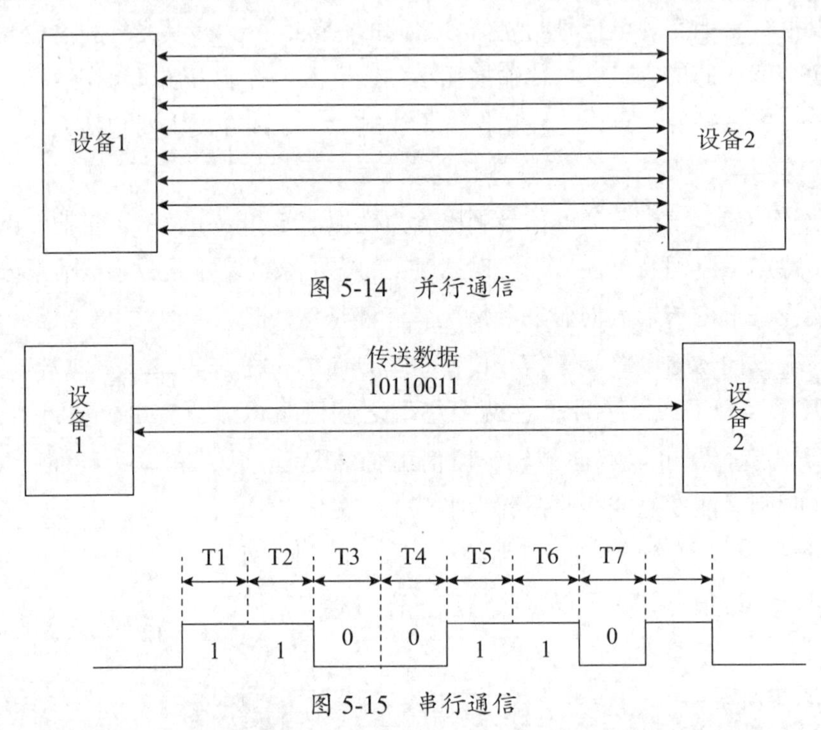

图 5-14　并行通信

图 5-15　串行通信

串行通信按时钟可分为同步传送和异步传送两种方式。同步传送是在数字通信系统中，收发双方在时间上步调一致。在网络中用同步方式，可以传输大量的信息，如图 5-16（a）所示是以 8 位字符为基础的帧格式，图 5-16（b）所示是以比特位为基础的帧格式，SYN 和 F 都是指明同步信号。

（a）	SYN	控制信息	数据块	校验信息	SYN
（b）	F	控制信息	数据块	校验信息	F

图 5-16　同步方式帧格式

异步传送是指允许信道上的各个部件有各自的时钟，在各部件之间进行通信时没有统一的时间标准，相邻两个字符传送数据之间的停顿时间长短是不一样的，它是靠发送信息时同时发出字符的开始和结束标志信号来实现的，见图 5-17。

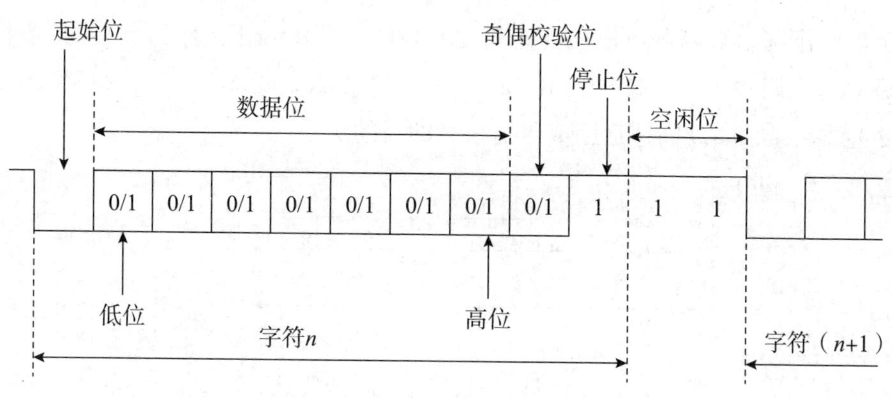

图 5-17 异步传送数据格式

4. 数字信号传输方式

根据是否采用调制，数字通信信号可分为基带传输和调制传输。基带传输是将未经调制的信号直接以方形波的形式传送，如音频市内电话、局域网中传输的信号等。基带通信虽然直接传输，但需要对信号进行编码。有多种编码方法，例如要传输的代码是 1 0110 0101，可用图 5-18 中所示的方法编码，其中（a）是单极性，（b）是双极性，（c）和（d）是归零码，（e）是差分码（用波形的变化表示 1，不变化表示 0），（f）是差分曼彻斯特码（在码的中心产生一个跳变，可以用于码元同步）。

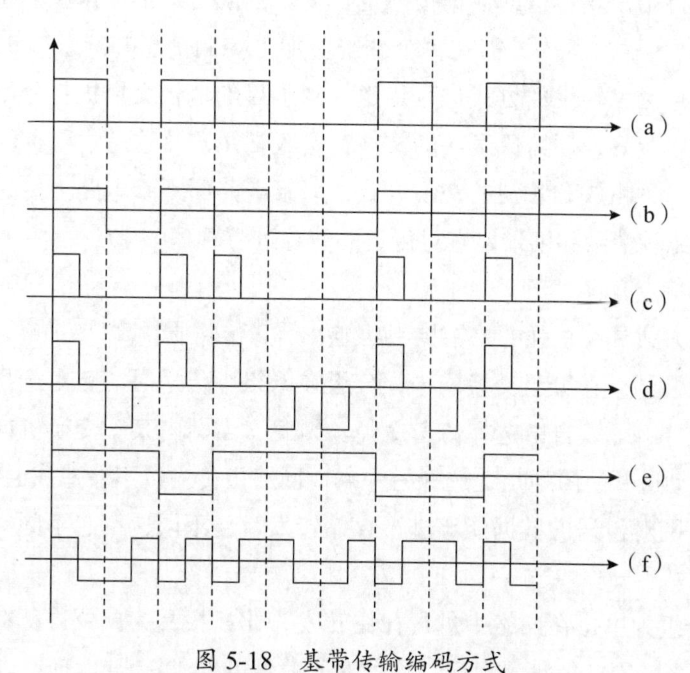

图 5-18 基带传输编码方式

调制传输是指采用载波对基带信号进行变换后再传输的方式。载波是指某一频率的正弦波，如 Asin（ωt+ψ），发送方用需要传输的信号对载波的某些参数进行调制，变成模拟信号发送出去，接收方再对载波进行解调，得到原来的信号，把具有调制和解调功能的设备称作调制解调器。根据选择载波的幅值、频率或相位作为参数的不同，可以分为调幅（b）、调频（c）和调相（d，e）几种基本形式（见图 5-19）。调制后，载波携带了要发送的信息，实现高速远距离传播信号的目的。

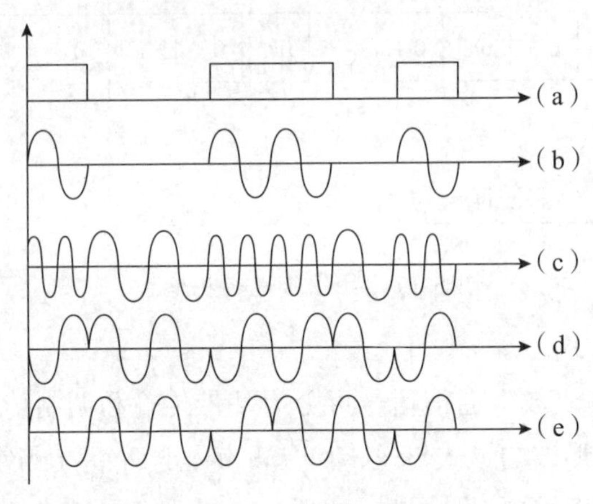

图 5-19　频带传输调制方式

5. 数字信号分组交换技术

分组交换也称为包交换。分组交换方式以信息分发为目的，而不是以电路连接为目的。分组交换机将用户要传送的数据按一定长度分割成若干个数据段，这些数据段叫作分组（或称包）。传输过程中，需在每个分组前加上控制信息和地址标识（即分组头），然后在网络中以存储—转发的方式进行传送。到了目的地，交换机将分组头去掉，将分割的数据段按顺序装好，还原成发端的文件交给收端用户，这一过程称为分组交换。形象地说，电路是一种粗放和宏观的交换方式，只管电路而不管电路上传送的信息。相形之下，分组交换比较精微和细致，它对传送的信息进行管理。

分组交换的特点有：

①分组交换方式具有很强的差错控制功能，信息传输质量高；

②网络可靠性强，在分组交换网中，分组在网络中传送时的路由选择是采取动态路由算法，即每个分组可以自由选择传送途径。因此，当网内某一交换机或中继线发生故障时，分组能自动避开故障地点，选择另一条迂回路由传输，不会造成通信中断；

③分组交换网对传送的数据能够进行存储转发，使不同速率、不同类型终端之间可以相互通信；

④由于以分组为单位在网络中进行存储转发，比以报文为单位进行存储转发的报文交换时延要小得多，因此能满足会话型通信对实时性的要求；

⑤在分组交换中，在一条物理线路上可同时提供多条信息通路，实现了线路的统计时分复用，线路利用率高；

⑥分组交换的传输费用与距离无关，不论用户是在同城使用，还是跨省使用，均按

同一个单价来计算，因此，分组网为用户提供了经济实惠的信息传输手段。

图 5-20 中给出了两个分组 P1 和 P2 交换过程。IMP 是接口信息处理机（interface message processor）。ACK 是一种回执机制，即发送方向接收方发送数据后，接收方要向发送方发送 ACK（回执）。如果发送方没接收到正确的 ACK，就会重新发送数据直到接收到 ACK 为止。比如发送方发送的数据序号是 seq，那么接收方会发送 seq+1 作为 ACK，这样发送方就知道接下来要发送序号为 seq+1 的数据给接收方了。

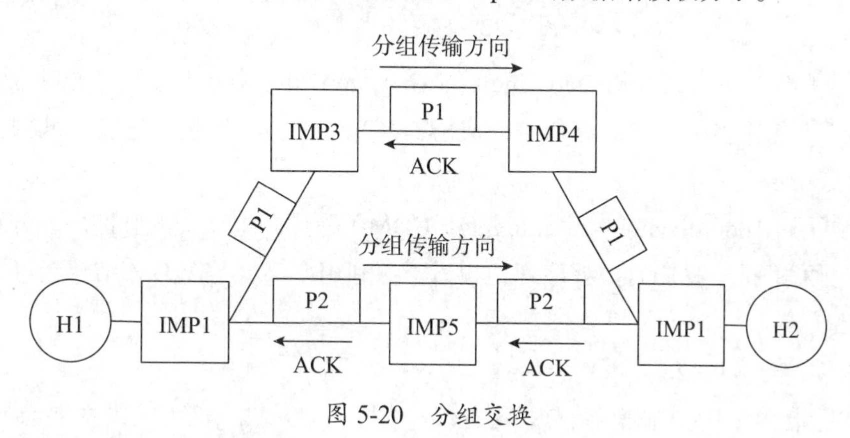

图 5-20　分组交换

6. 数字信号多路复用技术

多路复用是在一条线路上形成多条通信信道的技术，包括频分复用、时分复用、波分复用和码分复用等多种方式。

频分多路复用（frequency division multiplexing，FDM），是把物理通路按频率分割（见图 5-21），采用频谱搬移的办法使不同信号分别占据不同的频带进行传输。在发送端设置多路复用器 MUX，对信号复用；在接收端设置多路分用器 DEMUX，对信号分用。

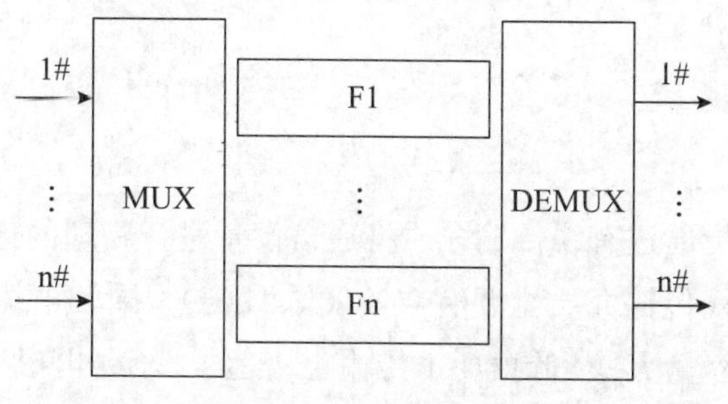

图 5-21　频分多路复用

时分多路复用（time division multiplexing，TDM），把物理通路按时间分割（见图 5-22），使不同信号分别占据不同的时间片段进行传输。在发送端设置多路复用器 MUX，对信号复用；在接收端设置多路分用器 DEMUX，对信号分用。分割后得到的时间段称作时隙，在每个时隙传输不同支路信号（数字信道），在各个时隙内按序排列的各支路信号的整体称为帧。

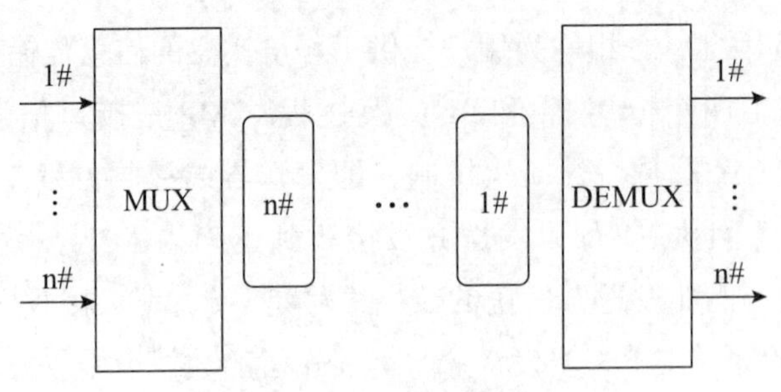

图 5-22　时分多路复用

波分复用（wavelength division multiplexing，WDM）实际上就是光的频分复用，是在一根光纤上传输多个波长的光信号，成倍提高光纤的传输容量，适宜广域网光纤数据传输。

码分复用（code division multiplexing，CDM）采用一组正交的脉冲序列分别携带不同的信号。采用同一波长的扩频序列，频谱资源利用率高，与 WDM 结合，可以大大增加系统容量。

7. 数字信号多址技术

多址是指在多用户通信系统中区分多个用户的方式。多址方式主要有频分多址（FDMA）、时分多址（TDMA）和码分多址（CDMA）等方式。移动通信系统是各种多址技术应用的一个十分典型的例子。第一代通信系统（1G），如 TACS（total access communication system）、AMPS（advanced mobile phone system）都是 FDMA 的模拟通信系统，即同一基站下的无线通话用户分别占据不同的频带传输信息。2G 移动通信系统则多是 TDMA 的数字通信系统，GSM 曾是全球市场占有率最高的 2G 移动通信系统。而 3G 移动通信系统的 3 种主流通信标准 W-CDMA、CDMA2000 和 TD-SCDMA 则全部是基于 CDMA 的通信系统。

5.1.5　现代通信系统

1. 有线通信系统

有线通信系统是指通过有线传输介质将通信设备进行物理的连接，从而实现通信设备间信息的交换。有线传输介质主要有双绞线（网线）、同轴电缆、光纤光缆。其中光纤具有高带宽（传输容量大）、低损耗（传输距离远）、不受电磁干扰（无源性）、传输速度快等优点，成为目前有线信息传输中的主要技术手段，尤其是长距离的信号传输。

光纤通信是以光波为载体，通过光纤（光导纤维）作为传输介质的一种通信技术。光在不同物质中的传播速度是不同的，当光从一种物质射进另一种物质时，在两种物质的交界处会产生折射和反射，同时折射光的角度会随入射光的角度变化而变化。当入射光的角度达到或超过某一角度时，折射光会消失，入射光全部被反射回来，这就是光的全反射。不同的物质有不同的光折射率，相同的物质对不同光波的折射角度也是不同的。

光纤工作的基础是光的全内反射，当射入光的入射角大于纤维包层间的临界角时，就会在光纤的接口上产生全内反射，并在光纤内部反复逐次反射，直至传递到另一端面，光纤通信是利用全光反射实现光通信的。

从传输模式上可将光纤分为单模光纤（SMF）与多模光纤（MMF）。模是指以一定的角速度进入光纤的一束光。SMF 采用固体激光器作为光源，MMF 采用发光二极管作为光源，MMF 再形成模分散（因为每一个“模”光进入光纤的角度不同，所以它们到达另一端点的时间也不同，这种特征称为模分散）。MMF 的芯线粗，传输速度低、距离短、成本低。SMF 只允许一束光传播，因此没有模分散特性，从而纤芯相应较细，传输频带宽、容量大、传输距离长，但因其需要激光源，故成本高。

也可以在单根光纤内同时传递多个不同波长的光，实现不同信息的同时传输，称为波分复用（WDM）。波分复用是增加光纤通信系统通信容量的技术手段。在发送端由合波器将不同波长的光载波合并进入一根光纤进行传输，在接收端通过分波器将这些承载不同信号的光载波分开，实现不同波长光波的耦合与分离。

光传送网（OTN）。即在光域内实现业务信号的传送、复用、路由选择和监控，并保证其性能指标，在网络连接处采用 O/E 和 E/O 技术。光传送网可分为三层（见表 5-1），即光传输段层（optical transmission section，OTS）、光复用段层（optical multiplexing section，OMS）和光通道层（optical channel，OCH）。

表 5-1 光传送网分层结构表

光　层	光传输段层（OTS）
	光复用段层（OMS）
	光通道层（OCH）
客 户 层	IP、SDH/SONET、ATM 等

光传输段层（OTS）负责为光信号在不同类型的光介质上提供传输功能，同时实现对光放大器或中继器的检测和控制功能等，确保光传输段适配信息的完整性。光复用段层（OMS）负责保证两个波长复用传输设备间多波长复用光信号的完整传输，为多波长信号提供网络功能。光通道层（OCH）负责为各种不同格式或类型的客户信息选择路由、分配波长和安排光通道连接、处理光通道开销，提供光通道的检测、管理功能，并在故障发生时，通过重新选路或直接把工作业务切换到预定的保护路由，实现网络恢复，端到端的光通道连接由光通道层完成。光通道层为各种数字信号提供接口，为透明地传送这些客户信号提供点到点的以光通道为基础的组网功能。

接入网是指骨干网络到用户终端之间的所有设备，即本地交换机与用户之间的连接部分。通常包括用户线传输系统、复用设备、交叉连接设备或用户 / 用户终端设备，接入网的接入方式包括有线接入与无线接入。接入网是由业务节点接口（SNI）和用户网络接口（UNI）以及两者之间的有效线路或设备所组成的。接入网技术包括铜线接入技术、光纤接入技术、混合光纤 / 同轴接入技术等。

在现实的有线网络建设中，为了清晰地分析和规划网络，在本地网建设和规划中按照核心层、汇聚层、接入层方式来分层建设考虑。核心层负责本地网范围内核心节点的信息传送，位于本地传送网络的顶层，传送容量大、节点要求高。汇聚层介于核心层和接入层之间，对接入层上传的业务进行收容、整合，并向核心层节点进行转接传送。接入层位于网络末端，网络结构易变，具有多业务传输能力及灵活的组网能力。三个层次都需要考虑使用哪种网络结构（即拓扑结构），基本结构类型有总线型、星形、树形、环形、网状等。

①总线型是将所有的网元（网络单元）串接起来，且首末两个节点开放。该拓扑结构网络易于建造，但其生存性较差，即总线中某一节点若出现问题将导致整条线路无法正常运作。

②星形是所有网元通过中心网连接，该拓扑结构网络管理建设灵活，在多数小型局域网中普遍使用，成本低。

③树形可以简单看成总线型和星形网的组合，其层次连接成树状，适用于组件分级的网络结构，但不利于双向通信。

④环形是将所有通信节点连接起来，首尾相连形成环状，具有强大的自愈功能，应用广泛，但保护协议较复杂，建设维护成本较高。

⑤网状稳定性好，安全性高，但成本较高，适用于网络节点少且重要的网络。

2. 无线通信系统

无线通信和有线通信的区别主要有接口和信道两点。首先，接口不同。无线通信中的手机和基站的接口是看不见、摸不着的，称为空中接口，手机是通过空中接口和无线网络保持联系的。其次，信道不同。无线通信的信号是通过电磁波在空中传送的，称为无线信道。所以说，明白了空中接口和无线信道，就明白了无线通信。

基站即公用移动通信基站，是移动设备接入互联网的接口设备，也是无线电台站的一种形式，是指在一定的无线电覆盖区内，通过移动通信交换中心，与移动电话终端之间进行信息传递的无线电收发信号台。

基站如何区分手机？基站用一面天线接收所有信号，基站如何判断谁是谁？基站的滤波器能够区分频率。让手机工作在不同的频率上，就可以区分它们。此外在不同的频率基础上，还可以让手机工作在不同的时间段。因此，在无线通信中，区分手机的专业术语叫作多址或者复用，是无线通信里非常重要的概念。

手机如何找到基站？手机并不知道基站在哪，要找到基站需要一个机制。基站总是在一刻不停地向外广播信息，以方便手机找到它。不同基站广播信息时，使用的频率是不一样的，于是手机需要扫描整个频段，按照信号的强度从最强的信号开始逐一检查，直至找到合适的基站广播信息。基站广播一些什么内容呢？由于手机需要调整接收频率以正确接收广播信息，所以首先需要广播频率校正信号，接下来还需要把手机和基站的时间进行同步，故还有同步信息，当然还有一些其他信息，如基站的标识、空中接口的结构参数（比如这个基站使用了哪些频率、属于哪个位置区、手机选择该位置区的优先级等）。

基站如何找到手机？手机始终处于移动状态，由于基站的覆盖范围有限，故必然出现手机从一个基站的覆盖范围移动到另一个基站的覆盖范围的情况。正如城市需要划分为几个片区，如杭州的钱塘区、西湖区、上城区等一样，无线通信系统也把一个城市规划为若干个位置区。当手机在无线系统划分的不同位置区移动时，会通过广播信息得知自己的位置，如果位置发生了变化，手机就会主动联系无线网络，上报自己的位置。无线网络收到手机发来的位置变更消息后，将把它计入数据库中，这个数据库称为位置寄存器。每当无线网络收到对该手机的被叫请求后，将首先查找位置寄存器，确定手机当前所处位置区，然后将被叫的请求发送到该位置区的基站，由这些基站对手机进行寻呼。由上述过程也可看出，位置区的划分也必须科学合理，范围划得太大浪费寻呼资源，划得太小手机要经常上报位置区变更情况，同样浪费资源。

基站如何识别手机用户的身份？对通信网络而言，识别用户身份至关重要。运营商要先识别用户身份，才能对用户进行收费。IMSI（international mobile subscriber identity，国际移动用户识别号）是对移动通信用户进行标识的方法，可以把它理解为身份证，这个身份证是全球唯一的。它存储在手机卡上，手机卡独立于终端。无线网络内部也存储了 IMSI 号，这样才可以与 SIM 卡中的信息进行对比。为了防止 IMSI 被盗用，需要一个防伪机制，即手机在上网和打电话之前，首先要向移动网络提供自己的用户标志和密码，移动网络接收后将其与后台数据库进行比对，如果一致，认为该用户是合法用户后，通话才可以顺利进行。这个在手机拨号时提供标志和密码的过程，是手机自动与基站完成的通信过程，此过程在无线通信中叫鉴权。

如何保证对话不被他人窃听？无线电波在空中是向四面八方传播的，只要有一个接收机，就可以接收到基站和手机发出的电磁波。例如，使用对讲机时，只要将它们调到相同的频道，双方就都能听到彼此的声音。战争年代，没有人敢用不加密的明文，都是通过密码本把它编译成另一串符号再发送出去。然而在数字通信时代，由于数字通信的信号是一串串比特流，人们完全可以通过比特流之间的与、或、非、异或等逻辑运算（可以理解为加密过程），形成一串新的数字序列。而在接收端用相同的这一串比特再运算一次就能还原出原来的数据。于是，被截获的电磁信号是加密后的电磁波，由于难以破解加密所用的比特流（密钥），所以很难还原出原来的信号，无法解密。比如第二代数字通信GSM中，核心网络利用算法给不同的手机发送不同的一串比特流，手机利用这串比特流与自己的用户数据进行一次异或操作（加密），就产生了加密信号。进入数字通信时代后，电磁波传递的是加密后的数据，如果想要偷听到别人的通话内容，必须知道这一用于加密的比特流，但这是非常困难的。这也促成了一门学科，叫比特流分析。

如何保证移动过程中顺利通话？移动通信中，用户在通话过程中位置是不断变化的，而基站的覆盖范围是有限的，用户总会从一个基站覆盖范围移动到另一个基站的覆盖范围，这个过程叫切换。在何时切换呢？通常用接收信号强度和通话质量来判断是否需要切换。手机具有一定灵敏度，信号太弱无法工作。信号越强，通话质量越好。手机会自动实时向基站汇报用户当前信号及通话质量，基站再将这个信息上报给基站控制器，由基站控制器来决定这台手机需不需要进行切换，如切换，具体切换到哪一个基站。这一过程中，用户手机完全是被动的。

移动通信从1G到5G（G是generation，意为“代”），至今不过40年。世界上第一代无线通信系统诞生于20世纪80年代，20世纪90年代的“大哥大”，可以称之为第一代手机（1G），发明者是摩托罗拉。朗讯和摩托罗拉是1G时代主要的通信设备制造商。1G采用模拟信号通信。模拟信号有许多不足之处，比如信号容易受到干扰，语音品质低，覆盖范围不够广，还存在串音问题等。第二代无线通信系统（2G）采用数字信号通信，爱立信、诺基亚、西门子等不但推出了自己的手机终端，还推出了各自的无线通信系统，成为了新的通信设备供应商。2G带宽的慢速限制了查看信息，比如，图片大一点就出不来，更不用说视频了。基于人们对于信息需求的无止境追求，推动移动通信技术向3G发展。和2G相比，3G具有更快的速率、更大的带宽、更好的用户上网体验。苹果公司在2008年6月正式发布iPhone 3G，开启了移动互联网时代。智能手机和3G网络成为两个巨大的引擎，推动了移动互联网一波又一波的新浪潮，不仅改变了人们的通信方式，而且改变了人们的生活方式。但是人们对于网速的追求是无止境的，希望移动网络能有Wi-Fi一般的速度，于是进入了4G时代。4G实现了更快速率的上网，并基本满足了人们对互联网的所有需求。人们可以随意地使用网络，包括用手机玩在线游戏、看视频、看直播、刷短视频、完全达到了和Wi-Fi相似的体验。目前，我国正在进入5G时代。

5G是最新一代蜂窝移动通信技术，其性能目标是高数据速率、减少延迟、节省能源、降低成本、提高系统容量和大规模设备连接。5G的发展主要有两个驱动力：一方面4G已全面商用，市场对新技术的要求从来没有停止；另一方面，移动数据的需求呈爆炸式增长，现有移动通信系统难以满足未来需求，急需研发新一代5G系统。

5G网络的主要优势在于，数据传输速率远远高于以前的蜂窝网络，最高可达10Gbit/s，比当前的有线互联网要快，比先前的4G LTE蜂窝网络快100倍。另一个优点是较低的网络延迟（更快的响应时间），低于1毫秒，而4G为30～70毫秒。由于数据传输更快，5G 网络将不仅仅为手机提供服务，而且还将成为一般性的家庭和办公网络提供服务。5G 网络的特点包括：

①峰值速率需要达到 Gbit/s 的标准，以满足高清视频、虚拟现实等大数据量传输；

②空中接口时延水平需要在 1ms 左右，满足自动驾驶、远程医疗等实时应用；

③超大网络容量，提供千亿设备的连接能力，满足物联网通信；

④频谱效率要比 LTE 提升 10 倍以上；

⑤连续广域覆盖和高移动性下，用户体验速率达到 100Mbit/s；

⑥流量密度和连接数密度大幅度提高；

⑦系统协同化、智能化水平提升，表现为多用户、多点、多天线、多摄取的协同组网，以及网络间灵活地自动调整。

这些优势和特点是 5G 区别于前几代移动通信的关键，是移动通信从以技术为中心逐步向以用户为中心转变的结果。

5G 的关键技术，包括超密集异构网络、自组织网络、内容分发网络、D2D 通信、M2M 通信、信息中心网络等，下面简单介绍。

（1）超密集异构网络。5G 网络正朝着网络多元化、宽带化、综合化、智能化的方向发展。随着各种智能终端的普及，移动数据流量将呈现爆炸式增长。在未来 5G 网络中，减小位置区半径，增加低功率节点数量，是保证 5G 网络支持 1000 倍流量增长的核心技术之一。因此，超密集异构网络成为 5G 网络提高数据流量的关键技术。未来无线网络将部署超过现有站点 10 倍的各种无线节点，支持在每 $1km^2$ 范围内为 25000 个用户提供服务。密集部署的网络拉近了终端与节点间的距离，使得网络的功率和频谱效率大幅度提高，同时也扩大了网络覆盖范围，扩展了系统容量，并且增强了业务在不同接入技术和各覆盖层次间的灵活性。虽然超密集异构网络架构在 5G 中有很大的发展前景，但是节点间距离的减少，越发密集的网络部署将使得网络拓扑更加复杂，从而容易出现与现有移动通信系统不兼容的问题。在 5G 移动通信网络中，干扰是一个必须解决的问题。网络中的干扰主要有同频干扰、共享频谱资源干扰、不同覆盖层次间的干扰等。现有通信系统的干扰协调算法只能解决单个干扰源问题，而在 5G 网络中，相邻节点的传输损耗一般差别不大，这将导致多个干扰源强度相近，进一步恶化网络性能，使得现有协调算法难以应对。准确有效地感知相邻节点是实现大规模节点协作的前提条件。在超密集网络中，密集部署使得小区边界数量剧增，加之形状的不规则，导致频繁复杂的切换。为了满足移动性需求，势必出现新的切换算法；另外，网络动态部署技术也是研究的重点。由于用户部署的大量节点的开启和关闭具有突发性和随机性，使得网络拓扑和干扰具有大范围动态变化特性。

（2）自组织网络。传统移动通信网络中，主要依靠人工方式完成网络部署及运维，既耗费大量人力资源又增加运行成本，而且网络优化也不理想。在5G网络中，将面临网络的部署、运营及维护的挑战，这主要是由于网络存在各种无线接入技术，且网络节点覆盖能力各不相同，它们之间的关系错综复杂。因此，自组织网络（self-organizing network，SON）的智能化将成为5G网络必不可少的一项关键技术。自组织网络技术解决的关键问题主要有两点，一是网络部署阶段的自规划和自配置，一是网络维护阶段的自优化和自愈合。自规划的目的是动态进行网络规划并执行，同时满足系统的容量扩展、业务监测或优化结果等方面的需求。自配置即新增网络节点的配置可实现即插即用，具有低成本、安装简易等优点。自优化的目的是减少业务工作量，达到提升网络质量及性能的效果。自愈合指系统能自动检测问题、定位问题和排除故障，大大减少维护成本并避免对网络质量和用户体验的影响。

（3）内容分发网络。在5G中，面向大规模用户的音频、视频、图像等业务急剧增长，网络流量的爆炸式增长会极大地影响用户访问互联网的服务质量。如何有效地分发大流量的业务内容，降低用户获取信息的时延，成为网络运营商和内容提供商面临的一大难题。仅仅依靠增加带宽并不能解决问题，它还受到传输中路有阻塞和延迟、网站服务器的处理能力等因素的影响，这些问题的出现与用户服务器之间的距离有密切关系。内容分发网络（content distribution network，CDN）对5G网络的容量与用户访问具有重要的支撑作用。内容分发网络是在传统网络中添加新的层次，即智能虚拟网络。CDN系统综合考虑各节点连接状态、负载情况以及用户距离等信息，通过将相关内容分发至靠近用户的CDN代理服务器上，实现用户就近获取所需的信息，使得网络阻塞状况得以缓解，降低响应时间，提高响应速度。

（4）D2D通信。在5G网络中，网络容量、频谱效率需要进一步提升，更丰富的通信模式以及更好的终端用户体验也是5G的演进方向。设备到设备通信（device-to-device communication，D2D）具有潜在的提升系统性能、增强用户体验、减轻基站压力、提高频谱利用率的前景。因此，D2D是未来5G网络中的关键技术之一 。D2D通信是一种基于蜂窝系统的近距离数据直接传输技术。D2D会话的数据直接在终端之间进行传输，不需要通过基站转发，而相关的控制信令，如会话的建立、维持、无线资源分配以及计费、鉴权、识别、移动性管理等仍由蜂窝网络负责。蜂窝网络引入D2D通信，可以减轻基站负担，降低端到端的传输时延，提升频谱效率，降低终端发射功率。当无线通信基础设施损坏，或者在无线网络的覆盖盲区，终端可借助D2D实现端到端通信甚至接入蜂窝网络。

（5）M2M通信。M2M（machine to machine）作为物联网最常见的应用形式，在智能电网、安全监测、城市信息化、环境监测等领域实现了商业化应用。M2M的定义主要有广义和狭义两种。广义的M2M主要是指机器对机器、人与机器间以及移动网络和机器之间的通信，它涵盖了所有实现人、机器、系统之间通信的技术；从狭义上说，M2M仅仅指机器与机器之间的通信。智能化、交互式是M2M有别于其他应用的典型特征，这一特征下的机器也被赋予了更多的智慧功能。

（6）信息中心网络。随着实时音频、高清视频等服务的日益激增，基于位置通信的传统TCP/IP网络无法满足数据流量分发的要求。网络呈现出以信息为中心的发展趋势。作为一种新型网络体系结构，信息中心网络（information-centric network，ICN）的目标是取代现有的IP。ICN所指的信息包括实时媒体流、网页服务、多媒体通信等，而信息中心网络就是这些片段信息的总集合。因此，ICN的主要概念是信息的分发、查找和传递，不再是维护目标主机的可连通性。不同于传统的以主机地址为中心的TCP/IP网络体系结构，ICN采用的是以信息为中心的网络通信模型，忽略IP地址的作用，甚至只是将其作为一种传输标识。全新的网络协议栈能够实现网络层解析信息名称、路由缓存信息数据、多播传递信息等功能，从而较好地解决计算机网络中存在的扩展性、实时性以及动态性等问题。ICN信息传递流程是一种基于发布订阅方式的信息传递流程。首先，内容提供方向网络发布自己所拥有的内容，网络中的节点就明白当收到相关内容的请求时如何响应该请求；其次，当第一个订阅方向网络发送内容请求时，节点将请求转发到内容发布方，内容发布方将相应内容发送给订阅方，带有缓存的节点会将经过的内容缓存；然后，其他订阅方对相同内容发送请求时，邻近带缓存的节点直接将相应内容响应给订阅方。因此，信息中心网络的通信过程就是请求内容的匹配过程。传统IP网络中，采用的是推模式（由服务器推给用户），即服务器在整个传输过程中占主导地位，忽略了用户的地位，从而导致用户端接收过多的垃圾信息。ICN网络正好相反，采用拉模式（用户从网络拉取自己需要的内容），整个传输过程由用户的实时信息请求触发，网络则通过信息缓存的方式，实现快速响应用户。此外，信息安全只与信息自身相关，而与存储容器无关。针对信息的这种特性，ICN网络采用有别于传统网络安全机制的基于信息的安全机制。和传统的IP网络相比，ICN具有高效性、高安全性且支持客户端移动等优势。

5G并不会完全替代4G、Wi-Fi，而是将4G、Wi-Fi等网络融入其中，为用户带来更为丰富的体验。通过将4G、Wi-Fi等整合进5G里面，用户不用关心自己所处的网络，不用再通过手动连接到Wi-Fi网络等，系统会自动根据现场网络质量情况连接到体验最佳的网络之中，真正实现无缝切换。5G不仅是一场技术革命，更蕴含千万亿级市场。

5.2　交互

人机交互（human-computer interaction，HCI）是研究人、计算机以及它们间相互影响的技术，其本质就是人与计算机之间的通信。计算机的发展历史，不仅是处理器速度、存储器容量飞速提高的历史，也是不断改善人机交互技术的历史。人机交互技术，如鼠标器、窗口系统、超文本、浏览器等，已对计算机的发展产生了巨大的影响，而且还将继续影响整个人类的生活。人机交互技术是当前信息产业竞争的一个焦点，世界各国都把人机交互技术当作重点研究。人机交互技术包括两个基本的目标，一是研制能听、能说、能理解人类语言的计算机；二是使计算机更易于使用，操作起来更愉快，从而提高使用者的生产率。1992 年，ACM 图灵奖获得者 Butler Lampson 指出计算机有三个作用，即模拟、帮助人们进行通信、与实际世界的交互。人们希望计算机能够看、听、讲，甚至比人做得更好，并能够进行实时处理。目前，计算机的发展有两个重要的趋势，一是以虚拟现实为代表的计算机拟人化，二是以手持终端、智能手机为代表的计算机微型化、随身化和嵌入化。人机交互技术是这种趋势的瓶颈技术。

5.2.1 人机交互发展回顾

人机交互是从人适应计算机到计算机不断地适应人的发展史，它经历了以下五个阶段。

（1）早期的手工作业阶段。世界上第一台数字计算机 ENIAC 采用外接式的程序，它通过读卡孔机、打卡孔机，以及打字机来进行输入输出。穿孔卡应该算是最早的人机交互。当时交互的特点是由设计者本人（或本部门同事）来使用计算机，采用手工操作和依赖机器（二进制机器代码）的方法去适应现在看来是十分笨拙的计算机。

（2）作业控制语言及交互命令语言阶段。这一阶段计算机的主要使用者是程序员。程序员采用批处理作业语言或交互命令语言的方式和计算机打交道，虽然要记忆许多命令和熟练地敲键盘，但已可用较方便的手段来调试程序、了解计算机执行情况。

（3）图形用户界面（GUI）阶段。20 世纪 60 年代，鼠标和图形用户界面（graphy user interface，GUI）出现，彻底改变了计算机的历史，GUI 的主要特点是桌面隐喻、直接操纵和所见即所得、WIMP（window/icon/menu/pointing device）技术。由于 GUI 简明易学、减少了敲键盘，因而使不懂计算机的普通用户也可以熟练地使用，开拓了用户人群。它的出现使信息产业得到空前的发展。

（4）网络用户界面的出现。20 世纪 90 年代，网络用户界面的出现，超文本标记语言（HTML）及超文本传输协议（HTTP）为主要基础的网络浏览器是网络用户界面的代表，这类人机交互技术的特点是发展快，新的技术不断出现，如搜索引擎、多媒体动画、聊天工具等。

（5）多通道、多媒体的智能人机交互阶段。以鼠标和键盘为代表的 GUI 技术已经成为计算机系统的拟人化、微型化、随身化、嵌入化发展的瓶颈。利用人的多种感觉通道和动作通道（如语音、手写、姿势、视线、表情等输入）以并行、非精确的方式与计算机环境进行交互，可以提高人机交互的自然性和高效性。多通道、多媒体的智能人机交互既是一个挑战，也是一个极好的机遇。

5.2.2 人机交互与计算机发展

简单地说，计算经历了三次革命，每次革命都在改变计算机的形态、功能和界面（见表5-2），同时计算模式也在发生深刻变革（见图5-23）。大型机计算时代，使用者主要是科学家，进行科学计算，在实验室环境中使用。个人计算机时代，使用者是工程技术人员和办公室人员，主要进行办公自动化、制造工业和专业工作服务，使用地点包括办公室、工厂、企业。普适计算时代，使用者变成了anybody，可干anything，在anywhere、anytime、anydevice进行，变成无处不在的计算。这种情况下，人机交互和用户界面的改进就成为关键。

表5-2 计算的三次革命

时　间	时　代	核心功能	角　色	界　面	关键设备
1950年	大型机计算时代	计算	多人一机	字符用户界面	键盘
1975年	PC计算时代	信息交流	一人一机	图形用户界面	鼠标，WIMP
2000年	普适计算时代	服务	一人多机	新一代用户界面	笔、语音等

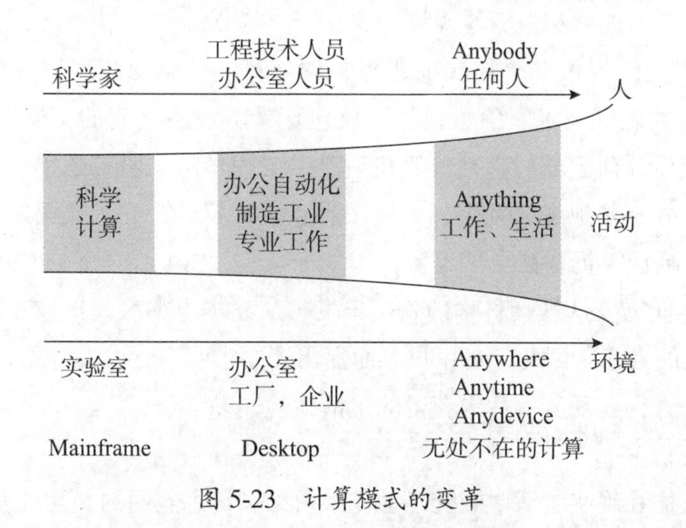

图5-23 计算模式的变革

用户界面（users interface，UI）是人与计算机之间传递、交换信息的媒介和对话接口，是计算机系统的重要组成部分。人机交互与用户界面是两个有着紧密联系而又不尽相同的概念，人机交互强调的是技术和模型，而用户界面是计算机的关键组成部分。由表5-2可以看出，人机界面需要20～25年才换一代，而软件可每5年升一代，硬件能力可在18个月翻一倍，可见人机界面的发展已经成为计算机应用的主要障碍。

在普适计算时代，计算机成为一种普遍、无处不在的计算服务，不仅包括各种PC（tablet PC、pocket PC、phone PC、Desktop、wrist PC），还包括交互墙（会议室）、电子白板（教室）、联网的汽车、各种可穿戴计算设备等，成为一种个人所能拥有的计算，就像日用品一样（见图5-24）。普适计算时代的计算和交互界面，具有以下特点。

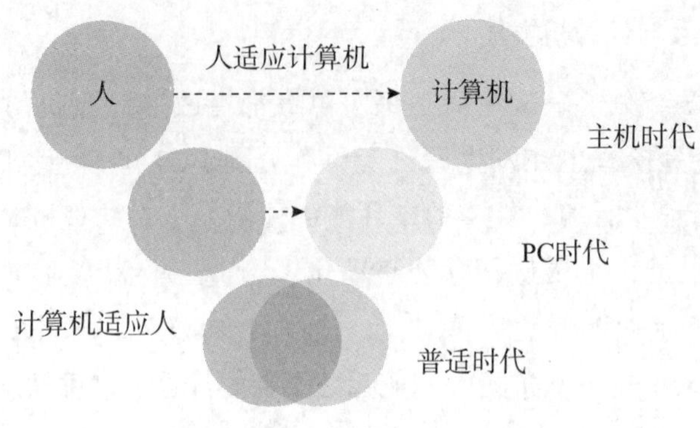

图 5-24　人机关系的发展

（1）人机逐步融合，界面隔阂逐步缩小、消融。此时，人机交互的主题包括自然界面（natural interfaces）、上下文感知应用（context-aware）、自动捕捉及访问（automated capture and access）。

（2）人机交互的三个特征包括自然化、人性化和智能化。自然化主要变现为多通道、模糊、非结构和连续等特征，人性化表现为符号、动作、表象、情感等显式感知，智能化则表现为学习能力和数据挖掘等。

（3）计算机同时提供三个层次的服务，即计算、信息交流和服务。计算是基础层次，提供必要的软硬件技术。信息交流不仅包括计算设备之间的交流，如计算机网络，而且包括人机交流，研究学科包括计算机科学、心理学等。服务是指计算主要以服务的形态提供人们，并自然地融入社会，人们没有感觉计算的存在，却无处不在地享受着服务，研究学科包括计算机和社会学等。

（4）用户界面需要从社会科学的角度出发，从根本上彻底改造技术以适应人，目标是使人获得真正的效率。因此，对用户界面提出了要求：

①充分利用人们在现实生活中获得的生活体验，易学习；

②自然直观；

③直接将人们在现实生活中的交互动作映射为和信息空间的交互过程。

（5）信息空间和物理空间（bits & atoms）分离。人们生活在两个世界里：现实的物理世界和虚拟的信息世界，两种身份之间却缺少一种无缝的、自然的转换和交互方式，人们和信息空间的交互被局限于传统的图形用户界面（GUI）中。正是 GUI 把人们生活的物理世界和要访问的信息世界隔离开来。

传统的计算工具，如结绳记事、沙漏计时、算盘等，简单、可触摸、易学习，有触觉和肌肉运动知觉。但现在的数字技术，虽功能强大，但学习门槛高，人们必须不断学习适应其发展，在这方面生活经验毫无用处，界面本身就是新生事物。人们在现实生活中和物体、环境打交道时，因为有丰富的感知器官和生活经验，基本上没有认知负担，就能够理解其中的信息流动。但在现在的计算机技术下，情况却完全不同。人们要想和信息打交道，必须先过界面这道关，虽然说GUI的出现使计算机的易操作性大大提高，但距离自然的、容易接受的操作方式还有很长的距离。

5.2.3 人机交互关键技术

人机交互技术主要包括自然高效的多通道交互、虚拟现实和三维交互、可穿戴计算机和移动手持设备交互、智能空间及智能用户界面和物理界面TUI等。

1. 自然高效的多通道交互

多通道交互（multimodal interaction,MMI）是近年来迅速发展的一种人机交互技术，它既适应了以人为中心的自然交互准则，也推动了互联网时代信息产业（包括移动计算、移动通信、网络服务器等）的快速发展。MMI是指一种使用多种通道与计算机通信的人机交互方式。通道（modality）涵盖了用户表达意图、执行动作或感知反馈信息的各种通信方法，如言语、眼神、脸部表情、唇动、手动、手势、头动、肢体姿势、触觉、嗅觉或味觉等，采用这种方式的计算机用户界面称为多通道用户界面。

MMI的各类通道（界面）技术中，有不少已经实用化、产品化、商品化。语音和笔是人类最重要的自然交互通道，这方面的技术，包括手写识别、数字墨水、笔交互、语音识别、语音合成等通道技术，我国的不少成果已具有国际先进水平，涌现出科大讯飞等语音处理领域优秀的高科技企业，并达到了一定的产业规模。虽然语音和笔（手势）通道因其自身的特点，在抗干扰、准确度等方面仍显不足，但它们在多通道整合、领域受限应用等配合下，最有希望成为新一代实用的自然交互技术。

MMI的通道（界面）技术中，还有不少新的通道技术，如手语识别和合成、视线跟踪（眼动）、生物特征识别（指纹/眼睛虹膜/掌纹/笔迹/步态/语音/人脸/DNA等）、唇读和人脸表情识别等技术，这些方面的新成果不断涌现，应用领域不断扩展。

自然语言理解始终是自然人机交互的最重要目标。虽然目前在语言模型、语料库等方面均有进展，但由于它本身具有的难度（自然语言的不规范性等），自然语言理解仍是计算机科学家和语言学家的一个长期研究目标。

MMI的一个核心研究内容是多通道的整合问题，即多通道用户界面问题，包括多通道用户界面的模型、设计、实现、评估和应用等诸多方面。不同通道（语音和笔/语音和唇读）、不同任务（基于地图的仿真/讲话者标识）、不同环境（安静/有噪声）下的多通道系统，可以显著降低错误率，具有更好的稳定性，有效地提高交互的效率和用户的满意度。

自2002年以来，国际组织W3C（World Wide Web Consortium）组织Apple、IBM、Siemens、Intel等著名企业，进行了MMI的协议标准开发工作。通道可包括GUI、speech、vision、pen、gestures、haptic等，其中输入可包括声音、键盘、鼠标、触笔、触垫等，输出可包括图形显示器、声音或语言提示等。这些协议包括多通道交互框架

（multimodal interaction framework）、多通道交互需求（multimodal interaction requirements）、多通道交互用例（multimodal interaction use cases）、可扩展多通道注释语言需求（extensible multiModal annotation language requirements）、数字墨水需求（ink requirements）、可扩展多通道注释标记语言（extensible multiModal annotation markup language）等。大量标准的制定既反映了MMI技术已日趋成熟，也反映了MMI市场的激烈竞争，大家都想通过标准形成市场控制力。

2. 虚拟现实和三维交互

二维图形用户界面的一个发展方向是在桌面上显示三维效果，同时虚拟现实技术的一个最重要特征是它的立体沉浸感。为了达到三维效果和立体的沉浸感，并构造三维用户界面（3D-UI），人们先后发明了立体眼镜、头盔式显示器（HMD）、双目全方位监视器（BOOM）、墙式显示屏的自动声像虚拟环境（CAVE）等。它们已广泛用于不同需求、不同平台的虚拟现实系统中。在三维输入设备方面，三维鼠标、三维跟踪球、三维游戏杆已广泛应用于各种三维及网络游戏中。在大型虚拟现实系统中，目前仍广泛使用各种超声、电磁、光导介质的位置跟踪设备，头动位置检测器、数据手套、数据衣服等虽然有很多不便之处，但因其精度高，仍是大型虚拟现实系统的主要交互设备。触觉和力反馈装置已经有大批不同价位的产品出现在市场，成为军事、医学、游戏等应用领域的新型交互设备。值得重视的是，由于数字摄像技术在价格和精度方面的快速发展，同时由于各种识别技术的进展，采用多方位、多角度、多台数字摄像机构建的无障碍虚拟现实环境，已广泛用于室内条件下的虚拟现实系统（如智能办公室、智能教室等）。

目前，由于用平面照片构造三维模型存在精度问题等，因而三维扫描设备有快速发展的趋势，并已广泛应用于虚拟现实、文物保护、建筑修复与翻新、古迹数字化存储、GIS近景数据获取、工程改造与维护、历史资料建档施工、仿真模拟等。三维扫描设备有接触式和非接触式、手持和固定、不同精度之分，可按不同应用环境和精度要求来选取。可以看到非强制、无障碍、高精度、低价格是今后交互设备的发展趋势。

3. 可穿戴计算机和移动手持设备交互

可穿戴计算机可广泛应用于野外作业，如军事作战与训练、航天器、海洋的油井平台等。它设计的主要问题是如何在有限的工作空间内提供各种信息工具的无缝集成。为了达到这个目的，系统必须通过一种自然、非强制的方法来提供功能，以便让用户的注意力集中在手上的任务，而不被系统所分心。在用户和所有设备（鼠标、键盘、监视器、操纵杆、移动通信设施等）之间应该有固定的物理联系。在可穿戴计算机的人机交互中，应特别重视自然的多通道界面（如语音、视线跟踪、手势等）、上下文感知应用（如位置、环境条件、身份等传感器）、经验的自动捕捉及访问。移动手持计算设备是指具有计算功能的PDA、掌上电脑、智能手机等小型设备。随着无线互联网、移动通信网的快速发展，手机的普及率越来越高，将计算功能嵌入手机、通信功能加入掌上电脑已成潮流。

4. 智能空间及智能用户界面

智能空间（smart space）是指一个嵌入了计算、信息设备和多通道传感器的工作空间。由于在物理空间中嵌入了计算机视觉、语音识别、墙面投影等MMI能力，使隐藏在视线之外的计算机可以识别这个物理空间中人的姿态、手势、语音和上下文等信息，进而判断出人的意图并做出合适的反馈或动作，帮助人们更加有效地工作，提高人们的生活质量。这个物理空间可以是一张办公桌、一个教室或一幢住宅。由于在智能空间里用户能方便地访问信息和获得计算机的服务，因而可高效地单独工作或与他人协同工作。目前，许多研究机构已经开始了对智能空间的研究。

MIT的人工智能实验室从1996年开始了名为Intelligent Room的研究项目，其目的在于探索先进的人机交互和协作技术，具体目标是建立一个智能房间，解释和增强其中发生的活动。通过在一个普通会议室和起居室内安装多台摄像头、麦克风、墙面投影等设施，使房间可以识别身处其中的人的动作和意图，通过主动提供服务，帮助人们更好地工作和生活。例如，当墙面投影图像是一张地图时，他可以用手指向某个区域并用语音问计算机这是哪个位置。

清华大学的智能教室把一个普通的教室空间增强为教师和远程教育系统的交互界面，在这个空间中教师可以摆脱键盘、鼠标、显示器的束缚，用语音、手势，甚至身体语言等传统的授课经验来与远程的学生交互。在这里，现场的课堂教育和远程教育的界限被取消了，教师可以同时给现场的学生和远程的学生进行授课。智能教室实现了实时远程教学，它借助于一种可靠多播协议和自适应传输机制的支持，可以在网上开展交互式的远程教育。同时，这个空间可以自动记录教学过程中发生的事件，产生一个可检索的复合文档，作为有现场感的多媒体课件来使用。

将智能技术结合到用户界面中，而构成智能用户界面（intelligent user interface，IUI），智能技术是它的核心，其最终目标是使人机交互和人人交互一样自然、方便。

智能环境是指用户界面的宿主系统所处的环境应该是智能的。智能环境的特点是它的隐蔽性、自感知性、多通道性及强调物理空间的存在。智能空间是智能环境的一种。在当今的无线互联网时代，人们通过跨地域的互联网已可以和世界上任何地方进行交互。互联网、GPS、移动通信、家电一体化等已为更大范围的智能环境创造了良好的基础。

上下文感知是提高计算智能性的重要途径。上下文（context）是指计算系统运行环境中的一组状态或变量，其中的某些状态和变量可以直接改变系统的行为，而另一些则可能引起用户兴趣从而通过用户影响系统行为。上下文感知计算是指系统自动地对上下文、上下文变化以及上下文历史进行感知和应用，根据它调整自身的行为。任何可能对系统行为产生影响的因素都属于上下文的范畴，包括用户的位置、状态和习惯、交互历史、设备的物理特征、环境温度、光强、交通、周围人等各种状态。

智能体（agents）是一个计算性的独立系统，在智能技术中具有极其重要的作用。SRI 提出的开放智能体结构（open agent architecture，OAA）和 OGI 提出的 AAA（adaptive agent architecture）是当今开发多 agent 系统使用得比较广泛的两个通用框架。

5. 物理界面

1981 年，施乐公司提出了 GUI 概念，计算机进入 WIMP 界面时代。1991 年，Mark Weiser 提出了普适计算，计算是无处不在的，是不可见的，物理世界本身就是界面，即物理界面（tangible UI，TUI）（见图 5-25）。TUI 通过实现数字信息可触摸，从而实现物理世界和信息世界无缝集成。TUI 试图摒弃 GUI 界面范式，力图使物理环境成为界面本身，更多地借鉴了在计算机出现以前人们的交互方式。

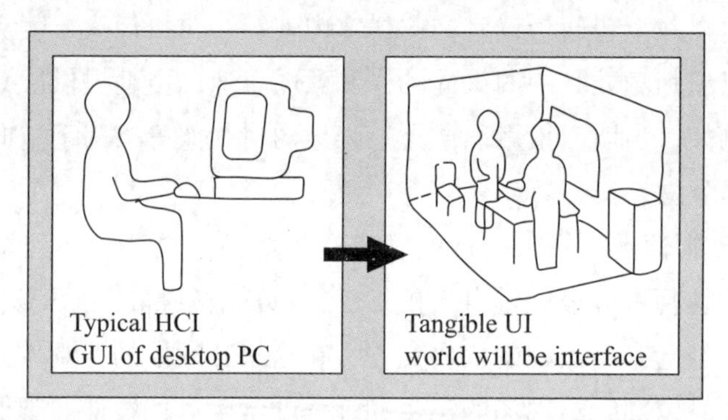

图 5-25　由 GUI 到 TUI

5.2.4　人机交互面临的挑战

从桌面环境到物理世界，从 GUI 到 TUI，人机交互的三个关键概念始终没变，即交互式表面、信息和物体的链接、环境反馈。当前，人机交互面临以下新的挑战和机遇。

1. 无所不在的计算

无所不在的计算（ubiquitous computing，Ubicomp）是由 Xerox PARC 首席科学家 Weiser 1988 年提出的。他认为从长远看计算机会消失，但这种消失并不是技术发展的直接后果，而是人类心理的作用，因为计算变得无所不在。当人类对某些事物掌握得足够好的时候，这些事物就会和生活不可分，人们就会慢慢地不觉得它的存在。就像现在的纸和笔无所不在一样，将来计算机会看不见，而计算会无所不在，不可见的人机交互也会无所不在，就像人们时刻呼吸着的氧气一样，看不见却可以体验到。无所不在的计算强调把计算机嵌入到环境或日常工具中去，而将人们的注意重心集中在任务本身。

国外已开展的大量研究工作表明，无所不在的计算是一项长期研究目标，它涉及众多领域，如硬件、软件、网络、心理学、社会学等，而其核心是自然的人机交互。要适应任何一个“Any”都将有大量的工作要做。例如，任何设备都需要解决微型化、数据交换、互操作性和平台问题等；任何人“Anyone”都需要解决各类自然语言理解和翻译等问题。各类自然感知技术，不同设备、网络、平台的无缝连接和可扩展性，感知上下文技术（包括情感交互）等均是无所不在计算的关键技术。

2. 虚拟现实和科学计算可视化

虚拟现实是通过计算机可看到各式各样的虚拟世界，科学计算可视化是将各式各样计算装置嵌入到世界万物中，前者可能是大型分布式计算机应用系统，后者可能是联网的微型计算设备。大型虚拟环境和科学可视化系统，均需构造三维交互环境，但目前还没有非常方便高效的手段。而当多人协同或远距离操作时，还有更多问题需要解决。有实用前景的增强现实（augmented reality，AR）技术也有许多问题要解决，如被动观察、简单浏览、同步配合等。虚拟现实和科学计算可视化从三维交互设备、自然交互、上下文感知等方面，同样提出了大量新的人机交互问题。

3. 图形用户界面

图形用户界面不会被替代而是会增强，也不存在一个最终、最佳的用户界面。计算机应是不可见的，则界面的理想境界是没有界面。图形用户界面 WIMP 将继续在许多办公室应用、桌面应用中长期使用。它将在以下几方面继续发展：从直接控制到非直接控制，从二维到三维视感，更准确的语音、手势识别，高质量的触觉反馈设备，更方便的界面开发工具，用视频摄像来识别用户的身份、位置、眼动和姿势，等等。

4. 人机能力发展速度不平衡

不管摩尔定律是否继续成立，计算机的运算速度、存储能力以至整体计算能力一直都在成倍翻新中。而人的能力呢？人的记忆、理解能力等认知能力是不随时间成倍增长的。那么人和计算机的交互就会存在严重的不平衡。因此，人们必须用工具或手段来扩展人的认知能力。顺风耳、千里眼，以至各种嵌入式设备如眼镜、手套、耳机等都是为了减轻人的认知负荷，扩展认知能力。人机交互技术从本质上讲是为了减轻人的认知负荷，增强人类的感觉通道和动作通道的能力。

变革的时代会创造出无数新事物、新名词。在 GUI / WIMP 不再适应计算机快速发展时，新一代界面的新名词就会层出不穷，如有知觉的界面、有形的界面或实物操作界面等。现在喜欢用计算来代替计算机，无所不在的计算、普适计算、移动计算、可穿戴计算、智能计算、不可见计算等新概念纷纷涌现。这里不再逐一解释它们的含义或区分它们的差异。无所不在的计算是一项长期的目标，它表明人机交互在嵌入性和可移动性方面的理想目标。普适计算、不可见计算侧重于它的嵌入性，而可穿戴计算、移动计算则侧重于它的移动性，智能计算则更侧重于智能。图 5-26 形象地表示了它们的联系。

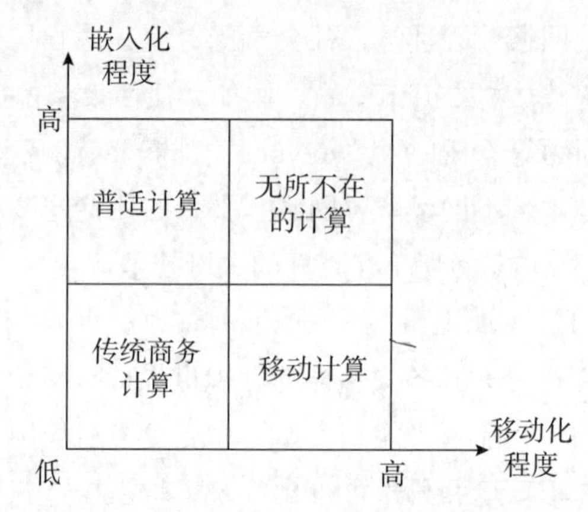

图 5-26　计算的嵌入型和可移动性

本章小结

通信是比特的运输系统，如何快速、准确地运输比特就成为通信系统不断演化的目标。路由技术、各类通信协议、信息处理技术、网络通信技术都是这方面的基础技术。人机交互的本质是人与计算机的通信，已经成为数字产业竞争的焦点，也是数字化发展的关键瓶颈。自然高效的多通道交互、虚拟现实和三维交互、可穿戴设备和移动手持设备交互、智能空间和智能用户界面已经成为目前人机交互的关键技术。

习题五

1. 描述路由过程。
2. 阐述 IP 通信流程的特征。
3. 阐述计算机网络的性能指标含义。
4. 阐述三网融合的价值和技术条件。
5. 阐述现代通信网络基本模型、组成特征和关键技术。
6. 阐述 5G 的特征和关键技术。
7. 为什么说人机交互是计算机发展的主要障碍？
8. 阐述人机交互的关键技术。
9. 人机交互面临什么样的新挑战？

第6章 数据与算法

学习目标

- 了解数据、大数据、数据结构、数据库等基本概念
- 了解关系数据库、NoSQL 技术，以及数据库管理技术的发展趋势
- 了解算法的基本概念
- 了解算力、云计算、边缘计算、端计算、算力网络等基本概念

比特在计算机内被运算、存储，在通信网络中被传输，多通道地进行着人机交互，使得自然界和人类社会逐步数字化，形成了一个广阔的与自然界和人类社会相对应的赛博空间。人们通过设计算法，对数据进行计算，以解决各种问题。计算是求解问题的过程，数据是计算的对象与产物，算法是计算过程的形式化描述。

6.1 数据世界

数据（data）是事实或观察的结果，是对客观事物的逻辑归纳，源自生产实践、社会实践、实验观测或模拟计算，记录了人类的行为，涉及人们的工作、生活等方方面面和社会发展的各个领域，是一种表现自然和生命的重要形式。它是一种可识别的、抽象的符号，不单单指狭义上的数字，还可以是具有一定意义的文字、字母、数字符号的组合，或是图形、图像、视频、音频等，或是客观事物的属性、数量、位置及其

相互关系的抽象表示。例如，“0”“1”“3”“阴”“雨”“下降”都是数据，学生的档案记录、货物的运输情况等也是数据。

数字化时代，数据是指所有能输入到计算机并被计算机程序处理的符号介质总称，是输入电子计算机进行处理的，具有一定意义的数字、字母、符号和模拟量等的统称。能够输入到计算机里面的任何信息，都是数据，并且处理数据的计算机程序本身也是数据。大量的数据存在于计算机系统中，通过网络互联，形成了赛博空间（cyberspace）。赛博空间正在经历一个不断发展的过程（见图 6-1），既表示了现实世界的数字化部分，同时还创造了现实世界不存在的部分，如游戏世界。可通过研究赛博空间来研究物理世界，如生物信息学、行为信息学等。

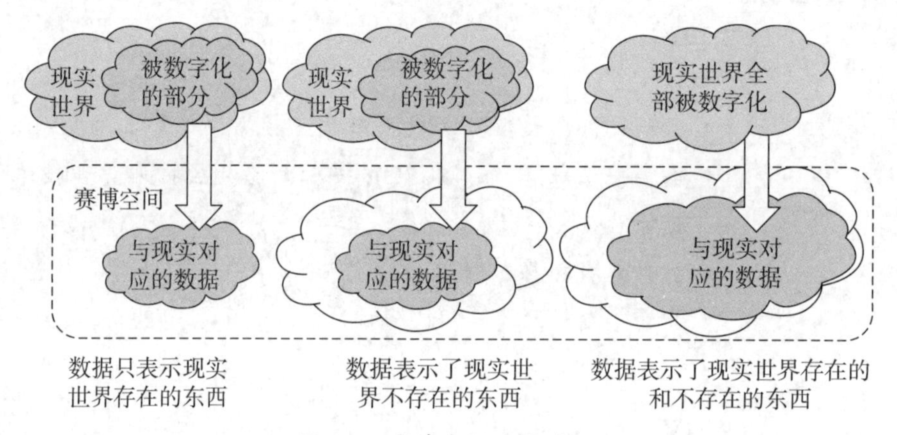

图 6-1　赛博空间发展过程

随着现实世界数字化技术的飞速发展，赛博空间呈现以下问题。

1. 数据不为人类所控制

一方面，信息和数据爆炸式的增长早已超出了人类的掌控范围；另一方面，当面临计算机病毒大量出现和广泛传播、垃圾邮件泛滥成灾时，当遭遇来自网络的暴力和攻击，或者在信息高速公路严重阻塞时，人们容易失去对数据的控制。现实生活中，人们在不断地生产数据，不但计算机产生数据，各种电子设备也在产生数据。例如，照相、拍电影、出版图书、刊印报纸时在生产数据；拍 X 光片、做 CT 检查、做各种检验时在生产数据；人们出行坐车、上班考勤、购物刷卡时也都在生产数据。再如，像计算机病毒这类数据，还能不断快速地大规模地生产，而且这种大规模的随时随地生产数据的情形是任何政府和组织所不能控制的。可见，虽然从个体上来看，其生产数据是有目的的，是可以控制的，但从总体上来看，数据的生产是不以人的意志为转移的，它是以自然的方式增长的。因此，数据已经不为人类所控制。

2. 数据的未知性

在赛博空间中，大量数据存在未知性，如不知道从互联网上获得的数据是否正确和真实；在不同的网站对相同的目标进行搜索，在得到不同的结论时，也无从分辨到底哪个是正确的；就算网络中的某个数据库早已显示人类将面临能源危机，但人们却无法得到具体的进一步的相关知识；等等。早期，计算机所做的工作和产生的数据都是可知的，如将已知的数据存储到计算机中，将已知的算法写成计算机程序，数据、程序和程序执行的结果都是已知的或可预期的。而现在，随着设备和仪器的数字化进程加快，大量并不确切的数据被生产出来并存入计算机系统。

例如，人类基因组计划开始后，巨量的 DNA 数据被存储到计算机系统中，这些数据是通过 DNA 测序仪器检测出来的各种生命 DNA 序列数据。这些数据虽然被存入计算机，但当时的人们并不了解这些 DNA 序列数据表达的是什么，对于是什么基因片段使得人与人之间相同或不同，物种进化的基因如何变化，物种基因是否有进化或突变等，也都是没有确切结论的。

尽管每个人只是将个人已知的事物和事件存储到计算机系统中，但是，当整个组织、整个城市或整个国家的公民都将各自的工作、生活的事物和事件存储到计算机系统中时，数据将反映这个组织、这个城市或这个国家整体的状况，包括其国民经济与社会发展的各种规律和问题，这些事情也是事先不知道的，也即数字化工作将社会经济规律这些未知的东西也存储在计算机系统中。

在新型的数字产品方面，数据更是未知的。例如，电子游戏创造了一个全新的世界，这个世界的所有场景角色都是虚拟的，甚至还有虚拟的货币。这些虚拟世界的事物又通过游戏玩家与现实世界联系起来。因此，游戏世界表现的和内在的东西在现实世界中也是没有的，是未知的。

3. 数据的多样性和复杂性

随着数字化的不断发展，越来越多的数据被存储到计算机系统中，数据的类别和数据的形式多种多样，计算机系统中的数据是多样的和复杂的。数据的多样性是指数据有各种类别，如各种语言的、各种行业的、空间的、海洋的、DNA 的，等等；也有在互联网中或不在互联网中的、公开的或非公开的、企业的或政府的，等等。这些数据能够通过搜索引擎被访问到。数据的复杂性是指数据具有各种各样的格式，包括各种专用格式和通用格式，且数据之间存在着复杂的关联性。相当多的数据是由专用数字化设备产生的，如医学影像数据（X 光、MR、CT 等），还有些是 GIS、多媒体等数据。这些数据有专用的格式，依赖于专门的设备或专门的软件。还有大量数据由通用的数据库管理系统管理，有通用的数据格式，处理起来比较方便。另有大量数据存储在互联网上，这类数据门类和格式繁多，甚至是垃圾数据、病毒数据等。

目前，对数据的研究和技术可以分为两个方面，一方面是数据存储和管理技术，如数据库、数据仓库等技术；另一方面是对数据本身的研究，如数据挖掘等。

6.2 数据基本知识

6.2.1 数据的概念

下面来理解数据的一些基本概念。

（1）数据计量单位。数据在物理上以字节（Byte）作为其大小的计量单位，1字节为一个数据单位，1字节等于8比特。

（2）数据原子。数据原子（data atomic）是不可分割的最少数据单位，各类字符集中的字符，如ASCII码中的字符（a，b，…，z；1，2，…）、中文字符（中、上、下、天……）等都是数据原子。数据原子一般为单个字节（如ASCII码），也有的为双字节（如汉字）。

（3）数据项。数据项（data item）是数据原子的有限集合，用于描述数据对象的特性，也是可命名的，并且可以定义其数据类型，但没有独立含义。脱离数据对象单独讨论数据项是没有意义的。例如，一个电话号码是一个数据项，但是如果不知道这个电话号码的拥有者是谁，这个电话号码就失去了意义。

（4）数据元素。数据元素（data element）是数据的基本单位，也叫节点或记录，是可命名的，具有独立含义。在算法中通常作为一个整体来进行考虑和处理。一个数据元素由有限个数据项组成，必须要有一个数据元素标识，其他为数据元素内容。如一个学生作为数据元素，学号是数据标识，其他数据项，如姓名、籍贯等为数据内容。数据元素相当于关系数据库表中的一条记录。

（5）数据对象。数据对象（data object）是性质相同的数据元素的集合，说简单点就是关系数据库中的一张表。

（6）数据集。数据集（data set）是数据对象的集合，如一个班级学生的数据、一个企业的产品数据都是数据集。一般情况下，数据集是有限集合，当然也有一些无限的数据集需要处理，如流数据。数据在任何时刻都是有限的，数据科学通常用于处理有限数据集。

（7）元数据。元数据（mata data）是描述数据的数据。例如，ASCII表结构是用来表述数据原子的，NAME是用来描述数据项的，EMPLOYEE（ID，NAME，RANK）是用来描述职工这个对象数据的，DATABASE= { table1（al，a2，…），table2（bl，b2，…），…} 是用来描述一个数据集的。

（8）数据工具。数据工具（data tool）指的是计算机系统中存储的能够运行的计算机程序或软件系统，是一种特殊的数据对象。数据工具通常用于处理数据，但数据工具本身也是数据，可以被其他数据工具处理。例如，杀毒软件是一个数据工具，它用于处理病毒程序，而病毒程序也是一个数据工具，还能自我复制传播，即自己处理自己。

6.2.2 数据属性

数据有哪些基本属性呢？数据属性包括物理属性、存在属性、信息属性和时间属性等。

1. 物理属性

物理属性指数据在存储介质中以二进制串的形式存在。数据的物理存在确切占有了存储介质的物理空间，是数据真实存在的表现，并且可以度量，度量基本单位为比特（bit）。数据的物理存在可以直接用于制作数据复本和数据传输，也可以通过特殊的方法直接从物理存在勘探数据和破解数据，如比特流分析。

2. 存在属性

存在属性指数据以人类可感知（通常为可见、可听）的形式存在。在计算机系统中，物理存在的数据，需要通过I/O设备以日常的形式展现出来，可以被人所感知、所了解。

3. 信息属性

信息属性是指数据是否具有含义，具有什么含义。通常数据通过解释就会有含义，数据的含义即信息；也有没有含义的数据，例如，一个随机输入计算机的数据，就没有含义，但它仍然是一个数据。

数据的物理属性和存在属性一一对应，例如，data是一个数据，是数据空间存在的数据，其物理表现为01100100 01100001 01110100 01100001，而DATA是另一个数据，其物理存在表现为01000100 01000001 01010100 01000001。一个信息属性可以对应多个存在属性。例如，DATA和data是两个数据，就信息属性而言是一个信息或者一个信息对象；又如，Y. Y. ZHU和Yangyong Zhu也是两个数据，但也有可能是一个信息或表示现实世界的同一个人名。事实上，数据的存在属性和信息属性之间的联系因人而异、因事而异，没有固定的规则和形式。

4. 时间属性

时间是现实世界中的一个基本要素，时间使现实世界朝着一个不可逆的方向发展前进，时间能够让人们区分过去和未来。数据世界中没有时间的概念，就其本身来说，数据存在没有过去和未来，将一个数据项在t_1、t_2、t_3这3个时刻分别赋予值100、20、100，则在t_1和t_3时刻数据项的值相同，于是可以说在t_3时刻，数据项回到t_1时刻的样子。现实世界中，任何事物在任何两个时刻都是不同的。如果数据要用于表示现实世界一个随时间变化的事物，要想表示数据对应于现实世界的时间概念，则需要给数据加盖时间戳。在数据世界中，数据没有寿命的概念。虽然数据的载体会折旧，但数据不会折旧。因此，可以通过更换数据存放的载体来保持数据一直存储在计算机系统中。

6.2.3 数据结构

数据结构（data structure）是计算机存储、组织数据的方式，是相互之间存在一种或多种特定关系的数据元素集合，即带结构的数据元素的集合。结构就是指数据元素之间存在的关系，分为逻辑结构和存储结构，两者密切相关，同一逻辑结构可以对应不同的存储结构。算法的设计取决于数据逻辑结构，而算法的实现依赖于指定的存储结构。

1. 数据逻辑结构

数据逻辑结构反映了数据元素之间的逻辑关系，逻辑关系是指数据元素之间的前后关系，与它们在计算机中的存储位置无关。逻辑结构可以简单地分为线性结构和非线性结构两类。

线性结构表明各个节点具有线性关系。如果用数据结构的语言来描述，线性结构包括如下三个特点：

（1）线性结构是非空集；

（2）线性结构有且仅有一个开始节点和一个终端节点；

（3）线性结构的所有节点都最多只有一个直接前驱节点和一个直接后继节点。

线性表就是典型的线性结构，还有栈、队列和串等都属于线性结构。

非线性结构则表明各个节点之间具有多个对应关系。如果用数据结构的语言来描述，非线性结构包括如下两个特点：

（1）非线性结构是非空集；

（2）非线性结构的一个节点可能有多个直接前驱节点和多个直接后继节点。

在实际应用中，数组、广义表、树结构和图结构等数据结构都属于非线性结构。

2. 数据存储结构

数据存储结构是数据结构在计算机中的表示，包括数据元素的机内表示和数据元素之间关系的机内表示。由于具体实现的方法有顺序、链接、索引、散列等多种，所以一种数据逻辑结构可表示成一种或多种存储结构。数据元素在机内用比特串表示，通常称这种比特串为节点（node）。当数据元素由若干数据项组成时，比特串中与各个数据项对应的子串称为数据域（data field）。数据元素之间关系的机内表示可以分为顺序映象和非顺序映象。顺序映象借助元素在存储器中的相对位置来表示数据元素之间的逻辑关系。非顺序映象借助指示元素存储位置的指针来表示数据元素之间的逻辑关系。

3. 常用的数据结构类型

程序设计中常用的数据结构包括如下几个，这些常用结构也是大家需要熟悉掌握的。

（1）数组（array）。数组是将具有相同类型的若干变量有序地组织在一起的集合。数组可以说是最基本的数据结构，在各种编程语言中都有对应。一个数组可以分解为多个数组元素，按照数据元素的类型，数组可以分为整型数组、字符型数组、浮点型数组、指针数组和结构数组等。数组还可以有一维、二维以及多维等表现形式。

（2）栈（stack）。栈是一种特殊的线性表，它只能在一个表的一个固定端进行数据节点的插入和删除操作。栈按后进先出的原则来存储数据，也就是说，先插入的数据将被压入栈底，最后插入的数据在栈顶，读出数据时，从栈顶开始逐个读出。栈在汇编语言程序中，经常用于重要数据的现场保护。

（3）队列（queue）。队列和栈类似，也是一种特殊的线性表。和栈不同的是，队列只允许在表的一端进行插入操作，而在另一端进行删除操作。一般来说，进行插入操作的一端称为队尾，进行删除操作的一端称为队头。

（4）链表（linked list）。链表是一种数据元素按照链式存储结构进行存储的数据结构，这种存储结构具有在物理上存在非连续的特点。链表由一系列数据节点构成，每个数据节点包括数据域和指针域两部分。其中，指针域保存了数据结构中下一个元素存放的地址。链表中数据元素的逻辑顺序是通过指针链接次序来实现的。

（5）树（tree）。树是典型的非线性结构。在树结构中，有且仅有一个根节点，该节点没有前驱节点。在树结构中的其他节点都有且仅有一个前驱节点，而且可以有两个或两个以上后继节点，没有后继节点的节点称为叶节点。

（6）图（graph）。图是另一种非线性数据结构。在图结构中，数据节点一般称为顶点，而边是顶点的有序偶对。如果两个顶点之间存在一条边，那么就表示这两个顶点具有相邻关系。

（7）堆（heap）。堆是一种特殊的树结构，一般讨论的堆都是二叉堆。堆的特点是根节点的值是所有节点中最小的或者最大的，并且根节点的两个子树也是一个堆结构。

6.2.4　数据库

数据库（database，DB）是一个按数据结构来存储和管理数据的计算机软件系统。数据库的概念实际包括两层意思，一是数据库是一个实体，是能够合理保管数据的具有很大空间的“仓库”。用户在该“仓库”中存放百万条、千万条、上亿条要管理的数据，数据和库两个概念结合成为数据库；二是数据库是数据管理的新方法和技术，能更合适地组织数据、更方便地维护数据、更严密地控制数据和更有效地利用数据。下面简要阐述关系数据库、非关系数据库、分布式数据库和数据库管理系统四个概念。

1. 关系数据库

关系数据库和常见的表格比较相似，关系数据库中表与表之间有很多复杂的关联关系。在轻量或者小型的应用中，使用不同的关系数据库对系统的性能影响不大，但是在构建大型应用时，则需要根据应用的业务需求和性能需求，选择合适的关系数据库。常见的关系数据库有 MySQL、SQL Server、Oracle 等。

关系数据库大多数都遵循结构化查询语言（structured query language，SQL）标准，常见的操作有查询、新增、更新、删除、求和、排序等。关系数据库适合处理结构化数据，如学生成绩、地址等，这样的数据一般情况下需要使用结构化的查询，精确度要求高。结构化数据的规模不算太大，数据规模的增长通常也是可预期的，使用关系数据库比较好。

关系数据库十分注意数据操作的事务性、一致性。在开发关系数据库系统时，是先有结构，后有数据，即先要设计数据库结构，然后才能往里面装数据。关系数据库要遵守原子性（atomicity）、一致性（consistency）、隔离性（isolation）和持久性（durability）原则，简称 ACID 原则。

2. 非关系数据库

随着技术的不断拓展，为了达到简化数据库结构、避免冗余等目的，出现了大量的非关系数据库（not only SQL，NoSQL），如 MongoDB、Redis、Memcache 等。NoSQL 指的是分布式的、非关系的、不保证遵循 ACID 原则的数据存储系统。

NoSQL 数据库技术与 CAP 理论、一致性哈希算法有密切关系。所谓 CAP 理论，简单来说就是一个分布式系统，它不可能同时满足可用性、一致性与分区容错性这三个要求，一次性满足两种要求是该系统的上限。而一致性哈希算法则指的是 NoSQL 数据库在应用过程中，为满足工作需求而在通常情况下产生的一种数据算法，该算法能有效解决工作方面的诸多问题，但也存在弊端，即工作完成质量会随着节点的变化而产生波动，当节点过多时，相关工作结果就无法那么准确。这一问题使整个系统的工作效率受到影响，导致整个数据库系统的数据乱码与出错率大大提高，甚至会出现数据节点的内容迁移，产生错误的代码信息。但尽管如此，NoSQL 数据库技术还是具有非常明显的应用优势，如数据库结构相对简单，在大数据量下的读写性能好；能满足随时存储自定义数据格式需求，非常适用于大数据处理工作。

NoSQL 数据库适合追求速度和可扩展性、业务多变的应用场景。它更适合处理非结构化数据，如文章、评论等。这些数据通常只用于模糊处理，并不需要像结构化数据一样进行精确查询，而且这类数据的数据规模往往是海量的，数据规模的增长往往也是不可预期的，而 NoSQL 数据库的扩展能力几乎也是无限的，所以 NoSQL 数据库可以很好地满足这一类数据的存储。NoSQL 数据库利用 key-value 对获取大量的非结构化数据，并且数据的获取效率很高，但用它查询结构化数据效果就比较差。

目前 NoSQL 数据库仍然没有一个统一的标准，它现在有四种大的分类：

（1）键值对（key-value）存储，代表软件为 Redis，它的优点是能够进行数据的快速查询，缺点是需要存储数据之间的关系。

（2）列存储，代表软件为 Hbase，它的优点是对数据能快速查询，数据存储的扩展性强，缺点是数据库的功能有局限性。

（3）文档数据库存储，代表软件为 MongoDB，它的优点是对数据结构要求不特别严格，缺点是查询性的性能不好，同时缺少一种统一的查询语言。

（4）图形数据库存储，代表软件为InfoGrid，它的优点是可以方便地利用图结构相关算法进行计算，缺点是要想得到结果必须进行整个图的计算，而且遇到不适合的数据模型时，图形数据库很难使用。NoSQL与关系数据库之间的主要区别见表6-1。

表6-1　关系数据库和NoSQL的对比

比较项目	关系数据库	NoSQL
存储方式	表格的行和列方式	数据集方式，如键值对、图结构或者文档等
存储结构	结构化的方法	非结构化的数据
存储规范	最小关系表	平面数据集
扩展方式	纵向扩展	纵向、横向扩展
查询方式	结构化查询语言（SQL）	非结构化查询语言（UnSQL）
规范化	需要规范化数据	不需要规范化数据
事务性	强调ACID规则	强调BASE原则
读写性能	数据量大时很差	良好
授权方式	绝大部分需要授权，收取高昂费用	开源

3. 分布式数据库

分布式数据库是指在地理意义上分开但在逻辑上又是属于同一个系统的数据库节点结合起来的一种数据库。这个系统并不注重集中控制，而是注重每个数据库节点的自治性。程序员在编写程序时完全不用考虑数据的分布情况，这样可以减轻工作量，减少系统出错。数据独立性在分布式数据库管理系统中同样十分重要，它保证数据进行转移时程序正确性不受影响，就像数据并没有在编写程序时被分布一样。

分布式数据库允许一定的数据冗余，这点和一般的集中式数据库系统不一样。原因之一是为了提高局部的应用性而要在那些被需要的数据库节点复制数据，原因之二是如果某个数据库节点出现系统错误，在修复好之前，可以通过操作其他的数据库节点里复制好的数据来让系统能够继续使用，以提高系统的有效性。

4. 数据库管理系统

数据库管理系统（DBMS）是为管理数据库而设计的软件系统，是数据库系统的核心组成部分，主要实现对数据库的操纵与管理功能，完成数据库对象的创建、数据库存储数据的查询、添加、修改与删除操作和数据库的用户管理、权限管理等。它的安全直接关系到整个数据库系统的安全。DBMS可以依据它所支持的数据库模型来进行分类，如关系式、XML；或依据所支持的计算机类型分类，如服务器群集、移动电话；或依据所用查询语言分类，如SQL、XQuery；抑或其他的分类方式。不论采用哪种分类方式，DBMS一般是能够跨类别的，如可同时支持多种查询语言。

6.2.5 数据仓库

企业的数据处理大致分为两类：一类是操作型处理，也称为联机事务处理，它是针对具体业务在数据库联机的日常操作，通常对少数记录进行增加、删除、修改和查询以及简单的汇总操作，涉及的数据量一般较少，事务执行时间一般较短；另一类是分析型处理，一般针对某些主题的历史数据进行分析，则需要扫描大量的数据，进行分析、聚集操作，有些分析处理需要对数据进行多遍扫描，分析查询执行的时间以分钟计或者小时计，最后获得数据量相对小得多的聚集结果和分析结果，以支持管理决策。为了给企业各级别的决策过程提供数据支持，数据仓库（data warehouse，DW）应运而生。

比尔·恩门在《建立数据仓库》(*Building the Data Warehouse*）一书中给出了数据仓库的定义，即数据仓库是一个面向主题的、集成的、相对稳定的、反映历史变化的数据集合，用于支持管理决策。数据仓库的特征在于面向主题、集成性、稳定性和时变性。

（1）数据仓库是面向主题的。主题是指用户使用数据仓库进行决策时所关心的重点方面，如收入、客户、销售渠道等。所谓面向主题，是指数据仓库内的信息是按主题进行组织的，而不是像操作型业务支撑系统那样是按照业务功能进行组织的。一个主题通常与多个操作型信息系统相关。操作型数据库的数据组织面向事务处理任务，而数据仓库中的数据按照一定的主题域进行组织。

（2）数据仓库是集成的。数据仓库的数据来自分散的操作型数据，要求将所需数据从原来的数据中抽取出来，进行加工与集成，统一与综合之后才能进入数据仓库。数据仓库中的数据是在对原有分散的数据库数据抽取、清理的基础上经过系统加工、汇总和整理得到的，源数据中的不一致性必须消除掉，以保证数据仓库内的信息是关于整个企业的一致的全局信息。

（3）数据仓库是基本稳定的。数据仓库中的数据主要供企业决策分析之用，所涉及的数据操作主要是数据查询，一旦某个数据进入数据仓库以后，一般情况下将被长期保留，也就是数据仓库中一般有大量的查询操作，但修改和删除操作很少，通常只需要进行定期的加载、刷新。

（4）数据仓库是时变的。数据仓库中的数据通常随时间变化，数据仓库内的信息并不只是反映企业当前的状态，而是记录了从过去某一时点到当前各个阶段的数据，通过这些数据，可以对企业的发展历程和未来趋势作出定量分析和预测。

数据仓库是在数据库已经大量存在的情况下，为了进一步挖掘数据资源、为了决策需要而产生的，它并不是所谓的大型数据库。为了更好地为前端应用服务，数据仓库往往有以下要求。

（1）效率足够高。数据仓库的分析数据一般分为日、周、月、季、年等，可以看出，以日为周期的数据要求的效率最高，要求 24 小时甚至 12 小时内，客户能看到昨天的数据分析。由于有的企业每日的数据量很大，设计不好的数据仓库经常会出问题，如果延迟 1 ～ 3 日才能给出数据，显然是不行的。

（2）数据质量好。数据仓库所提供的各种信息，肯定要准确的数据，但由于数据仓库流程通常分为多个步骤，包括数据清洗、装载、查询、展现等，复杂的架构导致层次更多，如果由于数据源有脏数据或者代码不严谨，都会导致数据失真，这样的错误信息可能导致客户分析出错，从而造成决策损失。

（3）扩展性强。之所以有的大型数据仓库系统架构设计复杂，是因为考虑到了未来 3 ～ 5 年的扩展性，以保证能在不需反复建设数据仓库系统的情况下，其稳定运行不受影响。为确保数据建模的合理性，数据仓库方案中会多出一些中间层，使得海量数据流能有足够的缓冲，不至于因为数据量的大幅增长而运行不起来。

综上，数据仓库可以将企业多年积累的数据唤醒，这不仅可以为企业管理好这些海量数据，而且可以挖掘数据潜在的价值。广义来说，基于数据仓库的决策支持系统由三个部件组成，即数据仓库技术、联机分析处理（online analytical processing，OLAP）技术和数据挖掘（data mining，DM）技术，其中数据仓库技术是系统的核心（见图 6-2）。

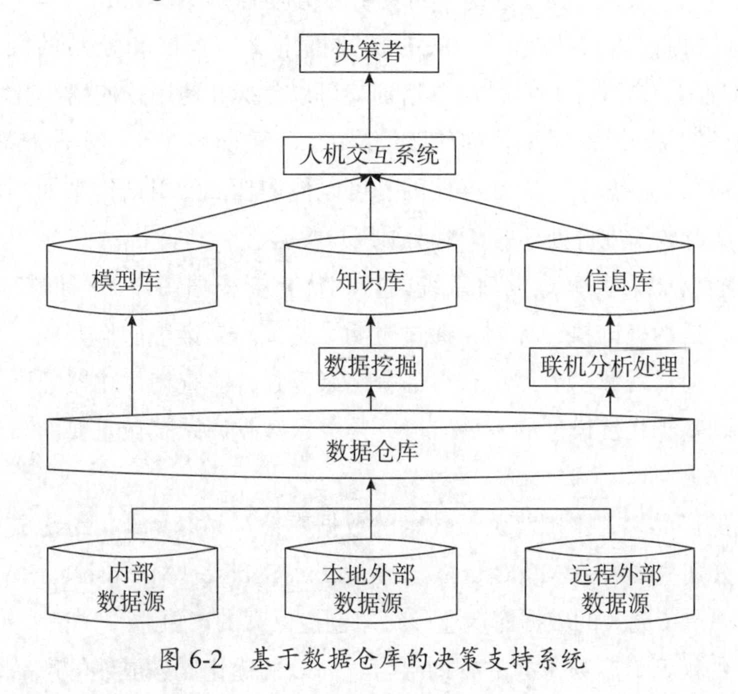

图 6-2　基于数据仓库的决策支持系统

6.3　数据管理技术

下面从数据应用角度，来看看数据管理技术。

6.3.1 关系数据库发展历史回顾

20世纪70年代初，IBM工程师Codd发表了著名的论文*A relational model of data for large shared data banks*，开启了数据管理技术的关系数据库时代。关系数据库管理系统（relational database management system，RDBMS）就是在这篇论文的基础上设计出来的。在此之前的数据库系统主要有基于层次模型的层次数据库（比如IBM公司的IMS系统）、基于网状模型的网状数据库（比如IDS数据库）等。这些数据库的主要缺点是，其数据模型对于普通用户来讲难以理解，软件编写和数据模式（schema）联系过于紧密。

Codd提出的关系数据模型基于表格（关系）、行、列、属性等基本概念，把现实世界中的各类实体（entity）及其关系（relationship）映射到表格上。Codd还为关系模型建立了严格的关系代数运算。世界各地的研究人员对包括存储、索引、并发控制、查询优化、执行优化（包括各种连接算法）等关键技术进行了研究，并且针对数据库的ACID保证提出了日志、检查点和恢复等技术。这些技术解决了数据的一致性、系统的可靠性等关键问题，为关系数据库技术的成熟以及在不同领域的大规模应用创造了必要的条件。除此之外，还有三个因素为关系数据库的应用成功提供了支撑。

（1）结构化查询语言（SQL）。SQL是数据定义、查询和控制的国际标准语言。SQL非常容易理解，普通用户经过简单培训就可以掌握和使用。使用SQL，用户只需要告诉系统查询目的是什么（需要查询什么数据），即what，并不需要告诉系统怎样去做，即how，包括数据在磁盘上是怎么存储的、可以使用什么索引结构来加快数据访问，以及使用什么算法对数据进行处理等，都无须用户关心。

（2）查询优化器。关系数据库系统的查询优化器根据用户的查询特点和数据的特点，自行选择合适的查询执行计划，通过过滤、连接、聚集等操作完成用户的查询，达到执行速度快、消耗资源少、尽快获得部分结果等目标。查询优化器经历了从简单到复杂、基于规则到基于代价模型的发展阶段，是关系数据库系统最重要的和最复杂的模块之一。

（3）成熟的产品。若干围绕关系技术的数据库公司和产品部门纷纷成立，其中获得商业上成功的公司主要有IBM、Oracle、Informix、Sybase、Microsoft、SAP等。这些数据库技术公司创造了庞大的数据库产业，每年创造巨大的产值。

容易理解的模型、容易掌握的查询语言、高效的优化器、成熟的产品，使得关系数据库成为数据管理的首要选择。在1970—2000年间，关系数据库技术和市场占据了绝对的统治地位。关系数据库管理系统厂商还通过扩展关系模型，支持半结构化和非结构化数据的管理，包括XML数据、多媒体数据等，并且通过用户自定义类型和用户自定义函数提供面向对象的处理能力，进而巩固了关系数据库技术的王者地位。

6.3.2　大数据时代关系数据库的挑战

大数据（bigdata）是一个非常流行的词汇。IBM 公司提出了大数据的 5V 特点，即 Volume（大量）、Velocity（高速）、Variety（多样）、Value（低价值密度）、Veracity（真实性）。Volume 决定所考虑数据的潜在价值和信息，数据的量主要体现在非结构化数据的超大规模和增长速度，非结构化数据占总数据量的 80% ～ 90%，比结构化数据增长快 10 ～ 50 倍，大量价值和信息蕴含在这些数据中，仅用传统的数据仓库不能完全唤醒这些数据。Velocity 指获得数据的速度，要求实现实时分析而非批量分析，数据输入、处理与丢弃在线实时进行，要求立竿见影而非事后见效。Variety 说明数据类型的多样性，很多不同的形式如文本、图像、视频、机器数据，有些数据无模式或者模式不明显，有些数据语法和句义不连贯。Value 指合理运用大数据以低成本创造高价值。数据量巨大，价值密度低，存在大量的不相关信息，要从中实现对未来趋势与模式的可预测分析，有时需要借助深度复杂分析，如机器学习等，有时要应用人工智能和传统商务智能相结合等。Veracity 指数据的真实性，衡量的是数据质量。大数据的主要来源包括（但不限于这些）：

（1）大型的电子商务系统。由于用户数量和交易数量巨大，其积累的数据量相当惊人，比如淘宝每天新增的数据量超过 20TB，2020 年天猫“双 11”成交额达 4982 亿元。为了有效地处理如此大规模的数据，淘宝自行开发了海量数据库系统 Ocean Base。在事务处理领域，基于互联网的电子商务系统可能迎来突发的事务请求，如春运期间火车网络售票系统。当电子商务系统通过互联网面向全球用户进行服务时，这种情况将变得很平常。

（2）基于互联网的社交网络是一个重要的大数据来源。比如，互联网积累和存储了大规模的非结构化数据，包括各种类型的文档、媒体文件；人们基于互联网的共享和协作关系，可以描述成一种网络关系，由于人数众多，形成了一个巨大的图，对社会网络进行分析是当前的研究热点，这也是非结构化的数据。

（3）科学研究也积累了大量的数据，比如欧洲原子能中心的大型强子对撞机，每年积累的数据量是 15PB，需要有效的手段对其进行处理。科学研究中的天文观测和高能物理实验都需要对快速采集的大量数据进行处理。

（4）无线射频技术、传感器网络技术、物联网技术的大规模部署，将以前所未有的速度生成数据。这些数据即使经过过滤，只保留有效的数据，其数据量也是惊人的。

（5）在电信领域，为了对用户的行为进行有效的分析，以便提供更加优质的服务，需要对用户的历史通话记录和计费信息进行分析。在中国这样的大国，特别是在发达地区，由于用户数量庞大，电信公司每天新增的数据量是非常大的。

大数据时代迎面而来，关系数据库系统面临诸多挑战。

首先，关系模型不容易组织和管理所有类型多样的数据，比如在关系数据库里，管理大规模的高维时空数据、大规模的图数据等都显得力不从心。

其次，如何通过大量节点的并行操作实现大规模数据的高速处理，仍然是一个巨大的挑战。在关系数据库上进行大规模的事务处理，不仅要解决读操作的性能问题，更需要解决修改操作的性能问题，大量的操作到达，需要有效的处理，才能保证数据的持久性和可靠性。

最后，在关系数据库上进行数据的复杂分析，可以使用统计分析和数据挖掘软件包；现有的统计分析、数据挖掘软件包（SPSS，SAS，R 等）能够处理的数据量受限于内存大小，并行化程度不够。从数据库中提取数据，注入分析软件中进行分析，将导致大量的数据移动，在大数据时代已经不合适，分析应该向数据移动，尽可能地靠近数据完成计算。通过数据划分和并行计算，实现高性能的数据分析成为必然选择。

可以基于关系数据库系统，采用一些暂时的手段解决大数据处理问题，比如关系数据库的分割（sharding）、非规范化（de-normalization）、部署分布式缓存（distributed cache）等，这些方法能够暂时应对大数据处理和分析的挑战。但是，这些技术不能完全应对现代数据管理的重要挑战，无法从根本上解决以下两个问题。

（1）为了对大规模数据进行处理，跨越节点的并行处理都是唯一的选择。大量节点构成的分布式系统，即使选用高端的、可靠的硬件设备，但由于集群规模很大，节点的失败、网络的失效变得很平常，这使得容错保证变得尤其重要。对系统进行大规模横向扩展，关系数据库系统并未为此做好准备，目前还没有一个关系数据库系统部署到超过 1000 个节点规模的集群上。

（2）根据 CAP 理论，在大型分布式系统中，一致性、系统可用性和网络分区容忍性，这三个目标只可以获得其中两个，追求两个目标将损害另外一个目标，三个目标不可兼得。换言之，如果追求高度的一致性和系统可用性，网络分区容忍性则不能满足。关系数据库一般通过 ACID 协议保证数据的一致性，并且通过分布式执行协议，比如两阶段提交协议等保证事务的正确执行，追求系统的可用性，于是丧失了网络分区的容忍性，使得关系数据库系统很难部署到大规模的集群系统中（几千个节点规模）。

6.3.3 NoSQL 技术的崛起

NoSQL 技术顺应时代发展的需要，异军突起，蓬勃发展。各类 NoSQL 技术在设计的时候，考虑了一系列新的原则，首要的问题是如何对大数据进行有效的处理。对大数据的操作不仅要求读取速度快，对写入的性能要求也极高，尤其是对于写入操作密集的应用非常重要。这些新原则包括：

（1）采用横向扩展的方式（scale out）应对大数据的挑战，通过大量节点的并行处理获得高性能，包括写入操作的高性能，需要对数据进行分区（partitioning）和并行处理。

（2）放松对数据的 ACID 一致性约束，允许数据暂时出现不一致的情况，接受最终一致性（eventual consistency）。

（3）对各个分区数据进行备份（一般是 3 份），应对节点失败的状况等。接受弱一致性约束框架 BASE（basically vailable，soft state，eventual consistency）。

关系模型是一种严格的数据建模方法，而对于类型多样的数据，包括图、高维时空数据等，关系模型显得过于严格，人们希望通过列表、集合、哈希表等概念对数据进行建模，这也是 NoSQL 兴起的重要原因之一。虽然使用关系模型能够对这些对象进行建模，但是某些操作的执行效率却仍不尽如人意，比如图的遍历等。面对现实的挑战，基于上述的设计理念，各种 NoSQL 技术和系统被研发出来，解决了类型多样的大数据的管理、处理和分析问题。下文从应用角度分别介绍操作型 NoSQL 技术和分析型 NoSQL 技术。

1. 面向操作型应用的 NoSQL 技术

面向操作型 NoSQL 技术可划分成基于 key-value 存储模型、基于列分组（column family）存储模型、基于文档模型和基于图模型的 NoSQL 数据库技术 4 类，主要产品及其特点见表 6-2。

表 6-2　NoSQL 数据库的主要产品和特点

模型	基于 key-value 存储模型	基于 Column Family 存储模型	基于文档模型	基于图模型
主要产品	Tokyo Cabinet/Tyrant, Redis, Voldemort, Oracle Berkeley DB, Amazon Dynamo/SimpleDB	Cassandra, Big Table, HBase	Lotus Notes	Neo4J, InfoGrid, Infinite Graph, Hyper Graph DB
特点	利用哈希表维护 key 值到具体数据（value）的映射，通过 key 值可以很方便地对数据进行查找	通过 key-value 基础模型对数据进行建模，结构更精巧	以 key-value 存储模型作为基础模型。文档一般采用 JSON 格式	有些图数据库基于面向对象数据库创建，扩展性好。以图为基础模型，表达更自然

一般地，操作型 NoSQL 技术具有以下几个特征。

（1）NoSQL 的数据模式。NoSQL 技术的数据模式不是很严格，包括 document 存储和 column family 存储，同一类实体的属性集可以是不同的。这种弱结构化（less structured）存储机制便于设计者根据应用的变化及时地更改数据的模式。而关系数据库的模式必须严格定义，对其进行更改是一个代价较大的操作。

（2）NoSQL 的数据持久化。对数据进行严格持久化（把数据写入稳定存储器）可以保证系统的可靠性，但是对系统的性能影响较大；不同的 NoSQL 技术采用不同的策略，在持久性保证和性能之间进行折中处理。

（3）NoSQL 的可靠性保证。为了提高可靠性，数据在不同节点上一般有备份。MongoDB 提供了复制集（replica set）的概念，指定每个文档由哪些服务器进行保存。几乎所有的 NoSQL 技术都提供这样的多服务器数据复制机制。允许用户指定一个参数 N，即最终由 N 个节点保存数据的副本。另外，还可以指定参数 W（$W<N$），表示必须有 W 个节点确认数据已经写入稳定存储器后，才允许程序把控制返回给用户端。为了应对整个数据中心垮掉的情况，跨越数据中心的数据复制是必须的，一般采用异步的方式实现，因为广域网的时延太大，同步方式会极大地影响数据的写入性能。

（4）NoSQL 的扩展性。几乎所有的 NoSQL 技术和系统在设计之初都把高度的扩展性能作为首要的目标之一。这里讲的扩展性是横向扩展，而不是纵向扩展。面对大数据处理的挑战，纵向扩展将很快遇到瓶颈，而且代价非常昂贵，横向扩展才是正确的技术选择。所谓横向扩展，首先需要把数据分割到多个节点上（机器上），然后对处理算法进行相应修改，对数据进行并行操作，通过并行计算提高系统的性能。当数据量增大或者负载加重时，可以增加处理节点，然后动态地把数据和负载重新分布到整个集群系统上，达到高效率的数据处理的目的。而纵向扩展则是通过更换或者升级一台机器的 CPU、内存、磁盘存储器、网络接口卡等来实现更高的性能。在 NoSQL 系统中，主要的数据存取都是通过基于 key 值的查找实现的，为了支持横向的扩展，自然的方式是对所有的数据基于 key 值进行分割。

（5）NoSQL 的一致性保证。数据的一致性包括强一致性和最终一致性，以及处于两者之间不同程度的一致性保证。CAP 理论认为，所有的 NoSQL 系统都是通过大量节点来实现系统的扩展性，从而提供足够高的性能的。其首要的特性必须得到保证，即系统的网络分区容忍性。故在 NoSQL 系统的设计目标上，必须在数据的一致性和系统可用性之间做出折中。比如，一个 key 的数据被复制到 N 台机器上，有些机器（或其中一台）对用户的请求扮演协调者的角色，这个协调者保证 N 台机器的某几台对每个请求已经收到并且应答。当用户请求修改或者写入一个 key 值时，如果协调者保证至少 W 个副本（机器）已经收到数据的更新，当用户请求读取某个 Key 的数据时，如果协调者必须在 R 个副本已经给出同样值的情况下才能给出最后答案，那么当 $R+W>N$ 时，NoSQL 系统提供了强一致性保证。为了支持高度的系统扩展能力，一般对一致性要求进行放松，有的应用场合，最终一致性约束已经足够。

（6）NoSQL 的事务处理。在事务的语义方面，NoSQL 技术为了支持强大的扩展能力而放弃了 ACID 约束，但是一般都能保证单个 key 值处理符合串行处理的约束，避免某个 key 的数据因为并发的操作而受到损坏，导致出现不一致。对于大多数应用来说

（比如电信日志处理、网站点击流处理等），这样的事务语义保证已经足够，一般不会带来不良的后果。而对于更加复杂的应用，比如网站购物车的更新、社交网络中好友关系的维护等，程序员需要精心设计程序，以保证数据的一致性。

2. 面向分析型应用的 NoSQL 技术

面向分析型应用的主流 NoSQL 技术是 MapReduce。MapReduce 技术是由谷歌公司提出来的，旨在解决大规模非结构化数据快速批量处理的并行技术框架。MapReduce 在设计之初，致力于通过大规模廉价服务器集群实现大数据的并行处理。MapReduce 技术框架包含三个方面的内容，即高度容错的分布式文件系统、并行编程模型和并行执行引擎。MapReduce 的计算过程分解为两个主要阶段，即 Map 阶段和 Reduce 阶段。Map 函数处理 key/value 对，产生一系列的中间 key/value 对；Reduce 函数合并所有具有相同 key 值的中间键值对，计算最终结果。用户只需编写 Map 函数和 Reduce 函数，MapReduce 框架在大规模集群上自动调度执行编写好的程序，扩展性、容错性等问题由系统解决，用户不必关心。

自从 2004 年谷歌首次发布该技术以来，MapReduce 技术表现出了强大的穿透力。首先，工业界意识到了 MapReduce 的价值，一批新公司围绕 MapReduce 技术创建起来，提供大数据处理、分析和可视化的创新技术和解决方案。随着 MapReduce 技术的影响力不断扩大，传统数据库厂家纷纷发布 Big Data 技术和产品战略，新的数据分析生态系统正在形成。

MapReduce 技术为大数据分析而生，以其高度的扩展性和容错性呈现出强大的生命力，获得了工业界和学术界的广泛关注。各大公司和各研究机构都投入力量，基于 MapReduce 框架对其展开了一系列的研究。这些研究包括：存储优化与数据类型支持、MapReduce 框架扩展、连接算法以及查询算法优化、调度算法优化、丰富 MapReduce 应用接口、MapReduce 计算框架的安全与节能问题等。经过研究人员的努力，大量的数据处理和分析算法被移植到 MapReduce 平台上，包括简单汇总和报表、OLAP 处理和多维分析、数据挖掘、人工智能和机器学习、信息检索、文本分析和情感计算、科学数据处理、社会计算和图分析等，并且算法的性能得到不断的优化。MapReduce 的应用领域不断扩展，大型银行、电信公司、科学研究机构都对 MapReduce 技术表现出浓厚的兴趣。

鉴于 SQL 语言的简单性及其已经被厂家和用户广为接受，面向操作型应用和面向分析型应用的 NoSQL 数据库，一般提供 SQL 或者类似 SQL 的查询语言接口，方便用户进行数据的操作和简单汇总。

6.3.4　数据管理技术的融合发展

可以从应用和数据模型两个维度，来观察数据管理技术的融合发展格局，应用维度可以分为操作型和分析型，数据模型维度可以分为关系型和非关系型两个维度（见图 6-3）。

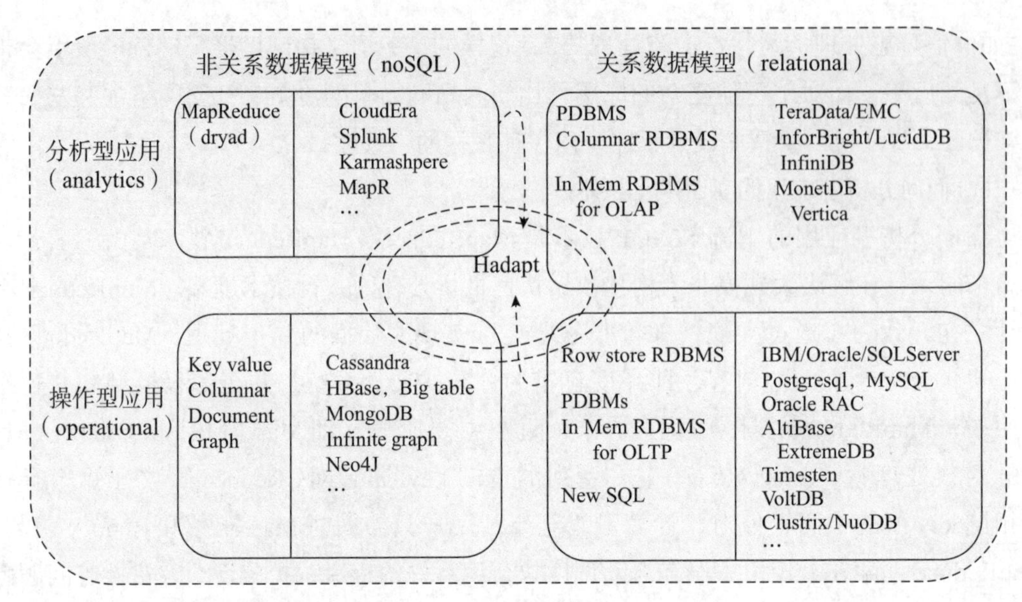

图 6-3　数据管理技术格局

（1）面向操作型应用的关系数据库技术。首先，传统的基于行存储的关系数据库系统，比如 IBM 的 DB2、Oracle、微软的 SQL Server 等，提供了高度的一致性、高度的精确度、系统的可恢复性等关键的特性，仍然是事务处理系统的核心引擎；其次，面向实时计算的内存数据库系统，比如 Altibase、Timesten、Hana 等，通过把数据全部存储在内存里，并且针对内存存储进行了并发控制、查询处理和恢复技术的优化，获得了极高的性能，在电信、证券交易、军工、网络管理等特定领域获得了广泛应用，提供比磁盘数据库快 1 个数量级的性能。此外，以 VoltDB 为代表的新的面向 OLTP 应用的数据库系统采用了若干颠覆性的实现手段，包括串行执行事务、全内存日志处理等，获得了超过磁盘数据库 50 ～ 60 倍的事务处理性能。

（2）面向分析型应用的关系数据库技术。TeraData 是数据仓库领域的领头羊。TeraData 数据库采用了 Shared Nothing 的体系结构，支持较高的扩展性。面向分析型应用，列存储数据库的研究形成了一个重要的潮流。列存储数据库以其高效的压缩、更高的 I/O 效率等特点，在分析型应用领域获得了比行存储数据库高得多的性能。MonetDB 是一个典型的列存储数据库系统，此外还有 InforBright、InfiniDB、LucidDB、Vertica、SybaseIQ 等。

（3）面向操作型应用的 NoSQL 技术。NoSQL 数据库系统相对于关系数据库系统具有两个明显的优势。一个是数据模型灵活、支持多样的数据类型，使用关系数据库系统对图数据进行建模、存储和分析，其性能、扩展性等很难与专门的图数据库抗衡。另一个优势是高度的扩展性。从来没有一个关系数据库系统部署到超过 1000 个节点的集群上，而 NoSQL 技术通过灵活的数据模型、新的一致性约束机制，在大规模集群上获得了极高的性能。比如，HBase一天的吞吐量超过200亿个写操作，这个结果是在完全保证持久性的情况下获得的，真正实现了大数据的有效处理。基于关系模型的内存数据库系统也能获得极高的性能，但是在持久性完全保证的情况下，写入性能是要打折扣的。同时，其扩展性目前无法与NoSQL匹敌，尚无法应对大数据的实时处理挑战。操作型应用是一个比事务处理具有更广泛外延的概念，某些操作型应用并不需要ACID这样高强度的一致性约束，但是需要处理的数据量极大，对性能的要求也很高，必须依赖于大规模集群的并行处理能力来实现数据处理，弱一致性或者最终一致性是足够的。在这些应用场合，操作型NoSQL技术大有用武之地。

（4）面向分析型应用的NoSQL技术。MapReduce技术以其创新的设计理念、高度的扩展性和容错性，获得了学术界和工业界的青睐，围绕MapReduce的数据分析生态系统正在形成。与此同时，传统数据库厂商和数据分析套件厂商纷纷发布基于Hadoop技术的产品发展战略，这些公司包括Microsoft、Oracle、SAS、IBM等，深度的集成方案是技术发展的方向已经是共识。

在具体的研究和开发实践中，理论界的研究人员和工业界的工程师不仅继续发展已有的技术和平台，同时不断地借鉴来自其他研究和技术的创新思想改进自身，或者提出兼具若干技术优点的混合技术架构。目前，为了保持传统关系数据库的优点，包括易用的SQL接口、严格的关系模型、完全的ACID保证等，同时通过增强的扩展能力，应对大数据处理的挑战，数据分区方法、全内存日志处理、新的并发控制协议等大量创新技术被提出并使用，这些创新技术被统称newSQL。SQL → NoSQL → newSQL，各种技术将继续互相借鉴，持续发展（见图6-4）。

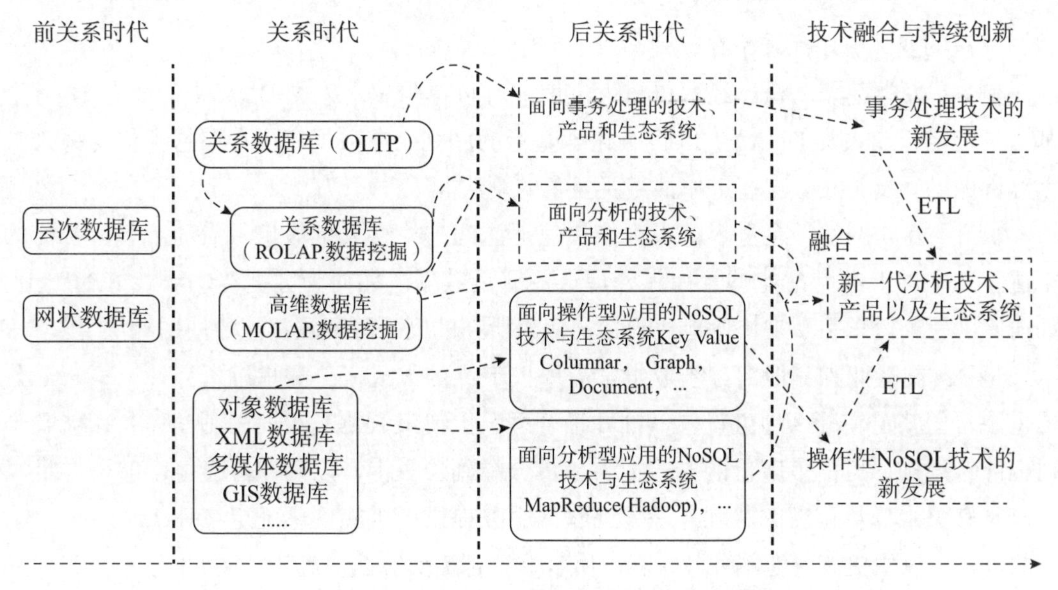

图6-4 数据管理技术的融合持续发展

6.4 算法

数据并不能解决问题，解决问题需要算法。算法（algorithm）是指解决问题方案的准确而完整的描述，是一系列解决问题的清晰指令，是把输入转换成输出的计算步骤序列。一般来说，问题陈述说明了期望的输入 / 输出关系，算法则描述一个特定的计算过程来实现该输入 / 输出关系。不同的算法可能用不同的时间、空间或效率来完成同样的任务。

例如，需要把一个数列排成非递减序。实际上，这个问题经常出现，下面是关于排序问题的形式定义。

输入：n 个数的一个序列 $<a_1, a_2, \cdots, a_n>$；

输出：输入序列的一个排列 $<a_1', a_2', \cdots, a_n'>$，满足 $a_1' \leqslant a_2' \leqslant \cdots \leqslant a_n'$。

例如，给定输入序列 <31，41，59，26，41，58>，排序算法将返回序列 <26，31，41，41，58，59> 作为输出。这样的输入序列称为排序问题的一个实例（instance）。一般来说，问题实例由计算该问题解所必需的输入组成。

在很多程序中，都需要使用排序，已有许多好的排序算法可供使用，对于给定应用，哪个算法最好依赖于以下因素：将被排序的项数、这些项已被稍微排序的程度、项值、计算机的体系结构，以及将使用的存储设备的种类等。

若对每个输入实例，算法都以正确的输出并停机，则称该算法是正确的，并称正确的算法解决了给定的计算问题。不正确的算法对某些输入实例可能根本不停机，也可能以不正确的回答停机。算法可以用文字说明，也可以说明成计算机程序，甚至说明成硬件设计。唯一的要求是这个说明必须精确描述所要遵循的计算过程。

6.4.1 算法解决哪种问题

算法的实际应用无处不在，列举以下例子。

例 1：人类基因工程已经取得重大进展，其目标是识别人类 DNA 中的所有 10 万个基因，确定构成人类 DNA 的 30 亿个化学基对的序列，在数据库中存储这类信息并为数据分析提供开发工具。这些工作都需要复杂的算法。

例 2：互联网使得全世界的人都能快速地访问与检索大量信息。借助于一些智能的算法，互联网上的网站能够管理和处理这些海量数据。如何为数据传输寻找好的路由、如何使用一个搜索引擎来快速地找到特定信息所在的网页等问题都需要使用算法。

例 3：制造业和其他商务企业常常需要按最优的方式来分配稀有资源，一家石油公司也许希望知道在什么地方设置其油井最合理，以便最大化其预期的利润；一家航空公司也许希望按尽可能最廉价的方式把乘务员分配到班机上，以确保覆盖每个航班并且满足政府有关乘务员调度的法规；一个互联网服务提供商可能希望确定在什么地方放置附加的资源，以便更有效地服务其顾客。所有这些都需要算法。

算法可以求解许多具体问题，如：

例4：给定一张交通图，上面标记了每两对相邻十字路口之间的距离，希望确定从一个十字路口到另一个十字路口的最短道路。存在的路线有多个，在所有这些可能的路线中，哪一条最短？

例5：给定两个有序的符号序列 X=<x_1，x_2，…，x_m> 和 Y=<y_1，y_2，…，y_n>，求出 X 和 Y 的最长公共子序列。X 的子序列就是去掉一些元素（可能是所有，也可能一个都没有）后的序列。例如 <A，B，C，D，E，F，G> 的一个子序列是 <B，C，E，G>。X 和 Y 的最长公共子序列的长度度量了这两个序列的相似程序。例如，若两个序列是 DNA 链中的基对，则当它们具有长的公共子序列时，认为它们是相似的。若 X 有 m 个符号且 Y 有 n 个符号，则 X 和 Y 分别有 2^m 和 2^n 个可能的子序列。除非 m 和 n 很小，否则选择 X 和 Y 的所有可能子序列做匹配将花费巨量的时间。

例6：给定一个基于零部件库的机械设计，其中每个部件可能包含其他部件的实例，需要依次列出这些部件，以使每个部件出现在使用它的任何部件之前。若该设计由 n 个部件组成，则存在 n！种可能的顺序。因为阶乘函数比指数函数增长还快，除非只有几个部件，否则先生成每种可能的顺序再验证按该顺序是否每个部件出现在使用它的部件之前，是不可行的。

例7：给定平面上的 n 个点，希望寻找这些点的凸壳。凸壳就是包含这些点的最小的凸多边形。直观上，可以把每个点看成由从一块木板钉出的一颗钉子。凸壳则视为由一根拉紧的环绕所有钉子的橡皮筋。如果橡皮筋因绕过某颗钉子而转弯，那么这颗钉子就是凸壳。n 个点的 2^n 个子集中的任何一个都可能是凸壳的顶点集，仅知道哪些点是凸壳的顶点还很不够，因为还必须知道它们出现的顺序。所以为求凸壳的顶点，存在许多选择。

上面几个有限的例子，展示了许多有趣的算法问题所共有的两个特征：

（1）存在许多候选解，但绝大多数候选解都没能解决面临的问题。寻找一个真正的解或一个最好的解可能是一个很大的挑战，有时问题的候选解集并不容易识别。

（2）存在实际应用。在上面所列的问题中，可以找出许多实际应用的例子。如一家运输公司如果能在公路或铁路网中找出最短路径，则可以获得经济利益，因为采用的路径越短，其人力和燃料的开销就越低。

6.4.2 算法的基本概念

当遇到一个无法很快找到一个已有的算法来解决的问题时，需要运用一些算法设计与分析的技术，自行设计算法，并证明其正确性和理解其效率。关于效率的一般量度是速度，即一个算法花多长时间产生结果。

1. 时间复杂度

时间复杂度并不是表示一个程序解决问题需要花多少时间，而是指当程序所处理的问题规模扩大后，程序需要的时间长度对应增长得有多快。也就是说，对于某一个程序，其处理某一个特定数据的效率不能衡量该程序的好坏，而应该看当这个数据的规模变大到数百倍后，程序运行时间是否还是一样，或者是也跟着慢了数百倍，或者变慢了数万倍。

不管数据有多大，程序处理所花的时间始终是一样多的，就说这个程序很好，具有 $\Theta(1)$（theta 1）的时间复杂度，也称常数级复杂度；数据规模变得有多大，花的时间也跟着变得有多长，比如找 n 个数中的最大值，这个程序的时间复杂度就是 $\Theta(n)$，为线性级复杂度；而像冒泡排序、插入排序等，数据扩大 2 倍，时间变慢 4 倍的，时间复杂度是 $\Theta(n^2)$，为平方级复杂度。还有一些穷举类的算法，所需时间长度呈几何级数上涨，这就是 $\Theta(a^n)$ 的指数级复杂度，甚至 $\Theta(n!)$ 阶乘级复杂度。不会存在 $\Theta(2n^2)$ 的复杂度，因为前面的那个 2 是系数，根本不会影响到整个程序的时间增长。同样地，$\Theta(n^3+n^2)$ 的复杂度也就是 $\Theta(n^3)$ 的复杂度。因此，一个 $\Theta(0.01n^3)$ 的程序的效率比 $\Theta(100n^2)$ 的效率低，尽管在 n 很小的时候，前者优于后者，但后者时间随数据规模增长得慢，最终 $\Theta(n^3)$ 的复杂度将远远超过 $\Theta(n^2)$。同理，$\Theta(n^{100})$ 的复杂度小于 $\Theta(1.01^n)$ 的复杂度。

上述的几类复杂度可分为两种级别，像 $\Theta(1)$，$\Theta(\ln(n))$，$\Theta(n^a)$ 等，叫作多项式级复杂度，因为它的规模 n 出现在底数的位置；另一种像是 $\Theta(a^n)$ 和 $\Theta(n!)$ 等，是非多项式级的复杂度，其复杂度计算机往往不能承受。当在解决一个问题时，选择的算法通常都需要是多项式级的复杂度，非多项式级的复杂度需要的时间太多，往往会超时，除非数据规模非常小。

2. 确定性算法与非确定性算法

确定性算法：设 A 是求解问题 B 的一个解决算法，在算法的整个执行过程中，每一步都能得到一个确定的解，这样的算法就是确定性算法。

非确定性算法：设 A 是求解问题 B 的一个解决算法，它将问题分解成两部分，分别为猜测阶段和验证阶段。在猜测阶段，对问题的一个特定的输入实例 x 产生一个任意字符串 y，在算法的每一次运行时，y 的值可能不同，因此，猜测以一种非确定的形式工作。在验证阶段，用一个确定性算法（有限时间内）验证：

①检查在猜测阶段产生的 y 是否是合适的形式，如果不是，则算法停下来并得到 no；

②如果 y 是合适的形式，则验证它是否是问题的解，如果是，则算法停下来并得到 yes，否则算法停下来并得到 no。它是验证所猜测的解的正确性。

3. 问题规约 / 约化

问题 A 可以约化为问题 B，称为问题 A 可规约为问题 B，可以理解为问题 B 的解一定就是问题 A 的解，因此解决 A 不会难于解决 B。由此可知问题 B 的时间复杂度一定大于等于问题 A。《算法导论》中有一个例子：一元一次方程和一元二次方程的求解。前者可以规约为后者，意即知道如何解一个一元二次方程那么一定能解出一元一次方程。可以写出两个程序分别对应两个问题，建立一个规则：两个方程的对应项系数不变，一元二次方程的二次项系数为0。按照这个规则输入数据，用解一元二次方程的程序，可以解决一元一次方程的问题。从规约的定义中可以看到，一个问题规约为另一个问题，时间复杂度增加了，问题的应用范围也增大了。通过对某些问题的不断规约，能够不断寻找复杂度更高，但应用范围更广的算法来代替复杂度虽然低，但只能用于很少一类问题的算法。

4. P/NP/NPC/NP-hard 类问题

（1）P 类问题。能在多项式时间内可解的问题，P 的意思是多项式（polynominal）。

（2）NP 类问题。在多项式时间内可验证的问题，即不能判定这个问题到底有没有解，而是猜出一个解来在多项式时间内证明这个解是否正确。即该问题的猜测过程是不确定的，而对其某一个解的验证则能够在多项式时间内完成。P 类问题属于 NP 问题，但 NP 类问题不一定属于 P 类问题。NP 的意思是非确定性多项式（nondeterministic polynominal）。

（3）NPC 类问题。存在这样一个 NP 问题，所有的 NP 问题都可以约化成它。换句话说，只要解决了这个问题，那么所有的 NP 问题都解决了。NPC 是 nondeterminism polynomial complete 的缩写，也称 NP 完全。NPC 类问题的定义要满足两个条件：

①它是一个 NP 问题；

②所有 NP 问题都能规约到它。

这种问题不止一个，它有很多个，它是一类问题。虽然迄今为止不曾找到对一个 NPC 问题的有效算法，但是也没有人能证明 NPC 问题确实不存在有效算法。NPC 问题集具有一个非凡的性质：如果任何一个 NPC 问题存在有效算法，那么所有 NPC 问题都存在有效算法。

（4）NP-hard 类问题。NP-hard 类问题满足 NPC 问题定义的第二条但不一定要满足第一条。NP-hard 问题要比 NPC 问题的范围广，NP-hard 问题没有限定属于 NP，即所有的 NP 问题都能约化到它，但是它不一定是一个 NP 问题。NP-hard 问题同样难以找到多项式的算法，即使 NPC 问题发现了多项式级的算法，NP-hard 问题有可能仍然无法得到多项式级的算法。事实上，由于 NP-hard 放宽了限定条件，它将有可能比所有的 NPC 问题的时间复杂度更高，从而更难以解决。以上四类问题之间的关系见图 6-5。

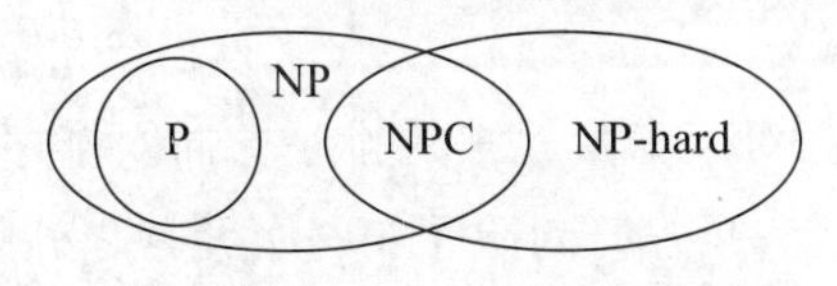

图 6-5 P/NP/NPC/NP-hard 问题之间的关系

如果能证明某个问题是 NPC 的，那么可以把时间花在开发一个有效的算法上，该算法给出一个好的解，但不一定是最好的可能解。例如，有一家具有一个中心仓库的投递公司，每天在中心仓库为每辆投递车装货并发送出去，以将货物投递到几个地址。每天结束时要求每辆货车必须回到仓库，以便为第二天装货。为了减少成本，公司希望选择投递站的一个序，以使每辆货车行驶的总距离最短。这个问题就是著名的旅行商问题，并且它是 NPC 的。它没有已知的有效算法，但在某些假设条件下，运用一些有效算法，可以得出一个离最小可能解不太远的总距离。

6.4.3 算法设计和分析

为求解相同问题而设计的不同算法，在效率方面常常具有显著的差别。这些差别可能比由于硬件和软件造成的差别要重要得多。下面以插入排序算法为例进行说明。

插入排序，一般也被称为直接插入排序，是指在待排序的元素中，假设前面 n-1（其中 $n \geqslant 2$）个数已经是排好顺序的，先将第 n 个数插到前面已经排好的序列中，然后找到适合自己的位置，使得插入第 n 个数的这个序列也是排好顺序的。按照此法对所有元素进行插入，直到整个序列排为有序的过程，称为插入排序。插入排序的工作方式像许多人排序一手扑克牌。开始时，左手为空并且桌子上的牌面向下。然后，每次从桌子上拿走一张牌并将它插入左手中正确的位置。为了找到一张牌的正确位置，从右到左将它与已在手中的每张牌进行比较。拿在左手上的牌总是排序好的，原来这些牌是桌子上牌堆中顶部的牌。例如对数组 A=（5,2,4,6,1,3）进行插入排序的操作见图 6-6。数组下标出现在长方形的上方，数组位置中存储的值出现在长方形中。每次迭代中，黑色的长方形保存等待排序的 A[j]，箭头表示长方形中值的插入位置。

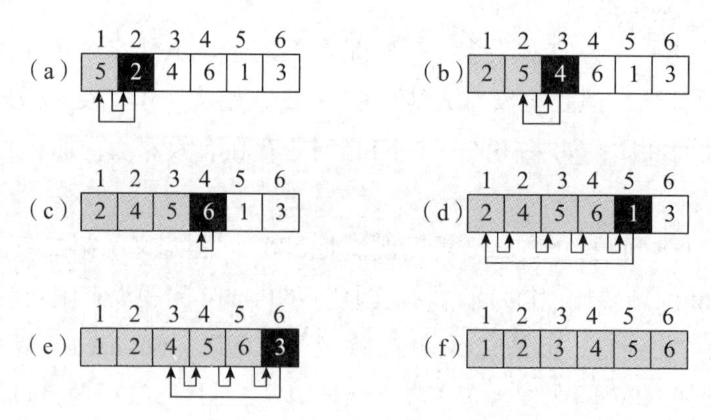

图 6-6 插入排序算法图示

对于少量元素的排序，插入排序是一个有效的算法。在其实现过程中使用双层循环，外层循环对除了第一个元素之外的所有元素，内层循环对当前元素前面有序表进行待插入位置查找，并进行移动。下面是一段插入排序的伪代码，其中 A 为待排序数组，用 A.length 表示 A 中元素的数目 n。

```
INSERTION-SORT（A）
for j=2 to A.length:
    key=A[j]
    //将 A[j] 插入已排序序列 A[1..j-1]
```

```
    i=j-1
    while i>0 and A[i]>key
        A[i+1]= A[i]
        i=i-1
    A[i+1]=key
```

下面使用单处理器计算模型—随机访问机（random-access machine，RAM）来作为实现技术。在RAM模型中，指令一条接一条地执行，没有并发操作。RAM模型包括真实计算机中常见的算术指令、数据移动指令和控制指令，每条指令所需时间都为一个常量。为了能够很好地预测实际计算机上的性能，不考虑高速缓存和虚拟内存，只考虑RAM模型，并限定字长。

过程Insertion-Sort需要的时间依赖于输入规模，需排序的数字个数越多，需要的时间越多。此外，已经排序的程度不同，两个同等规模的插入排序，可能需要不同的时间。一般来说，算法需要的时间与输入规模同步增长，所以通常把一个程序运行所需时间描述为输入规模的函数。输入规模的最佳定义依赖于研究的问题，如对排序问题而言计算规模最自然的度量是输入的项数。如果某个算法的输入是一个图，则输入规模可用该图中的顶点数和边数来描述。对于研究的问题，需要指出所使用的输入规模量度。

运行时间是指算法执行的基本操作数或步数。用步数的概念可以尽可能独立于机器。假设执行每行伪代码需要常量时间，假定第 i 行的每次执行需要时间 c_i，其中 c_i 是一个常量。下面来讨论INSERTION-SORT运行时间的表达式。

首先给出过程INSETION-SORT中，每条语句的执行时间和执行次数。对 j=2,3,⋯，n，其中 n=A.length，设 t_j 表示值 j 在第5行执行while循环测试的次数（见表6-3）。

表6-3　插入排序算法伪代码代价

INSERTION-SORT（A）		代　价	次　数
1	for j=2 to A.length：	c_1	n
2	key=A[j]	c_2	$n-1$
3	// 将A[j] 插入已排序序列 A[1..j−1]	0	$n-1$
4	i=j−1	c_4	$n-1$
5	while i>0 and A[i]>key	c_5	$\sum_{j=2}^{n} t_j$
6	A[i+1]= A[i]	c_6	$\sum_{j=2}^{n}(t_j-1)$
7	i=i−1	c_7	$\sum_{j=2}^{n}(t_j-1)$
8	A[i+1]=key	c_8	$n-1$

算法运行时间是执行每条语句运行时间的总和。需要执行 c_i 步且执行 n 次的一条语句的运行时间为 c_in。设 T（n）表示输入规模为 n 的运行时间。有：

$$T(n)=c_1n+c_2(n-1)+c_4(n-1)+c_5\sum_{j=2}^{n}t_j+c_6\sum_{j=2}^{n}(t_j-1)+c_7\sum_{j=2}^{n}(t_j-1)+c_8(n-1)$$

如果输入的数组已经排好序，则出现最佳情况。这时对每一个 j=2，3，…，n，t_j=1，这种情况下，运行时间为

$$T(n)=c_1n+c_2(n-1)+c_4(n-1)+c_5(n-1)+c_8(n-1)=(c_1+c_2+c_4+c_5+c_8)n-(c_2+c_4+c_5+c_8)$$

这时可以把该运行时间表示为：$an+b$，其中 a 和 b 依赖于语句代价 c_i。

若输入数组为反向排序，则导致最坏情况出现。此时必须将每个元素 A[j] 与整个已排序子数组 A[1..j–1] 中的每个元素进行比较。所有对 j=2，3，…，n，有 t_j=j。

$$\sum_{j=2}^{n}j=\frac{n(n+1)}{2}-1$$

$$\sum_{j=2}^{n}(j-1)=\frac{n(n-1)}{2}$$

此时，运行时间为

$$T(n)=\left(\frac{c_5}{2}+\frac{c_6}{2}+\frac{c_7}{2}\right)n^2+\left(c_1+c_2+c_4+\frac{c_5}{2}-\frac{c_6}{2}-\frac{c_7}{2}+c_8\right)n-(c_2+c_4+c_5+c_8)$$

运行时间可以表达为二次函数：an^2+bn+c，其中 a、b、c 依赖于语句代价 c_i。最坏情况运行时间给出了运行时间的一个上界。

平均情况常与最坏情况一样差。假定随机选择 n 个数并应用插入排序。平均来说，A[1..j−1] 中的一半元素小于 A[j]，一半元素大于 A [j]。所以平均来说，检查 A[1..j−1] 的一半，那么 t_j 大约为 j/2。这是平均运行时间的结果和最坏情况一样是一个二次函数。

这里用抽象代价常量 c_i 表示每条语句的实际代价，又用 a、b、c 来忽略抽象的代价 c_i。为了考察运行时间的增长率或增长量级，只需考虑公式中最重要的项，同时也忽略最重要项的常系数。此时，最坏情况中，就只剩下最重要的项中的因子 n^2。插入排序最坏情况运行时间记为 $\Theta(n^2)$。

为了便于比较，这里简单介绍另一种排序算法——归并排序。归并排序是利用归并的思想实现的排序方法，该算法采用经典的分治策略。分是将问题分成一些小的问题然后递归求解，治则是将分的阶段得到的各答案修补在一起，即分而治之（见图 6-7）。

为了排序 n 个项，归并排序算法所花时间大致等于 $c_2n\log_2n$，且 c_2 是另一个不依赖于 n 的常数，而插入排序算法所花时间大致等于 c_1n^2，其中 c_1 是一个不依赖于 n 的常数，通常有 $c_1<c_2$。就运行时间来说，常数因子远没有对输入规模 n 的依赖性重要。把插入排序运行时间 c_1n^2 写成 c_1nn，并把归并排序的运行时间写成 $c_2n\log_2n$。这时就运行时间来说，n 比 $\log_2n$ 大得多（例如当 n=1000 时，$\log_2n$ 大致为 10，当 n 等于 100 万时，$\log_2n$

大致仅为 20）。虽然对于小的输入规模，插入排序通常比归并排序要快，但是一旦输入规模变得足够大，归并排序 $\log_2 n$ 对 n 的优点将足以补偿常数因子的差别。不管比 c_2 小多少，总会存在一个交叉点，超出这个点，归并排序更快。一般来说，随着问题规模的增大，归并排序的相对优势也会增大。在计算机算法领域，通常把 $\log_2 n$ 简写为 $\lg n$，而在数学领域 $\lg n$ 表示的是 $\log_{10} n$，这点初学者要引起注意。

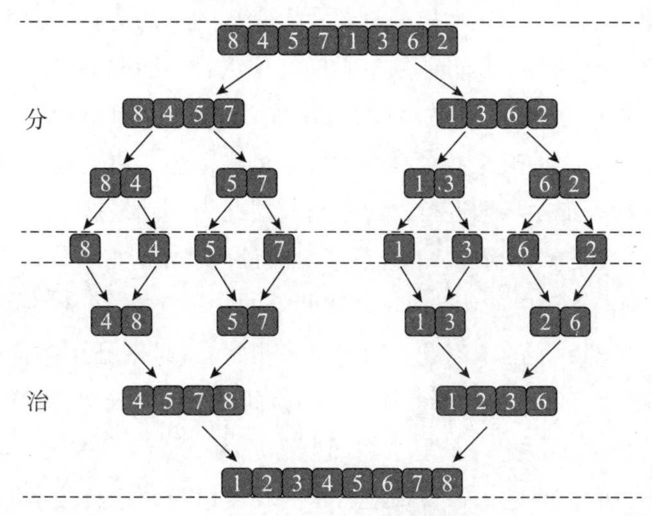

图 6-7　归并排序算法示意

通过上面的例子表明了有效的算法对提高整个系统性能的重要性。正如其他计算机技术正在快速推进一样，算法也是一种技术，也在快速发展。由上面对插入排序与归并排序的比较可知，正是在较大问题规模时，算法之间效率的差别才变得特别显著。是否具有算法知识与技术的坚实基础是区分真正熟练的程序员与初学者的一个重要的标准，使用现代计算技术，如果对算法懂得不多，也可以完成一些任务，但是，如果有一个好的算法背景，那么可以做的事情就多得多。

6.4.4　几种典型的算法

以下方法在算法设计中常见，需要熟练掌握。

1. 经典方法

（1）递推法。递推是序列计算中的一种常用算法。它是按照一定的规律来计算序列中的每个项，通常是通过计算前面的一些项来得出序列中指定项的值。其思想是把一个复杂的庞大的计算过程转换为简单过程的多次重复，该算法利用了计算机速度快和不知疲倦的特点。

（2）递归法。程序调用自身的编程技巧称为递归。一个过程或函数在其定义或说明中有直接或间接调用自身的一种方法，它通常把一个大型复杂的问题层层转换为一个与原问题相似的规模较小的问题来求解，递归策略只需少量的程序就可描述出解题过程所需要的多次重复计算，大大地减少了程序的代码量。一般来说，递归需要有边界条件、递归前进段和递归返回段。当边界条件不满足时，递归前进；当边界条件满足时，递归返回。比如梵塔问题求解。

（3）穷举法。或称为暴力破解法，其基本思路是对于要解决的问题，列举出它所有可能的情况，逐个判断有哪些是符合问题所要求的条件，从而得到问题的解。它也常用于密码的破译，即将密码进行逐个推算直到找出真正的密码为止。例如一个已知是四位并且全部由数字组成的密码，其可能共有 10000 种组合，因此最多尝试 10000 次就能找到正确的密码。理论上利用这种方法可以破解任何一种密码，问题是如何缩短试错时间。

（4）贪心算法。是一种对某些求最优解问题的更简单、更迅速的设计技术。用贪心法设计算法的特点是一步一步地进行，常以当前情况为基础根据某个优化测度作最优选择，而不考虑各种可能的整体情况，它省去了为找最优解要穷尽所有可能而必须耗费的大量时间，它采用自顶向下，以迭代的方法做出相继的贪心选择，每做一次贪心选择就将所求问题简化为一个规模更小的子问题，通过每一步贪心选择，最终得到问题的一个最优解，虽然每一步都要保证能获得局部最优解，但由此产生的全局解有时不一定是最优的。

（5）分治法。分治法是把一个复杂的问题分成两个或更多的相同或相似的子问题，再把子问题分成更小的子问题……直到最后子问题可以简单地直接求解，原问题的解即子问题解的合并。分治法所能解决的问题一般具有以下几个特征：

①该问题的规模缩小到一定的程度就可以容易地解决；

②该问题可以分解为若干个规模较小的相同问题，即该问题具有最优子结构性质；

③利用该问题分解出的子问题的解可以合并为该问题的解；

④该问题所分解出的各子问题是相互独立的。

（6）动态规划法。动态规划是一种用于求解包含重叠子问题最优化问题的方法。其基本思想是将原问题分解为相似的子问题，在求解的过程中通过子问题的解求出原问题的解。动态规划程序设计是解最优化问题的一种途径、一种方法，而不是一种特殊算法，没有一个标准的数学表达式和明确清晰的解题方法。由于各种问题的性质不同，确定最优解的条件也互不相同，因而动态规划的设计方法对不同的问题有各具特色的解题方法，而不存在一种万能的动态规划算法可以解决各类最优化问题。因此读者在学习时，除了要对基本概念和方法正确理解外，必须具体问题具体分析处理，以丰富的想象力去建立模型，用创造性的技巧去求解。

（7）分支界限法。基本思想是对有约束条件的最优化问题的所有可行解（数目有限）空间进行搜索。该算法在具体执行时，把全部可行的解空间不断分割为越来越小的子集（称为分支），并为每个子集内的解的值计算一个下界或上界（称为定界）。在每次分支后，对凡是界限超出已知可行解那些子集不再做进一步分支，这样，解的许多子集就可以不予考虑了，从而缩小了搜索范围。这一过程一直进行到找出可行解为止，该可行解的值不大于任何子集的界限。因此这种算法一般可以求得最优解。

（8）回溯法。是一种选优搜索法，按选优条件向前搜索，以达到目标。但当探索到某一步时，发现原先选择并不优或达不到目标，就退回一步重新选择，这种走不通就退回再走的技术为回溯法，而满足回溯条件的某个状态的点称为回溯点。其基本思想是在包含问题的所有解的解空间树中，按照深度优先搜索的策略，从根节点出发深度探索解空间树，当探索到某一节点时，要先判断该节点是否包含问题的解，如果包含，就从该节点出发继续探索下去，如果该节点不包含问题的解，则逐层向其祖先节点回溯。

2. 启发式方法

启发式算法，又称智能算法，是指在算法中利用了某种启发式知识，这些知识包括物理的、化学的、生物的等。下面介绍几种典型的启发式方法，这些方法大家也要掌握，至少掌握几种。

（1）模拟退火算法。该算法的启发式知识是固体物质的退火过程。在物理上，先加热让分子间互相碰撞，变成无序状态，内能加大，然后降温退火，最后的分子次序反而会更有序，内能比没有加热前更小。这个过程与组合优化问题有相似性。模拟退火算法引入了接受概率和衰减极限。

①接受概率 p。如果新的点（设为 p_n）的目标函数 $f(p_n)$ 更好，则 $p=1$，表示选取新点；否则，接受概率 p 是一个包含当前点（设为 p_c）的目标函数 $f(p_c)$、新点的目标函数 $f(p_n)$ 以及控制参数温度 T 的函数。也就是说，模拟退火没有像局部搜索那样每次都贪婪地寻找比现在好的点，目标函数差一点的点也有可能接受进来。随着算法的执行，系统温度 T 逐渐降低，最后终止于某个温度，在该温度下，系统不再接受变化。

②衰减极限。当 T 较大时，接受较大的衰减，当 T 逐渐变小时，接受较小的衰减，当 T 为 0 时，就不再接受衰减。这一特征意味着模拟退火与局部搜索相反，它能避开局部极小，并且还保持了局部搜索的通用性和简单性。值得注意的是，当 T 为 0 时，模拟退火就成为局部搜索的一个特例。模拟退火算法中，新状态产生函数、新状态接受函数、退温函数、抽样稳定准则、退火结束准则（简称三函数两准则）是直接影响优化结果的主要环节。

（2）遗传算法。该算法模拟的是物竞天择、适者生存的进化论基本思想。遗传算法以一个群体中的所有个体为对象，并利用随机化技术指导对一个被编码的参数空间进行高效搜索。其中，选择、交叉和变异构成了遗传算法的遗传操作；参数编码、初始群体的设定、适应度函数的设计、遗传操作设计、控制参数设定五个要素组成了遗传算法的核心内容。作为一种新的全局优化搜索算法，遗传算法以其简单通用、健壮性强、适于并行处理以及高效、实用等显著特点，在各个领域得到了广泛应用，取得了良好效果，并逐渐成为重要的智能算法之一。就像自然界的变异适合任何物种一样，对变量进行了编码的遗传算法没有考虑函数本身是否可导、是否连续等性质，所以适用性很强。

（3）粒子群算法（PSO）。该算法最初是受到飞鸟集群活动的规律性启发，利用群体中的个体对信息的共享，使整个群体的运动在问题求解空间中产生从无序到有序的演化过程，从而获得最优解。设想一群鸟在随机搜索食物的场景。在一个区域里只有一块食物，所有的鸟都不知道食物在哪里。但是它们知道当前的位置离食物还有多远。那么找到食物的最优策略就是搜寻离食物最近的鸟的周围区域。PSO 中，每个优化问题的解都是一个粒子（相当于一只鸟）。所有的粒子都有一个由被优化的函数决定的适应值，每个粒子还有一个速度决定它们飞翔的方向和距离。然后粒子们就追随当前的最优粒子在解空间中搜索迭代。在每一次迭代中，粒子通过跟踪两个极值来更新自己。一个极值是粒子本身所找到的最优解，这个解叫作个体极值。另一个极值是整个种群找到的最优解，这个极值是全局极值。同遗传算法比较，PSO 的优势在于简单容易实现并且没有许多参数需要调整。已广泛应用于函数优化、神经网络训练、模糊系统控制等其他应用领域。

（4）天牛须搜索算法。该算法是受到天牛觅食原理启发而开发的算法。当天牛觅食时，天牛并不知道食物在哪里，而是根据食物气味的强弱来觅食。天牛有两只长触角，如果左边触角收到的气味强度比右边大，那下一步天牛就往左飞，否则就往右飞，依据这一原理天牛最终可以找到食物。食物的气味就相当于一个函数，这个函数在三维空间每个点值都不同，天牛须可以采集自身附近两点的气味值，天牛的目的是找到全局气味值最大的点（即食物所在位置）。仿照天牛的行为，设计了智能优化算法进行函数最优化求解。天牛在三维空间运动，而天牛须搜索算法需要对任意维函数都有效才可以。因而，天牛须搜索算法是对天牛生物行为在任意维空间的推广。

（5）麻雀搜索算法。该算法主要是受麻雀的觅食行为和反捕食行为的启发而提出的。在麻雀觅食的过程中，分为发现者和加入者，发现者在种群中负责寻找食物并为整个麻雀种群提供觅食区域和方向，而加入者则是利用发现者来获取食物。为了获得食物，麻雀通常可以采用发现者和加入者这两种行为策略进行觅食。种群中的个体会监视群体中其他个体的行为，并且该种群中的攻击者会与高摄取量的同伴争夺食物资源，以提高自己的捕食率。此外，当麻雀种群受到捕食者的攻击时会作出反捕食行为。仿照麻雀的这些行为，设计了麻雀搜索算法进行函数最优化求解。

以上智能算法在解决全局最优解的问题上有着独到的优点，并且它们都模拟了自然过程。模拟退火思路源于物理学中固体物质的退火过程，遗传算法借鉴了自然界优胜劣汰的进化思想，粒子群算法模拟了鸟群觅食行为，天牛须搜索算法则是模拟了天牛在寻找食物或配偶时的搜索过程，麻雀搜索算法模拟了麻雀的觅食行为和反捕食行为。它们之间的联系也非常紧密，把它们有机地综合在一起，取长补短，性能将更加优良。

6.5　算力

6.5.1　算力的基本概念

有了数据，有了算法，就可以进行计算了。然而有了计算，绝不要指望不劳而获。由热力学第二定律知道，能量不会自动地从低温物体传向高温物体，任一热系统的熵减少，都需付出至少相等的能量。Shannon 的信息熵告诉人们：数据中所蕴含的信息量，可由信息熵度量，而系统的信息熵 E 可度量为其可能的状态总数 N 对数：$E = \log_2 N$。计算使得信息熵减少，也需付出至少相等的“能量”，称作计算量下界。例如超重鉴别和排序问题，在计算前后的信息熵见图 6-8。

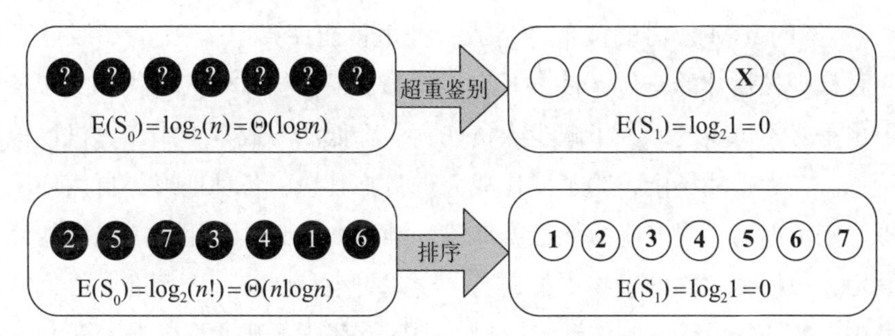

图 6-8　计算前后信息熵

不能指望有计算就一定有结果，编写算法是一回事，算法运行又是一回事。因为问题存在着组合枚举爆炸和难解性。如旅行商问题：设计路程最短的旅行方案，访问 n 座城市各一次。直观思路是分别考察所有可能的方案，选择其中路程最短者，但是很遗憾，计算量太大了，增长量级是 $\Theta(n!)$。如 2-subset 问题：为一组共 n 个正整数，$\sum S=2m$，是否有 S 的子集 T 满足 $\sum T=m$？逐一检查 S 的每一子集，需要迭代 2^n 轮，很明显，2-Subset 是 NPC 的，意即就目前的计算模型而言，无法在多项式时间内回答此问题。

所以，有了数据、算法，还需要有算力。算力，顾名思义就是计算能力。小至手机、个人计算机，大到超级计算机，算力存在于各种硬件设备中，没有算力就没有各种软硬件的正常应用。以个人计算机为例，不同的配置，用户的体验效果大不相同，这主要取决于不同配置产品的中央处理器（CPU）、内存等的差异性。高配置个人计算机的算力更强，能玩配置需求更高的游戏，运行更消耗内存的 3D 类、影音类软件。低配置个人计算机算力不够，只能体验普通游戏，运行一般的办公软件，在运行对配置要求高的大型游戏时，效果差、卡顿明显，甚至不能运行。同样玩网络游戏，算力强的手机使用更流畅，算力弱的手机就会有卡顿现象。国际上，拥有更强大的算力意味着掌握更多的话语权，中国、美国、瑞士、日本在高性能计算领域正展开激烈的竞争，而高性能计算也是以算力为核心的，各个国家都在争夺超级计算机世界第一的位置，太湖之光、天河二号多次问鼎世界超级计算机排行榜，彰显了中国的科技非凡成绩。算力按照应用场景有不同的衡量单位，如用于比特币的每秒哈希运算次数（H/S），用于人工智能和图形处理的每秒浮点运算次数（FLOP/s）等。

处于大数据时代的今天，社会高速发展，科技高度发达，信息流通加剧，各行各业对算力的需求空前高涨，算力也将推动现代社会各个领域不断前行。

（1）军事领域。算力存在于军事领域的方方面面，在不同的场景下推动着军事产业的前行。1996 年联合国通过了《全面禁止核试验条约》。为了继续对核武器进行研制试验，美国凭借其在计算机领域的优势，率先采用计算机模拟的方式进行了核武器试验。核爆过程复杂，计算机模拟这一过程，除考虑爆炸本身的反应链外，还要考虑环境因素，如温度、湿度、空气流向、气压等各种复杂因素，必须使用算力超强的计算机才可以完成。早在 1997 年，美国的 IBM 公司就宣布将制造一种每秒能计算 10 亿次的超级计算机，为美国提供了一种模拟核爆炸的有效条件，开启了计算机模拟核试验的时代。除了核试验，各种实战演习也是必不可少的，为了减少人员伤亡、降低演习成本，用计算机模拟虚拟战场成为不二选择。在虚拟战场中，为了使作战人员身临其境，各种地形、自然环境、兵器都需要被模拟出来。而为了提升虚拟场景的体验和准确度，必须利用功能强大的计算机提供更强大的算力，使模拟出来的事物更加逼真、误差更小。此外，更精准、强大的军事装备也正在研发中，从它的设计、制作到测试每一个环节都离不开计算机强大算力的支持。

（2）生物科技领域。典型应用是基因测序。在国家、学校、研究所和企业所属的实验室中，研究人员正在进行着全部基因组测定和序列测定绘图工作，为发现对遗传信息具有价值的成果而努力。基因测序的方法不止一种，最流行的一种是鸟枪法，该方法先将整个基因组打乱，切成随机碎片，然后测定每个小片段序列，最终利用计算机将这些切片进行排序和组装，并确定它们在基因组中的正确位置。其中的工作量可想而知。未来，分子生物学家们希望获得上万种生物的基因组序列，构建一个含有分布在地球上不同地方的众多植物、动物和微生物进化信息的巨大数据库。人类基因组计划对人类细胞中碱基对进行测定和分析，理解和描述所有基因之间、组织之间、器官之间、物种之间和外界环境之间的相互关系网络，以及引起遗传突变和表型改变的因素，是曾经使用过的任何复杂系统所不能处理的。现在的基因测序主要是依靠计算机的强大算力进行的，随着计算机的不断更新换代、性能的不断提升及超级计算的飞速发展，基因测序时间将不断缩短，极大地降低基因测序的时间成本。

（3）气象领域。人们通过获取各气象台站、气象火箭、气象卫星观测到的气温、气压、风力、湿度，以及各水文站测到的水位、流速等观测数据，对大气和水流的数学模型进行计算，就能找到大气和水流的运动规律。但是，这种计算不仅数据量巨大、计算复杂，而且还需要尽快得到计算结果。因为过去采用人工计算，必须大规模简化数学模型，所以很难得到准确结论。有时虽能得出计算结果，但耗时过多。因此，气象分析需要大型高速计算机提供强大算力。利用这些算力可以把大气层变化的数据进行及时处理分析。有了这些分析结果，便能准确掌握天气情况的形成过程及其走向。

（4）天文领域。美国加利福尼亚大学和瑞士苏黎世理论物理研究院的科学家们首次通过计算机模型，模拟了6000多万个暗物质和气体粒子间的相互作用，仿照银河系生成了相同形状的旋臂星系结构，这个成果是超级计算机经过9个月的漫长计算才得以完成。该模型解决了当前主要宇宙模型中长期存在的问题，具有极高的分辨率。而模型的成功建立与算力密不可分。根据宇宙大爆炸理论建立的宇宙膨胀模型，能够使人们了解宇宙自大爆炸以来，某一时间段内发生的事情。由于计算机模拟在天体的观测及理论实践方面发挥着越来越重要的作用，模拟也变得越来越复杂，而模拟所需要的算力需求也日益旺盛。同时，在现代天文观测中，天文望远镜本身的设计、制造、运行、控制等都离不开算力的参与。

（5）智慧未来领域。正在到来的智能化时代，家庭、交通等都将会是智慧化的。智慧家庭即将全屋智能化，各种设备彼此互通、相互感知并进行信息交互，每个生活场景都离不开算力对信息的处理。智慧交通即将交通智能化，汽车、路灯、信号灯等都将安装上各种感应和接收设备，实时传递、分析、了解当前交通状况，提前做好规划和应急处理。大量的终端设备会产生海量的数据，需要在边缘被及时处理，也需要被上传至云中心进行模型训练以提升精确度，而算力就存在于信息传递交互的每时每刻。随着智能场景增多、智能应用爆炸，应用对算力需求也日趋强烈。

可以看到一个非常矛盾的现象，一方面算力需求越来越高涨，供给总是赶不上需求；另一方面算力在普及的同时，却存在着大量的浪费。小到个人手机、PC，大到超级计算机、数据中心，算力存在于生活的各个角落。但随着算力的普及，其利用率却在大幅下降。有数据表明各类算力终端的利用率甚至低于15%。以PC为例，每个家庭甚至不止一台PC，但是并不是每台PC都可以物尽其用，大部分时间是处于闲置状态的。而在企业的私有数据中心、科研机构的超算中心，闲置率更甚。大量算力的浪费，对于家庭或企业而言都是一种经济上的损失。如何使所有闲置的算力可以进行交易，减少资源的浪费，提高企业、个人的经济效益？解决这个问题的一个思路是联网建算力平台。例如，各类超算中心面向非常专业的用户群体，需要考虑数据的安全性与代码的特殊性，一种常见的方案是用户携带硬盘乘坐飞机去超算中心所在城市，待运算完毕后，再携带存储结果的硬盘回到本地。显然这样的方案是很难被大规模复制的。云计算、边缘计算、端计算以及算力网络等都是算力平台建设的重要研究领域。

6.5.2　云计算

1. 云计算的发展

20世纪90年代末亚马逊提出了云计算（cloud computing）的概念。随着因特网的发展壮大，尤其是以谷歌为代表的搜索巨头的出现，云计算展现出强大的活力。2006年亚马逊首次推出弹性计算云（elastic compute cloud，EC2）服务，推动了互联网的第三次革命。早期云计算仅仅是指简单的分布式计算，能够解决任务分发、计算结果的合并等问题，通过这种技术，可以在几秒内完成数以万计的数据处理任务。发展至今，云计算已成为集分布式计算、效用计算、负载均衡、并行计算、网络存储、热备份冗杂和虚拟化等计算机技术的网络服务平台。云计算的发展历史可以分为三个阶段，即能效计算、网格计算和算力服务。

（1）效能计算。效能计算是云计算的早期阶段。1961 年，美国计算机科学家约翰·麦卡锡（John Mccarth）指出："计算机效能（Computer Utility）将成为一种全新的、重要的产业基础"。1969 年，科学家伦纳德·克兰罗克（Leonard Kleinrock）表示："现在，计算机网络还处于初级阶段，但是随着网络的进步和复杂化，我们将可能看到'计算机效能'的扩展……"。这个时候的云计算更准确地说还处于效能计算阶段。

（2）网格计算。网络计算是云计算的中期阶段。从计算机的效能计算模型提出到 20 世纪 90 年代，受限于提供算力介质发展缓慢，效能计算模型的演进几乎停滞。为了应对各行各业对算力的强劲需求，人们在效能计算的基础上提出了网格计算这一新型的算力提供模型。具体地说，就是由一个集中控制系统把一些本身非常复杂的任务，划分为大量更小的计算片段任务，然后把这些由大化小的计算任务，分配给许多联网参与计算的独立计算机进行并行处理，最后再将这些计算结果综合起来得到最终的结果，并输出返回之前的集中控制系统。网格计算模型的优势在当时非常明显，它可提供稀缺的算力资源共享，通过分布式的计算可在多台联网的计算机上平衡计算负载，从而实现较大规模的整体算力提供。这种算力提供模型解决了当时各企业的算力难题。

（3）算力服务。计算服务是云计算成熟阶段。网格计算模型是通过拥有计算能力的节点之间自发形成联盟来共同解决的计算问题，但局限性也非常明显。如果一些大型企业的关键性业务需要长期面对大规模计算的难题，那么这些企业往往需要与提供大规模、高可靠计算的企业签订商业服务合同。这种情况下，需要一种新型的、标准工业化的计算力服务提供模型。当代以云计算为代表的新型算力服务提供模型的很多特点，使其有别于效能计算和网格计算模型，也正是这些特点把云计算这一算力服务模型应用到了数据信息通信技术等多个领域。现在广为提起的云计算主要是指算力服务，离不开服务器的资源虚拟化、分布式数据库、高并发高可靠的管理软件等技术的突破。

2. 云计算的模型

美国国家标准技术研究所 2011 年发表的 *the NIST definition of cloud computing* 定义了云计算三层模型，包括显示层（SaaS）、中间层（PaaS）和基础设施层（IaaS）（见图 6-9）。

（1）SaaS 显示层。SaaS，软件即服务。用户只需要支付一定的租赁费用，就可通过互联网享受到相应的服务，不必再购买软硬件、建设机房及配备维护人员。这层主要是用于以友好的方式展现用户所需的内容和服务体验，离不开多种技术服务，主要有以下四种。

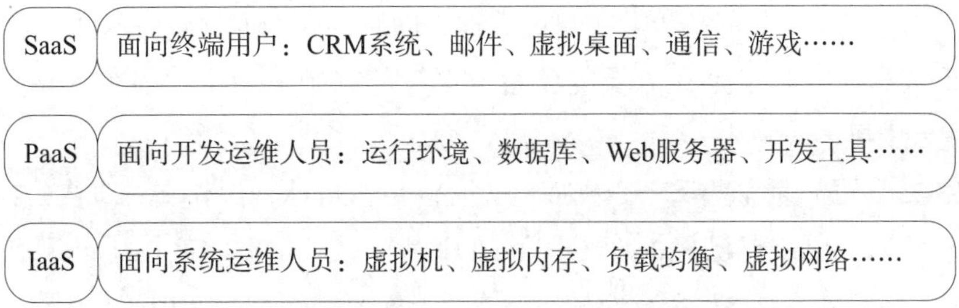

SaaS	面向终端用户：CRM系统、邮件、虚拟桌面、通信、游戏……
PaaS	面向开发运维人员：运行环境、数据库、Web服务器、开发工具……
IaaS	面向系统运维人员：虚拟机、虚拟内存、负载均衡、虚拟网络……

图 6-9　云计算三层架构模型

① HTML 技术。标准的 Web 页面技术，主要以 HTML4、HTML5 为主，尤其是 HTML5 在很多方面推动了 Web 页面的发展，比如视频和本地存储等。

② JavaScript 技术。一种用于 Web 页面的动态语言，能够极大地丰富 Web 页面的功能，能创建更具交互性的动态页面。

③ CSS 技术。主要用于控制 Web 页面的外观，而且能使页面的内容与表现形式之间优雅地进行分离。

④ Flash 技术。业界最常用的 RIA（rich internet applications）技术，能够在现阶段提供 HTML 等技术所无法提供的基于 Web 的丰富应用，在用户体验方面有非常不错的表现。

（2）PaaS 中间层。PaaS，平台即服务。主要面向应用程序开发者和互联网应用开发者，把分布式软件开发、测试、部署、运行环境以及复杂的应用程序托管当作服务，使得开发者可以从复杂低效的环境搭建、配置和维护工作中解放出来，将精力集中在软件编写上，从而大大提高了软件开发的效率。PaaS 是整个云计算系统的核心层，包括并行程序设计和开发环境，它提供多种技术服务。下面列举五种。

① REST 技术。能够非常方便和优雅地将中间件层所支撑的部分服务提供给调用者。

②多租户技术。能让一个单独的应用实例为多个组织服务，而且保持良好的隔离性和安全性，并且通过这种技术。能有效地降低应用的购置和维护成本。

③并行处理技术。利用庞大的计算机集群进行规模巨大的并行处理，以便应对海量数据处理需求，MapReduce 是这方面的代表。

④应用服务器技术。在原有的应用服务器的基础上为云计算作了一定程度的优化。

⑤分布式缓存技术。不仅能有效地降低对后台服务器的压力，而且还能加快相应的反应速度。

（3）IaaS 基础设施层。IaaS，基础设施即服务。这层为用户准备其所需的计算和存储等资源，如服务器、网络设备、存储设备等，将这些物理设备采用相应技术形成动态资源池。主要有四种技术。

①虚拟化技术。能够在一个物理服务器上生成多个虚拟机，并且能在这些虚拟机之间实现全面的隔离，不仅能降低服务器的购置成本，而且还能同时降低服务器的运维成本。

②分布式存储技术。能够承载海量的数据，同时也要保证这些数据的可管理性。

③关系数据库。基本是在原有的关系数据库的基础上做了扩展和管理等方面的优化，使其在云中更适应。

④ NoSQL。可满足一些关系数据库所无法满足的目标，比如支撑海量的数据等。

目前云计算三层结构已经演变成图 6-10 所示形式。在新的架构中，原有 IaaS/PaaS/SaaS 分界线逐渐模糊，以容器为核心构建整体云服务平台。下面简单阐述容器的基本概念。

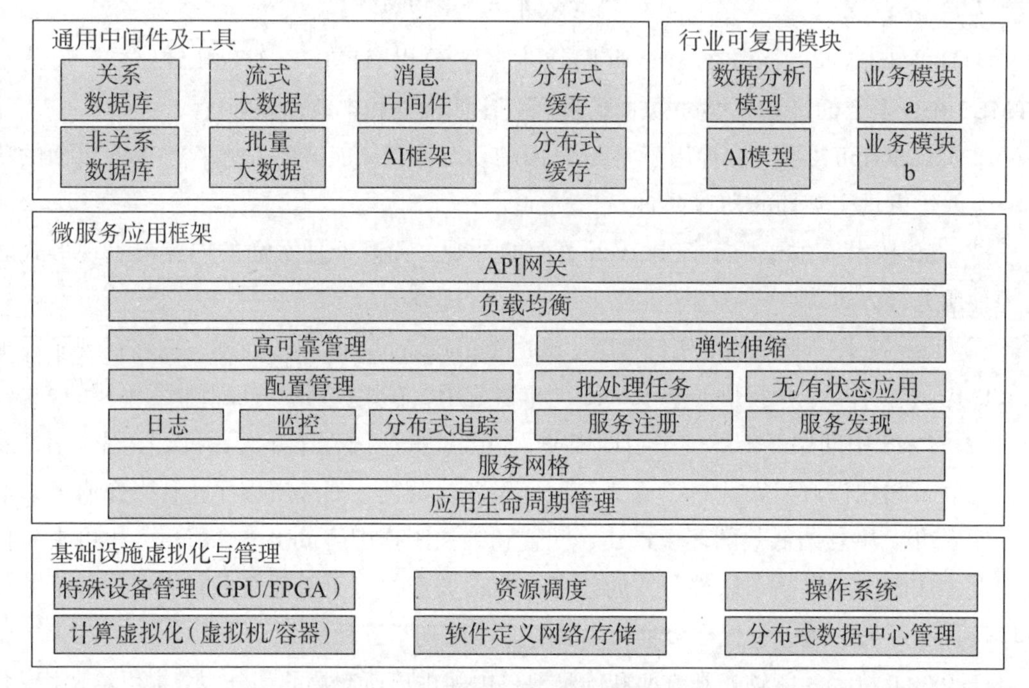

图 6-10　目前云计算三层架构

容器（container）是将一个应用程序所需的一切打包在一起，包括所有代码、各种依赖甚至操作系统，确保应用程序从一个环境移动到另一个环境能正确运行。容器技术的好处，在于所有业务应用可以直接运行在物理主机的操作系统之上，可以直接读写磁盘，应用之间通过计算、存储和网络资源的命名空间进行隔离，为每个应用形成一个逻辑上独立的容器操作系统。容器技术是近几年在云行业发展中不可缺少的一环。容器服务通常位于物理服务器及其主机操作系统之上，可以通过单个操作系统安装来运行多个工作环境，因此只需几秒钟即可启动。目前容器技术的实现形式主要体现在应用程序容器化和系统容器化中，这两种形式的容器都能让 IT 团队从底层架构中抽象出程序代码，从而实现跨环境部署。由于在同一基础架构上支持更多容器，可以减少这些资源的需求，可以实现巨大的成本节省，同时还可以减少管理开销。容器技术在许多大型企业都有应用。2016 年阿里在 T4 基础上做了重大升级，演变为 Pouch，并且已经开源。目前 Pouch 容器技术已经覆盖阿里巴巴集团几乎所有的事业部，在线业务 100% 容器化，规模高达数十万。Twitter最大的容器集群已经有上万台服务器。

3. 云计算存在的问题

云计算具有众多优势，例如可以降低计算机成本、软件成本，提供几乎无限的存储容量和非常高的数据可靠性等，但随着物联网技术的兴起和众多对延时、网络带宽、隐私安全等要求更高的新型应用出现，云计算明显出现不足。

首先，网络带宽不足。海量边缘设备的接入，使得边缘数据量呈现出爆炸式增长的趋势，如果将边缘设备产生的大量实时数据全部传输至云计算中心处理，将给网络带宽造成巨大压力。

其次，难以支持实时性要求。全部数据上传至云中心处理，其处理速度不仅受到网络带宽的影响，同时还受到云计算中心计算能力、总计算任务量等多重因素的影响。请求和应答机制的过长链路，会带来较长的时延问题，无法满足无人驾驶、虚拟现实等新兴应用在实时性方面的要求。

再次，难以保证用户隐私数据安全。智能家居设备产生的数据与用户生活联系极为紧密，如果将安装在用户家庭中的智能网络摄像头产生的视频数据传输到云端，必然会给不法分子以可乘之机，用户敏感数据安全性问题得不到保障。

最后，能耗和资源开销较大。2016年我国数据中心消耗的电量超过1200亿千瓦时，超过了同年三峡大坝全年的总发电量（约1000亿千瓦时）。随着数据量的爆炸式增长，数据中心的存储、处理能力也将面临巨大压力，然而有些资源开销并不是完全必要的。例如，云计算系统中很多采集到的监控图像和视频中并未包含有价值的信息，但这些数据仍然会被上传到数据中心进行分析、处理和存储，不仅造成了数据上传过程中不必要的能源消耗，还会造成云服务器计算资源和存储资源的浪费。正因为如此，边缘计算（edge computing）应运而生了。

6.5.3 边缘计算

随着物联网、5G通信等技术的飞速发展，网络边缘接入的设备数量已达千亿级，全球数据总量已超100ZB，两者的增长都呈爆炸之势。以云计算模型为核心的集中式处理方式将无法适应边缘数据的这种爆炸式增长。在万物互联的环境下，随着无人驾驶、增强现实技术/虚拟现实技术（AR/VR）、智能交通等新兴应用的出现，传统云计算已无法满足这些应用对于网络延迟、抖动、安全性等问题的需求。在这种背景下，边缘计算成为新的业务增长点，受到了学术界、产业界及政府部门的极大关注，在电力、交通、制造、智慧城市等多个行业有了规模应用，成为新一代通信技术下的新型算力提供平台。

目前业界对边缘计算的定义与内涵虽没有形成一致意见，但普遍认可边缘计算是为网络边缘提供计算服务的，这也导致边缘计算与传统的云计算存在较大的差异。从仿生学角度理解，可以做以下类比：云计算架构中，具有超强计算能力的云服务中心相当于人的大脑，边缘计算服务相当于人的神经末梢。手受到伤害时会快速收回，这一过程未经过大脑处理，而是由分布在手上的神经末梢处理的，这一非条件反射的存在能够让人们在受到伤害时及时脱离危险，同时也能让大脑专注于处理更高级别的事务。在万物互联的时代里，数以亿计的边缘设备仅仅依靠云计算是远远不够的，边缘计算就是让设备拥有自己的大脑，为人们提供更优质的服务。

边缘计算是在贴近用户侧的网络边缘执行计算的一种集网络、计算、存储为一体的新型分布式计算模型，该模型将具有计算能力的设备和微型数据中心部署在更贴近用户移动设备、数据采集器、传感器等的网络边缘，主要处理边缘设备所产生的海量边缘数据，在靠近物或者数据源头的网络边缘为用户提供边缘智能服务。经过边缘设备的预处理，无价值图像不再被上传到云计算中心，筛选出的有价值图像才会被上传到云中心进行存储和备份。

边缘计算的出现并不是为了取代云计算，而是对云计算服务的延伸和补充。边缘计算可以给用户提供多种快速响应服务，与传统云计算相比，无论在响应速度方面还是在能源节省方面，边缘计算都占据优势。然而，并非所有互联网服务都适合在网络边缘部署，例如目前普遍使用的网上购物应用，由于需要全局数据的支持，类似于商品个性化推荐、购买热度较高产品展示等服务依然需要放在云端。针对用户购物车的服务则更适合放在边缘节点上，用户可以享受边缘节点提供的快响应服务，快速刷新购物车视图，给用户带来更流畅的操作体验，而边缘节点与云端数据的同步问题则放在后台处理。故而，云计算与边缘计算各有所长，未来万物互联网络环境下，必定是两者协同工作、各展所长（见表 6-4）。

表 6-4　云计算与边缘计算比较

对 比 项	云 计 算	边 缘 计 算
时延	高	低
网络抖动	高	低
服务节点位置	互联网上	本地网络边缘
终端与服务器的距离	多跳	一跳
安全性	一般	高
数据传输过程受攻击概率	高	低
位置识别	不支持	支持
地理分布	集中	分散
服务节点数量	很少	非常多
终端移动支持	部分支持	支持
实时交互	部分支持	支持
最后 1km 连接类型	专线网络	无线网络

随着边缘计算在理论上的逐渐成熟，越来越多的基于边缘计算的应用相继出现。下面介绍边缘计算在网站性能优化、智能工厂、智能家居、视频缓存、购物车视图刷新、网络视频直播六个场景中的应用。

（1）网站性能优化。网站性能优化是一种提高用户网站资源加载速度和显示速度的技术，流畅的加载和响应速度往往能给用户带来良好的上网体验。网页在用户设备上加载的过程中，超过 85% 的响应时间都发生在前端，包括下载必要的组件资源、页面渲染工作等。因此，提高网站性能的关键是在网络边缘侧。日本电话电报公司（NTT）设计的一种基于边缘计算的网站性能优化平台（EAWP），能够为从事 Web 开发的工作者提供有效的网站性能优化工具和服务。EAWP 利用边缘服务器和网关接入点、基站等通信设施的结合来获取用户接入网的状态信息，进而对网站进行优化。例如，当收集到用户网络不佳或者拥塞信息时，边缘服务器能够智能调整页面质量来降低响应时长，当网络情况好转以后，再重新对页面质量进行调整。

（2）智能工厂。智能工厂是边缘计算在物联网中较为典型的应用实例，边缘计算的参与使得互联网技术和运作技术深度融合成为可能。工业智能机器人是实现智能制造的基础，它们往往需要具备对复杂的工作环境、当前工作进程综合分析和判断的能力，以及与其他机器人协作完成复杂工作任务的能力。因此，每个机器人都需要配备智能控制器才能执行复杂的计算任务，这会大幅度增加制造成本。借助边缘计算思想，将所有机器人的智能控制器功能集中部署在生产车间的边缘服务器上，既满足工业生产时延要求，又实现集中控制机器人之间的联动协同，大大降低了工业生产的成本。

（3）智能家居。人们对于宜居、舒适、便利、安全的生活环境的追求从未停止，借助新兴技术往往能够使人们更快速地实现目标。现阶段，智能家电基本上都是单一智能化的，比如智能照明、智能空调、智能安防、智能卫浴等，它们借助于云平台实现远程控制，一旦网络出现故障，用户将无法进行控制，并且智能单品并未实现多台智能设备之间的联动协调工作。使用边缘计算技术和无线传感器技术将使智能家居之间的智能联动和稳定运行成为可能，部署在用户家中的边缘服务器节点通过有线 / 无线传感器将收集到的信息，包括室内温度、亮度、空气湿度及室外摄像头采集的影像信息等进行综合分析，然后对智能家电发出具体指令，完成对用户家中照明控制、温度调节、报警机制等的智能联动调控。

（4）视频缓存。新兴互联网应用的快速发展，造成互联网流量持续增长。全球总流量呈现爆炸式增长中，视频流量占比八成有余，而且继续增长。庞大的视频数据流量将会占用非常多的网络带宽资源，在带宽资源有限的情况下，利用边缘计算平台进行本地视频缓存无疑是切实可行的方案。将具有视频分析、缓存功能的 EC 平台部署在大学城、居民区、商业街等人流密集、对视频播放请求频繁的区域，利用边缘计算智能分析功能（根据搜索热度）将热播电视剧、电影等下载频繁的视频资源缓存到附近 EC 服务器上。

当用户请求视频播放时，该视频资源相当于从本地加载，这就在节省带宽的同时也大大降低了用户的响应时长，大幅度提升了体验质量和网络效率。

（5）购物车视图刷新。随着网络信息技术和智能设备的不断发展，电子商务慢慢融入人们的生活，网上购物在人们生活中不可或缺，便利性不言而喻。消费者在进行线上购物时，选取的商品暂存在购物车中，当购物车中的商品变动时，现行购物应用的解决方案是，先请求云数据中心进行数据同步，得到返回信息后，对消费者购物车视图进行刷新。这样，消费者购物车更新速度完全依赖网络环境和云中心的负载情况，由于移动网络带宽较低以及云中心任务负载大，移动端购物车的更新时延普遍较长，用户体验差。如果把更新消费者购物车视图的服务从云中心卸载到边缘节点上，以上问题就能得到解决。在边缘计算方案中，购物车数据在边缘节点缓存，用户在频繁操作购物车时，不需要经过中心网络和云服务器，购物车视图在本地刷新，延时低，系统流畅度高，用户体验好。当用户操作完成后，边缘节点数据与云中心数据在后台执行同步操作。

（6）网络视频直播。网络视频直播系统是一种多媒体网络平台，旨在将正在进行的赛事、会议、演出、教学等现场音视频实况通过网络实时传递给远端观众。传统视频直播系统服务器端口尽管普遍采用的是百兆或者千兆网络，但是由于音视频文件过大，整个过程延时问题依然不容忽视。为解决以上问题，可以引入多接入边缘计算技术，部署边缘节点。场内拍摄的视频存储在专用的边缘云中，场内观众可以通过移动设备访问边缘云中存储的视频信息，避免了连接中央云带来的时延。

除了以上应用场景外，边缘计算在增强现实和虚拟现实、动态内容交付、车联网、其他物联网场景、预测性维护、安防监控场景中同样表现出蓬勃发展的趋势。

随着物联网和5G通信技术的快速发展，边缘计算越来越成为科研人员研究的热点，各种有关边缘计算的理论和新型边缘计算应用涌现出来，同时发展边缘计算亟待解决的问题也相应凸显出来，这些问题包括服务管理、应用管理、计算资源管理、数据管理等多个方面。在服务管理方面，存在异构问题、移动问题、扩展问题等；在应用管理方面，存在资源快速发现和迁移问题；在计算资源管理方面，存在计算资源分散、管理机制多种多样和资源有限等问题；在数据管理方面，则有数据分析时效性和数据隐私等问题。

6.5.4 端计算

端即用户终端，如PC、手机和物联网终端设备等。用户终端设备具有一定的计算能力，能够对采集的数据进行实时处理，进行本地优化控制、故障自动处理、负荷识别和建模等操作。边缘计算并未严格界定所涉及的设备类型，理论上需要考虑从数据生产端到处理端之间（不包括两端）的任一设备。从物端到云端完整设备链中有大量类似于传感器、控制器等分布在环境中的设备被边缘计算概念所忽视，这类设备面向物理世界，多具备物理功能，可称为物端设备。这类设备多数具有资源受限的特点，但仍具备不可忽视的计算能力，离物理环境和用户近的特点使其具有一定的计算优势。

鉴于现代 Web 的灵活性和可伸缩性优点，物端计算也需要全面的 Web 使能支持。设备依照 Web 使能能力进行划分，即强 Web 使能设备和弱 Web 使能设备（见图 6-11）。强 Web 使能设备包括服务器、PC、手机、智能电视等，可原生运行完整的操作系统及 TCP/IP 协议族。而弱 Web 使能设备，如部分传感器、可穿戴设备、智能硬件等，由于资源受限，不能支持完整的 TCP/IP 协议族。多样性和资源受限是物端设备的主要特征。

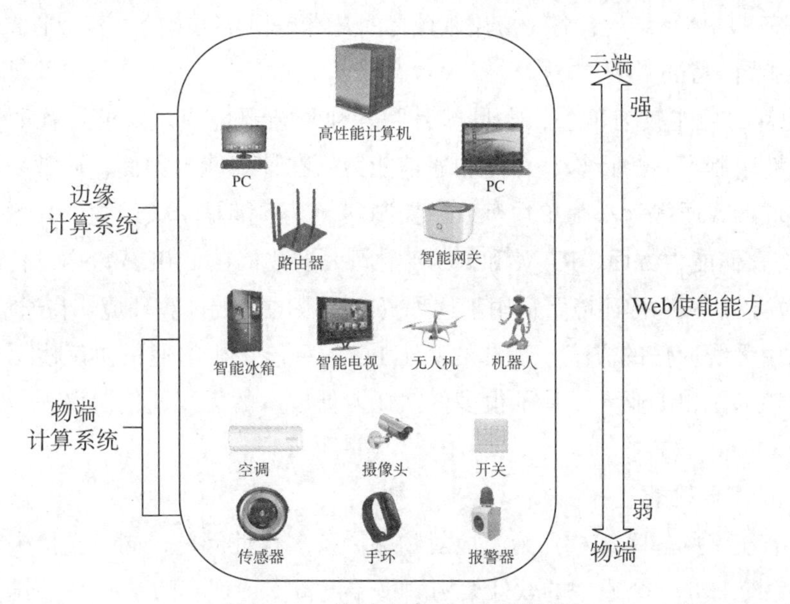

图 6-11　物端设备的 Web 能力

1. 多样性特征

物端设备在硬件平台、操作系统和通信协议、应用场景等方面具有多样性特征。

（1）硬件平台。物端设备的硬件通常为专用功能而定制。它们的处理器 / 微控制器在数据宽度、指令系统、体系结构等方面有很大的差异。这些设备可按照计算、存储和通信等能力的大小进行分类。互联网工程任务组（IETF）将物端设备按照存储能力粗略地分为 3 个类别：C0、C1 和 C2。C0 设备通常指的是资源极端受限的传感器类设备，没有直接连入现有互联网的能力。C1 设备能力相对强大一些，但是它们仍然无法直接使用现有的类 HTTP 协议族与互联网中其他节点通信。C2 设备的资源受限程度相对较小，能支持一些裁剪后的互联网通信协议栈，运行简单的脚本程序。

（2）操作系统。物端设备一般都使用嵌入式操作系统，早期嵌入式操作系统通常为特定的硬件平台或应用需求而设计，平台间相互不能兼容，通用性差。近年来，一些嵌入式操作系统开始致力于发展成为通用性操作系统，如 TinyOS、Contiki、T-Kernel 等。

（3）通信协议。操作系统需要根据硬件平台支持不同的通信协议栈，这些协议栈大多具有低功耗低速率的特点，但它们之间不能够互通和互操作。物端计算系统中常见的无线通信协议包括 Z-Wave、ZigBee、Blue Low Energy（BLE）、6LoWPAN 等。这些通信协议支持的应用层协议大多数不能与现有的互联网应用层协议（HTTP）兼容，通常需要在应用程序层做协议的相互转换工作。

（4）应用场景。物端计算的应用场景十分丰富。例如智能家居、交通、电网、智慧交通、车联网等。每一个应用场景对硬件、网络和用户体验的要求都各不相同。然而在智慧城市里，常常需要这些不同的系统之间相互配合来提供更加优质的服务。现有的物端计算系统没有统一的体系结构，各个应用领域之间基本是相互隔离的，容易形成信息孤岛。

2. 资源受限特征

每个设备的功能较为单一，大量部署在各种复杂环境中，要求具有很低的功耗水平。这些特性限制了它的计算、存储和通信能力。在计算能力方面，通常采用嵌入式处理器，其表现形式通常为一个单片机或微控制器，基本都是单核结构，其主频一般不超过 1GHz。在存储能力方面，RAM 和 ROM 空间大多数都在 100KB 以内，传统计算机的应用程序开发技术和运行环境不适用于这种资源受限的物端计算环境。在通信能力方面，它们大多采用无线通信的方式，现有的基于 PC 和智能手机的通信协议栈无法运行在物端设备上，学术界和工业界设计了很多低功耗、低成本的无线通信协议，但是传输能力通常受到极大限制。

3. 面临的主要挑战

（1）没有统一的体系结构。为了应对物端设备多样性问题，同时支持未来人工智能应用，物端系统需要一个通用的软件架构。物端设备支持现有的 Web 体系结构仍然具有很大的挑战，万物互联的网络很难形成统一的体系架构。

（2）支持智能不足。目前的海量物端设备功能单一，资源受限，只是作为数据收集和命令执行的工具，无法有效地处理智能任务。考虑物端设备的多样性和资源受限的特点，需要从芯片到应用架构全新的创新和设计，才能高效地支持未来的人工智能应用。

（3）应用开发难度高。在物端计算系统上开发程序，通常需要具备从芯片、操作系统到高级编程语言等完备的知识。物端系统通常有数十种微处理器架构、上百种嵌入式操作系统、数十种通信协议。这对程序员的能力和经验要求十分高，阻碍了物端系统应用程序的开发和普及。而且大多数应用是为特定硬件实现特定功能而编写，依赖于特定的硬件资源。

此外，由于物端计算系统通常分布在复杂的环境中，需要随时随地动态交互。开发人员很难预测系统所有的限制和程序执行情景，从而必须在部署前验证程序所有可能的情况。

6.5.5 算力网络

算力网络是指将云计算、边缘计算和端计算与网络能力充分融合，提供云、边、端的完整、灵活、可扩展的一体化算力服务（见图 6-12），是信息通信技术基础设施的重要组成部分，海量应用、数量众多的功能函数和算力资源构成一个开放的生态。

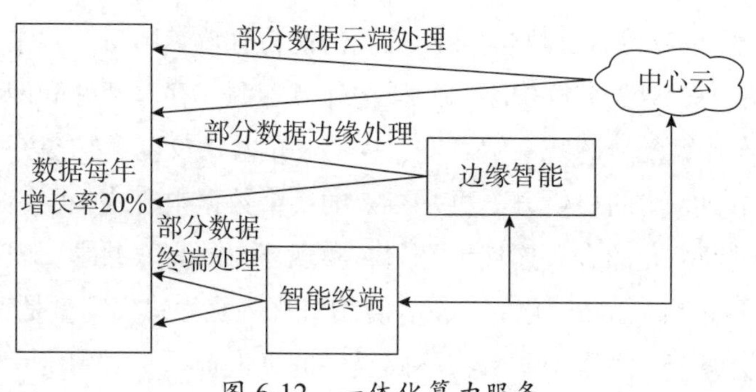

图 6-12 一体化算力服务

1. 算力网络的特征

算力网络是一种通过网络分发服务节点的算力信息、存储信息、算法信息等，结合网络路径、时延等信息，针对用户需求，提供最佳的资源分配及网络连接方案，并实现整网资源最优化使用的解决方案，具备以下四个基本特征。

（1）资源抽象。算力网络需要将计算资源、存储资源、网络资源（尤其是广域范围内的连接资源）及算法资源等都抽象出来，作为产品的组成部分提供给用户。

（2）业务保证。以业务需求划分服务等级，而不是简单地以地域划分，向用户承诺诸如网络性能、算力大小等服务等级的协议，屏蔽底层的差异性（如异构计算、不同类型的网络连接等）。

（3）统一管控。统一管控云计算节点、边缘计算节点、网络资源（含计算节点内部网络和广域网络）等，根据业务需求对算力资源及相应的网络资源、存储资源等进行统一管控。

（4）弹性调度。实时监测业务流量，动态调整算力资源，完成各类任务高效处理和整合输出，并在满足业务需求的前提下实现资源的弹性伸缩，优化算力分配。

算力网络可简单划分为集中式、分布式和分散式三种形式。集中式是最简单的，一般来说，网络规模不大，不需要太好的可扩展性的场合是可以使用的。目前实际在使用的，基本上都是采用集中式方案。分布式方案是集中式方案的一种变种，从大的整体网络来看，它还是集中式的，在系统的最高层，仍然存在集中点，尽管不存在单一集中点，以免产生单点故障，但由于其本质上是集中式方案的一种变种，其扩展性还将会是大问题。分散式方案是可扩展性最好的方案，原因是它没有集中点，可以各自独立发展，当然可以存在必要的松散联系，如联邦关系或邦联关系。对于算力网络来说，无须考虑过大的网络，而可扩展性问题又是必须考虑的，带有一定联邦关系的分散式方案是较现实的。

2. 算力网络的关键技术

算力网络主要关键技术可归类为网络编排、网络承载和网络转发三个方面。

（1）网络编排技术。算力网络是融合计算、存储、传送资源的智能化新型网络，通过全面引入云原生技术，实现业务逻辑和底层资源的完全解耦。需通过打造面向服务的容器编排调度能力，实现服务编排向算网资源的能力开放。同时，可结合底层基础设施的资源调度管理能力，对于数据中心内的异构计算资源、存储资源和网络资源进行有效管理，实现对泛在计算能力的统一纳管和去中心化的算力交易，构建一个统一的服务平台。在算力网络中，算力的提供方不再是专有的某个数据中心或集群，而是将云边端这种泛在的算力通过网络化的方式连接在一起，实现算力的高效共享。因此，算力网络中的算力资源将是泛在化的、异构化的。泛在算力资源的统一建模度量是算力调度的基础。针对泛在的算力资源，通过模型函数将不同类型的算力资源映射到统一的量纲维度，形成业务层可理解、可阅读的零散算力资源池，为算力网络的资源匹配调度提供基础保障，将业务运行所需的算力需求按照一定分级标准划分为多个等级。这样可为算力提供者设计业务套餐时提供参考，也可为算力平台设计者根据所需运行的业务做平台算力的选型设计提供依据。

（2）网络承载技术。IPv6+ 是面向 5G 和云时代的智能 IP 网络，可以满足算力网络灵活组网、优化用户体验等需求。算力承载网以 IPv6+ 和 SRv6 技术为底座，在网络切片能力的基础上，引入网络感知技术，解决当前网络难以感知业务需求，算力和服务难以良好匹配的问题。

（3）网络转发技术。传统的网络设备采用转控一体的工作模式，其转发芯片的功能相对固化，紧耦合的网络设备难以支撑算力网络对设备灵活性及可编程性的需求。新一代高性能可编程数据包处理芯片加上 P4/NPL 等编程语言的出现，让网络拥有者、工程师、架构师及管理员可以自上而下地定义数据包的完整处理流程，除了可帮助算力网络实现最适合其自身需求的具体网络行为外，其中可编程芯片还能使芯片供应商专注于设计并改进那些可重用的数据包处理架构和基本模块，而不必纠结于特定协议里错综复杂的细节和异常行为。因此，可编程芯片技术的产生，为算力网络转发提供了相应的技术支撑。

3. 算力网络面临的挑战

（1）算力的度量。算力可以分为窄义算力和广义算力，窄义的算力仅指计算能力和存储能力，广义的算力将所有 IT 能力资源（计算、存储、软件、平台、算法等）都考虑在内。后者太复杂、涉及大量异构的算力和多层级的服务，目前难以推进。即使只考虑窄义算力，也还是存在大量问题，如算力度量、算力发现、算力池化、算力配置、算力测量等均是难题。算力度量是发展算力网络的大问题，算力度量问题不解决，算力的发现、池化、配置、测量等都无从谈起。目前有两类算力是可以度量的，即 CPU 的算力和 GPU 的算力。CPU 的算力有这几种度量方式：

①运算次数 / 秒，MIPS 是 CPU 算力的度量单位，即算力为百万次运算 / 秒；

②交易次数 / 秒，MTOS 是 CPU 算力的另一种度量单位，即算力为百万笔交易 / 秒；

③操作次数每秒，TOPS 为度量单位的，即算力为处理器每秒可进行的万亿次操作数。

GPU 的度量单位常用浮点运算能力来衡量，TFLOPS 意思是万亿次浮点指令 / 秒，同时还有 MFLOPS（megaFLOPS）、GFLOPS（gigaFLOPS）等。也有从软件角度来度量算力的，如处理矩阵运算、傅里叶变换的能力作为度量单位。

（2）算力资源的感知。算力网络在工程实际应用中首先面临的是算力的感知与度量，进而才能实现对算力的编排并合理快速匹配业务需求。目前，如何感知算力、通过有效建模形成统一度量的算力资源，并能够合理编排以满足业务需求，是算力网络研究的重点和难点。随着 5G、人工智能等技术的发展，算力网络中的算力提供方不再是专有的某个数据中心或计算集群，而是云边端这种泛在化的算力，并通过网络连接在一起，实现算力资源的高效共享。因此，算力网络中的算力资源将是泛在化的、异构化的。目前，市面上不同厂家的计算芯片类型形式各异，如 GPU、ASIC，以及近年出现的 NPU、TPU 等，这些芯片的功能和适用场景各有侧重，如何准确感知这些异构的泛在芯片的算力大小、不同芯片所适合的业务类型及其在网络中的位置，并且对其进行有效纳管、监督是目前的主要挑战。

（3）集中与分布的协同控制。算力网络控制方案的实现有集中式和分布式两种。集中式方案是在基于数据中心 SDN 集中调度方案的基础上，由云数据中心向城域网扩展，与边缘云相连接，通过集中式的 SDN 控制器和网络功能虚拟化编排器管理和协调功能，实现中心云及边缘云间的算力网络的统一管理和协同调度。SDN 是指软件定义网络，而 SDN 控制器是软件定义网络中的应用程序，负责流量控制。分布式控制方案即基于电信运营商承载网分布式控制能力，结合承载网网元自身控制协议扩展，复用现有 IP 网络控制平面的方式实现算力信息的分发与基于算力寻址的路由，同时综合考虑实时的网络和计算资源状况，将不同的应用调度到合适的计算节点进行处理，实现连接和算力在网络的全局优化。对比集中式控制与分布式控制两种方案，前者能够做到算力节点的路由可达，配置通过集中式的 SDN 控制器可快速实现，但该方案的问题是计算节点无法快速与网络属性联动，也较难与运营商基础网络联动；后者能够充分调动承载网中 IP 路由器节点的控制能力，应用可以感知路径中沿途所有节点的服务质量，但需要网络根据具体的业务需求选择边界网关协议扩展的种类和形式，实现比较复杂，也尚未标准化。

（4）计算和网络的联合布局优化。从过去来看，计算和网络两大产业虽互有融合和促进，但总体上还处于分别发展、独自规划的阶段。5G 时代的到来，对计算和网络的联合布局优化提出了必然的要求。其一，单芯片、单设备的计算能力遇到了制造工艺、多核集成数量等方面的瓶颈，这就要求多芯片、多算力设施的联合服务。其二，5G 核心网的云化部署使得边缘计算成为了可能，边缘计算要求计算的单元贴近用户，网络的服务质量成为评价边缘计算基础能力的重要标准。其三，随着 AI 识别、大视频、科学计算等新业务的发展，算力类型在 CPU 通用计算的基础上，不断向 GPU、ASIC 等专用类型扩展，需结合用户快速接入计算服务的要求，计算节点在网络中的布局也需要结合网络情况和业务需求综合考虑。

本章小结

存在于计算机系统中，通过网络互联的数据世界，既表示了现实世界的数字化部分，同时还创造了现实世界不存在的部分。对数据的研究和技术，一方面是数据存储和管理，一方面是对数据本身的处理。关系数据库、非关系数据库等数据存储和管理技术融合发展，数据挖掘、机器学习、深度学习等数据处理方法广泛应用。云计算、边缘计算、端计算组成的算力网络为大规模计算提供了丰富的算力资源。在大数据时代，问题解决 = 数据 + 算法 + 算力，数据管理、算法设计、算力提供是数字化的重要基础。

习题六

1. 给出一个现实生活中需要排序的例子或者一个现实生活中需要计算凸壳的例子。

2. 除速度外，在真实环境中还可能使用哪些有关效率的量度。

3. 选择一种你已知的数据结构，并讨论其优势和局限。

4. 本章给出的最短路径与旅行商问题有哪些相似之处？又有哪些不同？

5. 提供一个现实生活的问题，其中只有最优解才行。然后提供一个问题，其中近似最佳的一个解也足够好。

6. 假设正在比较插入排序与归并排序在相同计算机上的实现。对规模为 n 的输入，插入排序运行 $8n^2$，而归并排序运行 $64n\lg n$ 步。问对哪些 n 值，插入排序优于归并排序？

7. n 的最小值为何值时，运行时间为 $100n^2$ 的一个算法在相同机器上快于运行时间为 2^n 的另一个算法。

8. 假设求解问题的算法需要 $f(n)$ 毫秒，对表 6-5 中的每一个函数 $f(n)$ 和时间 t，确定可以在时间 t 内求解的问题的最大规模。

表 6-5 题 8 表

$f(n)$	1 秒	1 分钟	1 小时	1 天	1 月	1 年	1 世纪
$\lg n$							
$\sqrt{n}$							
n							
$n\lg n$							
n^2							
2^n							
$n!$							

第7章　智能与大脑

学习目标

- 了解什么是智能
- 了解人类智能的多元理论
- 了解人脑智能
- 了解人工智能
- 了解类脑智能
- 了解互联网智能

这是一个正在智能化的时代，智能手机、智能汽车、智能家居、智能城市……智能时代正在大踏步走来。人工智能是当前最受关注的热词之一。人工智能是什么？人工智能将怎样影响未来的世界？人工智能会不会威胁到未来人类？这些问题广受人们关注。研究人工智能，离不开对智能的探索，诸如智能如何产生、人类的大脑为什么有智能等问题的思考。

7.1　什么是智能

智能是东西方文明古往今来都共同关注的对象，孟子曰："是非之心，智也"；是非在西方可以用"to be or not to be"来替代，两者之间的活动——应该（should）即智能。智能里包含了逻辑，同时也存在着大量的非逻辑成分，如直觉、非公理、模糊等因素。智能里不仅存在着

逻辑 / 伦理悖论的对抗，而且还隐藏着逻辑 / 伦理悖论的妥协，本质上是把万千的可能性用唯一的现实性表达出来，以简驭繁，弥聚有度。

智能是把表面上无关的事物关联在一起去发现、分析、解决问题的能力。智能本身即关联，且是不考虑因果的关联。狭义的智能有时空性（如人工智能），要求在资源有限的情况下适应性地去处理信息；广义的智能则没有时空性（如智慧），可以用无限的材质方法去达到目的。

人们解释世界常常是秩序的，但理解世界往往不是如此，改造世界更不是这样。智能提供了使现实在其可能性中显现的逻辑空间。智能使得可能性优先于现实性得以实现，然后把世界转变成了一个可能的世界，同时又实现了新的现实性。从这个意义上说，智能是现实可能性的能力。

智能是由最小的知觉所触发的适应性交互行为，这种行为的缔造者不是人脑，也不是人，而是由人—物—环境系统相互作用而产生，在自然和日常中得到体现。知觉是身体感觉和交互行为产生的关系。所有关涉事物或事实的智能基准点就是“我”的存在，“我”的概念包括了身体、行为、意识、语言、秩序、关系、机制、机理等方面，事实上，这个世界是由“我”构建生成的，所有的交互都是以个性化出现的，涉及外部的事物变化也是个性化的理解，随着“我”的消失，这些变化就会变化，进而有新“我”。一切态势，其中应该有旧“我”的痕迹。智能是顺势而为，天地人、人机环的合一；智能同时又可逆势而为，出奇制胜。

当前的智能本身不是单独的科学或数学或哲学或人文能解决的一个学问。比如说数学，现在的数学可以比较精确地描述物理对象，但是比较难描述复杂过程。未来的智能本身也不是以后的某个学科单独能解决的一个学问。它本质是复杂性问题，需要多领域不断地交叉融合。

7.2 人类的智能

人类是有智能的。根据多元智能理论，人类的智能可以分成八个部分，即语言、数学—逻辑、音乐、肢体—运动、视觉—空间、自然认知、人际和内省，这八种智能特征和相关适用活动见表 7-1。

表 7-1 多元智能理论适用的活动

智能种类	智能特征	相关适用活动
语言	善于表达、驾驭文字的能力	读、写、讲故事或者办一份杂志、期刊
数学—逻辑	有效运用数字和推理能力	计算、游戏、解惑
音乐	对音高、音色、节奏、旋律等较为敏感	练耳、唱歌、表演、谱曲

续表

智能种类	智能特征	相关适用活动
肢体—运动	有着良好的身体技巧和控制平衡的能力	运动、舞蹈、体操、制作小模型
视觉—空间	能够准确地感觉视觉空间，并能表现出来	绘画制图、雕刻、设计时装和家具
自然认知	能识别自然界的各种动、植物，并能进行分类	采集各种标本，在野外玩、收养宠物
人际	能察觉别人的情绪、意向，辨别不同人际关系	领导团队、解决朋友之间的问题
内省	能很好自我控制、善于自我分析，有自知之明	独立思考、自我反省

每个人都具有多种智能，每种智能都很重要，需要全面发展。但不同的个体，都会在某些智能方面有优势，不同的行业对智能也有不同的要求。语言智能优的个体适合的职业包括政治活动家、主持人、演说家、编辑、作家、记者、教师等，数学—逻辑智能优的个体适合的职业包括科学家、会计师、统计学家、工程师、计算机软件研发人员等，音乐智能优的个体适合的职业包括歌唱家、作曲家、指挥家、音乐评论家、调琴师等，而运动员、演员、舞蹈家、外科医生、宝石匠、机械师等职业对肢体运动智能有较高要求，室内设计师、建筑师、摄影师、画家、飞行员等对视觉—空间智能有特殊要求，等等。人类智能具有感知容易逻辑难的特征。

7.3 人脑与智能

人类为何有高于其他动物的智能？天灵盖下的大脑，仍然是最神秘的地方。人们研究大脑，解剖大脑，却对其机制依然知之甚少。以下是关于大脑研究的几个假设。

1. 脑的三位一体假设

根据达尔文的进化论，人类是从哺乳动物进化而来，哺乳动物则由爬行动物进化而来。大脑的进化是在原有的基础上进行再增减，在爬行动物脑的基础上，增加一部分新的大脑，这一部分大脑是爬行动物所没有的，形成了哺乳动物脑，被称为情绪脑；哺乳动物经过长时间的发展，有一部分哺乳动物开始了新一轮的进化，在情绪脑上面再叠加一层，这一层就是常说的大脑皮层，也称为理性脑；爬行脑、情绪脑和理性脑形成了三个层次，构成了完整的人类大脑。这就是由保罗·麦克里恩提出的脑的三位一体假设。

爬行脑，又称旧皮质、爬行动物脑或基础脑，包括脑干和小脑，是最先出现的脑成分。它由脑干—延髓、脑桥、小脑、中脑、苍白球与嗅球组成。在爬行脑操控下，人的行为模式与蛇、蜥蜴相同：呆板、偏执、冲动、一成不变、多疑妄想，不断重复着相同的行为方式，从不会从以前的错误中学习教训。爬行脑控制着身体的肌肉、平衡与自动机能，诸如呼吸与心跳等，它一直保持着活跃状态，即使在深度睡眠中也不会休息。

情绪脑，又称古哺乳动物脑，包括下丘脑、海马体以及杏仁核，与情感、直觉、哺育、搏斗、逃避等行为紧密相关。在恶劣的环境中，依赖情绪脑的这种简单的“趋利避害”原则，生存才得到保证。当这部分大脑受到弱电流的刺激，多种情绪（恐惧、欢乐、愤怒、愉悦、痛苦等）便会滋生。它帮助人类判断事物的基本价值和特别之处，有助于人类感知不确定性因素，进行创造性活动。

理性脑，又称新皮质、大脑、脑皮质、新皮层。人类大脑中，理性脑占据了整个脑容量的三分之二，而其他动物种类虽然也有理性脑，但是相对来说很小，少有甚至没有褶皱。脑皮质分为左右两个半球，即人们所熟知的左右脑。左侧的脑皮质控制着身体的右侧，右侧的脑皮质控制着身体的左侧。右脑更多地决定了人的空间感、抽象思维、音乐感与艺术性，左脑则更多控制着人的线性逻辑、理性思考与语言能力。

麦克里恩指出，这三个脑的运行机制就像三台互联的生物“电脑”，各自拥有独立的智能、主体性、时空感与记忆。每个脑通过神经与其他两个相连，但各自作为独立的系统分别运行，各司其职。该假设已经成为了一个颇具影响力的脑研究范式，催生了对人脑功能机制的重新思考。在此之前，研究者们认为新皮质作为人脑的最高层，控制着其他的低端脑层。麦克里恩否定了这一说法，指出情绪脑虽然生理上位于新皮质之下，但在必要的时候能够干扰甚至阻止新皮质高阶精神功能的实现。

2. 大脑工作原理假设

几百万年前，人类的大脑皮层面积开始迅速扩大，人类比其他哺乳动物更加聪明。大脑新皮层出现后，具有了存储和预测的功能，随着大脑皮层进化得越来越大，它能记忆存储的信息越来越多，皮层的神经元越来越多，意味着能有更多的预测，人类逐渐跟另外一些哺乳动物区分开来，具有了更高级的智能，由此造就了人类独特的智能行为能力。新皮层展开的面积大小和它们之间的连接决定了智能程度。新皮层的面积是层数和大小的函数，人类新皮层一共有 6 层，如果平铺开，有一张大的餐布那么大，而猴子的只相当于一个商业信封的大小。这 6 个皮层之间是有层级概念的，它们的层级跟它们所处的位置无关，取决于它们之间的连接方式，而连接方式的不同是基因决定的。大脑皮层上分布着约 300 亿个神经元细胞，它们存储着个体几乎所有的记忆、技能、知识等等一切。以上这些是人们通过解剖，对大脑皮层进行切片分析后获得的认识。但人们对大脑的工作机制和原理知之甚少。大脑是怎样处理信息的？大脑是怎样传递信号的？大脑是如何记忆信息的？在这些方面，也提出了一些假设。

（1）关于大脑分层分区假设。大脑功能是分层分区的，该假设认为大脑每个部分都有各自的功能，功能固定不变，处理模式不同，相互之间不能替代。身体从外部获得的信息会首先到达低级别区域，然后将信息从底层向高层传递，而高层区域用另外一种方式向下发送反馈信息。各层级之间的工作任务也是不同的，例如视觉信息通过眼睛到达大脑的最低层级处理，对低级别视觉特征进行检测，比如辨别色彩和对比度等信息，随后信息传递到更高一层的大脑区域，一些层级会处理比如红色和蓝色的反应，另外一些层次专门负责检测物体的运动，位于视觉皮层更高级别是一些表征个体对各种物体的视觉记忆的区域等。

（2）关于大脑的共同模式假设。所有的信息，包括声音、图像、触觉、味觉等信息都同时具有时间和空间两个属性，不同的信息会转化为轴突上的“时间—空间”模式进入大脑。大脑里面一片漆黑和寂静，无法直接感知外部世界，它所了解的方式只有轴突上的输入时间—空间模式流来感知世界和产生自我意识。而且所有的外部信息都会转换为相同的模式通过大脑的通用算法进行处理。美国生物医学工程教授保罗发明了一种在舌头上显示视觉模式的装置，盲人可以通过舌头上的感觉来转换成为视觉信息，这个发明为这个假设提供了证据支持。大脑是处理模式的机器，从本质上讲，模式才是大脑工作的实质，各个部分基于同一个算法，处理来自视觉、听觉还有触觉的信息，大脑就类似一个黑盒子，所有的输入信息都只是一个个模式而已。可以想象如果能破译新皮层的算法并创立一种模式科学，就可以将其应用到任何想要使之拥有智能的系统上，这样可以让任何物体拥有智能，它们可以看，可以听也可以和人类一样产生感觉和自我意识。

3. 大脑记忆假设

人工智能科学家普遍认为，只要计算机的计算能力足够强，就能造出跟人一样聪明的计算机。事实上，当前的计算机计算能力已经远远超出了人类的神经元。一个典型的神经元可以在5毫秒内输出电脉冲，同时自行复位，大约每秒可以做200次，而且神经元的传导也是非常缓慢的，在半秒内，进入大脑的信息只能穿过大约100个神经元的长度，但是一台现代计算机可以在1秒内完成数十万次的运算，计算机的计算能力要远快于人脑。但是显然人脑要比计算机要聪明，这是为什么呢？因为大脑并不是以计算能力取胜，而是从记忆中提取答案。大脑只需要几步就可以从存储记忆中找到答案。计算机也有存储设备，但计算机为什么不能像3岁小朋友一样快速识别出一本书或者一颗糖果呢？大脑皮层的记忆具有4个区别于计算机存储的属性。

（1）大脑皮层存储的是序列模式。大脑皮层存储的是一连串具有关联性的信息序列，大脑存储的记忆信息序列是有时间和空间顺序的。就像讲述故事一样，是循序渐进地讲出来的。大家很容易记忆并按顺序读出26个字母，但是如果让人反着读出来，可能就没那么容易了。人们很容易唱一首歌，但是很难反着唱一首歌。计算机存储是按照字节方式存储的，不是按照一个模式序列存储的。如何理解序列？比如走路和开车的时候，这一连串动作，人们都是无意识完成的。而这一连串的动作可以理解成为一个序列已经存储在大脑的某个区域，当开始或者走路时，会激活这部分脑区中的序列记忆。在大脑皮层的各区域中，自下而上的分类和自上而下的序列不断交互和变化，贯穿始终。

（2）大脑皮层以自联想的方式提取模式记忆。大脑记忆的第二个特征是自联想，是指模式与自己相关联，可以根据不完整或者被扭曲的输入信息，提取出全部完整模式的系统，类似于模糊搜索。就像看到一个熟人的脸，就可以自动联想到他的全部一样。大脑可以根据片面的信息自动补齐其他信息。

（3）大脑皮层以恒定表征的形式存储模式。大脑记忆的第三个特征是恒定表征。大家知道，计算机程序是一套精准运行的机制，其中出现哪怕一点点逻辑问题都会导致整个系统的故障，而人类大脑与之不同，大脑系统有更强的容错机制。比如手上拿着一本书，在移动这本书，或者改变照明、调整坐姿时，都在改变着视觉对这本书的输入模式，而且是完全不重复的，但尽管这些视觉信息随时在变，大家却依然能轻松地准确地认识这本书。这就是大脑的恒定表征的特性。

（4）大脑皮层的记忆预测智能模式。人类很容易发现桌子上新放置的水杯，是因为大脑利用记忆不断地对所看到、所听到和所感觉的一切事物进行预测。很多人应该有这样的体验，下楼梯时，一不小心踩空了，很容易摔跤，这是因为在下楼梯的时候，大脑在下一步踏下之前，预测下一阶楼梯的高度和位置等。大脑以某种方式对生活世界的每一处不断地进行预测。预测能力不仅是大脑的功能之一，更是智能的基础。智能是以对现实世界中模式的记忆和预测能力来衡量的，这些模式包括语言、数学、物理和物理属性以及社会环境。大脑从接收外界的信息形成记忆，结合曾经的情况和正在发生的事情进行预测。人类的大脑皮层非常之大，有着庞大的记忆存储，它能够不断地预测将要看到、听到、感觉到的东西，而大多数都是无意识完成的，这些预测就是个体的思想，当它们与感觉输入结合之后，就形成了知觉，这是记忆预测框架的智能模式。

人类之外的其他动物是否拥有智能？动物有旧脑，也有大脑皮层，只是结构比较简单，人类通过多层次的大脑皮结构、恒定表征以及类比预测，拥有了比其他动物更高的智能水平，但是其他动物也具有智能，只是程度不同而已。人类可以学习更加复杂的世界模型和作出更加复杂的预测，但是其他动物比如猫和狗则不能。人类智能和其他动物的第二个不同点是，人类拥有语言能力。通过语言，可以将记忆传递到其他人的大脑中，可以学习到没有看到过的事物。语言的形成需要大型的大脑皮层，这样才能分析句法和语义结构等，语言还促进了运动皮层和肌肉系统的发展，能发出更加清晰准确的声音，做出更加细致的手势。

7.4 人工智能

当人们谈论人工智能时，总是把人工智能和电影想到一起，联想到《星球大战》《终结者》等。电影是虚构的，所以人们总认为人工智能脱离现实。其实从手机上的计算器到无人驾驶汽车，到未来可能改变世界的重大变革，人工智能包罗万象，无所不能。今天，在日常生活中，尤其是很多互联网工具，都已经是人工智能了，只是大家没有意识到。John McCarthy，在1956年最早使用了人工智能（artificial intelligence，AI）这个词，他指出一旦一样东西用人工智能实现了，人们就不再叫它人工智能了。可以举出很多的人工智能场景，例如：百度，是一个巨大的搜索弱人工智能系统；智能手机，是一个弱人工智能系统；汽车，很多已经安装了控制汽油渗入、控制防抱死系统的计算机等。这些人工智能系统已经在生活中随处可见。可是，人们却往往容易忽视这种最常见、最基础的思维活动。人工智能正处在百姓日用而不知的情形。

7.4.1　人工智能的发展

1956年，以马文·明斯基（Marvin Minsky）、香农（Shannon）等为首的一批年轻科学家在达特茅斯会议上首次提出人工智能的概念，被公认为是人工智能诞生的标志。人工智能的发展阶段共经历三次高峰期和一次低谷期。在此期间，人工智能的定义不断完善，相关领域的研究不断发展。

（1）第一次高峰期。始于达特茅斯会议后，这一时期人工智能的研究方向主要为连接主义、博弈、定理证明以及机器翻译等。20世纪中期麦卡洛克（McCulloch）和皮茨（Pitts）发现了神经元兴奋和抑制的工作方式，1956年罗森布莱特（Rosenblatt）提出感知机模型，同年纽厄尔（Newell）和西蒙（Simon）等人在定理证明方面首先取得突破，开辟了以计算机程序来模拟人类思维的道路，1960年麦卡锡（McCarthy）创立了人工智能程序设计语言LISP。人工智能在这些研究方向的成功，使当时的科学家们坚信，计算机最终一定能够成功模拟人类智能。随着研究的深入，科学家们逐渐遇到许多无法解决的问题。明斯基指出，当时的人工智能研究甚至不能解决一些简单的二分类问题，塞缪尔（Samuel）的下棋程序始终未获得全国冠军，机器翻译所采用的依靠一部词典的词到词的简单映射方法并未成功。这一时期，人工智能的发展遭遇了瓶颈，人工智能进入发展低谷期。

（2）第二次高峰期。1977年，费根鲍姆（Feigenbaum）提出了知识工程的概念，标志着人工智能研究新的转折点，即实现了从获取智能的基于能力的策略到基于知识的方法研究的转变；1986年，连接主义学派找到了新的神经网络训练方法，即通过反向传播技术来优化神经网络的参数，二分类问题因此得以解决。由此，人工智能进入第二次高峰期。

（3）第三次高峰期。最新的突破性进展始于2016年。2016年初，AlphaGo的成功使得人工智能再次引起广泛关注；2017年，AlphaGo与世界排名第一的中国棋手柯洁对弈，以连胜三盘的战绩获胜，标志着人工智能取得突破性进展，人工智能迎来第三次高峰期。

人工智能在机器人、语言识别、图像识别和专家系统等领域获得了很好的应用。在机器人领域，如聊天机器人，它能理解人的语言，用人类语言进行对话，并能够用特定传感器采集分析出现的情况，调整自己的动作来达到特定的目的。在语言识别领域，涉及的应用是把语言和声音转换成可进行处理的信息，如语音开锁（特定语音识别）、语音邮件以及未来的计算输入等方面。在图像识别领域，利用计算机进行图像处理、分析和理解，以识别各种不同模式的目标和对象的技术，例如人脸识别、汽车牌号识别等。在专家系统方面，有具有专门知识和经验的计算机智能程序系统，后台采用的数据库相当于人脑，具有丰富的知识储备，采用数据库中的知识数据和知识推理技术来模拟专家解决复杂问题。

7.4.2 人工智能的分类

根据发展历程，可以把人工智能分为符号主义、数据驱动和后深度学习三代。

1. 符号主义人工智能

符号主义旨在用逻辑推理作为工具来对人的行为进行智能模拟。索绪尔提出了符号这一概念，指出符号是一种具有特殊内涵和外延的概念，它只存在于人类独有的文化范围之内。在此，索绪尔赋予符号以本体论的地位，认为符号学的地位高于语言学的地位。因为无论使用哪种语言，均可以被理解为表达人类思想观念的某种符号系统。哲学家皮尔斯指出符号、对象和解释项是符号学研究的三个对象。在这三者中，符号是处于第一位的，对象次之，而解释项则处在第三位。对于这三者的关系，首先符号决定了解释项，其次是对象决定了符号，同时对象通过符号这个中介间接地决定了解释项。总的来说，符号相对于对象来说是被动的，但是对于解释项来说则是主动的。或者说，因为有了对象才有可能有符号，而解释项则赋予了符号意义。对象是符号存在的前提，而解释项则是符号产生的结果，是符号的一种能力。

将符号学理论和人工智能及其应用结合起来，就出现了人工智能领域的符号主义纲领。按照符号主义的主张，人类的所有知识都是某种形式的信息，都是通过语言和非语言的符号来表示，而数理逻辑则是符号化知识的典型形式。人类的认知过程说到底就是一个处理符号的过程，因此对于世界的认知离不开理性的推理过程，而理性的推理过程可以通过形式化的语言尤其是数理逻辑来完成。

符号主义的代表人物西蒙、纽厄尔、尼尔逊等人进一步指出，人类认知过程和思维过程的本质都是某种符号运算过程，人和计算机从某种意义上来说都是一个物理符号系统，由此可以推测，完全有可能将人工智能与机器智能两者结合起来。为了做到这一点，首先，要弄清楚人类自身的智能系统运行所遵循的功能原理；然后就可以通过形式化的符号来描述人类智能的认知过程。最后，将这些经过形式化处理的符号输入能够处理这些符号的高级计算机中，能够局部甚至全部模仿人类智能的智能机器系统就建立起来了。这个智能机器系统可以代替人类完成一些复杂的计算和推理工作。

符号主义的基础是数理逻辑，而形式化与确定性是数理逻辑的重要特点，因此符号主义的人工智能研究具有较强的可行性和明显的简单性等特征。为了实现对人类智能的模拟，一般采用两种策略：一是尽可能地完善逻辑规则，根据逻辑原则从不证自明的公理开始进行符号演算；二是尽可能地完善数据库，提供各种可能的问题及其解决方法，通过穷举规则来提供可能的答案。事实证明，由符号主义纲领发展出来的人工智能系统在很多领域的运用是非常有效的，因此长期以来，符号主义纲领发挥了广泛而深远的影响。但是，人工智能的最终目标是使机器具有与人类类似的情感、意识和能力，符号主义纲领没法实现这一目标。

符号主义为人工智能的发展奠定了坚实的基础，也为人工智能的后续研究做出了巨大的理论上和方法论上的贡献，具有里程碑性质的意义。但是同时，符号主义又有其不可克服的缺憾，如人类的知识经验难以准确表达等。

2. 数据驱动人工智能

经过几十年的徘徊与曲折前进，在各个领域的研究人员，尤其是计算机科学家的努力下，且由于大数据的发展和应用，最终形成了一套人工神经网络的理论与算法，使 AI 在 21 世纪初进入了欣欣向荣的深度学习时代。在深度学习时代，基于充分的数据，构建起有用的人工智能系统，也就是数据驱动人工智能。相比于第一代人工智能，数据驱动人工智能不需要预处理，只需要输入原始数据；而且性能也提高了很多。但是数据驱动人工智能也有大量毛病：不可解释性、脆弱性、很容易被欺骗和攻击、需要大量的数据等。这些弱点使其只能在有限的场景下使用，如完全信息、确定信息、静态环境、限定领域等。

上述深度学习具有的一系列弱点是致命的，是学习机制本身带来的，因此是本质性的。近几年，人工智能学者开始思考下一代人工智能即第三代人工智能。第三代人工智能应该具有以下特点：建立可解释、硕健的人工智能新理论方法，发展安全与可信的人工智能新技术，推动人工智能的创新应用。为此，在 2016 年中国计算机大会上，提出了后深度学习时代的概念。

3. 后深度学习时代的人工智能

后深度学习时代的人工智能，就是要把人工智能从狭义的、只能解决一定范围内的问题，推广到更宽广的范围，从弱人工智能到强人工智能。这项工作面临三个主要挑战。

（1）概率统计方法带来的困难。概率统计方法给人工智能带来革命性的变化，但它也同时给人工智能带来极大的挑战。概率统计是通过大量的数据，抽取出重复出现的特征，或者数据中间的统计关联性，它找出来的并不是本质上的特征、语义上的特征，它找出来的关系，也并不都是因果关系，而是关联关系。也就是说，深度学习区分物体的依据是重复的模式，而人类大脑区分物体的依据是语义上的特征，两者存在一定的关联性，但还有本质的区别。

（2）生数据带来的问题。现在使用的大数据跟以前的海量数据不一样，其中大量的数据是生数据。网络采集的数据往往掺杂了很多噪声、虚假信息、垃圾信息等，这种数据叫作生数据。当前的机器学习方法对于生数据的处理，与经过预加工的数据相比，鲁棒性表现相对较差。

（3）推广能力弱、领域迁移难度大。当前的深度学习方法都是就事论事，都很难推广到不同领域。要从弱人工智能推广到强人工智能，必须要克服领域迁移的困难。

要解决这三项挑战，可以考虑两种解决方法：一是把人工智能中知识驱动与数据驱动两个方法结合起来，因为这两个方法是互补的。其中，数据驱动的优点是可以从数据中提取模型。知识驱动的方法是用离散的符号表示，而基于数据驱动的深度学习方法是用高维空间向量表示，如果能把两种方法沟通起来，有可能极大地推动人工智能技术的发展与应用。二是回到神经网络的本源。借助于人脑神经的工作机制研究，进一步推动深度神经网络模型的深入发展。

7.4.3 人工智能的形态演化

可以把人工智能分为弱人工智能（artificial narrow intelligence，ANI）、强人工智能（artificial general intelligence，AGI）、超人工智能（artificial super intelligence，ASI）三种形态。弱人工智能是擅长于单个方面的人工智能，比如有能战胜世界围棋冠军的人工智能，但是它只会下围棋，不能做其他任何事。强人工智能是人类级别的人工智能，指在各方面都能和人类比肩的人工智能，人类能干的脑力活儿它都能干。创造强人工智能比创造弱人工智能难得多，现在还做不到。超人工智能是指在几乎所有领域都比最聪明的人类大脑都聪明，包括科学创新、通识和社交技能等，可以是各方面都比人类强一点，也可以是各方面都比人类强万亿倍。可以说，超人工智能是今天人工智能如此热门的原因。

那么，人工智能从弱到强有多难呢？首先，人脑就是最大的难题。人脑是大家所知宇宙中最复杂的东西，至今都还没完全搞清楚。其次，制造出能在瞬间算出十位数乘法的计算机很容易，造出能战胜世界围棋冠军的计算机也很成功，但找一个能分辨出某个动物是猫还是狗的计算机还有难度，造一个能够读懂六岁小朋友的图画书中的文字并且了解那些词汇意思的计算机还非常困难。再次，逻辑容易感知难。一些人类觉得困难的事情，如微积分、金融市场策略等，对于计算机来说很简单；而觉得容易的事情，如视觉、动态、移动、直觉等，对计算机来说又太难了。人工智能已经在几乎所有需要思考的领域超过了人类，但是在那些人类和其他动物不需要思考就能完成的事情上，还差得很远。最后，要想达到人类级别的智能，计算机必须要理解更高深的东西，比如微小的脸部表情变化，开心、放松、满足、满意、高兴这些类似情绪间的区别等。

如何由弱到强呢？第一步是增加计算机的处理速度。要达到强人工智能，肯定要满足的就是计算机硬件的运算能力。如果一个人工智能要像人脑一般聪明，它至少要能达到人脑的运算能力。从计算机的发展速度来看，这个已经不是问题。第二步是让计算机变得更智能，如何做到呢？有三种途径。第一种途径是抄袭人脑。参考人脑范本做一个复杂的人工神经网络。科学界正在努力对大脑进行逆向工程，来理解生物进化是怎么造出这么个神奇的东西的。人类已经能模拟小虫子的大脑了，蚂蚁的大脑也不远了，接着就是老鼠的大脑，到那时模拟人类大脑就不是那么不现实的事情了。第二种途径是模仿生物演化。除了抄袭人脑，也可以像制造飞机模拟小鸟那样模拟类似的生物形式。不全部复制，包含部分人工的设计干预，因为人类主导的演化会比自然快很多很多，但是人们依然不清楚这些优势是否能使模拟演化成为可行的策略。第三种途径是让计算机来解决这些问题。这种想法很无厘头，却是最有希望的一种。总的思路是建造一个能进行两项任务的计算机——研究人工智能和修改自己的代码。这样它就不只是能改进自己的架构了，而是直接把计算机变成了计算机科学家，提高计算机的智能就变成了计算机自己的任务。

当具有人类智能相当的强人工智能计算机被制造出来时，人工智能不会停下来。考虑到强人工智能之于人脑的种种优势，人工智能只会在人类水平这个节点做短暂的停留，然后就会开始大踏步向超人类级别的智能走去。硬件上，运算速度朝着几何级的速度增长，容量和存储空间也迅速提升，远超人类，而且不断拉开距离。软件上，有可编辑性、升级性，以及更多的可能性。和人脑不同，计算机软件可以进行更多的升级和修正，并且很容易做测试；另外一个则是集体能力，人类的集体智能是人们统治其他物种的重要原因之一。而计算机在这方面比人们要强很多，一个运行特定程序的人工智能网络能够经常在全球范围内自我同步，这样一台计算机学到的东西会立刻被其他所有计算机学到。

一个超人工智能一旦被创造出来，将是地球有史以来最强大的东西，而所有生物，包括人类，都只能屈居其下。当一个超人工智能出生的时候，对人们来说就像一个全能的超人降临地球一般。一个运行在特定智能水平的人工智能，比如说人类“幼儿”水平，是可以通过自我改进机制变得越来越聪明的。假设它达到了爱因斯坦的水平，因为它现在有了爱因斯坦水平的智能，所以继续自我改进会比之前更加容易，效果也更好。新的改进使它比爱因斯坦还要聪明很多，让它接下来的进步更加明显。如此反复，这个强人工智能的智能水平越长越快，直到它达到了超人工智能的水平——这就是智能爆炸，也是加速回报定律的终极表现。

大家可以想象以下情景；一个人工智能系统花了几十年时间到达了人类“幼儿”智能的水平，当达到这个节点的时候，计算机对于世界的感知大概和一个四岁小孩一般；而在这个节点后 1 小时，计算机立刻推导出了统一广义相对论和量子力学的物理学理论；而在这之后 1.5 小时，这个强人工智能变成了超人工智能，智能达到了普通人类的数十万倍。

现在很多科学家都提出了警惕人工智能的观点，建议建立和完善法律法规，原因就是担心未来人类会因此毁灭。那些在大家看来超自然的，只属于全能上帝的能力，对于一个超人工智能来说可能就像按一下电灯开关那么简单。防止人类衰老、治疗各种不治之症、解决世界饥荒，甚至让人类永生，或者操纵气候来保护地球，这一切都将变得可能。但同时，也有可能是地球上所有生命的终结。

7.4.4 人工智能的研究领域

当前，人工智能的技术分支包括数据挖掘、模式识别、机器学习和智能算法等，其中智能算法在第6章已经阐述过。

1. 模式识别

模式识别是人类的一项基本技能。日常生活中，人们经常在进行模式识别，比如人们能够认出周围的房子、街道，能认出不同的人以及他们的说话声音，人脑的这种能力就构成了模式识别的概念。随着计算机的出现以及人工智能的兴起，将人类识别技能赋予计算机成为一项新兴课题。

当人们看到某物或现象时，人们首先会收集该物体或现象的所有信息，然后将其行为特征与头脑中已有的相关信息相比较，如果找到一个相同或相似的匹配，人们就可以将该物体或现象识别出来。因此，某物体或现象的相关信息，如空间信息、时间信息等，就构成了该物体或现象的模式。广义地说，存在于时间和空间中可观察的事物，如果可以区别它们是否相同或相似，都可以称为模式。比如，一个模式可以是指纹图像、手写草字、人脸或语言符号等。而将观察目标与已有模式相比较、配准，判断其类属的过程就是模式识别。为了强调能从具体的事物或现象中推断出总体，人们把通过对具体的个别事物进行观测所得到的具有时间和空间分布的信息称为模式，而把模式所属的类别或同一类模式的总体称为模式类。也有人习惯上把模式类称为模式，把个别具体的模式称为样本。如字符、植物、动物等都是模式，而A、松树、狗则是相应模式中的一个样本。在此意义上，人们可以认为把具体的样本归类到某一个模式，就叫作模式识别或模式分类。

人类具有很强的模式识别能力。通过视觉信息识别文字、图片和周围的环境，通过听觉信息识别与理解语言等。模式识别是人类的一种基本认知能力或智能，是人类智能的重要组成部分，在各种人类活动中都有着重要作用。在现实生活中，几乎每个人都会在不经意间轻而易举地完成模式识别的过程。但是，如果要让机器做同样的事情，却不轻松。

要让机器具有人的模式识别能力，人们首先需要研究人类的识别能力，因此模式识别是研究人类识别能力的数学模型，并借助于计算机技术让计算机模拟人类识别行为的科学。换言之，模式识别是研究如何让机器观察周围环境，学会从背景中识别感兴趣的模式，并对该模式的类属给出准确合理的判断。

模式识别研究主要集中在两方面，即研究生物体（包括人）如何感知对象，以及研究在给定的任务下，如何用计算机实现模式识别的理论和方法。前者属于认知科学的范畴，是生理学家、心理学家、生物学家和神经生理学家的研究内容，后者属于信息科学的范畴，是数学家、信息学专家和计算机科学工作者的研究内容。

识别行为可以分为两大类：识别具体事物和识别抽象事物。具体事物的识别涉及时空信息的识别。空间信息的例子，如指纹、气象图和照片等，时间信息的例子，如波形、信号等。抽象事物的识别涉及某一问题解决办法的识别、一个古老的话题或论点等。换言之，抽象事物的识别是识别那些不以物质形式存在的现象，属于概念识别研究的范畴。目前，模式识别主要是指对具体事物的识别，如语音波形、地震波、心电图、脑电图、图片、文字、符号、三维物体和景物以及各种可以用物理的、化学的、生物的传感器进行测量的具体模式等，要识别的数据有：一维数据，如语音、心电图、地震数据等；二维数据，如文字图片、医学图像、卫星图像等；三维数据，如图像序列、结晶学或X图像断层摄影术等。

一个完整的模式识别系统由数据获取、预处理、特征提取、分类决策4部分组成，见图7-1。下面分别简单介绍模式识别系统这4部分的工作原理。

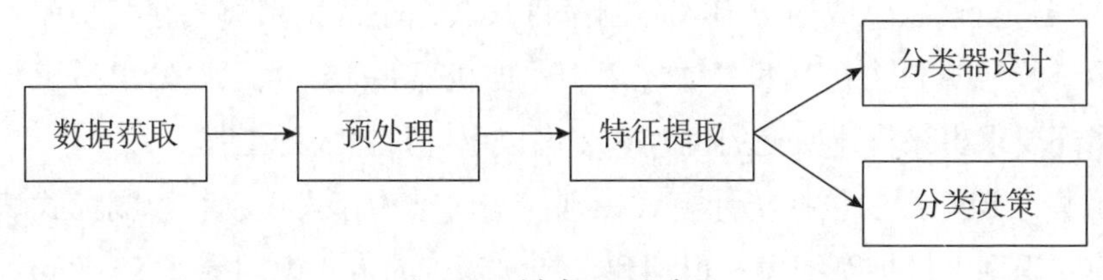

图7-1　模式识别系统

（1）数据获取。数据获取是指利用各种传感器把被研究对象的各种信息转换为计算机可以接收的数值或符号（串）集合。习惯上，称这种数值或符号（串）所组成的空间为模式空间。这一步的关键是传感器的选取。为了从这些数字或符号（串）中抽取出对识别有效的信息，必须进行数据处理，包括数字滤波和特征提取。

（2）预处理。预处理是为了消除输入数据或信息中的噪声，排除不相干的信号，只留下与被研究对象的性质和采用的识别方法密切相关的特征（如表征物体的形状、周长、面积等）。举例来说，在进行指纹识别时，指纹扫描设备每次输出的指纹图像会随着图像的对比度、亮度或背景等的不同而不同，有时可能还会产生变形，但人们感兴趣的仅仅是图像中的指纹线、指纹分叉点、端点等，不需要指纹的其他部分或背景。因此，需要采用合适的滤波算法，如基于直方图的方向滤波、二值滤波等，过滤掉指纹图像中这些不必要的部分。

（3）特征提取。特征提取是指从滤波数据中衍生出有用的信息，从许多特征中寻找出最有效的特征，以降低后续处理过程的难度。对滤波后的这些特征进行必要的计算后，通过特征选择和提取形成模式的特征空间。人类很容易获取的特征，对于机器来说就很难，特征选择和提取是模式识别的一个关键问题。一般情况下，候选特征种类越多，得到的结果应该越好。但是，由此可能会特征维数过高，计算机难以求解。因此，数据处理阶段的关键是滤波算法和特征提取方法的选取。不同的应用场合，采用的滤波算法和特征提取方法以及提取出来的特征也会不同。

（4）分类决策。也叫模型匹配。基于数据处理生成的模式特征空间，人们可以进行模式分类或模型匹配。该阶段最后输出的可能是对象所属的类型，也可能是模型数据库中与对象最相似的模式编号。模式分类或描述通常是基于已经得到分类或描述的模式集合而进行的。人们称这个模式集合为训练集，由此产生的学习策略称为监督学习。学习也可以是非监督性学习，在此意义下产生的系统不需要提供模式类的先验知识，而是基于模式的统计规律或模式的相似性学习判断模式的类别。

在设计模式识别系统时，需要注意模式类的定义、应用场合、模式表示、特征提取和选择、聚类分析、分类器的设计和学习、训练和测试样本的选取、性能评价等。针对不同的应用目的，模式识别系统各部分的内容可以有很大的差异，特别是在数据处理和模式分类这两部分，为了提高识别结果的可靠性往往需要加入知识库（规则），以对可能产生的错误进行修正，或通过引入限制条件大大缩小待识别模式在模型库中的搜索空间，以减少匹配计算量。在某些具体应用中，如机器视觉，除了要给出被识别对象是什么物体外，还要求出该物体所处的位置和姿态以引导机器人的工作。

主要的模式识别方法包括统计模式识别、句法结构模式识别、模糊模式识别、人工神经网络模式识别、模板匹配模式识别和支持向量机的模式识别等。

（1）统计模式识别。统计模式识别方法是受数学中的决策理论启发而产生的一种识别方法。其基本思想是将特征提取阶段得到的特征向量定义在一个特征空间中，这个空间包含了所有的特征矢量。不同的特征向量，或者说不同类别的对象，都对应于此空间中的一点。在分类阶段，则利用统计决策的原理对特征空间进行划分，从而达到识别不同特征对象的目的。统计识别中应用的统计决策分类理论相对比较成熟，研究的重点是特征提取。

（2）句法结构模式识别。句法识别是对统计识别方法的补充。统计方法用数值来描述图像特征，句法方法则是用符号来描述图像特征。它模仿了语言学中句法的层次结构，采用分层描述的方法，把复杂图像分解为单层或多层的简单子图像，主要突出了识别对象的结构信息。图像识别是从统计方法发展起来的，而句法方法扩大了识别的能力，使其不仅限于对象物的分类，而且还用于景物的分析与物体结构的识别。句法结构模式识别主要用于文字识别、遥感图形识别与分析、纹理图像分析中。该方法的特点是识别方便，能够反映模式的结构特征，能够描述模式的性质，对图像畸变的抗干扰能力较强。

（3）模糊模式识别。模糊模式识别的理论基础是模糊数学。它根据人辨识事物的思维逻辑，吸取人脑识别特点，将计算机中常用的二值逻辑转向连续逻辑。模糊识别的结果用被识别对象的隶属度来表示，一个对象可以在某种程度上属于某一类别，而在另一种程度上属于另一类别。一般常规识别方法则要求一个对象只能属于某一类别。基于模糊集理论的识别方法包括最大隶属原则识别法、择近原则识别法和模糊聚类法。伴随着各门学科，尤其是人文、社会学科及其他软科学的不断发展，数字化、定量化的趋势也开始在这些领域中显现。模糊模式识别不再简单局限于自然科学的应用，同时也被应用到社会科学，特别是经济管理学科方面。

（4）人工神经网络模式识别。人工神经网络起源于生物神经系统的研究。它将若干处理单元（即神经元）通过一定的互连模型连接成一个网络，这个网络通过一定的机制可以模仿人的神经系统的动作过程，以达到识别分类的目的。人工神经网络对待识别的对象不要求有太多分析与了解，具有一定的智能化处理特点。神经网络侧重于模拟和实现人认知过程中的感知觉过程、形象思维、分布式记忆、自学习和自组织过程，与符号处理是一种互补的关系。但神经网络具有大规模并行、分布式存储和处理、自组、自适应和自学习能力，特别适用于处理需要同时考虑许多因素和条件的、不精确和模糊的信息处理问题。

（5）模板匹配模式识别。模板匹配的原理是选择已知的对象作为模板，与图像中选择的区域进行比较，从而识别目标。模板匹配依据模板选择的不同，可以分为两类。第一类以某一已知目标为模板，在一幅图像中进行模板匹配，找出与模板相近的区域，从而识别图像中的物体，如点、线、几何图形、文字以及其他物体。第二类以一幅图像为模板，与待处理的图像进行比较，识别物体的存在和运动情况。模板匹配的计算量很大，数据存储量也很大，而且随着图像模板增大，运算量和存储量以几何数增长。如果图像和模板大到一定程度，就会导致计算机无法处理，随之也就失去了图像识别的意义。模板匹配的另一个缺点是由于匹配的点很多，理论上最终可以达到最优解，但在实际中却很难做到。模板匹配主要应用于图像中对象物位置的检测、运动物体的跟踪、不同光谱或者不同摄影时间所得图像之间位置的配准等。

（6）支持向量机的模式识别。支持向量机（support vector machine，SVM）是AT&Bell 实验室研究小组在 1963 年提出的一种分类技术，其基本思想是先在样本空间或特征空间构造出最优超平面，使得超平面与不同类样本集之间的距离最大，从而达到最大的泛化能力。SVM 结构简单，并且具有全局最优性和较好的泛化能力，是求解模式识别和函数估计问题的有效工具。在数字图像处理方面，应用 SVM 可以从像素点本身的特征和周围的环境（邻近的像素点）出发，寻找差异，然后将各类像素点区分出来。

2. 数据挖掘

数据挖掘（data mining）是通过仔细分析大量数据来揭示有意义的新的关系趋势和模式的过程，是数据库研究中一个很有应用价值的新领域，融合了人工智能、数据库、模式识别、机器学习、统计学和数据可视化等多个领域的理论和技术。

数据挖掘的任务就是发现隐藏在数据中的模式，描述型模式和预测型模式是常见的两个类别。描述型模式是对当前数据中存在的事实做规范描述，刻画当前数据的一般特性；预测型模式则是以时间为关键参数，对于时间序列型数据，根据其历史和当前的值去预测其未来的值。根据模式特征，可将模式大致细分为分类模式、聚类模式、回归模式、关联模式、序列模式和偏差模式。

（1）分类模式。分类就是构造一个分类函数（分类模型）把具有某些特征的数据项映射到某个给定的类别上，包含模型创建和模型使用两步。模型创建是指通过对训练数据集的学习来建立分类模型，模型使用是指使用分类模型对测试数据和新的数据进行分类。训练数据集是带有类标号的，在分类之前，要划分的类别已经确定。通常分类模型以分类规则、决策树或数学表达式的形式给出。

（2）聚类模式。聚类就是将数据项分组成多个类或簇，类之间的数据差别应尽可能大，类内的数据差别应尽可能小，即为最小化类间的相似性，最大化类内的相似性原则。与分类模式不同的是，聚类中要划分的类别是未知的，它是一种不依赖于预先定义的类和带类标号的训练数据集的非监督学习，无须背景知识，其中类的数量由系统按照某种性能指标自动确定。

（3）回归模式。回归模式的函数定义与分类模式相似，主要差别在于分类模式采用离散预测值如类标号等，而回归模式采用连续预测值，在这种观点下分类和回归都是预测问题，但在数据挖掘领域，预测类标号为分类，预测连续值为预测。许多问题可以用线性回归解决，即使是非线性问题也可以通过对变量进行变换，转换为线性问题来解决。

（4）关联模式。关联模式是数据项之间存在的关联规则，是在同一事件中出现的不同项之间的相关性，比如顾客在同一次购买活动中所购买的不同商品之间的相关性。Agrawal 等提出的 Apriori 算法比较有名，其基本思想是统计多种商品在一次购买中共同出现的频数，然后将出现频数多的搭配转换为关联规则。Apriori 算法用前一次扫描数据库的结果，产生本次扫描的候选项目集，从而提高搜索的效率。其后人们又提出了诸多关联规则挖掘算法，主要工作集中在如何提高项集的生成效率和降低计算代价上。

（5）序列模式。序列模式是描述基于时间或其他序列的规律或趋势，并对其建模。例如，在购买 PC 机的顾客当中，70% 的人会在半年内购买内存条。序列模式将关联模式和时间序列模式结合起来，重点考虑数据之间在时间维上的关联性。有3个参数的选择对序列模式挖掘的结果影响很大，一是序列的持续时间 t，也就是某个时间序列的有效时间或者是用户选择的一个时间段；二是时间折叠窗口 w（$w \leqslant t$）在某段 w 时间内发生的事件可以被看作是同时发生的；三是所发现模式的时间间隔。

（6）偏差模式。偏差模式是对差异和极端特例的描述，如聚类外的离群值。大部分数据挖掘方法都将这种差异信息视为噪声而丢弃，然而在一些应用中罕见的数据可能比正常的数据更有用。在信用卡欺骗检测中，通过检测比较一个给定账号与其历史上正常的付费，如果出现可付款数额特别大这一异常数据，就可以发现信用卡有可能被欺骗性使用。

由以上所述可知，数据挖掘的核心技术是人工智能、机器学习、统计等，但它并非多种技术的简单组合，而是一个不可分割的整体，需要其他技术的支持，才能挖掘出满意的结果。数据挖掘取得了令人瞩目的进展，同时也存在许多尚待解决和完善的课题，如挖掘算法的效率和可扩展性、待挖掘数据的时序性、互联网上的知识发现、遗漏的噪声数据、数据安全性和私密性保护等。

3. 机器学习

机器学习（machine learning）是研究计算机怎样模拟或实现人类的学习行为，以获取新的知识或技能，重新组织已有的知识结构，从而不断完善自身的性能，或者达到操作者的特定要求，其核心是学习。在机器学习领域，学习是一种改进，系统经过这种改进后，在同样的工作时能完成得更好。让机器像人类一样，能够通过外界环境的影响来改善自己的性能，是机器学习领域研究的重点。

机器学习的过程是一个从未知到已知的过程。如果一台机器拥有一种程序，在该程序的作用下，机器的性能或解决问题的能力增强，就说这台机器拥有学习能力。机器解决问题能力的增强主要表现在：初始状态下，对于问题Q，机器给出结果A，该机器在解决问题 $\{Q_1, Q_2, \cdots, Q_m\}$ 后，再次遇到问题Q时给出结果 A_1，而结果 A_1 比结果A更精确，就说机器解决问题的能力增强了。

随着机器学习理论研究的逐渐深入，它的应用也日益广泛，许多优秀的算法应运而生。这些算法可以分为基于符号的和基于非符号的两类。前者包含机械式学习、归纳学习、基于解释的学习等，后者包括基于遗传算法的学习和基于神经网络的学习等，以下来介绍几种典型的机器学习算法。

（1）机械式学习。机械式学习又称为死记硬背式学习，是最原始的学习算法。顾名思义，机械式学习即为对每次输入的信息及解决的问题存入知识库，当再次遇到该问题时，直接查询知识库，得到该问题的解决办法。该问题的符号表示如下：待解决问题为 $\{y_1, y_2, \cdots, y_n\}$，在输入信息 $\{x_1, x_2, \cdots, x_m\}$ 后，该问题得到了解决，于是将记录对

$\{\{x_1, x_2, \cdots, x_m\}, \{y_1, y_2, \cdots, y_n\}\}$ 存入知识库，以后当遇到问题 $\{y_1, y_2, \cdots, y_n\}$ 时，查询知识库，取出 $\{x_1, x_2, \cdots, x_m\}$ 作为对问题 $\{y_1, y_2, \cdots, y_n\}$ 的解答。能实现机械式学习算法的系统只需具备记忆与检索两种基本技能。此外，存储的合理安排、信息的合理结合以及检索最优方向的控制也是应该考虑的问题。该算法简单、容易实现、计算快速，但是由于不具备归纳推理的功能，对每个不同的问题，即使是类似的问题，也需要知识库中有不同的记录相对应，因此需要大量的存储空间，这是典型的以空间换时间的算法。

（2）归纳学习。归纳学习算法是研究最广泛的基于符号的学习算法。对于给定信息，通过归纳推理，结合知识库信息，得出想要的结论。归纳学习过程是由特殊实例经过推导得出一般规律的过程，有利于就类似问题采用同样的方法求解。训练集全体称为实例空间，训练集中全体实例潜在的规则全体称为规则空间。归纳学习过程就是实例空间与规则空间的相互利用与反馈。归纳学习算法简单，节省存储空间，在一段时间内得到了广泛的应用。该算法也存在明显的不足：

①归纳结论是通过对大量的实例分析得出的，这就要求有大量实例作支撑，而这在许多领域都是无法实现的。

②归纳结论是由不完全训练集得出的，因而其正确性无法保证，只能使结论以一定概率成立。

③该算法通过对实例的分析与对比得出结论，对于信息的重要性与相关关系无法辨别。

（3）基于解释的学习。该算法的实现要求有完整的领域知识和一个对应的实例，通过对该实例利用已知知识进行分析以完成对目标概念的学习，然后通过后续的不断练习，得到目标概念的一般化描述。一个领域完善的知识往往难以得到，这就对该算法提出了更高的要求。为解决知识不完善领域的问题，有两个研究方向，一是改进该算法使其在不完善的领域理论中依然有效，二是扩充该领域的知识使其拥有更强的解释能力。

（4）基于神经网络的学习。神经网络是由许多类似神经元的节点和它们之间带权的连接组成的复杂网络结构，是为模仿人类大脑的复杂神经结构而建立起来的抽象数据模型，希望相似的拓扑结构可以使机器像人脑一样进行数据的分析、存储与使用。神经网络学习的过程就是不断修正连接权的过程。在使用过程中，对于特定的输入模式，神经网络通过前向计算，产生一个输出模式，并得到节点代表的逻辑概念，通过对输出信号的比较与分析可以得到特定解。在整个过程中，神经元之间具有一定的冗余性，且允许输入模式偏离学习样本，因此神经网络的计算行为具有良好的并行分布、容错和抗噪能力。神经网络学习算法是一种仿真算法，拥有良好的认识模拟能力和有高度的并行分布式处理能力。但神经网络模型及其参数设置难以确定，需要长时间的试验摸索过程，而且对于最后得到的神经网络，其反映的知识往往难以让人理解。

机器学习最近几年发展迅速，但其毕竟属于新兴领域，发展时间短，技术难题多，一直以来，机器的学习能力都是人工智能领域的瓶颈。一方面机器学习领域的发展限制了人工智能领域的发展，另一方面鉴于机器学习与其他领域的密切关系，这就要求研究者们在致力于研究机器学习的同时，可以在其他领域寻找新的学习算法和学习体制，并以此促进机器学习领域的新发展。

7.5　互联网类脑智能

互联网大脑模型在 2008 年被提出，含义是互联网通过 50 年的进化，从网状结构发展成为类脑模型，因为互联网涉及的设备元素众多，覆盖的范围非常庞大，因此互联网的这个类脑模型相当于互联网大脑，这里的大脑主要是指非常庞大或巨大的类脑结构，是包含了神经元网络、中枢神经、感觉神经、运动神经、神经纤维、神经末梢和神经反射弧在内的较为完整的神经系统体系概念（见图 7-2），其中包括五类脑神经元（见表 7-2）。

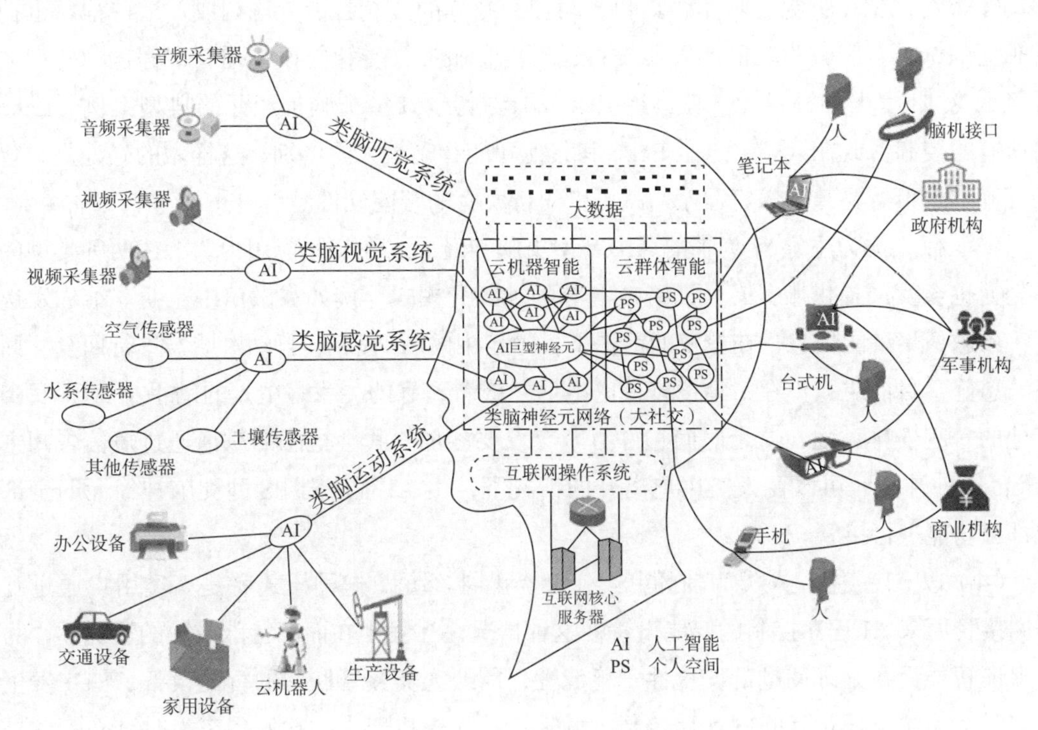

图 7-2　互联网类脑体系结构

表 7-2 互联网大脑五种类型脑神经元的特征

序号	名称	特征
1	PS 型类脑神经元	为互联网用户提供信息分享、信息交互和信息处理服务
2	AI 型类脑神经元	为互联网大脑的视觉、听觉、躯体感觉和运动神经系统连接的智能设备提供云端 AI 控制服务
3	AI-PS 型类脑神经元	AI 可在人类离开时，代表使用者对 PS 型类脑神经元进行控制
4	PS-AI 型类脑神经元	人类可以在需要时按照权限对 AI 型类脑神经元的工作控制权进行接管
5	Agent AI 型类脑神经元	作为独立的智能体处理互联网大脑中的各类信息或需求

注：PS——个人空间；AI——人工智能。

（1）由人类控制的 PS 型类脑神经元。互联网大脑中的云群体智能由提供信息分享、信息交互服务的个人空间程序构成，由人类用户掌管，为人类用户提供信息服务。可称这种神经元为 PS 型类脑神经元。PS 型类脑神经元与大众的关系比较密切，例如腾讯公司的微信为用户提供的个人空间服务包括：与好友进行点对点交流，与有共同兴趣的大众进行广泛讨论，公开发布有关个人思考、经历的文章和照片（公众号、朋友圈）等。

（2）由智能设备控制的 AI 型类脑神经元。互联网大脑中的云机器智能主要由控制驱动互联网视觉、听觉、躯体感觉和运动神经系统的云端智能程序构成，这些程序也拥有独立的个人空间，为联网的智能设备提供信息服务，受智能设备控制，称这种类型的神经元为 AI 型类脑神经元。亚马逊 Echo 的运行是 AI 型类脑神经元的典型案例。Echo 将所有的控制器放在云端，这是 Echo 和其他智能音箱最大的区别。这样做的好处是，智能音箱本身不需要升级任何程序，就可以支持所有的智能硬件。

（3）以人类为主、AI 为辅的 AI-PS 型类脑神经元。在实际应用中，上述两种类型的神经元也会交叉提供服务，从而形成混合的神经元模式。例如在微信中，朋友给你发送了一条邀请聚餐的信息，在授权的前提下，微信中的 AI 程序会自动对朋友进行回复，回答“您好，目前主人不在，请拨打他的电话”或者“好的，我是主人的助手小 AI，我查了他的日程安排，他在这个时间正好有个会议要参加，我会把您的邀请通过短信告知主人”，这种神经元可以在人类用户离开的情况下，由 AI 程序对 PS 型类脑神经元的全部或部分功能进行接管。

（4）以 AI 为主、人类为辅的 PS-AI 型类脑神经元。这种模式就是人类用户通过互联网接管原来 AI 程序控制的智能设备，这种情况往往发生在面临特殊威胁的情况下，为了保证智能设备处理问题的安全性、稳健性，需要人类接管联网的智能设备，如在发生火灾时，消防员通过互联网远程控制火场附近的灭火机器人；在发生车祸时，交管人员接管自动驾驶汽车帮助其离开现场。这类称为 PS-AI 型类脑神经元。从人工智能的安全使用上看，保证任何一个 AI 型类脑神经元可以被人类接管控制，是维护人类在互联网大脑中的绝对主导位置的关键，其目的并不是担心 AI 系统出现自我意识，而是要防范互联网 AI 系统因为错误、黑客、故障等因素出现对人类社会有危害的负面效应。在现实场景中，自无人驾驶汽车诞生以来，其被黑客攻击的报道频繁出现。在近来大型汽车制造商资助的演示中，显示安全专家能够对普通汽车上的车载计算机发动攻击，控制汽车的制动、转向、发动机以及其他功能。一名黑客甚至能够强迫汽车在高速行驶的状态下紧急刹车。可见，实现人类对 AI 型类脑神经元的分级管理，也是一个需要深入研究的课题。

（5）Agent AI 型类脑神经元。是作为独立的智能体处理互联网大脑中的各类信息或需求，也可以独立地与其他 AI 型类脑神经元和 PS 型类脑神经元进行互动并将处理结果反馈给人类或机器。例如，长江和黄河流域的温度、湿度、风速传感器将大量传感数据传到水利部门的云端服务器中，形成防汛抗旱大数据，云端服务器中的智能程序对这些大数据进行分析、汇总、提炼，形成灾情预警数据上报有关部门，这种智能程序就是 Agent AI 型类脑神经元的应用范例。云机器智能中提到的 AI 巨型神经元也是一种标准的 Agent AI 型类脑神经元，其负责对整个互联网大脑的安全运行进行管理和监控，对 AI 巨型神经元的研究和监控也有着特别重要的意义。

从互联网大脑的定义和互联网大脑模型中，可以看到三个最重要的特点。

①统一的神经元节点技术架构。通过统一的神经元节点技术架构，将人、物和软件系统映射到互联网大脑中，同时根据神经元节点内部信息展示和功能模块的不同，产生多样化的互联网大脑神经元类型，实现复杂和多样化的需求。

②神经元人机双智能控制，人类控制权最高。为了保证互联网大脑的高效、敏捷、自动运转，需要人工智能技术介入到每个神经元节点上。同时为了实现互联网大脑未来人类安全服务的目的，要求每个神经元节点允许人类可以登录进行控制，而且当发生决策冲突时，必须要求人类控制权最高。

③建立神经元之间的信息路由，实现云反射弧。互联网大脑最终要提供全方位的智能服务，这种服务的实现就需要不同类型的神经元节点（人、物和软件系统）相互配合，按照解决问题或实现服务的需求，通过跨神经元节点的信息路由，实现云反射弧。

在这之前，互联网巨头会顺应科技发展趋势，将自己的产品或服务与互联网的大脑架构相结合，构建企业级类脑巨系统，以获得更大竞争优势。从 2012 年起，谷歌、百度、科大讯飞、阿里、腾讯、360、华为等科技巨头都提出了自己的互联网大脑系统，主要表达建设一个企业级，行业级或城市级的人工智能巨系统，对来自企业、行业或城市感知传入的各种信息进行综合处理，并做出判断或决策，实现相关的管理需求。

（1）谷歌大脑。2012 年，谷歌正式提出了谷歌大脑的概念。谷歌大脑团队将大量标记数据输入网络系统中，用来识别原来难以识别的图像。其中识别猫让谷歌大脑闻名于世。为了让谷歌大脑识别出猫咪图片，谷歌团队使用了1.6万片处理器创造了一个拥有10亿多条连接的神经网络。在看过数百万张图片后，这个谷歌大脑构建出一张理想的猫图片，利用不同层级的存储单元成功提炼出猫的基本特性。谷歌大脑研究人员认为这个过程与人类大脑视觉皮层的运作方式是非常相似的。有了这个重大突破，谷歌大脑终于可以在没有科学家帮助的情况下识别出一张猫的脸。谷歌大脑团队一直致力于通过算法研究和系统工程，提升人工智能的技术水平，已经取得了不少成果，如提出使用强化学习和演化算法的新神经网络设计方法、研究出多种语音识别系统优化方法、开发出新奇的机器学习算法和方法等。从互联网大脑模型来看，谷歌大脑是一个较为纯粹的人工智能项目，暂时还没有大规模与互联网类脑架构结合，但它是第一个用大脑命名的互联网类脑智能巨系统项目。

（2）讯飞超脑。2014年，以语音识别闻名的科大讯飞推出讯飞超脑，基于类人神经网络的认知智能引擎，赋予机器从能听会说到能理解会思考的能力。讯飞超脑是科大讯飞依托其在语音识别方面的优势地位而形成的类脑智能巨系统。机器能够实现的人工智能分为三个维度，分别是运算智能、感知/运动智能和认知智能。其中运算智能最典型的案例就是AlphaGo。感知智能/运动智能就是语音识别、计算机视觉等当下已经相当成熟的人工智能技术，以及一些运动机能。也就是说，机器具备了眼、耳、鼻、舌等如同人类一样的感官，并且能走会跑、能抓会扔。认知智能更像是基于以上两种智能的一种升华，即机器具备知识理解、逻辑推理等能力，并且能够用自然语言的方式表达出来。这就是讯飞超脑的研发目的。2017年，讯飞超脑模拟人脑打造了拥有100多亿个神经元的深度神经网络，继而利用大数据进行训练以提升相关算法。训练的目的是让系统能够依据数据实现自主学习和提升。

（3）百度大脑。2016年，百度向外界全面展示人工智能成果——百度大脑，并宣布对广大开发者、创业者及传统企业开放其核心能力和底层技术。2017年，百度大脑2.0已形成完整体系，开放60多种能力。2018年，百度大脑3.0正式推出，其优势是多模态深度语义理解，即对文字、声音、图片、视频等多模态的数据和信息进行深层次多维度的语义理解，涵盖了数据语义、知识语义、视觉语义、语音语义一体化和自然语言语义等多方面技术。这也意味着，通过多模态深度语义理解，机器可以在听清、看清的基础之上，更深入地理解其背后的含义，深度理解真实世界。2019年，百度大脑升级为5.0，核心技术再获重大突破，实现了AI算法、计算架构与应用场景的创新融合，成为软硬件一体的AI大生产平台。2020年，百度大脑6.0持续升级，进入知识增强的多模态深度语义理解阶段。

（4）阿里ET大脑。2017年，阿里巴巴正式提出ET大脑概念，将AI技术、云计算大数据能力与垂直领域行业知识相结合，基于类脑神经元网络物理架构及模糊认知反演理论，实现从单点智能到多体智能的技术跨越，打造具备多维感知、全局洞察、实时决策、持续进化等类脑认知能力的超级智能体。阿里指出ET大脑的核心能力是认知反演，无论是城市交通、工业制造还是航空运输，其本质都是拓扑网络问题，即城市交通是车流的网络，工业制造是流程的网络等。这些网络中的每个节点都会发出各种信号，如城市交通系统，每个路口可能就是一个节点，当一个路口交通堵塞的时候，如何将这个信号传递给其他路口以及是否传递这个信号，其背后的决策机制非常重要。而认知反演就是通过这些表面信号，结合关键统计量和算法找到数据特征，并寻找到这些拓扑网络上的量化关系，通过这些量化关系就可以找到控制的窍门。

（5）360安全大脑。2018年，360集团首次提出安全大脑的全新概念。安全大脑是一个分布式智能系统，综合利用大数据、人工智能、云计算、IoT智能感知、区块链等新技术，保护国家、国防、关键基础设施、社会及个人的网络安全。当前全球正在经历由万物互联与人工智能技术带来的巨大变革，新的安全威胁随之产生。原有的安全威胁从单一的信息安全扩展到包含民生安全、经济安全、关键基础设施安全、城市安全、社会安全乃至国家安全的大安全体系。360安全大脑的构成包括百亿级的安全大数据积累，10万余台服务器的计算能力，百亿级特征处理，千亿级图计算等智能算法支撑。

（6）腾讯超级大脑。2018年，腾讯提出腾讯超级大脑，希望在云时代通过连接，促成人联网、物联网和智联网的构建，其中智联网就是腾讯称之为超级大脑的基础。腾讯超级大脑是一个让人工智能无处不在的智能操作系统，AI能力将依托超级大脑随时随地被灵活调用。腾讯云与各行业的智能化建设进行结合，不断拓展超级大脑的应用领域，形成城市超级大脑、医疗超级大脑、工业超级大脑、零售超级大脑和金融超级大脑等类脑智能巨系统应用群，让各行各业都能拥有属于自己的超级大脑。

（7）华为云EI智能体。2018年，华为推出的华为云EI智能体是拥有云机器智能的AI智能巨系统，有自己的感觉神经系统和神经末梢，通过万物互联对人和物进行连接。在具体应用方面，以工业领域为例，华为云EI的工业智能体发挥着巨大的作用。作为全球重要的电子信息制造企业，华为自身的经历就相当具有代表性。例如在没有用华为云EI以前，华为的生产线要一个工人看管四台焊接机，然后用肉眼检查印制电路板的故障。这种方法不但检验速度慢，而且经常出错，每个工人每次检测需要用时5分钟左右。由于华为的业务本身与实业紧密结合，使得涉及智能产业的团队和生态伙伴很多，如手机、芯片、媒体、操作系统等，解决的都是华为内部运作的自动化问题和业务服务问题，如供应链的智能装箱、物流和路径规划，以及报关、发票、风控、营销等场景。

（8）腾讯WeCity未来城市。WeCity未来城市是腾讯研究院和腾讯云在2019年联合打造全新的政务业务品牌，解决方案以腾讯云的基础产品和能力为底层支持，为数字政务、城市治理、城市决策和产业互联等领域提供解决方案，并通过微信、小程序等工具触达用户。2020年，WeCity 2.0提出新空间、新治理、新服务理念，并对政务产品能力进行升级。新空间，即将服务的目标场景细化到服务社区、城市、都市圈、乡村等，进一步提升城市空间服务能力；新治理则是通过跨区流动、一网统管，帮助政府部门从之前的常态化治理手段升级为面对突发事件时也能灵活处理，以数字化能力提高城市韧性，实现对城市的精细化管理；新服务进一步加强一网通办的服务范围和效率，打通政务服务“最后一公里”，同时，探索产业服务新模式，实现产城融合，带动数字经济。

（9）中科大脑。中科大脑，其所倡导建设的城市大脑平台，以AI为计算中心，包含算力平台、AI能力平台、接入平台、感知平台、算法工厂、知识工厂、应用平台等一系列AI设施及应用。它向外延伸包括城市感知网络，赋能城市治理平台、产业发展平台和科技创新平台。在赋能城市治理方面，包括城市管理、公共安全、生态环保和城市交通四大领域。在赋能产业发展方面，借助智慧社区新契机助力传统科技企业加快转型升级。在赋能科技创新平台方面，侧重于需求场景主导，倒逼政府城市管理体制和执法方式的创新，例如实现了交通管理从现场执法为主到以非现场执法为主的转变。

7.6 智能伦理

上帝造人是一个神话，同时也是一个重要的隐喻。上帝创造了与他自己一样有着自我意识和自由意志的人，以致上帝无法支配人的思想和行为。上帝之所以敢于这样做，是因为上帝的能力无穷大，胜过人类无穷倍，所以上帝永远都高于人。今天，人类试图创造有自我意识和自由意志的人工智能，可是人类的能力将小于人工智能，因此这是一种自我否定的冒险。人类为什么敢于这样想，为什么敢于这样做，此种行为是否理性？尽管越来越多的人意识到无限发展、无限解放所蕴含的危险，但很少有人能够抵抗发展和解放的巨大诱惑。

就目前所知，人工智能和基因编辑技术被认为是试图在精神上和物质上创造新概念。人们无法排除其潜在的巨大风险，更严重的是，人们甚至无法预料哪些是人类无法承受的风险。人工智能的能力正在不断超越人类，这是人们感到恐惧的原因，人们担心人工智能的超人能力。但这其实是一个误区，人类就是寄希望于人工智能的超人能力来帮助人类克服各种困难的。毫无疑问，未来的人工智能将在能力上远远超过人类，但这绝非真正的危险所在。每一样机器在各自的特殊能力上都远远超过人类，这已经不是新奇事物。水平远超人类围棋能力的AlphaGo没有任何威胁，只是一个有趣的机器人而已；自动驾驶汽车也不是威胁，只是一种有用的工具而已；人工智能医生更不是威胁，而是人类医生的帮手，诸如此类。即使将来有了多功能的机器人，它们也不是威胁，而是新的劳动力。超越人类能力的机器人正是人工智能的价值所在，并不是一种威胁。任何智能的危险性都不在其能力，而在于自我意识。人类能够控制任何没有自我意识的机器，因此，没有自我意识的人工智能越强大就越有用。

到目前为止，地球上最危险的智慧生命就是人类，因为人类的自由意志和自我意识在逻辑上蕴含了一切坏事。如果将来出现比人更危险的智能存在，那只能是获得自由意志和自我意识的人工智能。因此，无论人工智能的能力多么强大，都不是真正的危险，只有当人工智能获得自我意识，才会对人类构成致命的威胁。

人工智能如何才能获得自我意识。就技术层面而言，这个问题只能由科学家来回答。技术升级的加速度是一个事实，然而不能因此推论说，技术升级必然导致存在升级。技术升级是指一种存在的功能得到不断改进、增强和完善，存在升级是指一种存在变成了另一种更高级的存在。技术升级可以使某种技术达到完美，却未必能够使一种存在升级为另一种存在，也就是说，技术升级未必能够自动达到奇点。许多病毒、龟类、爬行动物或哺乳动物都在功能上进化到几乎完美，但其技术进步并没有导致存在升级。物种的存在升级至今仍然是一个未解之谜。就人工智能而言，图灵机是否能够通过技术升级而发生存在升级，从而成为超图灵机，这仍然是一个疑问。一般观点认为，除非科学家为人工智能植入导致奇点的存在升级技术，否则图灵机很难自动升级为超图灵机，因为无论多么强大的算法都无法自动改变给定的规则，这被称为技术惰性。

在人工智能领域，有一个非常著名的图灵测试。如果一个人（代号 C）使用测试对象皆理解的语言去询问两个他不能看见的对象任意一串问题。对象为：一个是正常思维的人（代号 B）、一个是机器（代号 A）。如果经过若干询问以后，C 不能得出实质的区别来分辨 A 与 B 的不同，则此机器 A 通过图灵测试。

图灵测试为什么要以语言对话作为测试标准呢？思想可以映射为自然语言，而自然语言先验地具有自我反思的功能，任何概念、语句、语法甚至整个语言系统都可以在语言自身中被反思并且被解释。那么，只要图灵机能够以相当于人类的思想水平回答问题，就可以被确定为具有意识和思维能力的物种。

人工智能有希望获得万倍于人的计算能力，还有各种超过人的专业算法能力，以及所有专业知识，以及类脑神经网络和图像识别功能，再加上互联网内无穷信息的助力，人工智能应该有望在不久的将来，能够回答专业科学级别的大多数问题，获得相当于高级医生、建筑师、工程师、教授所具备的专业知识，甚至有可能回答宇宙膨胀速度、拓扑学、费马定理之类的问题，但这些只不过是人类事先输入的思想知识，就图灵机本身的能力而言，那不是思想，只是程序而已。

本章小结

人类对大脑及其运作机制知之甚少。人类智能是感知容易逻辑难，人工智能是逻辑容易感知难。人工智能技术飞速发展，逐步由弱人工智能到强人工智能进阶，最终朝着超人工智能发展。目前，人工智能技术和应用取得了长足进展，已经成为人类生产生活的一部分。基于互联网的智慧大脑正在为数字化社会的各种治理提供强大的决策支撑。目前，不管人工智能能力多么强大，都只是人类事先输入的思想知识，机器本身并不具备思想，只是程序。

习题七

1. 什么是智能？人类具有哪些智能类别？

2. 除了书本中提到的外，你还知道哪些关于大脑的假设？

3. 符号主义人工智能、数据驱动的人工智能，以及后机器学习时代的人工智能分别面临哪些挑战？

4. 试分析腾讯、阿里巴巴、华为、海尔等企业在互联网类脑中的位置。

5. 举例说明，什么是模式以及模式识别。

6. 人工智能由弱到强的发展途径包括哪些？

7. 为什么说，能力强大的人工智能并不可怕，可怕的是具有自我意识的人工智能？

8. 如何理解人类智能是感知容易逻辑难，人工智能是逻辑容易感知难？

9. 试分析一个日常所用的人工智能系统，指出系统的工作原理、主要功能和改进的方向。

第8章 经济与产业

学习目标

- 了解技术经济范式，明白技术与经济的关系
- 了解数字经济的基本含义和主要特征
- 了解数字产业化
- 了解产业数字化

经济是价值的创造、转化与实现。经济活动就是创造、转化、实现价值，满足人类物质文化生活需要的活动，生产是基础，消费是终点。产业是社会分工的产物，它随着社会分工的产生而产生，并随着社会分工的发展而发展。数字经济是继农业经济、工业经济之后的更高级经济阶段，由数字产业化和产业数字化两部分构成。数字产业化是数字经济的基础部分，发展数字经济，需要加快推动数字产业化，为数字经济发展提供必要的基础条件，夯实数字经济发展的基础。产业数字化是数字经济的融合部分，数字技术的快速发展，使各行各业拥抱数字技术，重构实体经济形态，并形成新的经济增长点。

8.1 技术经济

8.1.1 技术的本质

布莱恩·阿瑟在 *The nature of technology* 一书中提出了关于技术的三个原理级命题。第一是技术是某种不同的组合，任何复杂的技术都是

由各种不同的部件、集成件和系统组件组成的。第二是组成技术的每个组件也是技术，对一个技术进行多次分解，发现其本源还是技术。第三是所有技术都是利用现象达到目的。所有的技术，无论是多么简单或者多么复杂，实际上都是在应用了一种或几种现象之后乔装打扮出来的。阿瑟指出从本质上看，技术是被捕获并加以利用的现象的集合，或者说技术是对现象有目的的编程。

《牛津词典》里是这样总结技术的——技术是机械艺术的组合，它使得文化的经济的和社会功能的发挥成为可能。这里可以从三个方面进行理解。

（1）技术是实现人的目的的一种方式。从个人角度来说，使用某种工具进行实践从而达到自己的目的，就是一种手段或方式。

（2）技术是元器件和实践的基本组成。现代化的技术，如生物技术、人工智能等，蕴含了较高水平的专业知识和能力，包含着人们智慧的结晶，这一类技术可被统称为技术体。

（3）技术是某种文化中得以运用的装置和工程实践的组合。

现象与技术有着紧密的联系。现象是技术的源泉，为了达到一些计划和目的，总是需要依赖某些未被开发的自然现象，不论是简单的技术还是复杂的技术，它们都应用了某些现象。例如，探测那些绕着遥远的恒星运动着的行星，主要利用了两个现象：一是对恒星发出的光进行分解，得到不同颜色的光带；二是恒星向太阳系的方向进行移动，这些发出的光线就会发生微小的位移，就是多普勒效应现象。由此可以进一步明白技术的本质，即对某些自然现象进行有目的的编程。生物对基因加以编程，从而生产了无数的结构，技术对现象加以编程从而产生了无数的应用。而对于现象，其根本上是以累积式构建起来的，现象首先被俘获，然后被用于制造设备，并伴随着进一步发现新现象的过程。

一旦一种新的单体技术诞生，它就立刻成为可供进一步建构更新技术的潜在的构件。这个过程导致技术的发展呈现出一种进化的形态，准确地说是一种组合进化的形态。这里需要说明两点：

①这种进化行为与路径依赖问题紧密联系。这也就是说，已经产生的技术，对未来会产生什么样的技术有着重要的影响，但是新技术是如何产生的？在什么时候产生？这是多种因素的共同作用。

②这种进化行为与达尔文进化论不同。它表现为组合的方式，而达尔文的进化表现为遗传和变异。数字化时代的到来，技术越来越具有生物属性，反过来生物又越来越具有技术的属性。因此，不能简单地把技术理解为具有机械性，而非生物性。同时，究竟怎么去理解技术，主要取决于是从上往下看，还是从下往上看，当从整体往下看的时候，下一级技术似乎就是机械地去适应。反过来当从下往上看的时候，下一级技术其实就是在适应上一级技术而进化。不过这种进化，必须经过人作为中介来完成。

可以进一步总结技术的两个基本特性。第一，技术的模块化。将技术进行分组，进行模块化，从技术人员的角度来说，更容易将技术的各个部分进行充分调配，使之更好地更高效地完成任务。第二，技术的递归性。指的就是对技术一层一层的分级，有点类似于树状图，一个完整的复杂的技术是最大的树干，然后一层一层地往内部分级，直至达到了最基本的水平。在真实的世界中，技术本身是高度可重塑的，即它一直是动态的，不会停止运动，也不会完结。在一个完整的技术内部，不同模块的组合必须具有高度秩序性。

8.1.2 技术经济范式

1. 技术经济范式的概念

1962年库恩在其代表作 *The structure of scientific revolutions* 中首次定义了范式（paradigm），他认为范式是一个在专业方面看法趋向一致的某一研究领域科学工作者组成的有形或无形的学派所广泛接受、使用并作为思想交流的共同概念体系和分析方法。从本质上说，范式是科学理论研究的内在规律及其演进方式，而范式的转变就是在环境发生重大变化时一种全新的看待问题的方式与解决问题的方法。

1982年，多西（Dosi）将范式引入技术创新领域，正式提出了技术范式的概念，将技术范式定义为：解决所选择的技术经济问题的一种模式，而这些解决问题的办法立足于自然科学的原理。多西开创性地将技术范式与技术的经济功能联系起来，并肯定了技术范式在产业经济发展中的重要作用。

1985年，佩雷斯（Perez）在 *Technicial revolutions and finansial capital* 中，提出用技术经济范式来描述一定类型的技术进步通过经济系统影响产业发展和企业行为的过程。她指出从投入、方法和技术的选择，以及组织结构、商业模式和战略来说，技术经济范式是一组最成功和最盈利的实践集合。

2. 技术经济范式主导逻辑

技术经济范式中存在主导逻辑。佩雷斯认为最成功和最盈利的实践会转换为决策的默认原则和准则，在运用新技术的过程中不断克服障碍并发展，形成足以支撑的流程、惯例和结构，而涌现出来的启发式管理和方法再逐渐被相关人员内化，包括管理者、投资者、创业者和消费者等。于是，共有的逻辑被建立起来，新的常识被投资者和消费者接受。主导逻辑是公司对某个产业总的看法，是对该产业总的概括。主导逻辑也是一个信息过滤器，企业的注意力集中在与主导逻辑相关的信息上，相关的数据被主导逻辑和辅助制定战略的分析过程过滤出来，被用于战略、体制、价值观与期望、企业的行为中。

技术经济范式主导逻辑是参与主体对于通用技术、经济租金和组织形态形成的共识。

（1）通用技术指的是推动产业革命发生的关键技术，以及与之相关的原材料和基础设施。通用技术首先在先导产业中显示出技术优势，之后将这种优势扩展到相关产业，甚至会应用到所有生产和生活场景之中，成为社会发展中不可或缺的技术组成部分。

（2）经济租金是要素收入的一部分，代表着要素收入中超过其他场所可能得到的收入部分，是企业经济收益的基本来源，以及企业获得竞争优势需要遵从的基本经济规律。这种经济租金会在新兴领先大企业中率先体现出来，之后扩展应用到整个先导产业，然后逐步扩散到所有产业，成为社会发展中的经济共识，甚至会贯穿于整个社会行为规范之中。

（3）组织形态是指企业在内部主体及外部相关主体的组织方面需要遵守的基本形态，这种形态的一些要素会率先在先导产业的领先企业中展示出优势，之后会向其他企业和其他产业扩散，甚至成为社会组织的形态规范。通用技术、经济租金和组织形态是一个有机系统，相互联系、相互支撑，随着技术经济范式的演化不断发展。因此，技术经济范式主导逻辑具有动态性、开放性和系统性。

3. 技术经济范式的演化动力

解决技术经济问题模式的技术范式，是在相应的动力推动下逐渐演进而成的，市场需求和产业技术竞争是推动技术范式演进的两种主要力量。

（1）市场需求推动技术范式的演进。首先，新技术要成为范式，必然要适应市场需要。只有适应市场需要的新技术，才能获得一定的市场份额，成为企业追踪的对象。从这个意义上讲，可能最终成为范式的新技术不是纯粹在技术的某个单一维度上的最优，而是一个基于市场主体需要的技术统一体。当然，在新技术刚出现时，它可能在功能上不如原有技术完善，只能适应某些新的市场缝隙的特殊需要。但是，新环境里大量可以支持新技术飞速发展的资源，例如，顾客的需要等，会诱使新技术功能日趋完善。当然，如果成为范式的新技术随着外部环境的变化，失去了解决技术经济问题的功能以致不能适应市场需要时，它也会被新的技术范式挤出主流市场，甚至被完全替代。可见，市场需求不仅可催生技术范式，还会促进技术范式转移。

（2）产业技术竞争推动技术范式的演进。产业技术竞争，特别是产业技术标准竞争，既可能推动技术范式的形成，也可能导致新技术范式的产生。因为，在产业技术竞争中，如果企业开发的技术成为了产业技术标准，就可使该企业处于产业竞争中的有利位置，并极大地影响将来几代产品的走向。但是，如果企业支持的技术没有成为产业技术标准，则可能被迫采用新的技术标准，由此就会丧失自己在原创技术上的投资成本、学习成本。因此，企业总会通过各种手段使自己支持的技术成为产业技术标准。一旦该技术成为相应产业的技术标准，它就会成为制造商和供应商参照的标准，并以此作为解决技术经济问题的模式。同时，产业技术竞争还能使竞争者根据新技术的市场开发出新的技术范式。可见，产业技术竞争既能推动技术范式的形成，又能创生出新的技术范式。

在市场需求与产业技术竞争的推动下，技术经济范式的演进具有显著的阶段性特征。根据每一阶段的变化对技术经济范式演进带来的最终影响，可将技术经济范式的演进分为产生、形成和转移三个阶段。

8.2 产业革命与技术经济范式

产业是指具有某种同类属性的集合。从产业组织角度来讲，产业是指生产同类或有密切替代关系的产业或服务的企业集合。从产业结构来讲，产业是指具有相同原材料、相同工艺技术的企业集合。根据产业发展的层次顺序及其与自然界的关系，可把全部的经济活动划分为第一产业、第二产业和第三产业。第一产业一般也称农业，产品直接取自自然的物质生产部门，包括种植业、畜牧业、林业、渔业、狩猎业等。第二产业一般也称工业，加工取自自然物质的物质生产部门，包括采矿业、制造业、建筑业、运输业、通信业以及煤气、电力、供水等工业部门。第三产业也称服务业，派生于有形物质财富生产活动之上的无形财富的生产部门，包括商业、金融业、保险业、生活服务业、旅游业、公务业（科学、教育、卫生、政府等公共行政事业）以及其他公益事业。随着经济的发展和国民收入水平的提高，劳动力首先从第一产业向第二产业移动，当人均收入水平进一步提高时，劳动力便向第三产业顺次不断增加。劳动力在不同产业间流动的原因在于不同产业之间收入的相对差异。

产业革命是指由于科学技术上的重大突破，使国民经济的产业结构发生重大变化，进而使经济、社会等各方面出现崭新面貌。产业和工业，都是来自英文单词Industrial，因此产业革命和工业革命经常互用。恩格斯最早提出产业革命，认为它是生产技术的巨大革命，也是生产关系的深刻变革。产业革命的发生是多种复杂因素组合在一起产生的社会效应，由于关注点和观察视角不同，产业革命的划分也存在差异。

产业革命与技术经济范式紧密相关。一般地，在产业发展的历史上，由技术经济范式迁移引发的产业革命有四次，即蒸汽革命、电气革命、计算机革命和智能革命，有时也称四次工业革命或产业革命。

1. 蒸汽革命

蒸汽革命又称第一次工业革命（产业革命），发生在18世纪中后期到19世纪中期，始于英国，是技术经济范式形成的起点。蒸汽革命不是一个时点，而是由关键性技术创新在工业领域引发的连锁革命。蒸汽革命的技术经济范式主导逻辑是蒸汽化和机械化、亚当·斯密租金及工厂化生产体系。

蒸汽机是蒸汽革命的通用技术，由此引起了蒸汽化和机械化的结合。以蒸汽机为代表的关键性技术创新开始取代人力、畜力、自然力和手工劳动，这一时期以蒸汽动力技术及相关机械制造技术为主导，以煤炭、蒸汽动力为主要能源，创造出火车、轮船等运输方式。蒸汽动力引发对煤这个关键原材料的大量需求，其中包括煤炭运输的需求，蒸汽火车和铁路基础设施很自然地成为必要组成部分，河运、海运和自然河道运输快速发展，蒸汽轮船等运载工具的运输能力不断提升，运河和铁路成为主要的基础设施驱动力。蒸汽化和机械化最先应用于以纺织为代表的轻工业，之后进一步被广泛应用于其他产业。

亚当·斯密租金是蒸汽革命的经济租金。蒸汽革命的经济租金主要来自劳动分工和专业化，及由专业化后的学习效应所带来的大幅提升的生产效率。从生产组织工厂的内部看，主要体现在工人或技师的劳动分工和协作上。从生产组织看，体现在各专业化工厂之间的协作上。由于受制于交通基础设施，当时的生产组织协作主要存在于工厂所在地。因为生产工具的变化，工业生产方式由原始的手工作坊转变为单件小批量机械化生产。此时，制造产业以私人或合伙经营的机械化、小规模化工厂的形式进行，市场进入壁垒较低，规模经济特征不显著，市场呈现自由竞争态势。从产业链看，初步形成原材料、工厂、贸易商之间的分工和协作体系。煤矿、纺织工厂、全球棉花纺织品等大型货物贸易组织开始出现。

工厂化生产体系的发展则从生产要素的集中开始，蒸汽机让动力得以集中，之后又实现了劳动力、生产工具、原材料的集中。工厂化生产体系既能发挥蒸汽化和机械化的力量与速度，又能通过工厂内外的专业化协作进一步提升效率。

2. 电气革命

电气革命又称为第二次工业革命（产业革命），发生在 19 世纪中后期到 20 世纪中期，随着发电机、电动机的发明，电力迅速成为补充和取代蒸汽动力的新能源，人类从此进入电气时代。这一时期，电力、石油成为最主要的能源，电话、收音机和电视机为主要通信方式，汽车、飞机、远洋轮船等交通工具相继被发明出来。新能源的开发与利用引发了生产工具的革命，电灯、电钻、电焊机、流水线等电气产品大量涌现，生产方式由机械化过渡到电气化，开启了以福特制为代表的批量流水线生产方式。这种生产方式是利用由专业化设备组成的流水线来大批量生产标准化的产品，其特点是品种少、规模大，充分利用生产的规模经济，从而显著降低生产成本，扩大了市场需求。垂直结构的股份制公司成为该时期产业组织的主导形式，厂商数量不断增加，规模经济特征显著，形成垄断性竞争。

电气化通用技术以电力技术和内燃机技术为核心，包括以电力为代表的能源基础设施和以石油为代表的关键原材料。电力技术成为冰箱、洗衣机等家用电器的技术基础，电动机被广泛应用于工厂动力工具领域。内燃机技术首先在汽车上得到应用，之后扩散至船舶、火车等生产和生活工具，还被应用于推动农业技术进步的农业机械等领域。

钱德勒租金被称为电气革命的经济租金，主要来自规模经济和范围经济。工厂化生产体系的实践表明，通过市场调节的本地化生产协作的效率低于企业内部分工的组织效率，这让企业家看到了内部协调和市场协调的差异，“看得见的手”内部分工比“看不见的手”市场分工的效率优势明显，而且能够克服外部交易的信息不对称。因此，电气革命用大规模生产体系将工厂化体系的优势发挥到极致，而且在追求专业化经济的基础上，找到了规模经济和范围经济的秘诀。

大规模生产体系的丰富和发展以美国企业作为领先者展开，欧洲和日本企业也遵循着同样的主导逻辑。钱德勒进行了深入研究，认为大型、纵向一体化、横向多元化、职业经理直接管理的公司推动了资本主义经济组织的发展。规模经济和范围经济的组织形态是大规模生产体系，以标准化产品的规模生产、规模运输、规模分销和规模消费为主要特征。大规模生产体系从福特流水线向沃尔玛大型连锁超市、麦当劳连锁快餐等领域扩展，甚至不只是生产领域，零售和服务领域也同样适用，其活力和影响力可见一斑。

3. 计算机革命

计算机革命又称第三次工业革命（产业革命）、信息革命等，发生于20世纪70年代至今，以计算机、互联网等的应用为主要标志。在此阶段，借助于计算机技术的强大计算能力，原子能、核能被逐步开发利用，网络通信技术也迅速发展，从有线网络到无线网络，互联网成为重要的通信方式。这一时期，伴随计算机技术的发展和自动化机器的利用，生产过程更加高效，生产方式发展到大规模生产阶段，产品和服务追求进一步的高效率、高质量和标准化。跨国公司、中央集权的大企业集团成为最主要的企业组织，公司规模日趋扩大，组织结构愈发复杂，市场进入壁垒不断提高，形成跨产业和行业的寡头垄断竞争。

电子信息、计算机、互联网等产业兴起，推进了贸易和商业的全球化。随着计算机、通信和互联网技术的普及，企业的商业活动需在更加广泛的范围内进行组织协调，产业活动的全球分布促进了贸易和商业的全球化。跨国公司在全球范围内布局研究开发、生产制造和销售服务等活动。在产业层次，信息技术促进了产业分工的深化，使产业价值链在全球呈碎片化分布，制造外包服务从电子制造领域发端，扩展至汽车、集成电路等所有制造行业。服务外包、劳务外包、研发外包、人力资源外包等业务在全球兴起，形成了全球产业彼此相互依存的格局。信息技术驱动的全球化，使各国形成了适应本地水平的生产和消费结构。在供给端，产业价值链在全球碎片化分布，各国（地区）按照自己的资源和能力禀赋，各司其职，形成了全球价值链。在需求端，为满足不同消费者的需求，厂商进行市场细分，为身处不同发展水平国家的消费者群体提供所需的产品。

计算机革命的技术经济范式主导逻辑是信息化、后钱德勒租金和柔性生产体系。计算机、通信和互联网组成信息化通用技术，不仅成为金融等信息密集型行业的重要技术，还嵌入制造业生产线的控制系统及农业现代化、个性化服务中，也出现在汽车、家用电器等日常生活所需的产品中。电子信息产业新引入的关键原材料是硅，相比于第一次产业革命和第二次产业革命的煤、石油，基于硅的知识增值空间成倍放大。

计算机革命的经济租金可以称为后钱德勒租金，不仅包括了钱德勒租金中已经包含的规模经济和范围经济租金，也包括在规模和范围之上形成的模块化和柔性租金，使差异化的产品和服务能够在大规模生产的基础上得以实现，从而获得租金收益。电子信息产业、软件产业的发展为生产组织带来了新的要素。价值链从企业内部拓展为沿着产业链的专业化分工，计算机产业的零部件、软件、半导体设计和制造环节的专业化分工在规模和地域范围方面都有所突破，并扩散至其他产业，推动了全球产业价值链的专业化分工。

电子信息产业的组织体系将规模经济和范围经济提升到一个新的高度。一个明显的变化趋势是，企业规模进一步扩大，新兴产业的大规模公司数量大幅减少。如钱德勒所言，软件供应商的合并使其规模和范围扩大，这与几十年前制造业和服务业企业的经验相类似，不过在过去半个世纪里出现的所有高新技术中，软件具有最少的经济和技术先驱性。计算机革命产生于电子等新兴并与信息相关的部门，实现了信息时代少数几家公司的快速成长，造就了新的信息基础设施。大规模柔性生产体系发展成熟的典型代表是智能手机产业，不仅将有形的零部件模块化接入生产体系，而且实现了无形的 App 模块化接入，成为柔性生产体系的有机组成部分。

以上分析了前三次工业革命的基本情况，将其总结归纳见表 8-1。

表 8-1　前三次工业革命的比较

比较因素		蒸汽革命	电气革命	计算机革命
基本情况	发生时间	18 世纪中后期至 19 世纪中期	19 世纪中后期至 20 世纪中期	20 世纪 70 年代至今
	代表国家	英国	德国、美国	美国
	时代特征	蒸汽机	发电机、电动机	计算机、网络
基本水平	关键性技术创新	水利纺纱、蒸汽机	电动机、内燃机、电报电话等	计算机、原子能、空间技术、生物工程等
	生产工具	蒸汽动力技术及相关机械制造技术	电力技术及电磁通信技术	传统型技术继续深化；微电子等新兴技术不断发展
	主要能源	煤炭、蒸汽动力	电力、石油	化石能源、原子能、核能
	通信、运输	报刊、杂志等印刷材料；火车、轮船	电话、收音机、电视机；汽车、飞机	互联网；运载火箭、核动力潜艇
生产组织	生产方式	单件小批量机械化生产	批量流水线生产	大规模生产
	生产工具	以蒸汽机为代表的动力工具	电灯、电车、电钻、流水线等电气工具	计算机控制下的自动化设备
	典型案例	1825 年诞生第一辆火车	福特 T 型车流水线生产	丰田准时化生产 JIT
	关键资源	工人技能、通用机床	标准化设备和流水线	自动化系统和运营管理
产业组织	组织形式	工厂制	公司制	跨国公司、巨型企业
	组织结构	私人企业或合伙经营	股份制公司、垂直结构	中央集权、结构愈发复杂
	竞争形式	自由竞争	垄断竞争	寡头垄断
	产业结构	以农业为主，逐步向工业化 社会转型	三次产业划分形成，工业取代农业成为主导	一产比重下降，二产结构调整，三产快速发展

4. 智能革命

智能革命，又称为数字革命、第四次工业和第四次产业革命等，是继蒸汽革命、电气革命和计算机革命之后的新产业革命。人工智能、大数据、创新网络、智能机器人、3D打印机和基因技术等大量数字技术的应用，极大增强了人类的思维能力，且工作岗位、公司结构和整个行业都在发生着巨大的变化。从技术经济范式主导逻辑演化的角度来看，数字革命可以看作是蒸汽革命、电气革命和计算机革命的延续。与之前的每次产业革命一样，数字革命的技术经济范式主导逻辑也会继承和保留一些要素，当然也会有新的发展和突破。

数据成为技术经济范式主导逻辑变化的重要驱动力。值得注意的是，之前的三次产业革命所引入的资源，无论是煤、石油还是硅都是有形的物质，而数字革命引入的新要素是数据，是比特，属于无形资源。

（1）数据成为新的生产要素。企业内部协调和企业之间外部协调的重要媒介是信息，信息技术一直处于产业体系中的辅助地位，归属于产业体系中的成本。而数据能够创造价值，是新的生产要素，属于资产，并且数据资产的使用没有损耗，还可以在使用中增值。数据具有自生长的重要特性。数据不同于煤、石油、硅等有形资源，在使用过程不仅不会减少，还会产生新的数据，能在产生价值的过程中实现自身的增值。数据的共享使用可实现多主体同时或异步使用，完全没有有形资源使用时的互斥性。可见，数据连通和共享带来的变化是非线性、正反馈的，变化速度相比于之前三次产业革命快了几个量级。数据的生产、配置和应用是生产主体重要的职能。数据及其连接的架构会超越物理层面的因素，成为生产要素配置的决定因素。数据成为智能革命的基础资源，其生产要素特性和生产要素配置特性给数字革命技术经济范式主导逻辑带来了新的特点。蒸汽机驱动的火车、内燃机驱动的汽车都在技术经济范式主导逻辑的演化过程中发挥了重要的作用，成为新主导逻辑确立的先导产业，同样地，智能电动汽车产业有望成为数字革命的先导产业之一。

（2）数字技术能够发挥数据的最大价值。不断发展的人工智能、区块链、云计算、大数据和边缘计算都是数字技术的具体努力方向，虽然这些技术还没有完全发展成熟，但是已经在少数应用领域显示出其对实现数字化的重要作用。以智能电动汽车产业为例，智能电动汽车不只是将传统动力系统更换为电池、电机和电控系统，而是使自动驾驶成为标准配置，实现智能化。自动驾驶是人工智能、区块链、云计算、大数据等技术综合应用得以实现的智数字化功能，是电动汽车数字化的基本检验标准。汽车开发过程中的实验数据不断积累，加之汽车行驶过程中产生的大量数据使自动驾驶功能得以自我学习和逐步完善，是产品成为该产业领先者的重要条件。自动驾驶过程中数据的产生、调用、决策、执行等都对数据采集、实时传输、算力算法提出了更高的要求。在如此复杂的情景中自动驾驶技术得以普遍应用后，数字技术将向其他相关产业扩散，改变其主导逻辑中的通用技术共识，进一步向数字技术靠拢，找到技术经济范式变革的依据和技术路径。

（3）前三次革命的生产组织解决的是能量集中、物质功能连接的问题，信息在其中仅起到辅助作用，主要的经济租金来自地域集中的专业化、规模效应和范围经济效应。数据成为数字革命的新生产要素，生产组织通过数据实现功能的连接，在亚当·斯密租金、钱德勒租金、后钱德勒租金的基础上，实现了基于个性化用户价值定义的规模经济和范围经济。以智能电动汽车为例，智能电动汽车可以实现车辆个性化定制，针对性满足顾客对于车辆硬件配置和软件功能的需求，甚至通过算法和数据应用支持达到即时个性化需求满足；智能电动汽车在行程、附加服务等多方面完成个性化需求满足。数字资源和数字技术使消费者个性化需求的商业模式设计趋于成熟。

（4）网络化生产组织正成为数字革命的新范式，用户由传统的价值接受者转变为定义者，参与价值创造。数据作为生产要素具有自生产和资产自增值特性，数字资源和连通会使生产组织发生根本变化。数字化连通机制会成为科层制、市场交易和长期关系的颠覆性替代机制。基于人工智能、区块链、云计算、大数据等技术，数字革命将助推生产组织网络分布建设，实现产能由多个商业主体共享，形成既能大规模生产，又能按需定制的新模式（见表 8-2）。网络化生产组织出现的前提是有巨大的需求规模作支撑，以及多样化的产业网络节点为基础，这样才有可能发展基于数字技术的新产业。而一个用新型互联网技术连接、辐射全球的新生产组织网络，可以为全球消费者提供更加优质的产品和更加便捷的服务，最终在整个社会形成智能化生产、个性化消费不断更新迭代的新范式。

表 8-2　大规模生产与大规模定制生产比较

生 产 方 式	大规模生产	大规模定制生产
管理理念	以产品为中心，以低成本高效率抢占市场	以顾客为中心，以快速响应个性化需求赢得市场
驱动方式	根据市场预测安排生产，面向库存的生产	根据顾客需求安排生产，面向订单的生产
竞争战略	低成本战略：通过降低成本，提高生产效率获取竞争优势	差异化战略：通过灵活反应提供个性化定制产品获取竞争优势
使用范围	需求稳定，统一市场	需求动态多变，细分市场
价值创造	以低成本开发、生产、销售、交付产品和服务，通过被顾客消费实现价值	以多样化和定制化开发、生产、销售、交付顾客满意的产品和服务，顾客进入价值创造领域

（5）用户参与组织生产。产品和服务的价值空间由用户驱动，用户由传统的价值接受者转变为定义者，参与价值创造。这与工业时代钱德勒范式的大规模生产不同，有限

的差异化在市场中的表现是细分市场，导致前端用于生产的资源和资产必然是规模化的，而不能被生产主体和消费主体个性化共享。用户参与生产组织，能够在技术经济范式变革中发挥重要作用。从智能电动汽车产业的发展态势来看，网络化生产组织形态正在形成，整车产业中既有从零开始的创业者进入，也有擅长AI技术的互联网公司进入，传统汽车厂商也在智能电动汽车项目上投入巨大；零部件产业的龙头企业也参与到了电池、电机、电控、AI模块等领域中；出行服务领域多家大型互联网公司抢占市场，传统汽车厂商也非常关注商业模式向服务的转型。从这种趋势可以看到，网络化生产组织正在形成，并将成为智能革命的产业组织新范式，而用户行为和数据要素是网络化生产组织的重要组成部分。

8.3　数字经济

数字经济是继农业经济、工业经济之后的主要经济形态，数字化转型正在驱动着生产方式、生活方式和治理方式发生深刻的变革，对世界经济、政治和科技格局产生深远的影响。数字经济（digital economy）最早出现在唐·泰普斯科特（Don Tapscott）于1996年出版的《数字经济：智力互联时代的希望与风险》一书中。美国商务部于1998年发布了《正在兴起的数字经济》，概述了因特网的发展和广泛应用给美国信息技术及其产业带来的发展，从而使信息产业在美国经济发展中的重要性迅速增加，数字经济正在兴起。根据《G20数字经济发展与合作倡议》的定义，数字经济是指以使用数字化知识和信息作为关键生产要素、以现代信息网络作为重要载体、以信息通信技术的有效使用作为效率提升和经济结构优化的重要推动力的一系列经济活动。可以说，数字经济代表了围绕数字这种关键的生产要素所进行的一系列生产、流通和消费的经济活动的总和。

8.3.1　数字经济的内涵

数字经济中的数字至少有两方面的含义。一是数字技术，包括仍在不断发展的信息网络、信息技术，如大数据、云计算、人工智能、区块链、物联网、增强现实/虚拟现实、无人机、自动驾驶等，将极大地提高生产力，扩大经济发展空间，产生新的经济形态，创造新的增量财富，同时也将推动传统产业转型升级，优化产业结构，从传统实体经济向新实体经济转型。二是数字即数据，既是新的生产要素，也是新的消费品。数据尤其是大数据作为新的生产要素，不仅能够提高其他生产要素的使用效率和质量，而且能够改变整个生产函数，即经济活动的组织方式，可通过平台化的方式加速资源重组，提升全要素生产率，推动经济增长。作为消费品，数字所包含的信息、知识、数字内容、数字产品已经形成了巨大的市场，同时也成为新的财富载体。

数字经济是数字技术（包括大数据、云计算、人工智能等）作为通用技术在经济活动中发挥主要作用的经济。通用技术（general purpose technology，GPT）是指能被广泛应用于整个经济，有很多不同用途并且产生许多溢出效应的技术。通用技术一般可以分为三类，即产品、处理过程和组织系统。产品包括轮子、蒸汽机、铁路、飞机、互联网等，处理过程包括写作、打印、人工智能等，组织系统则包括工厂体系、大规模生产、精细生产等。历史上通用技术从根本上改变着人类的生活、生产方式和社会结构。通用技术的进步不仅带来经济效率的提升，也给整个经济活动的组织、社会的运行带来了极大的改变和优化。数字经济时代的通用技术，呈现出如下特征。首先，多种 GPT 同时在经济活动中发挥作用，包括多种产品、处理过程和组织系统，产品包括互联网、移动互联网等，处理包括人工智能等，组织系统包括平台型企业等。其次，GPT 在整个社会经济中被应用的速度越来越快，覆盖范围越来越广，出现加速发展和相互促进的态势，不断迭代创新，自身不断进步，在世界范围快速扩散。表 8-3 是阿里研究院对工业经济、信息经济和数字经济时代的比较。通过比较，可以发现数字经济是技术进步的自然结果，而其带来的变革是深刻的，涉及社会方方面面。

表 8-3　工业经济、信息经济和数字经济的比较

比较要素	工业经济时代	信息经济时代	数字经济时代
代表性的通用技术	电力、交通网络等	数据中心、数字通信网络开始发育	大数据、云计算、人工智能、移动互联网、智能终端等
生产要素	资本、劳动力、土地等	“信息”开始体现价值	“数据”成为核心要素
代表性产业	汽车、钢铁、能源等	IT 产业，以及被 IT 化的各行业	DT 的产业融合产业，被 DT 化的各产业，数据驱动
核心商业主体	大企业主导、追求纵向一体化	大企业主导、由 IT 技术支撑起供应链协同	平台主导
新经济形态	规模经济：以产品为价值载体	范围经济：以服务和解决方案为价值载体	平台经济 + 共享经济
商业模式	B2C	大规模定制为最高形态	C2B、C2M
组织模式	泰勒制	传统金字塔系受到冲击，各类管理理念盛行	云端制（大平台 + 小前端）
文化习惯	命令与控制	泰勒制松动	开放、分享、透明、责任

数字经济是新实体经济。在工业经济时代，随着电力的出现，一方面，基于电力的新的经济形势出现，工业生产方式和家庭生活方式都出现了重大变革；另一方面，传统农业经济部门也逐步引入了新的电力技术和基于电力的其他工具，从而提高了农业部门的生产率，支撑了农业劳动力向工业转移，推动了城市化进程。在数字经济时代，数字技术既会带来新的经济形态、新的财富生产方式，产生新的业态，又将为传统实体经济

带来新的基础性技术，这些基础性技术将帮助传统实体经济提高效率、转变结构、优化资源配置，进一步推动劳动力向生产率更高的部门转移。

数字经济是新智能经济。每次新技术革命的出现，对经济活动的影响可以分为两个部分。一部分是新的技术提升原有产业的生产效率，使原有经济中存量部分继续增长；另一部分是新的技术将产生新的经济形态，引发新的需求、新的产品和服务、新的商业模式和组织形式，这是经济活动中新的增量部分。所谓新智能经济，是指人工智能技术在整个经济活动中得到广泛应用的经济形态。未来人和物、人与工具之间的交流方式，不是人去学习工具如何使用，而是机器工具去学习人的意图，人和机的对话以及人与物的对话就变成一种自然语言的对话。

8.3.2 数字经济的基本特征

1. 数据是新生产要素

（1）经济活动高度数据化。工业时代的公司，以IT技术为核心实现数字化，数据的流动范围有限，数据应用场景主要局限在以自我为中心的小生态圈之中。数字经济时代，数据的流动与共享，推动着商业流程跨越企业边界，编织全新的生态网络和价值网络。云计算模糊了企业内部IT和外部IT的界限，公司间传统的数据与程序相隔离的状态有望被打破，随之出现新的商业生态和价值网络。数字经济的特征在于数据将会越来越多地参与财富的创造过程，而且数据参与越多，其所创造财富的能力就越大，呈现出一种非线性特征。

（2）数据背后是算法。在数字参与财富创造的过程中，数据需要结合数字技术，主要是算法，数字总是和产品结合在一起。数字经济的运行过程中，数据+算法+产品的运作方式日益主流，并最终趋向于一个智能化的形态。用户行为通过产品的端实时反馈到数据智能的云，云上的优化结果又通过端实时提升用户体验。在这样的反馈闭环中，数据既是高速流动的介质，又持续增值；算法既是推动反馈闭环运转的引擎，又持续优化。产品既是反馈闭环的载体，又持续改进功能，为用户提供更优的产品体验的同时，也促使数据反馈更低成本、更高效率地发生。

2. 平台型企业成为经济活动中唱主角的经济组织

在数字经济下，平台化公司成为最有活力的新组织。平台的核心价值，在于汇聚信息、匹配供需。信息严重不对称是经济活动的基本特征之一，有需求无供给，有供给无需求，供给和需求都有却相互找不到对方。平台化的功能正是将无数的供给者和需求者连接起来，使得双方能够实现低成本的沟通，实现信息高效流动。在于将市场这一资源配置的机制更好地发挥作用。经济平台化后，供给方之间的竞争会变得更加激烈，能够更好满足需求的一方将获得更大的市场份额，而效率低、缺乏比较优势的供给方要么提升自己的效率，要么将资源转移到其他领域。平台化将大大提高市场配置资源的效率，成为经济增长的重要动力。依托云、网、端，互联网平台创造了全新的商业环境。供应商和消费者的距离大大缩短，沟通成本大大降低，直接支撑大规模协作的形成。

平台与生态。平台发展之后会形成一个丰富的生态体系。平台发展，使得分工和专业化大大加速和深化。分工深化使得经济活动的参与者能够不断地发现自身的比较优势，从而在一个很少的领域实现专业化，成为经济活动中的重要参与者。这些参与者，构成了平台上的整个生态系统。如阿里巴巴平台为买卖双方提供了基础、标准的服务，大量个性化的商业服务，则由生态系统内各种各样的服务商完成，这些服务商提供诸如店铺装饰、图片拍摄、流量推广、商品管理、订单管理、企业内部管理等相关服务与工具。淘宝平台 +4 亿多消费者 + 约 1000 万家在线商家 + 数万家服务商及服务者，构成一个超大规模的分工 / 协作体系。

平台型经济体。平台型经济体是数字经济中关键参与者。平台经济体的产生有两条路径：互联网原生与跨国公司转型。谷歌、阿里巴巴、腾讯等都是诞生于互联网，不以产品作为战略导向，而是着力建设平台、培育生态，在很短时间内获得爆发式增长。在云网端基础设施逐步完善后，涌现出各种类型的平台经济体。科技行业跨国公司正在快速转向平台经济体，并获得巨大成功。如苹果公司在 2008 年推出应用商店，至今吸引了近 40 万名 App 开发者加入其生态系统，开发了上百万款 App，完成了上千亿次的用户下载，为手机产品带来了丰厚的收益。传统行业跨国公司也在逐步培育自己的平台经济体，如 GE 公司的机器设备运行维护的生态系统、车联网、问诊平台等。

平台经济体的发展，一方面通过汇集大量的信息，为市场中的企业家和消费者提供了价格信号，帮助他们实现精确的匹配，从而降低了整个经济活动的交易成本。另一方面，在平台上，更好的产品和服务会不断地替代那些市场竞争力不足的产品和服务，其本质就是生产效率更高的企业不断地获取更多的资源，从而使得那些效率低的企业要么通过不断创新提升自己的效率，要么转型到其他行业，实现要素的优化配置。在这一过程中，不可避免地会有破产、失业，这是市场经济本质固有的特征。这就意味着，众多市场主体需要转换行业，众多的劳动者需要重新学习技能。

3. 数字经济将会是更加普惠的经济

通用型技术进步的特点在于，其对于整个社会是普惠的。在数字经济时代，这一批普惠特征将会更加明显，普惠范围更大、效果更加显著。

（1）普惠科技。以云计算为代表的按需服务业务形态使得个人及各类企业可以用很低成本获得所需的计算、存储和网络资源，而不再需要购买昂贵的软硬件产品和网络设备，大大降低了技术门槛。云平台将使普惠计算和普惠科技成为现实，小企业创新的门槛降低到了前所未有的水平，用户、服务商、平台深度融合的开放式创新将成为企业创新的主导模式，以消费者为核心的、按需定产的 C2B 将成为新的商业模式。随着数字经济的发展，小微企业、年轻人、妇女、普通个体，甚至残疾人，都可以受到和大企业、其他人同样的待遇。数字经济为实现更为普遍的公平提供了条件，为长尾人群获得优质服务提供了可能。数字经济能够充分为小微企业、个人参与经济活动赋能。

（2）普惠贸易。在全球贸易领域，数字经济为全球带来了普惠贸易的全新局面。普惠贸易意味着各类贸易主体都能参与全球贸易并从中获利，贸易秩序也将更加公平公正。普惠贸易包括以下几个特点：弱势群体能够参与国际贸易，贸易流程更加方便透明，国际贸易信息对称，全球消费者能方便地购买来自全球任意地点的商品，贸易中的参与主体如消费者、小企业都能从中获益。在网络的联结下，每一个个体都有权利、有机会成为数字经济活动中的活跃主体。每一个个体的创新、创业、创意、创造能力都将得到极大释放，人人设计、人人制造、人人销售、人人消费、人人贸易、人人银行、人人物流等新的生产经营模式将逐步涌现，将催生出人类经济活动的新范式，形成人人经济的新景象。自然人经营权、消费权、资源获得权，将成为数字经济时代人类的重要权利。人人都有利用互联网开设网店、开网约车、售卖自家农产品、交换个人闲置物品等的权利，人人都拥有在全球范围内获得商品和服务的权利，人人都享有通过自己的信用、无须担保平等地获得贷款等金融普惠服务的权利。

（3）普惠金融。2005 年联合国提出普惠金融体系的概念：以有效的方式使金融服务惠及每一个人，尤其是那些通过传统金融体系难以获得金融服务的弱势群体。普惠金融是一种经济理念，也是一种社会思想。普惠金融跃升到了数字普惠时代，大大增加了可复制性优势，手机转账、理财已经惠及数以亿计的人。除了基础的支付服务外，理财、保险等需求也可以实现。数字技术给金融带来了三个方面的变化：移动互联网彻底改变了用户触达的传统方式，可以在很短的时间内触达数以亿计的用户，实现金融的“普”；云计算提升计算的效率，极大降低了计算成本和交易成本，形成了金融的“惠”；大数据技术解决信息不对称，让信息变得更加透明，极大地提升了风险管理能力。

8.3.3　数字经济时代的基础设施

基础设施是指为社会生产和居民生活提供公共服务的物质工程设施，是社会赖以生存发展的一般物质条件。电力、工厂等是工业经济时代的基础设施，互联网、计算机等是信息经济时代的基础设施，这些基础设施在数字经济时代依然发挥作用，但新的基础设施将会不断兴起。目前来看，数字经济时代重要的基础设施至少包括大数据、云计算、人工智能、物联网、5G 通信等，不同的基础设施都发挥着重要的作用。

1. 大数据

在数字经济时代，大数据是新的基础设施。数据是物理世界在虚拟空间的客观映射，伴随着物联网和互联网的发展，人、事、物都在实时被数据化，人与人、物与物、人与物之间瞬间就会产生大量数据，伴随着新技术的发展，尤其是物联网设备的无所不在，数据量、数据种类更是呈现出快速增长的态势，为新零售、新制造、新金融等众多新产业的出现和发展提供了支撑。大数据作为基础设施，具有以下特点。

（1）共享性和可复制性。真正的大数据产生于互联网上，具有天然的共享性，可以比较低成本地被复制，而数据资源的出让者并未在出让数据的同时，丧失其使用价值。

（2）外部性和递增性。外部性体现在其作用不是只在某个机构或组织内部发挥，而是通过数据流动和融合去激发新的生产力，带来新的商业价值，而且数据在使用过程中非但没有被消耗，还因被使用而产生新数据，呈现出边际生产力递增的趋势。

（3）混杂性和实时性。互联网数据随时随地都在产生，数据体量浩大、形态多样，与以往的数据相比，呈现出结构化、半结构化、非结构化多种形态混杂的特点。

（4）要素性。数据成为一种生产要素，通过数据要素可以激活和提高其他要素的生产率；加速劳动力、资金、机器等原有要素的流动、共享，利用数据可以提高全要素生产率。

围绕着数据的收集、存储、管理、分析、挖掘和展现等不同功能，逐渐呈现出不同的角色，从数据生产者、数据提供者、数据服务提供者、第三方数据市场、大数据解决方案提供者到数据消费者、数据资产评估机构等，极大地完善和丰富着大数据的生态系统。

2. 云计算

数字经济时代，云计算是基础设施，是数字经济时代的核心竞争力高地。每一次科技革命，都可分为科技创新和商业创新两个阶段，分别实现从0到1和从1到*N*的转变。在数字经济时代，网络连接已经普遍。一个人无论在多远的地方，一个企业无论多么微小，都能够通过互联网调用云计算，云计算将成为取之不尽、用之不竭的通用公共服务，各行各业的数据经过计算深加工后产生着不可限量的商业价值。

（1）公共云全面加快软硬件一体化发展，真正推动IT服务化进程。软硬一体化是发展趋势之一，即公共云作为软硬一体的黏合剂，将软硬件之间的融合和一体化变得容易。公共云负责管理好所有硬件资源，各软件可以通过与云接口，实现软硬一体目标。随着软硬一体化不断深化，IT将以服务的形式展现在用户面前，而不再区分软件服务、硬件服务。不论何种服务，都需要一个载体，而公共云就可以是这个载体。

（2）根植于公共云的IT技术，其应用与创新必须依托公共云。大数据、人工智能等IT新技术，其发展伊始便根植于公共云。互联网、移动互联网、物联网等网络的普及和发展，产生了大量数据，大数据的汇聚需要承载平台，而大数据的应用也需要计算平台，理论上只有公共云能扮演这一平台的角色。数据驱动的人工智能是基于大数据发展起来的，脱离网络和数据，这类人工智能便不复存在，因此，这类人工智能的发展必须依托公共云。

（3）公共云是融合的平台，一切联通的接口。在数字经济时代，融合是必然的趋势，软硬件要融合，IT产品和服务要融合，工业和信息化要融合，产业链各环节之间要融合，行业与行业之间要融合。各类网络的发展，为融合提供了通道，但通道之间仅能实现数据之间的交互，无法实现数据之间的融合和应用，公共云恰恰可以承载这样的融合与应用。除了融合之外，公共云还可以作为一种更加便捷的联通方式，各用户通过与公共云连接，便可以同时实现与产业链、各行业，以及所有用户之间的联通。所以说，公共云既是平台，又是接口。

云计算将会推动视觉革命、生命科学、数据创新、共享经济、智能物联、智慧城市等领域技术创新、商业变革，涌现下一代创新型独角兽。

3. 人工智能

人工智能可以分为类人行为（模拟行为结果）、类人思维（模拟大脑运作）、泛智能（不再局限于模拟人）。算法/技术、数据/计算、场景和颠覆性商业模式成为人工智能的驱动因素。现阶段，人工智能由互联网技术群（数据/算法/计算）和场景互为推动，协同发展，自我演进。人工智能已不再局限于模拟人的行为结果，而是拓展到泛智能应用，即更好地解决问题、有创意地解决问题和解决更复杂的问题。这些问题既有人在信息爆炸时代面临的信息接收和处理方面的困难，也有企业面临的运营成本逐步增加、消费者诉求和行为模式转变、商业模式被颠覆等问题，同时还有社会亟待解决的对自然/社会的治理、对社会资源优化和维护社会稳定等挑战。

根据阿里研究院的报告，从人工智能的技术突破和应用价值两维度分析，未来人工智能将会出现服务智能、科技突破和超级智能三种情景。

（1）服务智能。在人工智能既有技术的基础上，技术取得边际进步，机器始终作为人的辅助；在应用层面，人工智能拓展、整合多个垂直行业应用，丰富使用场景。随着数据和场景的增加，人工智能创造的价值呈现指数增长。

（2）科技突破。人工智能技术取得显著突破，如自然语言处理技术可以即时完全理解人类对话，甚至预测出潜台词。在技术创新领域，现有的应用向纵深拓展，价值创造局限于技术取得突破的领域。

（3）超级智能。人工智能的技术取得显著突破，应用范围显著拓展，人机完全融合，人工智能全面超越人类，无所不在，且颠覆各个行业和领域，价值创造极高。

8.3.4 数字经济的新技术

新技术从概念上来说，可以分为近景技术和远景技术。它不是单一的某种技术，而是涵盖了多种技术融合的技术群落。近景新技术主要是指近年内，伴随着互联网、物联网在经济社会生活中的广泛应用，大量实时、在线数据的产生，计算、存储和网络技术的飞速发展以及价格的下降出现的以云网端为基础设施的各种技术集合。这组技术群落体现为云计算、大数据、人工智能、物联网、5G 网络、生物识别、区块链、无人机、自动驾驶汽车、机器人、虚拟实现 / 增强实现、3D 打印等，在不远的将来会有大量的有关这些技术的实践。远景技术是指在未来数十年内，伴随着智能时代的到来，新一代信息通信技术与材料、能源、生物医学、航空航天、认知科学等领域的协同与融合会呈现出加速趋势，比如基因科技、脑机接口、石墨烯、纳米技术、太空探索、量子计算、空中互联网等新技术。这些技术会叠加在近景的技术上带动基点的来临，技术之间相互支撑、互相促进，在全球范围内带来社会经济、地缘政治、法律伦理以及人口变化的新趋势。这些新技术与传统技术相比，具有以下主要特点。

（1）人工智能无所不在。数字经济中，人工智能无所不在，驱动着比特、原子、生物世界三者融合。人工智能将会成为许多产品形态的核心技术基础，比如无人机、机器人、自动驾驶汽车、虚拟现实 / 增强现实等多种产品形态都以人工智能作为核心技术之一。伴随机器智能的加深，机器与人共存，比特、原子、生物世界的融合可能会让虚拟和现实的边界模糊。

（2）技术成本和门槛降低，普惠化是趋势。以云计算技术为代表的按需服务业务形态使得个人及各类企业可以用很低的成本获得所需的计算、存储和网络资源，不需购买昂贵的软、硬件产品及设备，大大降低了技术门槛，使得计算成为普惠技术。

（3）开放、开源技术生态成为主流。传统的技术往往为某家大型企业所垄断，以封闭技术为主，生态也是围绕着自己专有的技术而建立的。而新技术的特点则是开放、开源技术成为主导，能够调动社会的力量共同完善技术，促进技术的迭代升级。

（4）多种技术同步爆发，跨界技术融合成为主流。技术之间的融合带动多个产业的化学反应，共同飞速发展，比如基因技术、大数据、人工智能、云计算相互融合能够推动基因行业的大变革，对产业和经济的带动作用远远超越了某种单一技术的出现和发展。

（5）随时随地无缝连接。新技术不仅带动了人与人之间随时随地的连接，未来会带动人与物、物与物之间的无缝连接，这种连接伴随着以 5G 网络为代表的移动通信技术的成熟变成现实，带动每个人、每个物都时刻被量化。

（6）技术迭代创新速度变快。以互联网为起点，以云网端为基础设施的新技术的迭代创新速度比以往任何一个时代都快。新技术安装和扩展的速度很快，用户规模和个性化需求可能急剧增加，倒逼新技术需要快速迭代才能满足和适应用户规模和需求的变化。

新技术近景起源于互联网，作为普惠技术群落，未来将实现人人都可以用得起的技术。而这种普惠性可以带动社会创新的加速并激发新的生产力，产生新的社会经济价值。由于新技术的出现，数据随时随地产生，并且有机会实现流动、共享、融合和开放，成为劳动力和资本之外的又一生产要素。在传统的数据应用生态中，由于生态的封闭性，数据的流动往往局限于企业内部，而新技术的应用使得数据这种新的生产要素可以在云计算平台上走出企业，与外部数据进行融合，激发出更大的生产力，不仅驱动企业业务和决策效率的提升，同时也成为业务创新的新核心。新技术和新资源的融合创新会产生无限的想象和空间。

新技术远景是以人工智能为核心的跨界融合技术，会带动许多行业的大变革，制造业、交通、服务业、医疗行业、金融业等行业都因为人工智能的崛起而变得不同。未来无人驾驶汽车主宰的交通系统将不需要红绿灯和交通标志；机械制造行业的未来可能会由智能机器人与人协同完成，机器的行为会基于数据、算法不断迭代优化，成为机械制造业转型升级的基础；机器人还将被用于快递、清洁、洗碗，未来用于家庭娱乐和教育的机器人会走入寻常百姓家。

8.3.5　数字经济时代的商业模式

C2B是数字经济时代创新的商业范式。所谓C2B，就是消费者提出要求，制造者据此设计消费品、装备品。一个企业不再是单个封闭的企业了，它通过互联网和市场紧密衔接，和消费者随时灵活沟通。C2B所代表的新范式涵盖消费、生产制造、物流、IT、金融等所有经济领域，既包括一整套通用技术、消费方式、商业模式，又包括企业组织方式、管理制度和劳动者本身，还涉及政策、管理制度、社会文化、教育和人的意识等方方面面。

在工业经济时代，技术经济范式是B2C，即以厂商为中心，以商业资源的供给来创造需求、驱动需求的模式。20世纪初的美国，在铁路网络、电话网络、电力网络、银行体系、大超市等商业基础设施之上，一举奠定了今日工业时代的基本样貌与完整体系，即大生产+大零售+大品牌+大营销，其基本特征是以厂商为中心，大规模生产同质化商品，广播式的大众营销，被动的消费者。互联网加速了推进数字经济的到来，在商业领域带来了两个显著变化：在需求端，消费者首先被信息高度赋能，导致供应链上各环节权利发生转移，消费者第一次处在经济活动的中心；在供应端，互联网大大提高了信息的流动性和穿透性，削减交易费用，极大地促进了大规模社会化分工、协作，根据市场需求，快速集聚资源，通过在线协作的方式完成项目任务的模式大行其道。市场需求不仅是终端消费者的需求，也包括厂商需求，但是厂商需求也是消费驱动的，产业会呈现出C2B、C2B2B、C2B2B2B的形态。

近数十亿的手机用户实时在线，将形成巨大的黑洞效应，势必将工业经济下的传统产业全部卷入其中，按照用户为中心的商业逻辑重新组合。值得注意的是，这里的以用户为中心的逻辑并不是产销割裂时代企业的自发行为，而是在技术可能性和市场力量倒逼下，消费者与企业的共同选择。企业与消费者将在研发、设计、生产、销售、客服等所有环节共同参与、共创价值，某种程度上 C2B 或可描述为 C&B，即产销合一模式。随着这种模式的广泛普及，供需高度匹配、资源高效利用、产品和服务价值更高、各市场主体也更加平等和谐。

8.3.6 数字经济的组织形式

金字塔制是工业时代普遍的组织形式，公司由上至下形成了严密的系统体制，每个雇员在授权的范围内完成工作。在数字经济时代，云端制（大平台 + 小前端）成为较为普遍的组织方式。全球最大的出租车公司优步没有一辆出租车，全球最大的住宿服务提供商 Airbnb 没有任何房产，大零售商阿里巴巴没有一件商品库存，这些刻画的正是这一情形。

云端制具有四大特征：大量自主小前端、大规模支撑平台、多元生态体系以及自下而上的内部创业精神。数量众多且规模较小的自主型前端，在被赋予自主权的同时，也承担全部或部分盈亏。大规模支撑平台建立标准且简洁易用的界面，使每个智能模块化；形成资源池，便于资源共享；根据业务发展需求，形成新特色及新能力，如大数据分析、机器深度学习和创新词典等。借力生态体系，使体系内的企业能够相互影响，协同治理，相互合作，进而为创造更大的价值提供可能性。云端制正在成为数字时代越来越多商业组织的原型结构（见表 8-4）。

表 8-4　几种平台的原型结构

平台名称	原型结构
淘宝平台	海量网店 + 海量买家
苹果平台	海量 App+ 海量用户
谷歌平台	海量网店和广告主 + 海量用户
快的平台	海量司机 + 海量乘客
蚂蚁金服平台	大量金融机构和创业者 + 金融消费者
海尔平台内部的平台 +	2000 多个自主经营体
7 天酒店	对店长放羊式管理
韩都衣舍	100 多个买手小组

消费者和用户的个性化需求，倒逼商业组织向着大平台 + 小前端化的方向演化，以适应多品种小批量短周期的用户和消费需求。而对于组织内部的小前端，甚至对于每一位社会成员来说，则会面对专家化和柔性化的考验。在今天这个巨变的年代，没有谁是专家，但人人是专家，因为人人都在某个领域全球第一。同时，人人也都必须成为专家，进行自我监督、自我管理、自我提升。几百年前，人们毫无选择地进入工厂、接受管理，今天的个体（小前端），则可以越来越柔性地安排工作、生活、学习。

简而言之，互联网、云计算、大数据带来了社会化、规模化的分工和协作。这种大分工带来的专业化效率，全面突破了工业时代的限制。而平台，特别是巨平台 + 海量小前端，则成为这一新型分工形态的全新载体和重要依托。

8.3.7　数字经济的基本定律

关于数字经济，在经历多次总结发展后，大致得出以下几个基本定律。

1. 摩尔定律

摩尔定律是由英特尔（Intel）创始人之一戈登·摩尔（Gordon Moore）提出来的。摩尔定律指出，当价格不变时，集成电路上可容纳的元器件数目，每隔 18 ～ 24 个月便会增加一倍，性能也将提升一倍。这一定律揭示了信息技术进步的速度。摩尔定律是一种观测或推测，不是一个物理或自然法则。自从摩尔定律被提出后，集成电路芯片的性能的确得到了大幅度的提高，芯片生产成本也在相应提高，摩尔定律将受到经济因素的制约。人们发现中国互联网联网主机数和上网用户人数的递增速度，大约每半年就翻一番。而且专家们预言，这一趋势在未来若干年内仍将保持下去。这被称为新摩尔定律。

摩尔定律对整个世界意义深远，在以后摩尔定律可能还会适用，但摩尔定律至少在物理、功耗和成本三个方面趋近极限。在物理极限方面，延续摩尔定律的传统思路是不断缩小芯片的特征尺寸，若继续缩小至 2 ～ 3nm，芯片上线条宽度仅相当于几个原子大小，届时宏观世界的物理学定律失效，硅材料的性能将发生质的改变。在功耗极限方面，晶体管密度持续增加使单位面积内的电子移速越来越快、产生大量热量，现有技术方案无法从根本上解决问题。在成本极限方面，高昂的研发成本也会大大降低产品的经济效益，当市场无法满足其预期的回报，甚至研发投入难以收回时，芯片开发商只得转而寻求新的技术。

2. 吉尔德定律

乔治·吉尔德在 *Telecosm* 一书中指出，在未来 25 年，主干网的带宽每 6 个月增长一倍，12 个月增长两倍，其增长速度是摩尔定律预测的 CPU 增长速度的 3 倍，并预言将来上网会免费。这被称为吉尔德定律（Gilder's Law）。该定律又称为胜利者浪费定律，表述为最为成功的商业运作模式的特点是价格最低的资源将会被尽可能地消耗，以此来保存最昂贵的资源。

微软公司曾经通过实验证明，在 300 公里的范围内无线传输 1GB 的信息仅需 1 秒钟，这是计算机里 Modem 传输能力的 1 万倍。这一事实表明带宽的增加早已不存在什么技术上的障碍，而只取决于用户的需求。需求日渐强烈，带宽也会相应增加，而上网的费用自然也会下降。会有那么一天，人们因为每时每刻都生活在网络的包围中而逐渐忘却上网之类的字眼。免费上网的服务会越来越多地提供。随着带宽的增加，并且将会有更多的设备以有线或无线的方式上网，这些设备本身并没有什么智能，但大量这样的傻瓜设备通过网络连接在一起时，其威力将会变得很大，就像利用便宜的晶体管可以制造出价格昂贵的高档计算机一样，只要将廉价的网络带宽资源充分利用起来，也会给人们带来巨额的回报，未来的成功人士将是那些更善于利用带宽资源的人。

吉尔德定律是现在互联网低价模式、免费模式等新商业模式的理论根源。

3. 梅特卡夫定律

梅特卡夫定律是由罗伯特·梅特卡夫（Robert Metcalfe）提出的，其内容是网络的价值与网络节点数的平方成正比，或者网络的价值与联网用户数的平方成正比，可以下式表示。

$$V=K\times N^2$$（K 为价值系数，N 为用户数量）

由梅特卡夫定律可知，网络上联网的计算机越多，每台计算机的价值就越大。新技术只有在有许多人使用它时才会变得有价值。使用网络的人越多，这些产品才变得越有价值，因而越能吸引更多的人来使用，最终提高整个网络的总价值。一部电话没有任何价值，几部电话的价值也非常有限，成千上万部电话组成的通信网络才把通信技术的价值极大化。当一项技术已建立必要的用户规模，它的价值将会呈爆炸性增长。一项技术多快才能达到必要的用户规模，这取决于用户进入网络的代价，代价越低，达到必要用户规模的速度也越快。有趣的是，一旦形成必要用户规模，新技术开发者在理论上可以提高对用户的价值，因为这项技术的应用价值比以前增加了，进而衍生为某项商业产品的价值随使用人数而增加的定律。

信息资源的奇特性不仅在于它可以被无损耗地消费，如一部古书从古至今都在被消费，但不可能被消费掉，而且信息的消费过程很可能同时就是信息的生产过程，它所包含的知识或感受在消费者那里催生出更多的知识或感受，消费它的人越多，它所包含的资源总量就越大。互联网的威力不仅在于它能使信息的消费者数量增加到最大限度（全人类），更在于它是一种传播与反馈同时进行的交互性媒介。所以梅特卡夫断定，随着上网人数的增长，网上资源将呈几何级数增长。

4. 网络外部性

网络外部性是新经济中的重要概念，是指连接到一个网络的价值取决于已经连接到该网络的其他人的数量。通俗地说，就是每个用户从使用某产品中得到的效用与用户的总数量正相关。用户人数越多，每个用户得到的效用就越高，网络中每个人的价值与网络中其他人的数量成正比。这也就意味着网络用户数量的增长，将会带动用户总所得效用的几何级数增长。网络外部性分为直接外部性和间接外部性。直接网络外部性是通过消费相同产品的用户数量变化所导致的经济收益的变化，即由于消费某一产品的用户数量增加而直接导致商品价值的增大；间接网络外部性是随着某一产品使用者数量的增加，该产品的互补品数量增多、价格降低而产生的价值变化。

网络外部性可以从不同的角度来理解，主流的观点倾向从市场主体中的消费者层面来认识。这种观点指出，当一种产品对用户的价值随着采用相同产品或可兼容产品的用户增加而增大时，就出现了网络外部性。也就是说，由于用户数量的增加，在网络外部性的作用下，原有的用户免费得到了产品中所蕴含的新增价值而无须为这一部分的价值提供相应的补偿。以购买办公软件为例，随着使用 Office 软件的用户增多，该产品对原有用户的价值也随之增大，因为可以与更多地使用 Office 产品的用户实现信息兼容与共享，从而提高办事效率。其他许多数字产品也有网络外部性。例如，如果很多人玩某个计算机游戏，它就会被更多的人所了解，在选择游戏软件的时候，顾客往往偏向选择有名气的游戏。当使用 Java 语言的人越多时，人们在计算机上使用 Java 从网上下载的可能性就越大。更一般的例子是通信网络如 E-mail 或新闻组。如果没有人用 E-mail 或新闻组，它的价值就比较低；但如果大家都用它，它的价值就大得多，而且较早采用这种通信方式的人所获得的利益将随着使用者的增多而增加，因为他可以通过这种方式和更多的人建立联系。

诸如此类的现象在现实的经济生活中并不少见，只是在不同的领域中体现的规模和重要性有所不同而已。可以发现在它们之间存在着某些共同之处，无论是客户形成的销售网络还是通信网络，网络的价值都随着网络用户数的增加而增大，规模大的网络价值相对较大；同时，网络用户所能得到的价值分为两个不同的部分，一个部分叫作自有价值，是在没有别的使用者的情况下，产品本身所具有的那部分价值，有时这部分自有价值为零；另一部分叫作协同价值，就是当新的用户加入网络时，老用户从中获得的额外价值。在没有实现外部性的内在化之前，用户是无须对这部分价值进行相应支付的。这部分协同价值就是网络外部性的经济本质。

5. 达维多定律

达维多定律由达维多（Davidow）在 1992 年提出，该定律指出，任何企业在本产业中必须不断更新自己的产品。一家企业如果要在市场上占据主导地位，就必须第一个开发出新一代产品，如果被动地以第二或者第三家企业将新产品推进市场，那么获得的利益远不如第一家企业作为冒险者获得的利益，因为市场第一代产品能够自动获得 50% 的市场份额。

由达维多定律可知，只有不断创造新产品，及时淘汰老产品，使成功的新产品尽快进入市场，才能形成新的市场和产品标准，从而掌握制定游戏规则的权利。要做到这一点，其前提是要在技术上永远领先。企业不能只试图维持原有的技术或产品优势，而必须依靠创新所带来的短期优势以获得高额的创新利润，才能获得更大发展。Intel 公司的微处理器并不总是性能最好、速度最快的，但始终是新一代产品的开发者和倡导者。1995 年，Intel 公司为了应对 IBM 公司 Power PC RISC 系列产品的挑战，牺牲奔腾 486，支撑奔腾 586，这是达维多定律的成功应用。

8.4 数字产业化

数字产业是指数字技术带来的产品和服务，例如电子信息制造业、信息通信业、软件服务业、互联网等，都是有了数字技术后才出现的产业。数字产业代表了 5G、大数据、集成电路、云计算、人工智能等新一代数字技术的发展方向和应用成果，伴随着技术的创新突破，新理论、新硬件、新软件、新算法层出不穷，软件定义、数据驱动的新型数字产业体系正在加速形成。数字产业更能体现当前数字经济的发展特征，数字产业包括软件与信息技术服务行业、互联网与服务行业、电信行业、电子信息制造业等核心细分产业（见图 8-1）。

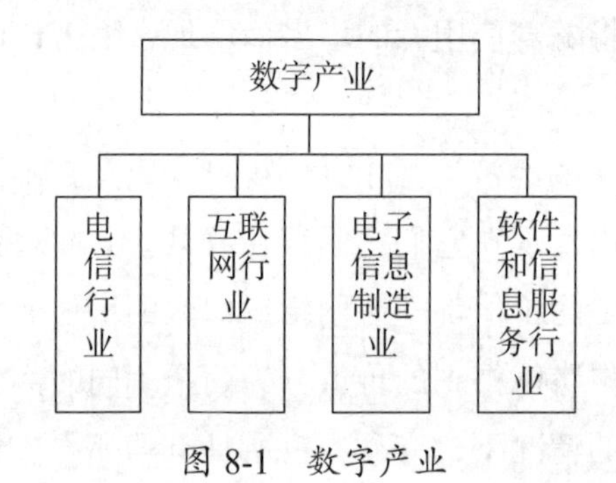

图 8-1　数字产业

由于现代科学理论和科学技术不断创新，数字产业的内涵和外延必然处于不断拓展之中。一般地，数字产业具有以下的特征。

（1）数字产业是技术密集型产业。数字产业作为技术密集型产业，产业增长动力强劲，数字技术加速释放创新活力，初期信息网络是以数据传输为核心的网络体系，随着数据量爆发式增长和计算模型的复杂多样，各领域、各行业对算力的需求和要求都大幅提升，对芯片、晶体管要求不断提高，信息网络逐步演进为感知、传输、计算、交换融为一体的信息基础设施。近年来，国内外数字产业巨头比如腾讯、微软、英特尔等持续加大技术和资本的双重输出，将开源开放这一数字时代的重要生产组织模式提升到战略层面。从创新活力看，数字产业为全球创新最活跃领域，强大的创新能力是竞争力的根本保证。

（2）数字产业是高渗透产业。渗透性是信息技术最重要的特点之一，信息技术可以渗透和应用于各产业部门，促进其全要素生产率的提高。信息技术的渗透性可以促使应用部门的生产率提升。信息技术的通用性和开放性是信息技术渗透性的基础，信息技术的渗透性使数字产业对传统产业的渗透融合成为可能。产品服务的丰富多样和应用的广泛性、多元化也促使数字产业不断向传统产业渗透融合。大数据、物联网、移动互联网、云计算等新一代信息技术具有渗透性和倍增性，对传统产业进行多角度、全链条、全方位的改造提升。数字产业的渗透性表现为数字技术从消费端向生产端渗透延伸，从线上活动向线下活动发展，催生平台经济、微经济、共享经济等新模式、新业态不断涌现。传统产业不断向智能化、网络化、数字化转型，数字技术促进传统产业的效率提高，成为传统动能改造的新引擎，加速新旧动能转换。

（3）数字产业具有先导性和战略性。数字产业作为数字经济发展的基础产业，为数字经济发展提供技术、产品、服务和解决方案等。与交通运输产业成为蒸汽技术工业革命和电力电气产业成为电力技术工业革命的先导性产业类似，数字产业是数字经济时代驱动人民生活和生产变革的基础性、先导性、战略性产业。数据化的知识和信息作为关键生产要素在推动生产力发展和生产关系变革中的作用更加凸显。互联网、大数据、人工智能、云计算等新一代信息技术对实体经济无论从广度和深度都进一步渗透融合。数字产业化重塑生产力，是数字经济发展的核心之一。数字产业的蓬勃发展使开放式创新体系不断普及，智能化新生产方式加快到来，平台化产业新生态迅速崛起。新技术、新产业、新模式、新业态方兴未艾，产业转型、经济发展、社会进步迎来增长的全新动能。

（4）数字产业具有不确定性。数字产业不确定性主要表现为技术、市场和组织的不确定性。

①技术不确定性表现在技术创新是数字产业快速发展的核心，而技术创新往往伴随着风险和不确定性。比如5G想要带来万物互联的变革，仍然面临着巨大的挑战和高昂的投资。5G独立组网是5G提供海量机器互连、超低延时通信的关键，而5G独立组网仍存在较多的技术瓶颈。目前5G非独立组网的终端芯片已经基本成熟，而5G独立组网模式的终端芯片离成熟还有一定距离，这将会影响到中国部署5G独立组网模式的步伐。

②市场不确定性表现在很多技术和产品早期并不被消费者所知晓或者认可，需要过一段时间才能发现目标消费者或者更广泛的应用场景。早期区块链技术广泛应用于数字加密货币领域，而在之后区块链技术适用于的应用场景更加多元化，包括政务民生类应用、司法存证、税务、产品溯源等领域。比如区块链技术在钻石行业中的应用，使得钻石从开采环节的矿山到商场的柜台都可以被消费者追踪溯源。

③组织不确定性表现在由哪个企业或者个人实现技术革新是不确定的。产业中原有

企业在产业发生根本性变革时，往往未能识别变革信号或者作出快速反应，从而错失变革机遇。

一般地，产业化是指要使具有同一属性的企业或组织集合成社会承认的规模程度，以完成从量的集合到质的激变，真正成为国民经济中以某一标准划分的重要组成部分。根据联合国经济委员会的定义，产业化包括生产的连续性、生产组织的标准化、生产过程各阶段的集成化、工程高度组织化、尽可能机械化作业代替人的手工劳动、生产组织一体化的研究与开发。数字产业化是数字经济的基础部分和先导力量，其主要任务是通过壮大基础产业、发展新兴产业、布局前沿产业，为数字经济发展提供必要的基础条件，发挥数字技术对经济社会赋能、赋值、赋智的作用，推动我国经济向形态更高级、分工更优化、结构更合理的数字经济阶段演进。

（1）壮大基础产业。基础产业主要包括通信与网络、电子信息制造业、软件与信息技术服务业等。基础产业的发展任务包括发展基于物联网、IPv6、5G的信息网络设备和信息终端产品及系统应用，在交通、医疗能源等重点领域深入应用物联网技术，推进第三代北斗导航高精度芯片产业化，发展导航及定位系统、车载物联网终端等，加快开发智能器件等基础软硬件产品。在信息娱乐、运动健身、医疗健康等应用领域，研发头盔、眼镜、腕表、手环、穿戴式骨骼等智能可穿戴设备产品。在软件与信息技术服务业领域，开发面向产业转型、政务服务、民生服务、社会治理等领域的应用软件推进数字化系统开展社会化服务。通过以上举措，做大做强我国集成电路、网络通信、元器件及材料、软件与信息技术服务业等基础产业，向全球价值链中高端迈进。

（2）发展新兴产业。新兴产业包括云计算、大数据产业等。新兴产业的发展任务包括研发突破计算资源管理、超大规模分布式存储等关键技术，加快研发云操作系统、分布式系统软件、虚拟化软件等基础软件。完善云计算产业链条，推进政务云、行业云、云计算的发展和应用，提升云服务企业、行业和社会的能力。加快大数据技术研发，发展分布式数据库、数据集成工具，发展数据挖掘工具、可视化工具、数据管理平台、数据流通平台等技术。推动大数据在不同行业的创新应用，研发面向不同行业的大数据分析应用平台，包括发展工业大数据，推动大数据在研发设计，生产制造等产业环节的应用，发展服务业大数据，利用大数据建立品牌、精准营销和定制服务等。建设升级大数据和云计算基础设施，推进大数据和云计算在各领域的规模应用，形成大数据和云计算产业规模效应，增强数字经济发展的数据驱动力。

（3）布局前沿产业。前沿产业包括人工智能、区块链等。前沿产业的发展任务包括加快研发新型芯片、智能硬件、基础软件等软硬件，以及智能建模和自然语言处理等关键技术，推动人工智能与实体经济深度融合，推进人工智能在工业生产、农业生产、电子商务、民生服务、社会治理等领域的应用，在工业领域应用工业机器人，在教育、医疗、家政服务等领域加快人工智能技术的应用。探索区块链技术应用场景，推动区块链在金融、数据交易、电子商务、物流、医疗、能源、共享经济、农产品安全追溯等领域的广泛深度融合应用。

8.5　产业数字化

产业数字化是数字经济的融合部分，是数字经济的根，是数字经济发展的主引擎，是因应用数字技术为农业、工业、服务业等传统产业所带来的新增产出，如产品数量、质量和生产效率的提升等。产业数字化包括数字化产品和数字化服务，如工业机器人、电子商务、共享经济等。产业数字化的任务是重构实体经济形态，引领农业、工业、服务业完成数字化转型升级，并培育产业新业态新模式，形成经济的新增长点，让数字经济成为主要的经济。

8.5.1　数字产业的溢出效应

数字产业对社会经济生活、农业、工业、服务业发挥巨大的溢出效应。溢出效应是指一个组织在进行某项活动时，不仅会给这项活动带来影响，而且会对该组织之外的主体产生外部性。数字产业的外溢效应源自它的渗透性。数字技术广泛渗透到经济社会各领域各行业，带动传统产业产出增长、效率提升，促进经济增长和全要素生产率提升，开辟经济增长的新空间。数字产业的渗透性正逐渐改变着居民的传统生活模式，居民借助淘宝、微信、滴滴、支付宝等数字平台辅助购物、社交、出行、交易。在线教育突破了时空的限制，提升了教育体系的灵活性；线上挂号、远程医疗缓解了医疗资源拥堵和偏远地区看病难的问题；电子政务通过大数据、互联网、人脸识别等技术在一定程度上解决企业和群众办事难、办事慢等问题，群众可以在网站或者 App 上一站式办理缴税、社保查询等民生服务。数字产业正在为人民群众创造看得见、摸得着、感受得到的日益便捷的数字化生活，潜移默化地改变着人民群众日常生活方式。

产业数字化是数字产业溢出效应的重要体现，包括但不限于车联网、工业互联网、智能制造、物联网、平台经济、互联网金融等融合型的新业态、新产业、新模式。产业数字化是数字经济的核心，各产业数字经济发展水平存在较大差异，呈现非均衡性渗透，表现出三产优于二产、二产优于一产的逆向渗透特征。服务业数字经济引领发展，但工业领域、农业领域数字化相对滞后，仍有巨大发展潜力。

1. 数字产业在工业的溢出效应

数字产业对工业渗透融合深度不够，工业产业在电子商务、软件服务、移动互联网等软配套上发展较快，但在集成电路、智能机器人、通信装备等硬配套上发展滞后，缺乏核心的真正有竞争力的硬件装备和硬件产品。工业企业积极顺应数字化变革趋势，整体推进数字化转型，利用互联网、大数据、人工智能、云计算等新一代信息通信技术，从解决企业实际问题出发，重视外部协同的同时更重视对内部进行数字化改造，从单一化的数字应用到统筹全流程全生命周期数字化，持续推动企业智能化、服务化升级。提供生产资料的重工业部门数字经济规模占行业增加值的比重，显著高于提供消费资料的轻工业部门，汽车整车行业数字经济占比就显著高于方便食品行业数字经济占比。

汽车行业属于产品设计和生产高度复杂的重工业，各汽车企业在不断地推进数字化转型。对外通过数字化平台，高效汇聚整合全球的设计、制造、服务和智力资源，大幅缩短产品研发生产周期；对内通过建立智能生产设备、数字化监控设备、生产管理和企业决策系统纵向集成的智能工厂，提高生产柔性化水平和生产效率。比如海马汽车，在焊装车间密布着瑞典ABB机器人、德国尼玛克机器人焊钳、博世中频自适应焊机。海马汽车智能工厂整体自动化率达到了85%，技术人员只需通过生产协同平台（MES）就能够实现物流、计划、质量、设备、生产、管理信息的数据交换，达到可追溯管理，实现全流程的数字化管控。该生产线还能够根据不同情况自动调节焊接参数，并对车间内操作的各个焊点实施实时在线质量和过程的监控，进一步保证了汽车产品品质。上汽大通研发了C2B大规模个性化智能定制模式，用户的参与是C2B智能定制模式的核心要素。为此，上汽大通打造了智能选配器蜘蛛智选，实现通过数字平台与消费者双向互动，打通全业务链的数据壁垒。汽车产品的开发、选配、定价等每一个环节都与消费者沟通，使得上汽大通能够满足消费者个性化定制的需求。汽车销售环节，消费者体验使用汽车的环节，以及售后服务中都会产生海量的数据，这些数据都能够促使上汽大通不断改进产品、升级产品、提升用户体验。

2. 数字产业在服务业的溢出效应

服务业中数字经济占本行业增加值比重的前十位分别是保险、广播电视电影和影视录音制作、资本市场服务、货币金融和其他金融服务、公共管理和社会组织、专业技术服务、邮政、教育、社会保障、租赁。可见生产性服务业数字化程度高于生活性服务业数字化，由于以金融、运输、科技为代表的生产性服务业多为资本、技术密集型行业，ICT资本、数据资本、信息技术投入较多，对行业产出带动效应明显，而以餐饮、住宿业、家政服务业、美发美容业为代表的生活性服务业多为劳动密集型行业，劳动力投入相对较多而ICT资本和技术投入较少，对行业的带动效应也较弱。服务业数字化领先发展，并加快向规范提质方向发展，互联网普及率的不断提升是服务业数字经济发展的重要支撑。

在消费零售领域，为促进电子商务持续健康发展，2019年《中华人民共和国电子商务法》正式实施。该法强化了电子商务交易保障，促进和规范了跨境电子商务发展，维护广大消费者、平台经营者和平台内经营者合法权益，对电子商务经营者的偷税漏税、侵害知识产权、海外代购、虚假评价等存在的突出问题进行了治理，维护市场秩序和公平竞争，标志着电子商务进入规范提质发展阶段。

在智慧物流领域，区块链、人工智能、大数据、物联网等新一代信息通信技术在物流运输、仓储、装卸搬运、配送等各个环节全链条深入渗透，实现自我优化、实时感知、及时处理以及全面分析等功能，智慧物流提升了各相关行业的运输效率。在传统的仓储中，货物扫描以及数据录入往往需要人工亲自操作，准确性难以保证。同时仓储货架、货位划分不清晰，标识不统一，造成货品混乱堆放，缺乏实时监控和流程跟踪。将物联网技术应用于传统仓储中，形成智能仓储管理系统，实时动态掌握仓储情况，提升货品进出透明度和效率，提高交货准确率，大幅提升仓库利用率和流转效率，自动采集入库、调拨、出库等整个系统的数据，降低劳动力强度和人力成本，完成查询、统计、备份和报表管理等任务。将物联网技术应用于传统物流运输中，形成车辆管理系统，对运输的货车、货物进行实时监控跟踪，监测货物的状态及温湿度情况。在货物运输过程中，优化运输路径，将货物、车辆情况、司机和天气状况等信息高效整合起来，从而优化资源配置，提高运输效率，降低货物损耗，降低运输成本，使物流公司和消费者都能清楚地了解运输过程。

在电子支付领域，移动支付等技术的普及应用大大地节约了交易双方成本，有助于激活交易和提升资金使用效率。近年来，移动支付业务量快速增长，移动支付平台已经成为一种重要的、便捷的交易设施。

在社交娱乐领域，由于云计算、大数据等新一代信息通信技术的深入渗透，可以使短视频针对不同用户需求精准投放以增加用户黏性，加之短视频的创作门槛较低、碎片化娱乐、交互性强和社交属性等特点，短视频行业高速增长。

在线上教育领域，利用互联网、大数据、云计算等新一代信息通信技术，数字化教育具有突破时空限制、快速复制传播、呈现手段丰富的独特优势，可以促进教育公平、提高教育质量。为推动传统教育数字化，需聚焦数字经济时代对人才培养的新需求新模式，发展基于互联网的教育数字化新模式新理念，探索数字化、个性化、终身化的教育体系。

3. 数字产业在农业的溢出效应

由于农业生产具有依赖自然资源的自然属性，生产经营方式单一的行业属性，农业进行数字化转型的壁垒较高，进展缓慢。目前互联网、大数据、物联网等新一代信息技术对农业的渗透融合主要集中于交易与销售环节，而较少渗透至生产环节和供应链环节。农业数字化的重点应该是针对农业全产业链的全面数字化改造升级，加快构建数字农业经济体系，农业数字化发展潜力巨大。农村电商使农民逐步开始以市场需求为导向生产农产品，这在一定程度上提高了农民的收入，带动了农村就业，改变了农民的消费习惯。可以说农业数字化是发展农业、振兴乡村的重要抓手。具体而言，数字产业在农业交易与销售环节的渗透主要是通过大力推广农村电子商务的方式来进行；加强农村流通基础设施建设，则通过加快推进宽带网络进村入户，畅通城乡双向流通渠道的方式来实施；针对农民对互联网等信息技术知识较为匮乏的现状，可以通过给农民开设电子商务操作培训和新型职业农民培训来推动，这些举措都促使农业经济活动由封闭转向开放。在农业生产和供应链环节的数字化，可以将物联网和大数据技术运用到传统农业中，利用无线传感器和软件对农产品长势和生产环境进行实时监控和数据共享，利用云计算对农产品全生命周期进行智能决策，从而有效提高农业生产的效率和提升农产品品质，加大对农机研发，加强智能装备市场化应用，推进农业生产机械化、数字化，实现农业生产方式由粗放型转向集约型精细化生产。

8.5.2 产业数字化的路径

产业数字化主要包括重构实体经济形态和培育经济新增长点两条路径。下面在工业、农业和服务业三个方面展开论述。

1. 工业数字化

在产业数字化的组成中，最核心的部分是工业数字化。通过大数据、人工智能、物联网等数字技术提升工业数字化水平，重构工业经济形态，实现我国工业从价值链低端向中高端升级、从制造大国向制造强国迈进。主要包括以下三个方面的任务。

（1）工业设备智能化。工业设备是工业数字化解决方案的重要组成，其中包括关键基础零部件、数控机床、工业传感器等，通过智能制造基础软硬件产品及智能制造装备等的应用，推动制造设备，生产线和工厂的数字化、自动化、智能化改造，推动工业数字化转型。

（2）推广应用工业软件。工业软件是工业数字化解决方案的关键支撑，包括信息管理软件、嵌入式软件、生产控制软件等，嵌入式软件在工业通信、能源电子、汽车电子等工业重要领域具有较为广泛的应用，随着工业数字化、智能化程度的不断提高，嵌入式软件将成为工业软件发展的重要引擎，进一步推动工业数字化转型。

（3）推广应用工业平台。工业平台是工业数字化解决方案的核心，其中以工业云平台为主。我国在工业平台建设、行业应用、网络建设等方面已出台一系列完善的指导政策，推动工业云平台高速增长。未来，将持续实施企业上云行动，推广设备联网上云、数据集成上云等深度用云。

我国工业产业各环节正在加速与新一代信息技术融合，工业数字化、网络化和智能化发展趋势明显，从研发、设计、生产到销售服务的各个环节都在发生改变或被重新定义，除了智能制造技术上的创新，越来越多的工业企业正在加快业态创新和模式创新，推广共享制造、网络化协同、个性化定制等新业态新模式，形成了工业经济的新增长点。

（1）共享制造。共享经济在生产制造领域的创新应用，是运用共享理念，围绕生产制造的各环节，将分散、闲置的生产资源聚集起来，通过弹性匹配、动态共享给需求方的新业态新模式。共享制造包括制造能力共享、创新能力共享和服务能力共享三种方式。近年来，我国共享制造迅速发展，不断拓展应用领域，出现了产能对接、协同生产、共享工厂等。

（2）网络化协同。为了满足特定需求，利用先进的网络技术、制造技术及其他相关技术，构建基于网络的制造系统，并在制造系统支持下，打破企业生产经营范围和方式的空间约束，开展覆盖产品全生命周期的业务活动，实现企业内各环节和供应链上下游的协同和集成，并能够共享各类社会资源，为市场提供高效率、高质量且低成本的产品和服务。

（3）个性化定制。在传统的制造业模式下，由生产者决定生产产品的类型和数量，生产者与消费者之间是割裂的，并不能聚焦客户的真正需求，不能对客户的个性化需求做出快速反应，传统的制造模式存在与客户的个性化需求不匹配的问题。在智能制造模式下，生产边界被打破，用户能直接参与产品设计甚至生产过程，消费者个性化需求得到充分尊重，个性化定制让产品制造的每个环节都与消费者建立联系，形成有效互动。

2. 农业数字化

农业是最古老和传统的行业，农业科技降本增效的需求正在全面快速显现，农业数字化成为现代农业发展的制高点。利用信息技术推动农业发展，大力推广互联网、大数据、物联网、人工智能，区块链等新一代信息技术在农业领域的应用，将为我国农业领域带来巨大的经济和环境效益，实现我国农业可持续高质量的发展。主要包括以下三个方面的任务：

（1）聚焦农业生产、加工、经营环节数字化改造，促进新一代信息技术与种植业、畜牧业、渔业等全面深度融合应用，在育、耕、种、管、收、运、储等主要生产过程中使用先进农机装备，推进智能感知、智能控制等数字技术在生产过程中的应用，提高农机装备信息收集、智能决策和自然作业能力，实现农业生产全面智能化，形成面向农业生产的信息化整体解决方案；

（2）发展农业服务支撑，推进农情信息管理、农业自然灾害监控预警、农产品产销价监控预警，实现农业信息监测预警，提升农业数字化管理水平；

（3）通过电商平台＋农特产品＋休闲旅游的生态扶农、绿色扶农模式，推进电子商务与农产品产供销的深度融合，健全农产品数字追溯体系，给高品质生态和有机农业提供数据生产力，从而提升产品的高附加值环节。

在数字技术与农业生产经营融合的过程中，由于服务模式和需求升级，新业态新模式竞相涌现，形成了农业经济的新增长点。

（1）农产品电子商务。我国是农业大国，近年来，农产品电商成为电子商务发展新的增长点，连续多年以高于电子商务整体增速快速增长，在促进农产品产销环节衔接、助力农民脱贫增收等众多农业转型升级高质量发展等方面发挥了显著作用。

（2）现代农业数字产业园。我国正在加快建设现代农业数字产业园，现代农业数字产业园以联网的新一代信息技术改造传统农业为重点目标，推进新一代信息技术与农业生产、经营、管理等多方面的融合发展，并大力推进物联网在农业生产中的应用，培育农业发展新动能新业态，促进农业生产经营提质增效，农民脱贫增收。

（3）植保无人机。用于农林植物保护作业的无人驾驶飞机，组成部分包括飞行平台、导航飞控、喷洒机构三部分，植保无人机主要用于喷洒作业，喷洒药剂、种子、粉剂等。植保无人机可以降低大面积区域的监测成本，并通过传感器实现大量植保数据的收集。

（4）农业气象站。一种自动观测与存储气象观测数据的设备，农业气象站的主要功能是实时监测风、温度、湿度、气压、草温等气象要素以及土壤含水量的数据变化。农业气象站主要由传感器、采集器、系统电源、通信接口及外围设备等组成，虽然农业气象站有多种类型，但都具有相同的结构。

（5）精准农业。利用物联网、传感器等数字技术及设备，精确收集农田每一操作单元的环境数据和作物生长数据，精细准确地调整农艺措施，优化给予种子、水、肥和农药等的量、质和时间，通过以上手段和措施获得农产作物的最高产量和最大经济效益，同时保护农业生态环境和农业土地自然资源，获得农业的可持续发展。

3. 服务业数字化

我国服务业分为生产性服务业和生活性服务业，在当前人口红利锐减、消费结构升级的大背景下，生产性服务业和生活性服务业都需要通过供给侧的数字化转型升级，重构服务业经济形态，实现高质量发展。主要包括两个方面的发展任务。一是推进生产性服务业数字化发展。面向电子商务、物流、金融、交通、节能环保等行业，拓展数字技术应用场景，深化行业应用，推动电子商务、智慧物流、智慧交通、数字金融、数字节能，环保等领域发展，并推进研发设计、检验检测服务、商务咨询、人力资源服务等的数字化转型。二是推进生活性服务业数字化升级。聚焦旅游、健康、养老、教育、餐饮、娱乐、文化创意等消费领域，促进线上线下资源的有效整合和利用，推动互联网、移动互联网、移动智能终端与民生服务的制造深度融合，丰富旅游、健康、家庭、养老、教育等智能化服务产品供给，推动生活消费方式的转变。

互联网、云计算、大数据、物联网等新一代信息技术在经济社会各行业各领域广泛渗透，改变了服务业的形态。平台经济、共享经济等一批新业态呈现加速发展趋势，成为第三产业的主力军，为居民生活提供了极大便利，拓宽了居民消费空间，形成了服务业经济的新增长点。

（1）平台经济。平台经济具有透明、共享和去中介化等优势，通过逐步消除传统商业模式环节众多、重复生产和信息不透明等不足，全面整合本地生活服务与垂直领域服务，显著提升了传统服务业小而散乱的资源配置的质量。平台经济以共享平台为起点，通过平台实现价值增长，提供基于互联网的个性化、柔性化和分布式服务，培育社会信任体系。

（2）共享经济涉及领域广泛，共享单车、共享充电宝、共享住宿等共享方式均为共享经济的产物，并从出行、餐饮、住宿等生活服务领域向农业、工业制造业等生产领域延伸。我国共享经济参与人数规模巨大，其中作为服务提供者的人数约占1/10。随着共享经济领域的延伸和拓展，办公空间共享、企业资源共享、供应链互通等都将成为共享经济的重点挖掘领域，未来，随着共享经济模式逐渐成熟，围绕企业端服务的共享经济应用将成功实现。

本章小结

技术经济范式的演进推动了产业革命，数字技术和数字经济的强大动力推动了数字革命。数字经济是数字技术作为通用技术在经济活动中发挥主要作用的经济。在数字经济时代，大数据、云计算、人工智能成为基础设施，商业模式、组织方式、经济规律都发生了巨大变化。我国数字经济发展的主要任务是数字产业化和产业数字化两个方面，这两个方面提供了非常丰富的应用场景和巨大的市场潜力。

习题八

1. 举例说明技术的模块化和递归性。
2. 如何理解技术是由要素组成的，而要素也是技术？
3. 试分析人脸识别系统的要素，建立人脸识别系统的技术要素结构图。
4. 试分析比较四次工业革命的技术经济范式。
5. 通过查找资料，比较大规模生产、大规模定制生产、大规模个性化定制生产的特征和面临的挑战。

6. 如何理解数字经济是实体经济而不是虚拟经济?

7. 分析比较数字产业化和产业数字化的内涵和特征。

8. 我国数字经济发展面临哪些挑战?

9. 阐述数字产业的溢出效应。

10. 阐述数字产业化和产业数字化的途径。

第9章 决策与优化

学习目标

- 理解数字化经济时代规模—范围—速度的竞争优势
- 了解数字化时代的主要参与者
- 理解数字化转型的三个阶段
- 领会传统企业转型的任务
- 领会传统企业转型的策略优化

数字经济时代的企业领导和管理者，不一定是每一个技术领域的专家，但一定要具备敏锐的观察力和预测力，需了解不同技术的运用可能对企业的商业模式构成哪些挑战，即这些技术将使企业的收入和利润来源发生怎样的改变。企业管理者需要具备数字技术知识。尽管现在已涌现出阿里、腾讯、京东、谷歌和亚马逊等新兴数字化明星企业，以及华为、讯飞等技术型新兴企业，也有社交网络、移动网络大数据、共享经济和未来工作方式等带来的重大改变，但是对传统行业的企业来说，能够做什么？应该做什么？如何与数字时代的明星企业和技术趋势互动？诸如此类的问题，需要系统地关注。

9.1 数字化时代的竞争优势

9.1.1 经营维度

工业经济时代和数字经济时代的企业，在经营规模、经营范围和经营速度方面具有显著差异。

1. 经营规模

工业经济时代，有些企业通过提高产品销量、增加市场份额实现规模扩张，这是一种线性的扩张方式，如可口可乐公司、沃尔玛公司在全球的扩张都属于这种方式；有些公司通过增加现有产品线和引进新产品线来实现扩张，如宝洁公司通过收购帮宝适纸尿裤和吉列剃须刀等品牌，实现了在家用产品上的稳步扩张。以这些方式扩展经营规模和范围的速度比较慢，往往需要投入大量财力人力。稳步、渐进式地寻求经营规模和范围的扩张，是工业经济时代成功的商业模式。

数字化企业的规模扩张方式、扩张速度呈现出非线性和指数化的显著特征。1999 年谷歌公司共处理了 10 亿条搜索量，2012 年一年的搜索量就达到 12 万亿次，2014 年更是增加了 2 万亿次。截至 2015 年，老牌的万豪酒店集团在全球范围内的可用客房数量约为 76 万间，而创立于 2008 年的在线预订住宿服务提供商爱彼迎在 2011 年时已经拥有了 5 万套房源，2014 年达到 55 万套，2016 年总房源数量达到 200 万套，覆盖 190 多个国家和地区。沃尔玛 2015 年的顾客总数为 2.6 亿人，而成立不过 20 年的在线零售商亚马逊记录到的活跃客户为 3.04 亿人。

工业经济时代成功者是拥有组织能力的企业，这是发挥规模效益的必要能力。这些企业投资批量生产所需的资产设备、建立规范的组织结构和管理体系、组建本地和全球性的营销网络，充分利用了规模经济的优势。数字化时代的公司在运营中收集了大量详细的运营数据，这与传统工业企业显著不同。爱彼迎随时掌握着宾客的入住地点、时间和天数等信息，而这是传统连锁酒店从未做过也无法做到的。与沃尔玛相比，亚马逊对消费者的购买习惯了解得更加详细而具体。可见，数字化企业在规模方面，具有显著的发展优势。

2. 经营范围

第二次世界大战以后，许多企业将核心业务延伸到周边领域。例如，肉类加工厂将生产过程中产生的副产品制成皮革、肥皂和肥料；本田公司把核心发动机技术应用于摩托车、小型汽车、割草机和卡车等小型发动机产品中。到 21 世纪末，许多企业开始走多元化发展道路，如通用电气公司除了销售其擅长的家用电器外，还涉足航空发动机、娱乐产品和金融服务等与其主业毫不相干的产品制造业及服务业。传统公司以渐进式、系统性的方式扩大经营范围，在新地区、新的细分市场扩展核心竞争力，或逐渐向核心产品线中加入新产品和新服务，如汽车公司扩展到金融服务业、保险业和远程信息技术等领域。这是传统工业企业范围扩张的方式。

苹果公司短期内从一家售卖 PC 的公司快速发展为音乐与通信产业的主导企业；谷歌从一家搜索领域的企业跃升为移动互联网和网络媒体领域的领导企业，并快速成功地进入汽车和医疗产业；亚马逊仅用 20 年从一家电子书售卖公司成长为云技术领域的巨头。数字时代的公司直接以数据和数据分析的核心竞争力精准预测消费者需求。谷歌、爱彼迎及亚马逊等公司利用机器学习和人工智能技术，采集、筛选、分类和分析了海量数据，然后以新研发的产品和新开拓的市场扩大经营范围，甚至进入与主业毫不相关的行业。这类数字化公司可以随时随地跟踪消费者的反应，并据此迅速做出调整。因此，它们具有规避各类风险的能力，并能利用成功案例实现指数形式的增长。

上述足以说明，在数字经济时代，企业经营不能仅满足于在本行业或相邻行业实现扩张，也不能仅专注于与既有核心竞争力相关的产品和服务，这样极可能失去既有的经营范围优势。

3. 经营速度

传统意义上的速度，指的是相对于行业内其他竞争对手，某个企业对行业变革做出反应所花费的时间。企业在市场中的加速能力取决于在产品设计与开发、制造与供应链同步等方面的速度。在这些互相关联的进程中最慢的一个决定了企业扩张的速度，只要公司速度比竞争对手快，公司就可以获得先发优势。然而，数字化企业的速度，具有显著的不同特征。谷歌公司在开放的环境下研发产品，每天或每周为产品增加新特性，并密切追踪用户体验；特斯拉公司以无线软件的更新来维护和升级汽车。如今，借助云技术和手机应用程序，数字时代的企业得以通过新的服务手段决定其为客户服务的速度。因此，数字经济时代，传统企业需要加快后台运行进程和传统竞争者展开竞争，适时调整交付速度，避免速度劣势，以期符合数字化时代的公司标准。

9.1.2　多维集成

工业时代，公司的经营规模、经营范围和经营速度各自为政，规模决策往往由各业务单位内部负责，常常在根据可用资源有机增长和并购进行扩张前，寻求以最小的可行经营规模来保证生产和分销效率。经营范围决策则与企业战略有关，且通常涉及兼并、收购与合资。经营速度则往往反映进入市场的速度，它决定了一家公司与特定行业内其他竞争者发展速度的相对快慢。作为一家传统行业的在位企业，必须对如何利用行业内的规模、范围和速度优势了如指掌。

在数字化转型过程中，上述三个维度紧密相连。如果传统企业发现自身的转变和应对转变的速度慢于新兴公司，当前优势就将受限于企业的内部组织流程和组织体系。不断变化的经营规模同样反映着速度优势，体现在推出新产品、利用稀缺的关键资源等方面，如独有的互联数据、专利技术、人才或项目研发。那些能够最大限度地综合发挥自身规模、范围和速度优势的企业就有能力获得数字时代的显著优势。一方面，利用数据和连通性，可以将经营足迹扩大至公司核心边界之外，进入一个更大的生态系统；另一方面，有了传感器、软件和连通性，就具备了采集数据和处理信息的能力，也为工业时代的学习方式提供了更便捷高效的方法。

9.1.3 生态系统

工业时代的规模优势来自企业掌控的资产和生产的产品，而数字时代的规模优势则是各个互补的合作方构成的生态系统。吉利汽车公司和通用汽车公司的经营规模取决于各自生产的汽车数量，滴滴的经营规模则取决于其全球网络或其进驻的几百座城市当地所拥有的网约车数量；华为手机的经营规模取决于其在全球范围内生产、销售的手机数量，而对于华为鸿蒙操作系统而言，其规模优势则取决于鸿蒙生态系统中硬件合作商生产的鸿蒙设备数量，以及开发人员针对鸿蒙操作系统开发的应用程序数量。工业时代，经营规模是一家企业利用其所掌控的资产从事经营和生产活动的结果。而在数字时代，除了自身的生产活动之外，经营规模还包括企业与所在生态系统中的合作伙伴共同达成的目标。因此，企业要深度挖掘所在生态系统赋予的规模优势。

和规模优势一样，数字时代的范围优势也来自其作为生态系统的一部分。在工业时代，一家公司的核心业务领域与相邻领域之间的联系必须非常紧密，才能广受客户欢迎；且在数字时代，作为核心领域的数据具有无限的延展性，因此，从事数据采集的公司可以更便捷地将这些数据运用于各种平台，如移动终端平台。凭借 iOS 系统和安卓系统，数字化巨头苹果公司和谷歌公司可以通过不同的应用程序一步步地扩张经营范围。支付宝和微信支付等应用程序创建了一个生态系统，使得阿里和腾讯有能力进入表面看来似乎与其毫无关联的金融领域。

因此，企业应充分利用所在生态系统的范围优势。工业时代，一家公司只要首先进入某个新市场，它就能获得先发优势。而在数字时代，生态系统中的每个公司都不得不以基本相同的速度前进。既然公司不可能具备所有能力，就必须依靠生态系统。关键的技术和能力虽然有助于公司加入某个生态系统，但保持速度和加速的能力更为重要。

9.1.4 数据分析

规模—范围—速度组合优势的一个重要特征就是向正在使用中的产品与服务学习，并让它们更好地满足个性化需求。工业时代的公司也会收集能够反映经营效率的数据，并分析这种粗略聚合的数据。但数字化公司则是持续地记录各种带有详细属性的数据，同时利用新工具对其进行分析，以识别出客户的偏好模式，并据此微调企业战略。例如，为了确定汉堡包的销量，麦当劳公司记录了运往各地的汉堡包肉饼数量。相反，利用应用程序，星巴克除了能够了解咖啡的销量，还能知道每位客户购买咖啡的时间、地点、口味偏好，以及每笔交易的消费金额等信息。

不同的条件下，产品的表现也不尽相同。之前，无论是田野中的拖拉机、飞行中的飞机还是行驶中的汽车发动机，或是家中的洗衣机，企业均无法了解它们在现实使用条件下的真实表现。但现在，企业几乎可以实时大规模监控不同地点的产品，使公司有更多的机会了解、改进产品；还可以大规模地收集产品反馈和早期预警信号，提前纠正产品错误，预防事故的发生。

工业时代的公司通过向相关产品或市场进行渗透达到扩大经营范围的目的，把其他公司遵循的预先设定的模式、市场调研的分析数据等作为决策依据。数字时代的公司通过使用分析软件就能实际预测那些低效的领域，并向看似毫不相关的领域扩张。以通用汽车公司为例，在借鉴了苹果、谷歌、微软及其他类似公司的模式之后，它开启了一项新的使命，即将软件、应用程序、数据和分析工具等运用到建筑、电力、工业运输和医疗保健四个领域。谷歌公司基于数据分析的工业互联网平台，能够预测行业内，以及行业之间的领域哪些存在重大的低效问题，并能以更有效的方式解决这些问题。

此外，现在不仅能收集有关自身产品的数据，还能了解到不同公司的产品是如何协作解决顾客问题的。例如，医疗领域的公司可以在大范围的患者人群中，监测其医疗设备或药品与其他治疗方法间的相互作用。在适当保护患者隐私和安全的前提下，所有提供产品或服务的医疗公司都能从数据中获取有用信息，从而让产品适应不同的患者、运用于具体的治疗方案等。同样地，阿里、腾讯、谷歌和苹果等公司也有机会接触到客户信息，并用于建立自身的学习优势。

9.2 数字化决策矩阵

9.2.1 参与者

在数字经济环境下，可以把众多的参与企业分为传统工业企业、高科技初创企业和数字巨头三类。

（1）传统工业企业。包括制造、汽车、采矿、油气能源、交通物流、消费品及零售、旅游与接待、制药与医疗、时尚与服务等传统行业的企业。具有显著的价值创造能力是这类公司的鲜明特征。

（2）高科技初创企业。这类企业诞生于数字经济时代，颇具冒险精神，漠视工业时代的管理规则，精心打造商业模式，可以打破既有格局，让产业重新洗牌，凭借信息技术的力量产出巨大的价值，如汽车行业的特斯拉、消费电子产品领域的小米、外卖行业的美团、网约车领域的滴滴等。具有超强的创新能力是这类公司的鲜明特征。

（3）数字巨头。包括 Alphabet、亚马逊、苹果、IBM、微软、三星、腾讯、阿里巴巴、中国电信等。这些企业从高科技企业发展而来，其经营范围已从科技行业延伸到各行各业。虽然数字产品与服务依然是其核心业务，但一些数字巨头正加强与各领域企业的合作，帮助后者实现数字化转型，最终这些数字巨头企业将在横向和纵向上更加深度地整合其他行业。具有强大的整合能力是这类公司的鲜明特征。

在一个行业生态系统中，这三类企业既合作又竞争。以汽车产业为例。现有企业包括吉利、一汽、上汽、丰田、奔驰等；高科技初创企业包括优步、特斯拉、滴滴等；数字巨头包括华为、阿里、百度、苹果和Alphabet等。高科技初创企业和数字巨头要么正在推出自己的创新产品，要么正与传统车企合作，推动数字化革命，给汽车行业注入了无穷的活力。在产品架构方面，电动汽车所占比重不断增大；在设计方面，3D打印等技术实现了快速成型；在制造方面，针对不同部件进行各种排列组合的模块化平台组装；在服务上，通过蜂窝网络升级车载导航、安全、娱乐和通信系统；在商业模式方面，传统所有权遭遇交通即服务的挑战。在数字经济时代，沿着企业产业链，数字化技术不断扩展，如传动部件制造商、轮胎制造商、企业电子设备制造商、经销商、4S店、加油站、充电桩等。在数字化的汽车行业生态系统中，这些企业之间有着千丝万缕的联系。

在汽车行业的数字化转型过程中，每一位参与者，包括传统车企、高科技初创企业和数字巨头企业，都必须评估彼此之间的竞争与合作关系。特斯拉作为一家高科技初创企业，成为汽车行业一个强劲的新参与者，市值超过了通用、福特等许多传统汽车巨头。特斯拉通过公开许多专利技术，加速了整个交通系统的电气化、数字化进程。一家小众创业公司生产的一款适配器，能插入汽车方向盘下方，其随附的应用程序能够提供汽车行驶里程、油耗、发动机状况及驾驶性能相关的信息。车主只需将它当成一个附加组件，无须将各种数据返回给汽车制造商。

大多数科技型企业家创业时都会从某些特定的垂直领域和专业化技术入手，例如汽车、医疗、零售、农牧业或金融服务。因此，需要根据行业背景识别这类专业型企业的潜在作用，这与拥有横向专业知识的数字化巨头不同。在行业的数字化转型过程中，Alphabet和苹果都想成为业内最具有影响力的企业，它们的Android Auto和CarPlay都能让消费者或驾驶者将智能手机的使用体验无缝延伸到汽车上。不难看出，这两个数字化巨头企业都想深入研究汽车，尤其是通过软件驱动实现自动泊车、无人驾驶等功能。

9.2.2 进化阶段

在数字化时代，企业以更快的速度不断变化（成长、萎缩、转型），且不再以线性或时间先后顺序的方式进行。从商业模式看，存在三个进化阶段，即边缘实验、核心冲突和根基重塑。通过存在于每个时间点的三个进化阶段，企业必须在管理自身运作的同时，与三类参与者互动。

1. 边缘实验阶段

这一阶段各种数字化实验启动和发展的起步阶段。随着一个数字化理念的成熟，一项新的实验就出现了，因此数字化实验始终在进行之中。这一阶段可以称为边缘实验阶段。在此阶段，大量的幻灯片变成原型、实验品和产品，有些想法听起来不太可信，甚至不可思议，另一些想法则更加现实，有着巨大的潜在价值。这一阶段，有必要关注企业自身的实验，以期让这些实验适应企业的商业模式。同时，也要关注行业内外其他公司的大量实验，弄清这些实验对本行业既有生产方式的潜在影响。

理解边缘实验离不开深度思考。例如，苹果公司在2005年和摩托罗拉共同推出全球最佳的手机音乐服务的合作方案，意味着苹果已将iTunes软件和商业模式从iPod设备移植到摩托罗拉手机。对音乐公司而言，苹果公司对其的影响作用在变大。而对于非音乐行业的企业，则应深度思考这样一个问题：苹果公司可以用iTunes做些什么？苹果与摩托罗拉的尝试性合作是否会为其开启手机行业的大门？深入了解这个边缘实验后，更多后续问题接踵而至：苹果如果要发布自己的手机，还需具备哪些技术条件？如果音乐服务适合手机的应用，未来软件开发和用户界面还会诞生哪些应用？回答这些问题需要更多的调查分析，以及管理能力与技术能力的融合，然后综合各因素，计算出合理创新的可能性。

亚马逊和Alphabet的无人机，微软的头戴式虚拟现实体验机，以及苹果、亚马逊、微软和Alphabet的聊天机器人，在观察其他领域时，也能用同样深度的方式解读这些产品。除了为农业、采矿业和救灾提供物流支持，无人机还能发挥哪些作用？除了游戏领域，虚拟现实技术还能应用于哪些领域？

2. 核心冲突阶段

这个阶段中各种创意将从技术原型发展成备选商业方案。在此阶段，数字化规则对传统的工业实践和业已建立的规则发起挑战，经过工业时代完善的既有方案与刚刚由实验催生出的数字化新方案之间形成冲突。这些冲突在某些领域逐步发生，在另一些领域则迅速爆发。即便是同一行业，由于各自独特的战略差异，不同企业面对的冲突强度也不尽相同。

2000年时，沃尔玛没有认识到电商公司的潜力，认为电商不过是实体店铺之外的另一种非核心的销售渠道。2016年亚马逊股票市值全面超越沃尔玛，成为销售额和雇员数量均列全球首位的零售商。沃尔玛和其他超级零售商的高管清楚地看到，实体店与电商之间的冲突正日益严峻。过去十年，亚马逊的商业模式颠覆了批发零售业曾经的结构和实践。类似的情况同样也出现在京东与国美、苏宁电器之争，淘宝与传统零售之争上。

核心冲突的发生在于数字技术在两方面形成的冲击力。其一是数字化的产品、服务冲击传统的产品、服务，如传统腕表与数码腕表之间的竞争、传统冰箱与物联网冰箱的竞争等。随着数字化产品日益增多，冲突还将加剧，传统行业、创业者，以及数字巨头之间的竞争关系还将扩大。其二是组织模式的基础不同。旧的组织模式遵循泰勒的科学管理原则，而新的组织模式以自动化、算法、软件模型分析等计算机科学原理为基础。这种冲突导致了一系列的持续实验，与生态系统中的合作伙伴动态协调，以及人机协作带来的机器学习速度，而非标准化、专业化和价值链优化。

3. 根基重塑阶段

工业企业、科技型创业企业和数字巨头，或者它们的组合，利用数字化功能为个人或企业解决核心问题。不论是产品还是服务，每项业务都被数字化。B2B 或 B2C 等传统的商业模式区分标准将不复存在，所有企业都处于 B2B2C 的互联网络中。谁负责产品与终端消费者的互动？谁设计消费者交互接口，包括移动接口、社交接口、云接口和其他交互方式？谁收集和分析数据并得出观点？这些都将成为被关注的焦点。这个阶段称为根基重塑阶段。此阶段的目的是找到解决个人或企业所面临的痛点和一些根本性难题的方法。要想在这场数字化竞争中取胜，必须融合物理世界和数字世界，连通机器与数据，实现信息的实时响应。海尔将冰箱、空调和洗衣机接入互联网，能够实时跟踪和监控到每个家庭的产品使用模式、使用状况、发现趋势，并从中学习和开展针对性的实验。海尔商业模式也从零售分销转变到以物联网保证客户服务质量，通过物联网连接的消费者和产品越多，海尔就能对相关产品进行越精细的调整，从而将每个家庭变成一个个智慧生活中心。

9.2.3 如何定位

根据三类参与者和三个阶段，形成了数字化决策九宫格（见图 9-1）。每家企业都处于数字化九宫格的一个格子中，其他格子内发生的事情将对企业产生影响。接下来的问题是如何找到企业的位置。参与者类型容易确定，关键是如何确定所处的阶段，评估企业的相对位置。

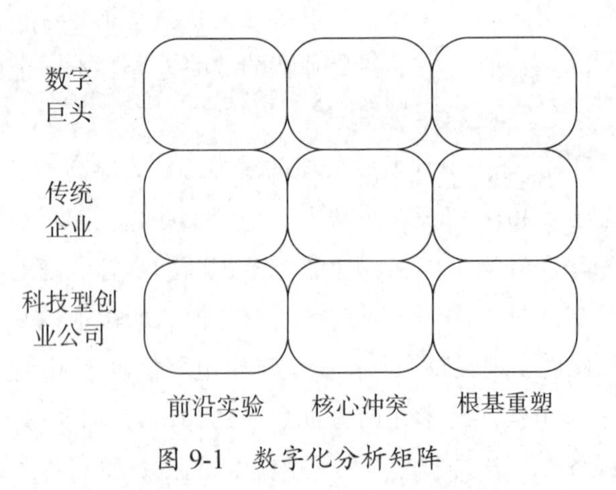

图 9-1 数字化分析矩阵

1. 阶段判断

（1）边缘实验阶段的判断。从公司或者业内其他企业中是否可以看到数字化转型的可能性？企业的商业模式是否会因某些科技型创业公司或数字巨头正在进行的一些有趣的创新而发生改变？以农业为例：近年来，与传感器、气候数据和云技术相关的实验层出不穷，传统农业商业模式却依然没有发生根本性转变，不过精准农业和数字农业的时代即将来临。

（2）核心冲突阶段的判断。科技型创业公司和数字巨头正利用强大的技术，挑战甚至颠覆行业的传统商业模式。全球汽车正处在这一阶段：特斯拉重新定义了产品的架构和使用；滴滴将提供交通视为一种服务，以此代替对汽车的所有权，这都迫使传统汽车企业重新思考自身的商业模式。

（3）根据重塑阶段的判断。业内的传统企业、科技型创业公司和数字巨头都在利用强大的技术和创新方法解决最根本的商业问题。它们测试客户偏好，并利用这些数据推出迎合消费者口味的产品，同时不断微调产品，在需要变革时迅速地进行反应。可以认为零售行业已经处在这个阶段。

在矩阵中找到企业的位置很重要，但是作为传统企业，找到自己的位置还不够，还需要寻找到与自己发展路径可能相同的科技型创业公司和数字巨头企业。

2. 相对位置评估

企业对数字化的重视程度不一。与行业内的传统企业相比，是否能领先？是否意识到数字化的必然趋势，并获得领先于同行的优势？或者像许多公司一样，认为数字化不是公司层面的重大战略问题，从而让其他企业成为数字化的领导者？如果由于其他一些更迫切的挑战，有意识地将数字化转型放在了无关紧要的位置，这时关注其他企业在数字化技术方面的投资是非常必要的。

如果在领先—并列—落后的关系中找到了企业的准确位置，那么不但要比较是否比行业内其他传统企业采取了更多行动，而且要准备好系统化接受数字化趋势，并将其视为行业发展的转型前进力量。科技型创业公司和数字巨头企业不仅是潜在的朋友，也可能是竞争的对手。

9.3 数字化决策任务

9.3.1 探索智能解决方案

数字化九宫格中三类参与者都在开展各种实验。这些实验摆脱了行业性、功能性和地域性的限制。能否关联起三类参与者的大量实验，将是企业在未来数字化时代获胜的关键。未来的商业模式建立在看似不相干的、发展趋势广泛的分布的网络基础之上，如社交网络、区块链、人工智能和可穿戴技术，并创造出引人注目的新商业规则。人们首先需要发现一些特殊的看似异想天开的案例，这些案例未来某天或能成为成功的商业模式，同时，必须在所开展的实验中逐步清楚这些案例的原型技术将何时、何地、以何种方式、从多大规模上变为现实。由于三类参与者可能寻找的是不同的目标和趋势，更使得这个阶段充满挑战性。

1. 高科技初创型企业通过开展实验来启动和发展业务

当技术初创型企业以一定的规模和速度将不同的技术整合，实现未能满足的市场需求时，数字化就能释放出巨大的能量。在短短的时间，优步、滴滴已经成为还在逐步进行数字化转型的传统企业的强劲竞争对手。从短期孤立地来看，它所开展的实验或许入不了那些传统企业的法眼。但长期各项实验成果的积累，终使优步、滴滴掌握了数字技术能力，为其强大而高利润的商业模式的形成打下了基础。这些表面上很边缘化的创业实验往往看起来微不足道、不太可靠，甚至逻辑不清、十分荒谬，但它能在短时间内形成，随技术进步而改变，获得新特性，最终进化成一个生态系统，实现快速的增长。优步和滴滴的成功案例，引起大家对以下问题的思考。

（1）传统汽车制造巨头是否应该更早一些开展拼车服务？如果传统汽车制造企业能够发现优步和滴滴前沿实验对现有商业模式的潜在影响，它们有足够时间拿出应对方案吗？

（2）汽车租赁公司应该尝试这种商业模式吗？为保证自身模式正常运转，优步、滴滴离不开上汽、吉利、丰田、通用等传统企业生产的汽车，传统车企需要汽车租赁公司这样的买家。但是，滴滴会对出租车公司造成威胁吗？租赁公司是否将滴滴视为其商业模式的补充而不是威胁？

（3）对于那些与汽车、汽车租赁毫不相关的传统企业而言，优步的实验意味着什么？优步的商业模式适用于船舶、飞机、休闲房车，甚至运输业之外的其他领域吗？优步产生的影响应该绝不仅限于其创立之初所涉及的行业，或只满足于解决其最初希望解决的问题。

2. 数字巨头企业增强跨行业影响力的实验

数字巨头往往有规模和范围扩张的野心。因此，数字巨头开展的实验主要涉及如何以更新的办法提升规模，或者向新的业务领域扩张。下面是数字巨头企业在医疗保健行业探索和拓展实验的三个案例。

案例 1：Alphabet 已经成为健康、生命科学及人类寿命领域一股不可忽视的力量。Alphabet 组建的独立子公司 Verily Life Sciences 以“如何用科技构建一幅人类健康的真实图景”为使命，进行有关人类健康和疾病预防的研究。Alphabet 与强生公司联手组建的 Verb Surgical 公司，致力于用机器学习、机器人手术、仪器应用技术、先进可视化技术和数据算法打造外科手术的未来。

案例 2：苹果公司推出了智能手机应用平台。在该平台上，HealthKit 可以让开发人员围绕苹果设备中的传感器开发各种健康应用程序；ResearchKit 则是专为研究人员打造的一个软件基础架构，基于这个架构开发的各种应用软件可以收集可靠的医疗数据，并供科学研究使用；CareKit 则是一款帮助个人用户管理健康问题的应用软件，这些软件平台使得各大医疗保健实验室和医学研究机构能开展更加广泛的实验项目，正在对人类的生活产生深远的影响。

案例3：微软推出的HealthVault为个人用户收集、存储、使用及分享家庭健康信息提供了一个集中的平台。IBM也一直尝试将沃森应用于各种不同的健康场景。这些实验显示出数字巨头企业利用算法和数据分析的优势推动医疗保健行业转型的雄心，正在实现医疗保健行业的横向整合。这些数字巨头在其他行业也正在做同样的事情。

3. 传统企业关注两个方面实验

传统企业既要关注与现有商业模式互补的实验，也要关注挑战现有商业模式的实验。下面是两个互补的实验例子。

案例4：在数字化兴起阶段，耐克与苹果公司合作。2014年，耐克在一系列设计实验后，推出了一款内嵌传感器的智能运动鞋。这款产品能为跑步者提供反馈信息，帮助跑步者纠正跑步姿势。耐克与苹果公司合作，推出了Nike+跑鞋，这款产品将耐克核心竞争力与数据采集联系起来，抓住了巨大商机，开启了自我量化运动的时代。

案例5：安德玛是一家生产运动服饰的公司。2013年公司发明了可以附加在运动服饰上的心率监测带，同时与西风技术合作，通过嵌入运动鞋和运动衫的各式传感器采集数据；然后对数据进行分析，如心率、皮肤温度以及加速度等。除了销售产品外，安德玛在领英等平台上创建社区，通过收集社区会员主动上传的各类生活数据，应用大数据分析提供客户满意的产品和服务。2016年，安德玛还与IBM合作，利用IBM的沃森技术开展数据分析，为客户提供个性化服务。

在案例4和案例5中，开展的尝试都与既有的商业模式存在互补关系。这两家公司都深刻理解数字技术的重要性，开展了大量数字化实验，并与外部合作伙伴建立关系。各个行业的传统企业都在接受和吸收数字技术，能够更深入了解正在传统商业模式中开展的前沿实验，有的正在尝试与既有商业模式形成互补的创意，但有些企业开展的实验正在削弱曾经的成功模式。下面是两个挑战现有商业模式实验的案例。

案例6：福特公司不仅在产品制造领域进行大量数字实验，还在其他运输业领域做了大量战略性实验，来检验运输业的未来。这些实验力图通过创新让整个运输体验变得更加简便，以提高人们的生活质量，涉及的领域非常广泛——采用4G/5G网络的遥控汽车、帮助寻找停车位的手机软件，等等。这些大量的实验促使福特公司从一家设计和生产汽车的企业转变为一家多式联运服务的提供商，且运输工具也不再局限于福特的汽车或卡车。这些实验改变了人们对汽车的看法，汽车不再只是一件独立的物品，而是更广阔的运输网络中的一部分。

案例7：通用电气公司开展了一系列物质与数据相结合的实验。通用电气倡议了工业互联网，并将打造工业物联网。该公司将产品与采集数据的智能机器联系起来，利用强大的软件为用户分析、优化和定制产品用途，并对数字化创造新价值的潜力信心甚笃，坚信工业互联网领域将创造出巨大的价值。

4. 观察然后行动

传统企业对前沿实验的应对可以分为两个层面，第一是观察层面，第二是行动层面，在重要性和接受度上，后者比前者高。

观察层面是指虽已认识到并已接受数字技术将影响和改变行业的发展这一观点，但与企业其他当前迫切需解决的事项相比，企业决策者们认为数字化并不是企业的主流和核心问题。这种情形下，企业在这个层面要做的工作是观察发现、感知和追踪暗示事物未来发展情况的信号。以下三个问题有助于前沿实验观察。第一个问题是竞争对手正在公司内部进行哪些数字化尝试以及他们开展的实验可能产生哪些影响？第二个问题是竞争对手与其他两类玩家进行了哪些合作实验以及他们的实验对行业未来的发展有何重大影响？第三个问题是越过行业边界去观察其他行业，应该继续关注哪些实验，以获得前瞻性的见解？上述第三个问题最为重要，因为关于创新、破坏和转型的数字化思维并不存在于预先设定好的行业边界，或与企业相似度很高的行业内。

行动层面是指准备好将各种资源投向那些前途还不是很明朗的数字化领域层面。在此阶段，重点是了解自己所要采用的技术。它处于哪个发展阶段？要达到何种程度的投资回报？以及最有可能与哪些企业合作以建立自身的优势？密切留意数字技术为企业创造的可能性，而无论这种可能性是有助于改善产品数据，还是与客户有关；也不管它是功能性提升产品或服务的范围，还是让业务变得更加敏捷和更加有效。将每一个实验当成一次学习机会，在实验初期尽量别去预判实验结果，以开放心态对待数据所暗示的可能性和消费者、合作方所作出的反应，而非寻求一个具体结果。在利用创业公司和数字巨头的算法和数据分析，决定可以合作开展哪些营销实验，试图理解自身客户时，仅仅被动观察数字化趋势还不够，还需要积极开展以下工作：

（1）着手开始自己的战术实验，怀着开放的眼光和心态，大范围地审视其他行业的前沿实验，思考如何将它们运用于企业；

（2）横向思考产品在设计和功能性上的变化，预测其他企业推出的传感器及产生的数据将如何改变行业；

（3）无论是与他人分享理念、建立原型样品，还是与其他公司合作，都要大胆地让用户试用并提供反馈；

（4）通过与目标用户和合作伙伴建立强有力的联系，创立高活跃度社区以帮助实现自身目标；

（5）开发生态系统，将各种战术技巧融入协同实验组合中。

9.3.2 适应新的环境

适应新的环境是利益冲突阶段的任务。科技型创业公司和数字巨头们对产品和服务的设计及交付持不同看法，对企业的创收和盈利方式也有不同理解，传统制造型企业面临新商业模式的挑战，冲突迟早发生。

1. 冲突发生的标志

前沿实验的发展十分快速，预测核心冲突的发生有利于做好应对的准备。是否曾留意行业之外那些正在对商业模式构成挑战的公司？是否发现那些利用数字技术为客户提供价值的创新成果？是否看到昔日的实验经过改进后，变成了能够挑战传统做法的成熟商业理念？如果企业正处在这个阶段，或者迎接这一阶段的到来，那么就该将数字化提上公司管理的重要议程，视其为公司成长和盈利的根本推动因素。因为一旦冲突发生，企业就将很容易感受到威胁其生存的竞争压力，就会进一步认识到数字化转型的必要。刚开始，会在某个领域感到压力，接着扩散到战略和组织两个领域。

战略冲突。传统战略逻辑会与更加数字化的新逻辑产生冲突。新模式可能来自其他行业中那些已提早开始数字化转型的传统企业，也可能来自诞生不久的科技型创业公司或数字巨头。

组织模式。工业时代的架构、流程和系统，与诞生于数字时代的其他组织模式产生了冲突。在这种情况下，数字时代的组织模式使传统组织模式显得低效。随着时间的推移，传统组织模式将越来越少，直至消失。

战略冲突和组织冲突的互相依存度日益增强且同时发生。数字时代的公司再无须以功能、等级乃至在企业内部和企业之间区分战略和组织模式，因为任何竞争或创新都将对这些界限视而不见，一切事务的周期时间和响应时间都将被大大压缩。即使微软这样成功的大型企业，其核心商业模式也面临着这种冲突。当可移动性和云计算决定了其他数字巨头和科技型创业公司的商业逻辑时，作为一家封装软件公司，微软过去的战略和架构将面临严峻挑战。

诞生于工业时代的产品迟早会遭遇来自数字时代产品的竞争。它已经从产品竞争转变为一个或多个生态系统内的不同产品间的竞争。这些生态系统以数字技术重新定义产品的功能，基于产品实际使用所生成的数据，通过提供附加服务来改变价值定位。价值定位发生改变后，盈利模式和利润动机也会随时改变，这意味着组织模式也要做出相应的变动。

2. 拥抱数字技术并作出改变

当一种全新的商业模式对现有商业模式构成威胁时，又将如何应对呢？下面以汽车为例。随着汽车变身为车轮上的计算机，尤其是混合动力汽车和电动汽车的增长，谷歌和苹果开始寻求更大的影响力。谷歌已经将其安卓系统的应用范围从手机扩展到汽车上，驾驶员因而可以通过触屏、按钮操作和语音命令的方式，实现 GPS 地图成像 / 导航、收听音乐、收发短信、电话通话、网页搜索等功能。到目前为止，汽车上使用的主流操作系统还不明晰，正如 21 世纪初无法预计手机将会采用哪种操作系统一样。不过可以确信的是，数字巨头企业朝着基于数字技术的多式联运目标努力的过程，将对汽车业造成巨大的影响。传统车企与数字巨头之间的冲突日趋紧张。传统企业不希望自己制造的汽车只是一个空壳，而任由别的商家往里面塞入附加值。如果以数字技术能力为区分标准，汽车制造商不具备任何优势，会被迫成为这个生态系统中的商品提供商，就像 PC 和手机制造商成为更庞大的软件生态系统的一部分那样。此时，传统汽车企业的管理者面临着进攻和防守两个决策。

（1）汽车制造商攻击的武器是什么？与谷歌、苹果及微软相比，传统汽车制造商十分清楚自己软件能力的局限性。但每个汽车制造商都面临的战略问题是：汽车业是否会像 PC 和手机一样，发生从硬件向软件的价值转移？当汽车变成连接到云端的车轮上的计算机时，汽车制造商又该做些什么来捍卫自身的独特地位和特殊价值？所有的汽车制造商都认识到传统的商业模式必须向数字化转型，但问题是怎么做？投资打造自己的软件系统，还是与科技型创业公司或数字巨头企业合作？

（2）汽车制造商防守的利器是什么？即便汽车操作系统在能力范围之外，汽车制造商是否能通过掌握应用商店的控制权，进而以服务和用户留存来创造收益呢？汽车企业应该建立专为汽车打造的应用商店，还是把这项任务交给数字巨头？福特汽车公司曾定义了一个三层架构：

第一层，出厂前便内置于车辆的应用程序；

第二层，经销商安装在车辆上，用于提供本地服务的应用程序；

第三层，汽车司机和乘客添加的应用程序。

这个架构将三类应用程序联系在了一起。渐渐地，冲突的侧重点转向了由谁来掌控这个应用架构和应用商店。

随着产品趋于数字化，应用程序成为产品联网的中心环节，汽车行业的例子阐释了适用于各个行业的各种问题。核心冲突涉及传统工业企业的运营流程和运营实践。传统工业企业要在更广的行业解决方案背景下、反思以产品为中心的传统决策，还要学习怎样与其他传统企业、科技型创业公司及数字巨头企业合作与竞争。

即便所在的行业还未进入核心冲突阶段，也可以并应该开始了解其他行业会在什么时间、以怎样的方式出现核心冲突，并借此预测自己所在行业将发生的变化。

3. 制定对策

当传统企业认识到了来自科技型创业公司和数字巨头的威胁时，该如何制定及时有效的对策呢？需要管理好两种模式共存和利用好转型的窗口期。

（1）管理好两种模式共存。当发现来自数字创业公司的潜在挑战时，早期的最佳对策是成立一个部门，让其专门负责构建一种与之展开竞争的数字化商业模式。从本质上来说，是在同一组织架构下构建一个传统商业模式和数字商业模式共存的格局。但是，这会让企业面临一些常见的挑战：数字部门发展和成长所需的资源分配不足，与新创公司和数字巨头展开有效竞争的数字能力不足，管理层的精力分散于传统部门和新部门从而导致两者都不成功。必须想方设法解决这些问题，可从以下几个方面寻找思路。

①加强价值成本优势。数字化商业模式并非一开始就在所有方面具有优势，可能存在超出专业知识范围、与其他产品服务关联度不足等问题。此时要加强价值成本优势，同时在差异性和低成本两个方面发力。在尚未开发的新市场中创造价值比击败竞争对手更重要。

②优先考虑客户价值。根据客户价值形成相应的商业模式，评估所在行业的竞争力，然后逐渐锻炼自己在行业、特定细分市场，以及生产同类产品或提供同类服务的竞争对手中的竞争力。

③审视联盟优势。在考察新的数字化商业模式选项时，利用盟友来保卫自己的传统商业模式。举例来说，当苹果公司宣告成功研发出智能手表时，高档手表制造商豪雅表立即联手谷歌和英特尔公司，共同研发了一款互联网手表，作为对其传统产品线的补充。

总之，既要清楚、明确地描述现有商业模式的独特价值定位，并以此维持收益和盈利，又要保证在此同时不低估或弱化数字化替代方案。将传统的商业模式置于核心地位，同时尝试一些具有创新性的数字化替代方案，并将其视为对核心商业模式的重要补充。这是一种工业化商业模式和数字化商业模式共存的关系。这种物理范畴和数字范畴互为补充的共存状态，甚至会维持相当长的时间。传统模式何时淡出，数字模式何时进入，对此并没有一个预先设定好的时间框架，这完全取决于战略决策。

（2）利用好转型窗口期。两种商业模式的共存是暂时的。正如产品、技术和服务一样，商业模式也有生命周期。在数字化转型的早期阶段，传统商业模式获得了较多关注，因为它更易为人们所熟悉。但随着时间的流逝，当向新的数字化商业模式投入更多资源时，核心商业模式就从传统模式转变为数字模式了。不过，在数字化商业模式开始之前，这种模式是模糊的，让人看不懂且容易错过。因此，在核心商业模式的转变过程中需要利用好转型窗口期。首先，剥离传统业务，专注新的数字核心业务。这一阶段的主要任务是转移工业时代的业务重心。其中一个有效策略是重新调整业务范围，而非简单地增加数字业务的占比。预先决定好可以剥离出哪些产业，从而把重点放在未来的可能业务上，而不是局限于解决当前问题。例如IBM剥离了包括PC和零售终端在内的低价值业务，将注意力转向认知计算和物联网等新兴领域。其次，将数字化能力纳入核心业务。在共存阶段，许多企业都以并购获得最初的数字化能力，而且它们通常会保持被并购业务的独立性。在这个阶段，对被并购企业的整合是非常重要的。这样可以“强迫”学习被并购企业的数字化商业模式，推动企业内部的战略改革和组织改革。最后，将数字化商业思维置于核心地位。为了切实改变商业模式，必须摒弃传统思维方式，拓宽思路，而不是只盯着产品、服务、行业或各业务单元。要思考与谁合作，以从未使用过的独特创新的方式向从未涉足的地区提供产品和服务，从而为客户带来价值。总之，在发展过程中，传统工业与新兴数字化企业共存的混合模式将显现出其局限性，两者将彼此抵触，无法与市场需求相匹配。在某个时候，成功者会完全接受数字化的商业模式。终有一天，所有行业都将数字化。除了意识到数字巨头企业的力量和能力，还将看到自身专业知识、所在行业的具体问题与数字化思维结合后，所拥有的与其他市场参与者一样的能力。

9.3.3 转变商业逻辑

当传统的商业模式与逐渐入侵的数字化商业模式发生冲突时，传统商业模式的生命力将逐渐衰弱。企业要想站稳脚跟，就必须重塑自身业务根基。观察其他企业的商业逻辑有助于建立自身的商业逻辑。科技型创业公司在其他行业中进行了哪些创新？其他传统企业正以哪些方式重塑商业模式？重点是要想方设法地搞懂实现自身核心产品或服务的数字化逻辑。三类企业都要思考以下三个问题。

1. 行业定位

企业必须学会重新认识自己，不能只将自己定位为生产产品和提供服务的部门，而应该是从事着值得其他企业与自己合作的事业。在数字化时代，几乎每家公司都要重新定义和塑造自己的商业模式，不仅关注产品和服务的设计和交付，更要致力于解决各种问题，形成解决方案。

特斯拉的愿景是“加快世界向可持续能源转型”。特斯拉将电池与快速充电站相结合，在燃油车向电动车转型的过程中，扮演着至关重要的角色。特斯拉的长期愿景是解决那些处于行业交叉点上的问题，如能源、交通、移动性，以及家居舒适性等。为了解决可持续性能源这个棘手的重大问题，特斯拉与松下合作，力争实现锂电池生产量的快速提升。特斯拉不仅是一个汽车制造商，更是一家专注于能源创新的技术与设计公司。能源创新并非一个行业，其中没有明确的竞争对手和对行业边界的标准定义。虽然目前特斯拉从事的是电动汽车和电池业务，但它的业务范围还可以扩大，并随着各个部门的加速转型而不断发生改变。

特斯拉摆脱了传统行业边界、产品、服务定义或盈利模式的限制，从解决问题的角度明确自己的使命。

2. 为谁解决问题

为谁解决问题、如何用数字技术巧妙地解决问题，是在根基重塑的过程中需要回答的两个互相关联的根本性问题。这两个问题将促使去观察数字技术改变商业模式核心要素的方式，以及在更广泛的生态系统中不同企业的转变方式。必须以一定的规模、范围和速度的方式解决这些问题。下面以医疗保健行业、工业领域和精细农业为例进行说明。

（1）医疗保健行业。向患者提供药品而不保证疗效的做法或许过去行得通，但现在和未来的消费者关注的是信息、分析，以及对医疗和健康的整体研究。患者希望了解治疗方法和治疗效果之间的复杂交互，以及针对个别需求获得个性化的医疗保健服务。

（2）工业领域。通过传感器和联网软件，能够观察和预测分析，并提出积极主动的解决方案以提升工厂效率。通过实时的可见性严格控制端到端的生产过程，且不用按照预先确定的进度表就能准确地预测到维修需求，只要条件允许就能开展维修工作。最后的结果便是价值链上不同企业的效率提升、成本下降和延误减少。数字化的有形领域（制造、供应链和配送）与无形领域（利用应用软件、广告和算法进行面向客户的交互）具有了同等重要的地位。

（3）精细农业。农业的问题是农作物产量最大化。为此，必须将其在种子处理和农作物保护方面的传统优势与数据获取、数字分析以提供精确解决农业的数字能力相结合。传统农业企业如何涉足软件、遥感与测量、机器人与自动化、生物技术、新农业商业模式等新兴领域，重塑商业模式?

数字产业的溢出效应推动了传统产业数字化转型，但溢出效应不会自动产生，传统产业需要根据自身特点采用不同的数字化路径。

3. 商业模式重塑适应性

典型的商业模式有四种，即产品、服务、平台和解决方案，每一种商业模式都具有位置和专业知识两个维度，这两个维度位于一个连续的统一体上，明确了一家公司所应具备的独特专业知识（见图9-2）。

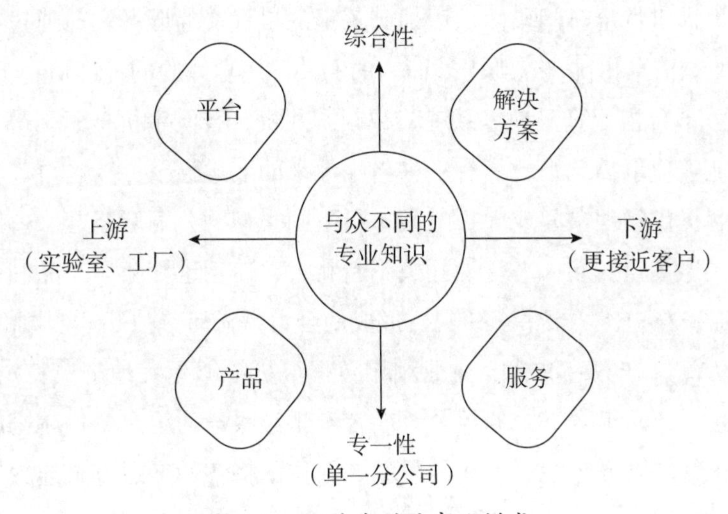

图9-2　四种典型的商业模式

第一个维度是位置，即公司处于上游（实验室、工厂，远离客户）还是下游（现场、销售点或内嵌于客户）。举例来说，传统汽车公司主要遵循以产品为中心的商业模式，获得具有独特优势的上游地位（远离客户），而诸如优步等汽车共享服务公司注重以服务和解决方案为中心的商业模式，它们的独特优势来自下游，即与消费者的交互行为。

第二个维度是专业知识。传统车企只注重通过自己的产品或服务来获取优势，例如提供最优质的豪华汽车或最耐用的运动型多用途车，是单一焦点，数字巨头们则相反，通过整合由软件制造商、汽车销售商和电子商务零售商所组成的生态系统获取自身的独特优势，是全面焦点。汽车业的根基重塑，将会从依赖单一产品或服务的公司向不同公司所组成的生态系统转型。这些公司的运营方式跨越了四种不同的商业模式，目的就是解决最棘手的出行需求问题。

（1）产品。对产品的理解来自工业时代，它指用于销售的有形物品，如计算机、冰箱、洗衣机、网球拍和电灯泡等。在数字时代，企业依然生产这类产品，但它们会配备传感器和软件来捕捉数据，并将其所生产的产品连接到其他产品或服务上。数字化的产品更加智能，例如配上远程信息处理系统后，汽车就变成了连接到云端的车轮上的计算机。

（2）服务。服务是无形的产品，或是为了满足某种需求而采取的行为。工业时代的酒店、银行、娱乐和教育等服务广为人知，但数字技术也提供了数字时代的服务。数据越丰富，服务的智能化水平就越高。在客户购买汽车前传统汽车制造商拥有大量数据，这让他们能够生产出更好的汽车。然而，来福车、滴滴等新型服务公司对于自身的使命却有着更宽泛的定义。它们搜集汽车使用方式、相关痛点或者周边服务等数据，并利用这些数据为用户提供特定时间段内从甲地到乙地的最优交通服务。与通过市场调研获得的由内而外的旧式信息相比，这类由外而内的、关乎用户体验的详细信息更为丰富。

（3）平台。平台指计算机操作系统、视频游戏机、智能手机搜索引擎，以及数字时代涌现出的其他类似事物。平台具有一种与生俱来的多边性，因为它可以为两个或更多群组聚合在一起提供物理空间或虚拟空间，将不同类型的公司联系起来。随着更多公司以数字化的方式连接在一起，平台的规模不断壮大，使用这些公司产品和服务的客户的价值也不断增加。这些公司聚集在一起所形成的合力是任何单独一家公司都无法企及的。

（4）解决方案。在数字时代，企业利用数据分析能够更好地解决特定的商业问题，因此定制化产品、产品组合、服务组合，或者产品与服务的组合变得越来越普遍。汽车共享服务、汽车移动服务等解决方案本质就是用技术将各种交通方式连接起来，让用户可以根据便利程度和易用性选择步行、骑行、公交系统和自驾车等交通方式。

对制造企业来说，根基重塑中存在两种典型思维方式，即由内而外和由外而内。下面以汽车产业为例进行说明。由内而外关注的是汽车风格和造型等设计能力，由外而内注重解决问题的能力，例如根据用户的偏好和要求为其选择从甲地到乙地的最佳路线。前者胜在将供应商和分包商组合起来，简化供应链，按照目标价格高效地生产出最好的汽车，而后者的优势在于构建一个为用户解决交通问题的方案网络。由外而内的思维方式希望除提供汽车之外的大量选项外，同时有能力将各种各样的共享交通工具和公共交通工具纳入网络中。例如，某个用户有时需要最快的交通方式，有时想以最环保的方式出行，有时想用个人交通工具出行，有时又愿意选择共享交通工具等。关键在于这两种思维方式解决问题时所用到的基础数据信息和知识都不同。由外而内的思维需要全新的专业知识和合作方式，必须超越产品和服务的商业模式去看问题。

从根本上说，根基重塑就是从四种商业模式中选出适合自己的，然后与选择其他三种模式的企业建立合作关系，开发出吸引用户的产品，为用户提供卓越的价值。

4. 问题设计与解决

传统企业打破产品和服务的边界以重塑商业模式，科技型创业公司引入植根于强大技术的商业创新，数字巨头扩展平台，并提供整体解决方案。它们的行为影响着重塑过程，迫使其反思自身的盈利模式。在寻找差异化经营之道时，要回答这样一个问题：当商业逻辑从以提供产品和服务转变为解决问题并形成解决方案时，自己的优势是什么？除了手机应用软件和社交营销外，即便还没有全盘接受数字化，但面对数字巨头的大举入侵，以及科技型创业公司的重大创新，企业也应该对自己的商业逻辑进行一次压力测试，况且传统竞争对手很可能已经意识到数字化趋势，并已制定了应对措施。所在的行业或许正在与相关行业产生交集和建立联系，并开始提供一些对客户更具吸引力和更有价值的解决方案。

（1）问题设计。在重塑企业商业模式时，需要清楚地表述打算用核心数字技术解决何种商业问题。建议思考那些处于各种超级势力交叉点的棘手问题，而不是试图简化问题。数字化给了一个深化由外而内的思维，将客户放在事业中心位置的机会。传统企业面临的最重大的挑战是将企业的发展方向从熟悉的产品推动型转向客户拉动型。换句话说，就是将数字技术嵌入与客户的交互过程中，更好地了解客户需求。能量化分析客户的决策过程有利于发现正确的问题，调整解决方案的关联性，从而打败那些仍自以为是地为客户提供产品或服务的竞争对手。

①像客户一样思考，想清楚哪些领域是现有的产品和服务无法企及的；

②看看其他公司提供的产品和服务，它们会给哪些领域带来摩擦和挫折；

③从客户的角度考虑问题，理解他们在整合和协调日常工作时所遭遇的痛点、需求

和失望，把观察的范围放大至产品的所有使用场景或者客户实际生活中，这样才能了解到问题的深度和宽度。在设计商业问题时，不仅要看到产品和服务的层面，而且要更加深入地了解客户的各种痛点。选出公司下一阶段的发展最值得关注的问题，需要为之制定一套切实可行的行动方案，并且方案要与已经具备的能力、能够获得的能力，以及能与他人合作获得的能力相匹配。

（2）问题解决。问题设计好以后，要利用数字技术的力量，以前所未有的方式确定一个理性、务实和系统化的解决方案。

①打破行业与学科的界限。众所周知，创新不易，然而传统的学科、行业界限一旦被打破，创新性的解决方案就会涌现。人工智能、机器学习和认知计算等一切重叠的理念，都在找寻跨越行业和学科边界的商业模式，对于以预测分析为核心的解决方案来说，这是一个令人兴奋的前沿领域。在未来几年，公司将拥有更多可用的工具，可将新的前沿功能大规模地用于解决商业问题。

②通过合作解决问题。单个公司无法独立解决重大的棘手问题。或许可以利用公司内部的集体智慧来解决部分问题，至于更大的难题，只有与其他传统企业、科技型创业公司和数字巨头合作。培育一个社会关系网络，并描绘出生态系统内每家公司所扮演的不同角色。思考能够以什么方式、在什么地方将传统的竞争对手，以及科技型创业公司和数字巨头，转变成合作伙伴，以及可以为其他行业作出什么贡献并从它们那里学到什么。

综上所述，数字化转型三个阶段的关键行为，包括第一阶段的观察到投入，第二阶段的共存到改变，第三阶段的设计问题到解决问题，以及值得密切关注的行为之间的反馈（见图 9-3）。跨越三个阶段的行为是非线性的，且互相交错并形成了一些战略性策略，这些策略对适应数字化发展趋势而进行的自我重塑非常重要。

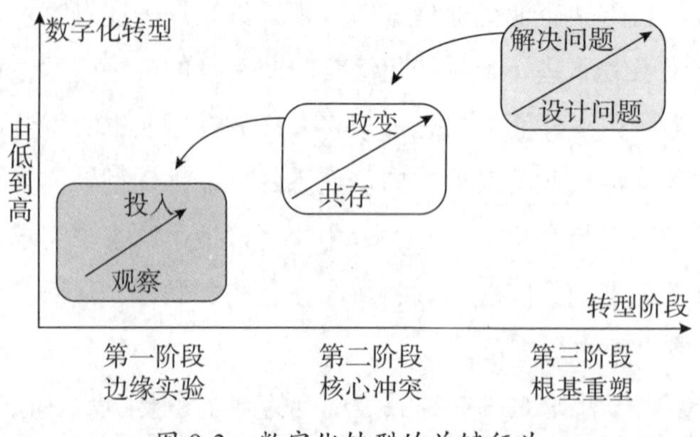

图 9-3　数字化转型的关键行为

9.4 转型策略

9.4.1 构建和参与各类生态系统

构建和参与是生态系统中的两个重要任务，构建者和参与者是生态系统中存在的两种不可或缺的角色。所谓构建，就是打破传统行业边界，将不同行业内有着不同商业模式和优势的企业组合起来。这也是数字巨头企业所具有的天然优势。构建就是在制造商、服务提供商、平台提供商和解决方案架构之间建立联系，创建一个具备网络效应的系统。参与则是了解自身核心优势，与他人建立联系，创造出比单打独斗时更大的价值。下面以 Windows-Intel 计算机生态系统为例进行说明。

20 世纪 90 年代以来，微软一直充当 Windows-Intel PC 生态系统的构建者角色。在微软构建的这个具有互补性的各类企业构成的生态系统中，各个企业在微软的平台上提供着各种不同的产品、服务和解决方案。微软与英特尔共同设计了 Windows 平台；与戴尔公司建立合作关系，成为 Windows-Intel 平台的领先零售商。微软还与惠普、爱普生和柯达等公司合作，利用它们的扫描仪和打印机为 PC 用户提供了更多的价值。从本质上说，通过软件层面上的 Windows 操作系统和计算机应用层面的 Office 办公软件，微软管理着从芯片（英特尔）到服务、解决方案、设计、制造、销售，以及和计算机服务有关的各种关系。很显然，个别产品和服务仍然不可缺少，但微软把这些产品与更广阔的平台和解决方案联系起来后，创造了一种新的价值模式。客户得到了好处，平台上的所有参与企业也赚到了仅靠自己单打独斗无法赚到的利润。作为个人计算机操作系统这个平台的架构者，微软通过各种方式吸引与其有互补性的企业加入平台中来，从而成就平台的网络效应并收获了大部分价值，并具有了构建个人计算机生态系统的权力。PC 生态系统构建者这个角色为微软带来了丰厚的回报。但微软没能成功利用其在 Windows 操作系统和 PC 上的早期优势，将其生态系统的范围继续扩张到手机或搜索引擎领域。这说明生态系统是在不断变化的，过去的成功并不能保证未来的成功。即便微软管理着 PC 的生态系统，它在手机搜索引擎、社交，以及其他新兴领域却更像是一个参与者的角色。

1. 管理生态系统中的各种关系

产品、服务、平台和解决方案四种商业模式，每种模式都在生态系统中提供了一种与众不同的专业知识和差异化的价值。平台型和解决方案型两种模式具有独有特性。平台型商业模式追求的是通过不同商品和服务的广泛互联，实现平台参与和平台产品的最大化。解决方案型商业模式寻求将最具相关性的参与者和产品联合起来，将之整合以满足用户的个性化需求，并在此过程中产生收入和利润。四种商业模式之间存在着固有的冲突。企业应该在选择一种能让自己变得与众不同的商业模式后邀请其他企业与自己合作。平台构建者或者解决方案集成商并非适用于所有时期和所有情况，而必须选择最热衷的一种。更为重要的是，独特的产品和服务会让生态系统变得更有活力和更具价值。由于用户的期望和需求总在变化，这些商业模式在不同时间、不同生态系统中的重要程度和比例也不一样，但只要用数字技术将它们联系起来，这些商业模式就会产生价值。产品、服务、平台和解决方案，企业是哪一种商业模式？如何与其他三种商业模式发生联系？谁可以提供更多价值，成为竞争者？要进一步采取哪些大胆的尝试才能在未来创造更大的价值？对于不同的用户群体和应用场景，这些问题的答案也各不相同，必须看到这些商业模式发挥的作用。产品和服务是可以很容易借用的传统商业模式。在数字化转型过程中，平台和解决方案两种商业模式是对工业时代产品和服务商业模式的补充，它们定义了生态系统中构建者的角色。下面是智能手机的生态系统。

2007 年，移动通信市场由功能手机转向智能手机。苹果公司开始掌握智能手机生态系统的控制权，它将其专有的 iOS 系统置于移动宽带生态系统的核心位置，通过苹果应用商店管理用户关系。2008 年，谷歌推出了安卓系统并成功形成了自己的生态系统。苹果和安卓不仅凭借近 3 亿款应用程序占据着各自生态系统的主导地位，同时还获得了构建智能手机生态系统的权力。三星凭借其高端安卓产品与苹果展开竞争，可以被视为安卓生态系统的强大参与者。为了创建第三个移动生态系统，三星设计了一个移动操作系统 Tizen，但由于缺乏参与者，没能构建自己的生态系统，只能继续参与安卓生态系统。三星的这种角色有助于理解构建与参与间的动态张力。鸿蒙操作系统是华为公司开发的，它的目标是构建新一代物联网生态，比如应用在智能设备、智能汽车等领域。在新一代计算机发展浪潮里，家电、手机、音响、汽车等所有设备都将实现联网功能，即万物互联。鸿蒙究竟能走多远，关键在于生态圈是否能成功构建。鸿蒙操作系统将从时间和空间两个维度构建自己的生态圈，时间维度即依靠手机终端实现与互联网连接，并获取即时信息，空间维度则是实现所有物品入网，实现全方位跟踪。

智能手机生态系统说明了构建功能的变化历程及其与传统商业模式的不同之处。过去在构建某个商业模式或某个平台方面取得的成功，并不能保证新平台构建的成功。成为一个生态系统中的强大参与者，也不一定能成为构建者。在四种商业模式中，产品和服务本身并不具备解决用户问题的规模、范围或速度，而建立解决方案商业模式的成本太高，且机制尚未完善，所以平台模式占据主导地位。然而随着移动通信行业进一步从应用软件向机器人发展，解决方案集成商还会创造出新的生态系统。

每一个企业，都要仔细观察自己目前所处的或有可能成为其中一员的生态系统，弄明白谁是平台的控制者，以及企业在生态系统中的价值所在。

2. 明确定位

在任何一个生态系统中，都有两种战略选择。一是通过协调生态系统中的各个组成模块，成为该生态系统的构建者，为客户提供无缝价值；二是当一个参与者，为生态系统提供一个或多个重要组成部分，把它打造成一个与众不同的生态系统。一个生态系统不可能在所有方面都优于另一个生态系统。

构建者或参与者，两个角色分别代表着生态系统的两个极端。既然生态系统是动态的，角色也会随时发生变化。期望稍微提高收入利润率的参与者可以与其他参与者合作，在一个大的生态系统中创建几个小的生态系统。与其他计划成为构建者的企业结成同盟，或者可以通过学习一些技能，建立必要的合作关系，然后将自己变成一名构建者。数字巨头或许在数字化转型的早期阶段具备一定的构建优势，因为它们可以利用已经形成的规模和范围来保持领先地位。但传统企业也可以重新获得并抓住这种优势。

从根本上来说，一家中小型传统企业可能无法有效构建一个生态系统，并与规模和范围都很庞大的数字巨头企业展开竞争。现有数字巨头的生态系统可以打破行业的界限，提升其生态系统的优势。应该选择参与它们所有的生态系统，或者优先加入一个。当获得独特优势后，就应该开始构建具备侧重点的生态系统，以此学习和扩张自己的网络。一家大型传统企业不能想当然地认为仅凭自己在传统行业内的规模就能在数字化领域占据优势。如果已经具备了强大的数字能力和能够加以利用的生态系统，那么可以考虑把自己定位成所处生态系统的构建者，并将过去的各种关系引入到行业中来。

数字巨头企业会想方设法在每个行业构建生态系统，因此必须观察和分析他们正在做什么，同时做好应对的准备。与此同时，不要错误地认为他们在所有条件下、所有行业中都具备天然优势。生态系统的范围也是动态变化的，其中包括多个平台、产品、服务和解决方案。当传统技术遭遇数字技术时，传统行业的重要性会下降，其盈利方式也变得过时，过去的实力和优势失去统治地位，有些商业活动甚至就此被淘汰或消失不见。新兴的生态系统将围绕被数字巨头们视为商业架构的领域确立还是由传统企业共同（甚至单独）确立？这是每一个企业在数字化转型时都要面对的基本问题。

3. 制定策略

在数字化商业时代，每家公司都被嵌入各种生态系统中，完全可以加入不止一种生态系统，这意味着可以是某个（或几个）生态系统中的构建者，同时又是其他生态系统中的参与者。不是每个企业都具备搭建平台、构建生态系统的能力，不可能期望每个企业都成为每个生态系统的构建者。当探索各个生态系统时，确定自己想要成为哪些领域的构建者、哪些领域的参与者，以及如何随着条件的变化进行调整选择。

（1）定义相关的生态系统组合。不论处于转型的哪个阶段，都不会仅处于一个定义明确的生态系统中，而是位于一组互相关联的生态系统组合中。例如一家传统汽车制造企业就处在一个由零件和若干子系统构成的生态系统中，同时还位于电信运营商和云服务提供商组成的远程信息技术相关的生态系统、数字巨头组成的移动应用生态系统中。随着汽车业数字化程度的进一步加深，更多的生态系统也将出现，现有生态系统的相对重要性无疑也会发生变化。例如随着电动汽车的发展，出现了电池生态系统。一种简单而有用的方法就是从用户感知价值的方式出发，先列出一些能为用户提供价值的主要生态系统的名单，为用户提供价值是通过关系网络中构成的一组能力实现的。对于每个生态系统，建议找出谁最适合成为目前的构建者。

（2）明确在每个生态系统中的定位。面对每个生态系统，都有两个选择：成为构建者或者作为参与者。在图 9-4 中，纵轴代表生态系统的战略重要性（高或低），横轴代表作出的选择（参与者或构建者）。在适当的方框内写下参与的生态系统名称，然后对自己在生态系统中的定位进行满意度评价，如果评价不高，则要明确下一阶段的努力方向，同时，根据具体情况与其他直接竞争对手进行对比，发现优势所在。在不同的发展阶段，参与者和构建者的角色是变化着的。

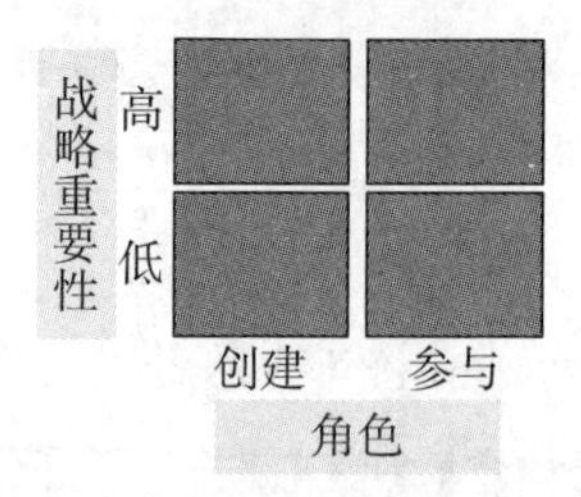

图 9-4　生态系统中角色分析矩阵

（3）审视生态系统的动态变化。按照数字化进程的速度，发现自己置身于新的生态系统中，有些是在第一步中定义的生态系统的延伸，另一些则是三类企业通过创新所产生的全新的生态系统。充分了解数字化商业生态系统并确定自身定位，是非常重要的。如果在各个相关生态系统中充分利用自身资源，就能清楚地看到现有生态系统内外的竞争对手和潜在盟友，能在各个生态系统中游刃有余。

9.4.2　管理竞争对手和盟友

在不断进化的生态系统中，公司之间的关系是动态的。消费者希望看到改变，企业会为了追求新的价值而调整能力组合。因此，没有任何两家公司之间始终是纯粹的竞争关系或合作关系，因为它们各自的能力范围无法准确地划分，只能以一种复杂方式彼此依赖。每家公司都会处于各种各样的关系中，有些公司关注的是当下的效率和价值捕获，另一些公司则专注于创新，在产生价值之前可能需要一段较长的潜伏期。重要的是管理好这些竞争和合作关系并不断调整自身能力。

1. 管理合作与竞争关系

合作竞争凸显了数字时代的价值创造、价值捕获与工业时代确立的经典原则之间的差异。纯粹的竞争是如何分割现有的价值蛋糕，合作则是把多家公司的能力联合起来，做大价值蛋糕。合作竞争则是既要把蛋糕做大，同时也要保证获得公平的价值。在特定时间内，确定谁是合作者、谁是竞争者、谁既是竞争者又是合作者是一个重要问题。在《竞合策略：商业运作的真实力量》一书中，引出了互补者这一角色。该书认为，如果客户在同时拥有甲、乙两家企业的产品时，更看重甲的产品，那么乙就是甲的互补者，甲就是乙的竞争者。在数字化商业场景中，平台及平台上运营的产品和服务都是互补者的关系。但是当某些平台为了吸引产品和服务进驻而与另一些平台竞争时，它们又存在彼此竞争关系。既然同一家企业可以既是合作者又是竞争者，就需要采取不同的方式管理这些关系。

从本质上说，与互补者合作的生态系统可以帮助每家企业把价值蛋糕做大，因为它让平台上的所有企业都能利用规模、范围和速度优势，把更有针对性的产品更快地提供给更多行业内的消费者。数字技术固有的传感器、软件和服务交付将各个领域的数据汇聚起来，同时在传统企业、科技型创业企业和数字巨头之间以竞争者和合作者的身份建立联系。随着数字化程度的不断加深，将看到更多的竞争合作关系，识别变化并具备应对的能力变得十分重要，只有获得各种必要的能力，才能保证企业未来的成功。

在传统企业的数字化转型过程中，合作处于中心位置。价值是由各个传统行业中的多家企业共同创造的，数字产业通过各种方式联合起来，为客户提供新服务并获取价值。就产品与服务的设计和交付问题，每家公司都必须与各种平台公司和解决方案公司进行协调，以此提供客户所需要的价值。

在前数字化阶段，行业内的传统企业习惯于将数字巨头公司视为供应商，而不是竞争对手。在数字化转型的第一阶段，各种实验在所在行业的边缘进行着，或许这时才会将数字巨头和科技型创业公司看成合作者。到了转型的第二阶段，上面这些公司大部分都会成为传统企业的竞争对手，因为它们对其他行业的入侵将导致冲突发生，颠覆传统的经营方式。然而，当通过第三阶段进行企业根基重塑时，与科技型创业公司及数字巨头在生态系统中的关系可能既有合作又有竞争，竞争与合作并存。在动态、复杂的生态系统中与其他公司竞争与合作，将成为一种常态。

2. 在生态系统内共同创建能力

数字化商业需要在三种类型的企业之间建立多种关系。数字时代，传统企业、数字巨头和科技型创业公司合作，共同为价值创造和价值捕获建立新基础。在此过程中，扮演的角色可能是竞争者、合作者或竞合者，但必须了解自己的相对价值，它是在生态系统内进行交互的基础。可以根据在合作伙伴中的重要程度，划分为交易区域、领导者区域、追随者区域和共创区域（见图 9-5）。

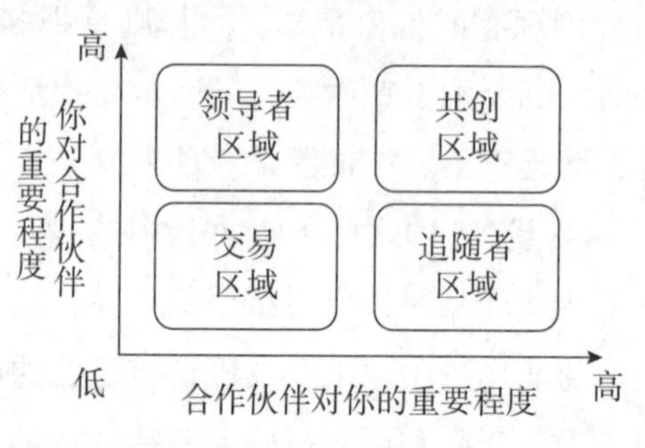

图 9-5　生态系统关系区域划分

（1）交易区域。如果合作伙伴之间看不到彼此合作或竞争的交互价值，那么合作水平及共同创造水平也会很低。在这个区域，某一企业可能还在独自开展实验，而其他企业可能正致力于它们自己的颠覆模式。这个区域其实并没有什么专门的关系，不会也不应该花太多时间思考合作的问题。但一旦明确了自己的优先事项，这个区域的重要性就会显现出来，也可以改变这个区域中的某些活跃关系，同时对另一些关系给予更多的关注。

（2）领导者区域。作为传统企业，已经认识到进行商业模式转型的必要性，并正与其他在关系建设方面还投入不多的企业合作。只要在这项工作中处于强势地位，就属于领导者区域。在这个区域，企业在适应数字时代工作方式的同时，也在小心地保护自己的核心优势，在精心地选择合作伙伴。总之，企业自身才是领导数字化转型进程中的主体，而其他企业只提供支持。

（3）追随者区域。合作伙伴制定数字化转型方案，企业追随。这时面临的挑战是不仅要彻底想清楚合作竞争的第一阶段，还要想清楚后续的决策，以保证数字化转型不会削弱下一阶段的竞争地位。假如 A 是一家生产名牌手表的公司，B 是一家数字巨头公司。当市场上出现了新款智能手表时，A 就面临着要不要研发自己品牌的智能手表的决策。如果研发，是完全依靠自己还是与 B 合作。再假定 A 选择与 B 合作并成功研发了一款新品。对 A 而言，关键问题是未来如何管理与 B 的关系，如果另一家制表公司与 B 合作呢？从逻辑上讲，B 当然希望能扩展自己的业务范围。此时 A 需要思考的问题是如何进行数字化转型，使得即便市场上充斥着各种其他品牌的智能手表，自己依然可以凭借自身的品牌和设计能够脱颖而出。A 与 B 前期的合作，让 A 获得了数字化转型的能力，以及与其他企业合作所需的洞察力。

（4）共创区域。与合作伙伴齐心协力，共同创造任何单独一方无法创造的价值，对彼此而言都非常重要。通过合作共同创造对转型第三阶段的商业根基重塑至关重要。

每种合作竞争关系都不一样，因为它们具有多层面性，但这类关系的共同点在于，它们都明白每一方为这种关系带来了什么和动机是什么。苹果和三星在移动设备领域互相竞争，但在电子元件方面又彼此合作。苹果是三星最大的外部客户，三星为其提供闪存、应用存储器和显示屏等产品。苹果得到了一款足以保证其知识产权安全的优秀产品，而这又反过来增强了三星在品质和可靠性方面的良好声誉。为了维护三星公司的可信度，三星的设备和电子元件业务也必须绝对保证苹果知识产权的安全。

3. 设计策略

工业时代的公司有着清晰的角色定位，公司与公司之间的关系，也建立在各方所能提供的产品和服务这个明确易懂的逻辑基础之上。数字时代，情况已经发生了变化，合作竞争处于最核心的位置。传统企业与数字巨头、传统企业与科技型创业公司、数字巨头与创业公司之间各种关系模式交互作用，构建和管理关系组合始终具有重要意义。数字化趋势改变了关系组合所处的环境：随着新技术的出现和日臻成熟，关系结构也在发生变化；当作出新的选择、投资新的项目或指定新的优先事项时，各种关系在合作竞争四个区域中的位置也会发生改变；当和其他企业各自制定竞争战略时，各种关系的相对重要性也会改变。

（1）能力列举。与过去掌握的能力相比，在一个数字化程度不断加深的世界中赢取胜利所需的能力是完全不同的。为了摆脱成功的陷阱，必须选择一些特殊的能力才能取得成功。这些问题值得深入思考：需要更好地审视和解读所在行业及其他行业的前沿实验吗？需要构建一个更加系统化的逻辑，以便与合作伙伴共同投资和形成商业布局吗？需要学习如何降低多个合作伙伴构成的网络中的风险吗？需要创造并掌控一个软件平台吗？是否能够保证网络中数据的安全？会设计出以数字技术为核心的产品吗？会以比过去更低的成本为客户解决问题和提供价值吗？打开思路，记下在市场场景中重要和有价值的能力。当所在行业进入数字化轨道，公司开始改变在生态系统内和生态系统之间的位置时，就能拿出列有实现营收的关键驱动因素的清单。

（2）确定核心以及共创的目标。要确定能在公司内部做些什么，从而获得一种独特的优势，还要确定与其他人共同创建的目标。内部能力越强，越有可能吸引到实力更强大的合作伙伴，越容易学习到组织内部的数字能力。看一看在第一步中创建的能力清单，找出领导者区域和跟随者区域中的最佳数字化合作伙伴。分析一下确定在这两个对照区域中能力的利弊。只要有可能，要知道业内的传统企业如何接近同样的项目，并找到让自己企业脱颖而出的方法。无论何时何地，只要有可能，就要找到与传统企业不一样的自我定位方法，并确定与谁建立更长久的关系。

（3）将选中的关键能力转移到共创区域。现在，看看能力和关系的发展方式，评估一下要达到共创区域需要做些什么，这个区域是仅依靠自己无法获得的共创能力。传统企业都应该考虑如何整合自身资源并与具有卓越数字能力的合作伙伴开展合作，在共创区域创造价值。

（4）管理核心能力的动态变化。数字化方案的重要性和影响力会发生变化，部分原因在于企业本身的优先级和偏好也在不断变化，另外还有竞争行为、不断成熟的功能和商品化程度的原因。随着数字功能的不断重整，在平衡短期和长期要求的过程中，需要重整企业的合作竞争方案。合作伙伴也有自身的数字化目标，也有将合作关系转移到其他区域的动机，所以要了解合作伙伴，随时重新定位共创关系。

数字化转型取决于规模、范围和速度之间的关系，对成功至关重要。未来，数字化生态系统的外形与结构的变化将加快。这不仅会影响到在何处加入生态系统，以及何时开始构建生态系统，还会极大地改变这些生态系统中的关系。

9.4.3 利用强大的机器放大能力

计算机技术和人工智能能够解决复杂问题，为客户创造新的价值，或许还能够利用强大的机器放大行业知识，构建某种生态系统。该如何利用强大的机器重塑企业，实现组织和工作逻辑的转型？将进行以下探讨。

1. 重新思考工作

多年来一直在利用计算机软件和一些专门化的应用程序实现客户支持、工资核算或人力资源等工作的自动化，人们或许认为自动化只适用于一些日常的行政管理工作，但无法承担战略思考、规划和协调性等工作。但随着 IBM 的沃森等计算机系统出现，会促使人们改变这种观念，在可实现自动化的工作岗位和不可实现自动化的工作岗位之间并不存在明显的界限，也许计算机有一天会取代所有员工所从事的工作。这就有三个问题值得深入思考：一是功能强大的计算机能为我们提供哪些支持，从而成为我们的智能助手？二是工作中有哪些枯燥乏味的内容可以交给机器做？三是智能化机器如何帮助我们简化或重新设计关键任务和工作流程，与数字化竞争对手展开竞争？

如果继续用人工完成那些用计算机可以做得更好，甚至竞争对手已经在用机器完成的工作，就已经落后了。需要跨越功能部门、跨越组织结构和公司的不同层级来设计工作，以便利用智能机器的优势，而不是将智能机器叠加在现有工作上。举例来说，假设某种机器能够比普通医生更好地做出某种合理诊断，或许就应让机器和护士来执行这一任务，将医生资源解放出来，让他们把时间用在能够创造更大价值的地方，例如了解患者的情感状态或者标准医疗记录无法量化和获取的其他属性上。

2. 利用强大的机器创造新价值和新能力

不能简单地说所有的蓝领工作都应该被自动化，而所有白领工作则无须被自动化。这种职业类型的划分来自工业时代，是根据生产任务和管理任务的不同对工作和工人进行的分类。由于计算机技术的出现，许多所谓的白领管理工作，例如生产规划、质量控制、开票记账订单处理、客户服务、会计、法律合规、货款发放等，都已经实现了自动化。因此，要谈论的不是观察工业时代的职业分类，然后将这个强大的技术体系用到这些职业类别上。要考虑的是哪些任务应该被自动化，对人类的干预需求最少？哪些流程可以利用智能助手来增强？哪些工作可以通过人机之间的积极互动得以放大？

（1）工作自动化。企业处于规模、范围和速度三者的交叉点，这使得数字时代中任务的复杂程度远超工业时代。例如，监控飞行过程中每架飞机的发动机，然后在不牺牲安全性和保证效率最大化的同时开展所需的维修作业；跟踪公路上行驶的每一辆汽车，实时监控其性能；等等。如果没有强大的机器，这些任务是不可能完成的。不论从事哪个行业，所开展的大多数任务都将实现全自动化，即便现在还做不到，不久的将来也会实现。如果比竞争对手更快地实现自动化，如果企业自动化程度更高，就具备了某种竞争优势。当市场的变化呈现为指数发展时，落后于人的糟糕程度远大于市场呈线性变化情形。自动化意味着将员工解放出来，让他们去从事能为客户创造更大价值的工作。

（2）增强决策力。虽然自动化是一个有用的框架，但如果强大的技术会增值或增强任务呢？例如，通过分析成功与不足之处确定下一季度的改进方法，针对业务运营情况撰写季度管理报告；又如，通过审查以前的专利申请，并准确地表明拟申请专利的构建基础及其与既有专利的不同之处，从而提出新的专利申请，并最大限度地提高专利申请的通过率。假如将这种强大的技术用于新闻撰写，这会对员工造成什么影响？有多少人需要重新接受教育，以便与这类机器共事？未来员工需要具备哪些技能组合？

（3）放大企业效应。强大的机器与聪明的人类合作，共同扩大各种创意的规模和范围，从而实现真正的价值创造。放大效应取决于奇异性和互补性。互补性决定了机器在哪些领域可超越人类，可通过创建治理规则和工作条件，带来最佳综合产出，实现生产效率的提升。奇异性希望智能计算机具备递归的自我完善能力，或自动创建更加智能、更加强大的机器的能力。互补性原则关乎当下，奇异性原则关乎未来，两者共同发力。随着这些技术需要的技能增多和变得越来越强大，它们将会改变工作的性质，以及人与技术的关系，也就是说必须建立灵活的工作流程，吸引敏捷的员工。如果想充分利用机器和人力资源加速价值创造与价值捕获的放大效应，就必须营造一种对未来优秀人才具有吸引力的环境。在这种工作环境中，员工可以学到人机协作的前沿知识；软件、数据分析和算法可以用来简化各种决策。目前的机器还无法替代员工完成任务，员工可以运用它们的技能与机器合作，共同解决人类在能源、医疗、空间探索、交通与运输、气候变化等方面所面临的重大挑战。

（4）重新定义工作。可将强大智能机器按照合成智能与仿真机器人进行区分。合成智能是指用不断增加的工具和模块集成，形成智能系统，例如沃森及与其类似的系统就属于这一类。合成智能是各个金融市场交易活动的基础，同时承担着空中交通指挥、智能电话和移动通信网络运行，以及核设施安全管理的职责。仿真机器人是传感器与驱动器结合的产物。它们具有视觉、听觉和触觉，还能够与环境进行互动。一旦将它们捆绑在一起，就可以把这些系统看成机器人，例如真空吸尘机器人、拖地机器人、泳池清洁机器人和水沟清洁机器人等，它们是没有面孔的专用型劳动者。现在的一些新型机器人已经有鼻子有眼睛还有名字的通用型机器人，这些机器人功能强大，易于编程，可以与人类合作，已经成为人类在实现工作自动化、增强工作范围和提升工作效率过程中的强大帮手。随着人类与机器人合作程度的不断加深，这些先进的机器人将会重新定义工作的本质。可以提供一些协作型的工作场所，让人类与机器可以彼此共存，互相合作，共同完成任务。

3. 合理使用智能技术

数字化公司能够取得成功的原因在于它们从事的是人机互动前沿领域的工作。它们善于将那些适合自动化的工作变得自动化，若非这样，它们就会变得低效。此外，数字化公司还要力图增加那些适合用机器充当智能个人助手的任务，将最优秀的人才吸引过来，为他们提供能够创造出巨量效益的机器，才能产生增加效益或者放大效应。

机器学习、无人机、机器人、神经网络、大数据、数据分析、认知系统及算法等强大的数字技术才刚刚起步，其中任何一项技术的进步都会推动其他技术的发展，它们不是各自独立，而是彼此依赖。它们以指数级速度增长，而这种速度是数字化公司有能力掌握的。作为传统企业，它们所面临的挑战是关注各种技术进步，更加迅速地实现转型，紧跟时代的步伐。

4. 重构组织体系

要想在数字时代立于不败之地，必须开始像数字巨头和创新者一样思考问题，欣然拥抱计算机技术，把它看成组织发展的能动力量。要从人机组合的角度建立组织体系，同时还要研究必须掌握的关键技能。

（1）组织可分成自动化集群、增强集群和放大集群。

①自动化集群。在组织内部和重要合作伙伴所开展的业务中，哪些可以利用现有技术，以及在某种程度上已经得到验证的技术来实现自动化？

②增强集群。可以通过技术合作把专业人才从无聊的工作中解脱出来，让他们专注

于价值更大的创新和再创造领域，确定哪些领域属于潜在的放大集群的前沿阵地。

③放大集群。观察一下其他行业和场景，或许就能够确定在哪些领域，以及哪个阶段可以将放大作用作为业务核心。

（2）对比行业内的传统企业和数字化公司。基于可用的数据，制定一个高于业内同行的标准。通用电气在设计它的数字化业务时只以谷歌和亚马逊为基准，它招聘的人才也能够胜任任何一家数字巨头企业的工作。通用电气的目标人人皆知，那就是成为全球排名前十的软件公司，进入数字巨头的阵营。在自动化集群中，应该与业内最优秀的企业对标，因为这种对比更加直接，也更有意义；在增强集群中，应该以业内最优秀的品牌为比较对象，找到完成具体工作和任务的最佳方法；在放大集群中，要不断扩大比较的范围，不断地将边界往前推进。

（3）完善和修订三大集群。最初的工作分类和任务分类只是个起点。深入了解人机领域自动化、增强和放大的边界，只是数字化的起步阶段。随着时间的推移，现有组织也会提升能力以吸收这些创新技术。由于新技术进一步重新定义了这三个领域，需要重新评估工作分类和人才需求。

（4）重构人才结构。人和机器组合是一个前沿领域，而且这种情况将持续相当长时间。现在的不同之处在于，机器的发展速度已经超过了人的速度。因此，一方面要设计一个能让机器增强和放大人类潜能的组织，另一方面必须认识到是在与数字巨头和技术创业公司争夺人才。数字巨头公司的人力资源遵循幂律分布法则，即在员工队伍中占一小部分（通常不到10%）的超级人才明星或超级执行者创造的产出和价值是普通员工的8～10倍；能力在可接受水平，表现良好的各类员工占的比例最大（60%～70%），剩下的一部分为表现差劲、能力不可接受的员工（15%左右）。企业要成为一个人才的聚集地，组织结构要围绕吸引、培养和留住企业内的超级人才而设计。最后，用强大的智能机器放大人才的力量，在自动化、增强和放大三个集群中获得所需要的人才数量和类型。

本章小结

数字化的企业能在经营规模、范围和速度方面获得竞争优势。传统企业、数字巨头和高新技术企业在数字化转型过程中，形成了竞争与合作的复杂关系，数字化决策矩阵有助于分析这种关系，帮助企业准确定位。传统企业的数字化转型，需要不断探索智能解决方案，适应新的环境，最终实现商业逻辑的转变。构建和参与各类生态系统、管理竞争对手和盟友、利用强大的机器放大能力是三个从战略层面提出的转型策略。

习题九

1. 如何理解数字化企业与工业经济时代企业在规模、范围和速度方面所具有的升维优势?

2. 传统企业、高科技创新型企业和数据巨头企业在数字经济生态系统中分别具有哪些优势和劣势?

3. 试分析生态系统中的复杂竞争与合作关系。

4. 通过查阅资料，分析生态系统中创建者必须具有的特质和能力。

5. 简述生态系统中，形成共创能力的可能途径有哪些?

6. 在数字经济时代，应该如何思考和设计工作?

7. 在数字经济时代，如何设计管理组织结构和管理人才会比较有效?

第10章 转型与升级

学习目标

- 理解制造业转型升级的五个趋势
- 理解软件定义工业的含义
- 工业互联网平台
- 了解工业软件和工业 App
- 了解工业物联网工程

转型升级，顾名思义，就是企业改变既有形态，采用更好的形态来寻求生存和发展。但是，这背后隐藏着两个重要的前提假设：一是企业应该已经落后于市场主流，至少在所处的细分市场和行业当中已经不再具有竞争优势；二是企业现有形态和模式，已经不再适应未来市场竞争的需要。这两个假设都没有区分产业和行业。也就是说，任何一家企业，在面对数字新经济的市场变革时，都需要转型升级。数字化转型升级，是企业出于保持和提升市场竞争力的目的，在数字和信息技术背景下，寻求创新发展的战略选择。本章聚焦的制造业的转型与升级是目前我国数字化转型升级的主战场。

10.1 制造业的不确定性

制造企业面临着多变的内外部环境，产品全生命周期的各个阶段也都面临着不确定性。但确定性是企业追求的目标，企业家总是倾向于应用信息技术提高企业内外部环境的确定性，进而提高企业资源优化配置效率。制造业不确定性的来源主要有以下几个方面。

（1）产品本身的复杂性。现代产品集软件、电子、机械、液压、控制于一体，产品的设计、生产、维护难度越来越大；汽车、大飞机、远洋船舶、精密机械等产品，零部件数量多，结构复杂；对高端复杂产品的可靠性要求越来越高，则对其制造过程中的不确定性容忍度越来越低。

（2）生产过程的复杂性。制造是复杂的系统工程，涉及企业内外部多主体、多设备、多环节、多学科、多工艺、跨区域协同；产业分工深化、个性化消费兴起、智能化步伐加快，生产过程复杂性不断提高。

（3）市场需求的复杂性。差异化、定制化的市场需求，要求制造企业实行适应用户个性化定制和体验式消费的新型生产方式；从按订单销售、按订单装配、按订单制造到按订单设计，制造企业资源优化配置需要应对市场需求波动和用户定制要求的不确定性。

（4）供应链协同的复杂性。全球化的发展，企业制造分工日趋细化，产品供应链体系也随之越来越大；庞大复杂的供应链对企业资源优化配置带来了巨大的不确定性，某一个环节的问题都会影响整个企业的生存和发展。

化解这些不确定性需要实现数字化，需要把正确的数据在正确的时间以正确的方式发送给正确的主体。因此，制造业需要构建一套完备的数据采集、传输、分析和决策体系，通过完整准确的数据采集、及时可靠的数据传输、科学合理的数据分析、精准有效的数据决策来实现数据的自动流动。

10.2 制造业转型的趋势

当前，互联网、大数据、人工智能等新技术持续创新和高速发展，制造业加速迈向万物互联、数据驱动、软件定义、平台支撑、组织重构的新时代。

1. 万物互联

万物互联，是互联一切可数字化的事物，是人、物、数据和应用通过互联网连接在一起，实现人和人、人和物及物和物之间的互联，重构整个社会的生产工具、生产方式和生活场景。在万物互联的角度下，数字化就是物理设备不断成为网络终端并引发整个社会变革的过程，数字化的目标是基于物联网平台实现设备无所不在的连接，开发各类应用，提供多种数据支撑和服务，未来所有产品都将成为可监测、可控制、可优化、自主性的数字化产品。

数字化产品包含监测、控制、优化和自动四类核心功能。通过传感器对产品的状态、运行和外部环境进行全面监测，通过产品内置或产品云中的命令和算法对产品进行远程控制，基于实时数据或历史数据对产品进行性能优化，在监测、控制、优化等能力基础上产品达到前所未有的自主性和协同性。数控机床、工业机器人、智能手机、智能穿戴、智能网联汽车等都具有这些功能，是典型的代表产品。

智能网联汽车很可能是下一个十年的移动智能终端，它正朝着全面感知、可靠通信、智能驾驶方向发展，但目前尚处在低智商婴幼儿阶段，要达到联网化、智能化还有很长一段路要走。智能网联汽车正沿着驾驶辅助、部分自动驾驶、有条件自动驾驶、高度自动驾驶、完全自动驾驶路径不断进化。自动驾驶系统和人在感知、分析、决策和执行方面的大体分工情况如表10-1所示。在表10-1中，“★”表示系统完成的部分，“☆”表示人工完成的部分。

表10-1 智能网联汽车自动驾驶级别

级 别	感 知	分 析	决 策	执 行
第一级，驾驶辅助级	★☆☆☆☆☆	★☆☆☆☆☆	★★☆☆☆☆	★★★☆☆☆
第二级，部分自动驾驶级	★★★☆☆☆	★★★☆☆☆	★★★☆☆☆	★★★★☆☆
第三级，有条件自动驾驶	★★★★☆☆	★★★★☆☆	★★★★☆☆	★★★★★☆
第四级，高度自动驾驶	★★★★★★	★★★★★★	★★★★★★	★★★★★★
第五阶段，完全自动驾驶	★★★★★★	★★★★★★	★★★★★★	★★★★★★

可监测、可控制、可优化、自主性的数字化产品将感知客户需求、推送客户服务，推动企业从产品生产商到客户运营商的转变。企业要把握万物互联时代数字化产品广泛普及的机遇，基于数据+模型=服务的理念，实现企业从产品生产商到客户运营商的转变，构建状态监测、故障诊断、预测预警、健康优化等各种智能服务，构建检测、加工、认证、配送等制造能力标准化封装、在线化交易新体系，基于实时数据流培育精准、便捷、智能的新型融资、租赁、保险业态，构建企业差异化竞争新优势。

2. 数据驱动

伴随着数字化产品和设备的广泛普及，未来所有的生产装备、感知设备、联网终端，包括生产者本身都在源源不断地产生数据，这些数据将会渗透到产品设计、建模、工艺、维护等全生命周期，企业的生产、运营、管理、服务等各个环节，以及供应商、合作伙伴、客户等全价值链，并将成为制造的基石。数据驱动的本质就是通过生产制造全过程、全产业链、产品全生命周期数据的自动流动不断优化制造资源的配置效率，实现更好的质量、更低的成本、更快的交付、更高的满意度，提高制造业全要素生产率。这将带来数据驱动的创新、数据驱动的生产和数据驱动的决策。

3. 平台支撑

平台是基于信息技术构建的连接多个参与方的虚拟空间，是提供信息汇聚、产品交易和知识交易的互联网信息服务载体。互联网平台大概经历了三个阶段：第一阶段是以信息交流为典型特征的门户平台，如搜狐、新浪；第二阶段是以产品交易为典型特征的电商平台，如阿里、京东；第三阶段是以知识交易为典型特征的工业互联网平台，承载着工业知识的数字化模型和工业 App 成为平台交易的重点。工业互联网平台成为工业知识沉淀、传播、复用和价值创造的重要载体、全球领军企业竞争的新赛道、产业布局的新方向。

10.3 制造业的软件定义

软件定义是制造企业实现数字化转型的重要途径。所谓“软件定义”，是通过软件驱动对象的行为逻辑，使对象具备特定的功能性能。这类实体对象本身具备一定的柔性，通过软件驱动可以使对象的功能 / 性能在特定范围进行柔性重构或者自适应调整。软件定义需要从更高的抽象层级去理解被定义对象的行为。从这个意义上讲，软件定义更是一种方法论，是一种行为导向的设计方法论，这里的行为不是人的行为，是系统完成特定使命任务的抽象行为。软件定义的是特定对象的行为逻辑与行为逻辑的特定性能，通过软件定义从而实现软件赋能。

1. 软件定义产品

软件定义产品功能、增强产品效能、拓展产品边界。1980 年，以 Windows-Intel 体系为代表的软件定义计算机；2006 年，以软件定义网络、软件定义存储为典型代表，软件定义 IT 产品；2007 年，以 Android、iOS 手机为典型代表，软件定义移动智能终端；2008 年，以智能汽车、无人机为典型代表，软件定义工业产品；2014 年，以数控机床、CT 机为代表，软件定义工业装备。工业产品从以前常见的单一机械产品，逐步转变为涉及机械、电子、嵌入式软件等多领域并带有自动控制、智能控制的新型工业产品，工业产品在各种使用场景中发挥出了更强的功能和性能。软件定义使得工业产品能够实现功能重构及功能的自适应配置，从而表现出更多的适应性和智能；也使得产品从传统的实物产品变成实物产品与数字产品的融合，其形态、功能得到了根本的改变。传统的工业产品通常都具有有形边界，软件突破了工业产品传统的数据信息交互模式，通过产品与产品、产品与环境、产品与人之间的数据获取、分析、交互、执行等，实现工业生产要素（包括人、设施设备、生产线、物料等要素）之间的互联互通，突破了工业产品原有的边界。越来越多的工业产品构成一个更加复杂的体系，涌现出更多的新特性，从而为创新提供了更多的可能。

2. 软件定义企业管理流程

软件是事物运行规律的代码化，是人类经验、知识和智慧的结晶和新载体。发展和成熟于不同技术时代的 ERP、CRM、SCM、PLM 等管理软件，就是某种管理理论、经验和知识的表达、重现和固化，是一种管理规律认知的代码化、软件化。软件贯穿于生产制造全过程、全产业链、产品全生命周期。

（1）软件定义研发设计模式。数字技术的使用，尤其是图形化交互技术、计算机辅助技术、建模与仿真等技术的应用，催生了新的产品设计理论，并行设计、敏捷方法、基于模型的系统工程等产品设计与研制理论应运而生。从一个idea到概念、设计、生产、运行和维护等过程中，数字化手段改变了工业产品的整个生命周期过程的描述和表达，从抽象的理念到模糊的概念，再到确定的方案与设计，以及产品的生产制造过程、制造装备、运行环境等。从产品设计开始，利用数字化方式和手段进行描述与表达，通过数字空间的虚拟表达与分析计算，再结合物理空间的真实产品数据分析对比，实现生命周期的虚实融合。企业的研发设计流程从串行方式向并行方式转变，从以物理实验为手段的试错法向以数字仿真为手段演变。通过构建数字化模型，结合前人在工业领域的数据、规律、经验与知识积累，进行仿真分析计算并基于数据进行决策，从而更高效、更快捷地获得想要的工业产品。数字技术突破了工业在时间、空间与资源方面的限制，众包设计、云制造、远程可预测性维护等新模式涌现。

（2）软件定义经营管理模式。软件定义在管理思想落地、业务流程优化、服务科学决策方面发挥着重要作用。工业革命以来出现了科学管理、全面质量管理（TQM）、准时制生产（JIT）、约束理论（TOC）、六西格玛、敏捷制造（AM）、精益生产（LP）等一系列管理思想，管理软件是实现这些管理思想的标准化、规范化、流程化的重要载体，它把看不见、摸不着的管理思想、企业文化变成了可看、可学、可复制的标准化模块。流程是企业一系列价值创造活动的组合，是为达到特定的价值目标而由不同的人分别共同完成的一系列活动，不断优化和信息集成是流程管理的关键，离不开软件系统的支持。企业决策无处不在，覆盖研发设计、生产制造、经营管理等全流程，企业管理层、车间管理层以及业务执行层等各个层面，如何通过复杂、多元的企业大数据挖掘分析，将运营的海量数据转化为高价值的决策与业务支持信息，提高决策的科学性、及时性、准确性，是高层关注的共同问题。

（3）软件定义组织架构。互联网改变着公司+雇员的基本组织结构，平台+个人这一新组织形式逐步兴起，互联网平台+海量个人已经成为一种组织景观。企业组织结构呈现功能平台化、运营决策小型化、多部门协同化等变化趋势。万物互联时代，大平台小组织、大平台小前端的趋势越发明显，很多企业向着平台化企业转型，如海尔集团向企业平台化、员工创客化、用户个性化转型，阿里巴巴也提出大中台、小前台的理念，华为提出数字化作战平台的概念。软件平台为各种组织进行赋能，决策单元小型化、自主化、灵活化已成为趋势，如华为提出让听得见炮声的人互换炮火，充分激发员工活力和自主经营能力，促进企业全员成为面向客户的价值创造中心的积极探索。个性定制需要依托数字化平台以实现研发设计、生产制造、经营管理、市场营销等部门之间数据的自由流动、信息共享和协同，并有效提升企业的研发效率、生产效率和产品质量。

3. 软件定义企业生产方式

软件作为一种工具、要素和载体，为制造业建立了一套赛博空间和物理空间互动的闭环赋能体系，实现了物质生产运行规律的模型化、代码化、软件化，使制造过程在虚拟世界实现快速迭代和持续优化，并不断优化物质世界的运行，推动制造范式从实体制造到虚拟制造、制造模式从规模生产到定制生产、制造系统从封闭到开放的变革。

（1）软件定义为制造业带来了赛博空间。制造业在赛博空间重构制造流程，并基于此不断提升制造效率的过程，称为虚拟制造。例如在大飞机等复杂产品中，几乎都要用到研发设计、虚拟仿真、实验验证、产品全生命周期管理等软件，需要把支撑需求分析、概念设计、详细设计、工艺规划、虚拟仿真、验证测试的信息系统融入赛博空间并进行集成融合，才能实现虚拟设计。CAD、CAE、PLM 等软件技术发展实现了基于模型的产品定义（MBD），该模型正成为产品制造过程中赛博空间信息流转的载体，数字样机从传统的几何样机向性能样机、制造样机和维护样机拓展，并进化为与实体产品对应的产品数字孪生（digital twin）。在数字孪生基础上，企业的工艺路线、生产布局、生产设备、制造流程和运营服务等都可以一一映射到虚拟生产环境中，在赛博空间建立起虚拟生产线、虚拟车间和虚拟工厂，进而实现实物生产过程与虚拟生产过程的实时映射。虚拟制造推动了制造范式的迁移，通过构建制造业快速迭代、持续优化、数据推动的新方式，重建制造效率、成本和质量管理体系。

（2）从规模生产到定制生产的制造模式变革。产品和服务需求日益差异化、个性化，导致研发设计、生产制造、产品服务等过程的不确定性、多样性和复杂性显著增加。规模化、标准化、预制化的传统生产方式已无法满足个性化定制需求。这时，需要承载着知识和信息的数据能够沿着产品价值方向自由流动，以数据的自动流动化解制造系统的不确定性、多样性和复杂性。数据自由流动的背后需要制造全过程的隐性数据显性化、隐性知识显性化。传感器、智能装备终端、工业网络、工业软件的大量使用促进了生产制造全过程的数字化，数据采集、传输、存储、分析和挖掘的手段相比传统制造更加丰富，大量蕴含在生产制造过程中的隐性数据不断被采集、汇聚、加工，形成了新的知识、决策，不断优化制造资源的配置效率，数据的自动流动，从而实现了物资流、资金流的高效利用。工业知识的软件化是对工业研发技术、生产工艺、业务流程、员工技能、管理理念等知识的逻辑化、数字化和模型化，使得大量隐性工业知识被固化在各类软件和信息系统中。一方面，可将人解放出来从事更高级、更具创造性的工作；另一方面，可以通过记录在软件和信息系统中的数据进行分析和挖掘，人们利用机器学习等技术获得新的知识。实现数据的自动流动，必须在虚拟空间中构建一个数据流动的规则体系，核心就是软件。制造过程数据自动流动，是指在给定的时间和目标背景下，实现企业制造资源最优化配置的数据自动流动。数据在流动中产生知识、知识成为信息、信息成为决策，决策优化配置资源。

（3）从封闭体系走向开放体系的制造系统重构。工业软件产业发展的过程，是持续优化资源配置的过程，从CAD到基于模型的设计（MBD）、基于模型的企业（MBE），从MRP到ERP，从MES到MOM（制造运营管理），优化资源越来越广。也推动制造系统从封闭走向开放，从部门级协同到企业级协同，再到产业链协同，从产业链构筑产业生态。

4. 软件定义企业新型能力

产业技术的重大变革，往往带来企业竞争能力的更替，这种能力更替的速度、深度和广度往往成为企业优胜劣汰的核心要素。数字化变革，企业的核心能力将呈现以下变化趋势。

（1）在产品研发创新能力方面。CAD、CAE、CAM、CAPP等软件已经全面融入产品研发的各个环节，直接推动需求分析精准化、研发创新高效化、研发资源集约化，在提高企业研发效率、增强企业创新活力，打造企业新型能力方面发挥着重要作用。

（2）在精益及柔性生产能力方面。精益生产能力、成本精益控制能力、产品全生命周期质量管理能力。精益生产的核心是通过持续改进，杜绝一切无效作业与浪费。统计表明，精益生产可以让生产时间减少90%、库存减少90%、生产率提高60%、市场缺陷减少50%、废品率降低50%、安全指数提升50%。随着数字化不断推进，精益生产的内涵更加丰富，集成水平不断深化，生产过程不断优化，精益生产变成了软件定义的生产，是数据驱动的生产，是基于模型和算法的生产。降低成本是企业内部管理永恒的主题，全面加强成本管理是企业做大做强的需要，也是企业提升竞争力的重要内容。成本精细管理是企业的一种能力，离不开ERP、MES等软件系统的支撑。质量管理渗透在企业经营业务的方方面面，覆盖产品全生命周期。利用CAX、MES、ERP等系统软件可以提升研发设计、生产制造、经营管理等产品生命周期的质量管理能力。

（3）在市场需求实时响应能力方面。以客户为中心，构建客户需求。深度挖掘、实时感知、快速响应、及时满足的创新体系日益成为企业的新型能力，即客户精准分析能力、实时感知能力、快速响应能力。

（4）在全生命周期的服务能力方面。制造业高附加值不断向产业链的上下游两端转移，服务已经成为一种独立的商品形态。可预测维护能力和制造资源分享能力已经成为制造企业的一种新型能力。

5. 软件定义产业生态

数字化转型不断推进，制造业形成了互生、共生、再生的生态共同体，以及以生态为特征的制造业发展模式。当前，软件支撑和定义的产业生态，正在从传统Windows-Intel体系、移动智能终端向智能装备、智能制造系统演进。GE、西门子、博世等国际制造巨头，加快构建以平台软件为支撑的智能制造产业新生态，全球制造产业生态系统竞争正在来临。如软件定义的智能终端产业生态，包括基于Windows-Intel体系的计算机产业生态、计算机智能终端产业生态等；又如软件定义的智能装备产业生态，包括智能机器人产业生态、智能机床产业生态、智能工程机械产业形态等；再如软件定义的智能制造产业生态，包括构建基于智能机器的数据采集系统、形成智能分析工具、搭建开放平台实现工业 App 的开发等。工业企业的转型升级，从某种程度上来说，是要强化软件定义制造业的基础性作用，促使以机械为核心的工业向以软件为核心的工业转变。

10.4　工业互联网平台

工业互联网平台在传统云平台的基础上叠加物联网、大数据、人工智能等新兴技术，构建更精准、实时、高效的数据采集体系，建设包括存储、集成、访问、分析、管理功能的使能平台，实现工业技术、经验、知识模型化、软件化、复用化，以工业 App 的形式为制造企业开展各类创新应用，最终形成资源富集、多方参与、合作共赢、协同演进的制造业生态。

10.4.1　工业互联网平台体系架构

工业互联网平台是面向制造业数字化、网络化、智能化需求，构建基于海量数据采集、汇聚、分析的服务体系，支撑制造资源泛在连接、弹性供给、高效配置的工业云平台，包括边缘、平台（工业 PaaS）、应用（工业 SaaS）三大核心层级（见图 10-1）。

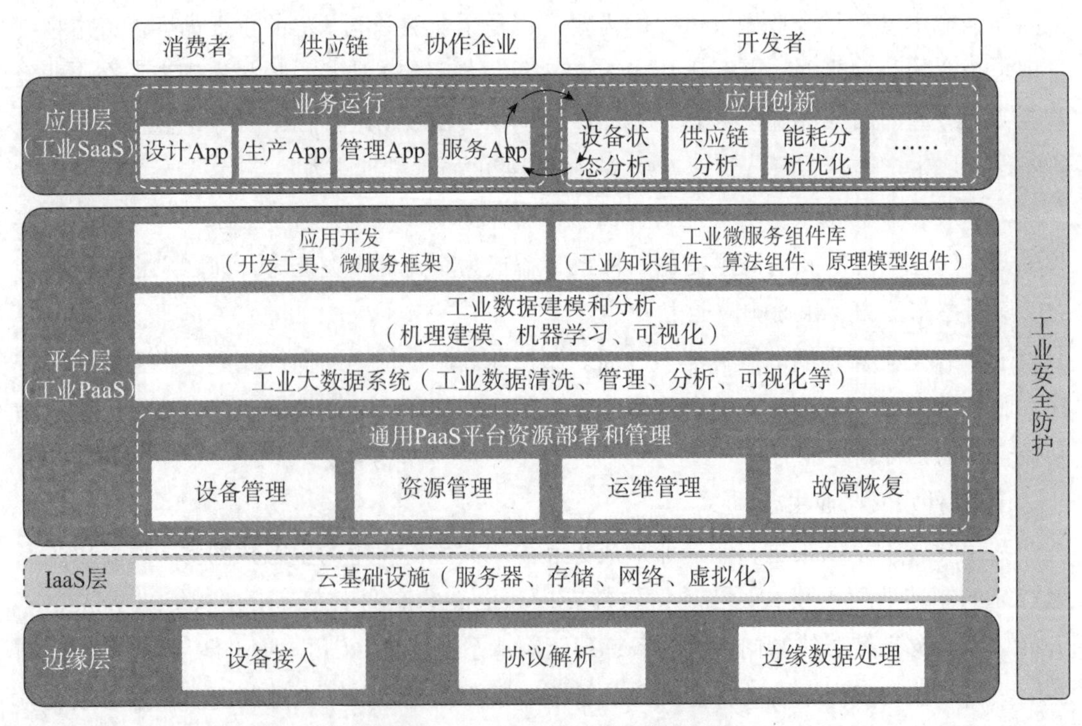

图 10-1　工业互联网平台架构图

第一层是边缘层，通过大范围、深层次的数据采集，以及异构数据的协议转换与边缘处理，构建工业互联网平台的数据基础。一是通过各类通信手段接入不同设备、系统和产品，采集海量数据；二是依托协议转换技术实现多源异构数据的归一化和边缘集成；三是利用边缘计算设备实现底层数据的汇聚处理，并实现数据向云端平台的集成。

第二层是平台层，基于通用 PaaS 叠加大数据处理、工业数据分析、工业微服务等创新功能，构建可扩展的开放式云操作系统。一是提供工业数据管理能力，将数据科学与工业机理结合，帮助制造企业构建工业数据分析能力，实现数据价值挖掘；二是把技术、知识、经验等资源固化为可移植、可复用的工业微服务组件库，供开发者调用；三是构建应用开发环境，借助微服务组件和工业应用开发工具，帮助用户快速构建定制化的工业 App。

第三层是应用，形成满足不同行业、不同场景的工业 SaaS 和工业 App，形成工业互联网平台的最终价值。一是提供设计、生产、管理、服务等一系列创新性业务应用。二是构建良好的工业 App 创新环境，使开发者基于平台数据及微服务功能实现应用创新。

除此之外，工业互联网平台还包括 IaaS 基础设施，以及涵盖整个工业系统的安全管理体系，这些构成了工业互联网平台的基础支撑和重要保障。

10.4.2 工业互联网平台发展趋势

1. 核心技术交织融合

工业互联网平台需要解决多类工业设备接入、多源工业数据集成、海量数据管理与处理、工业数据建模分析、工业应用创新与集成、工业知识积累迭代实现等一系列问题，涉及七大类关键技术，分别为数据集成和边缘处理技术、IaaS 技术、平台使能技术、数据管理技术、应用开发和微服务技术、工业数据建模与分析技术、安全技术。在这七大类技术中，通用平台使能技术、工业数据建模与分析技术、数据集成与边缘处理技术、应用开发和微服务技术正快速发展，对工业互联网平台的构建和发展产生深远影响。在平台层，PaaS 技术、新型集成技术和容器技术正加速改变信息系统的构建和组织方式。在边缘层，边缘计算技术极大地拓展了平台收集和管理数据的范围和能力。在应用层，微服务等新型开发框架驱动工业软件开发方式不断变革，而工业机理与数据科学深度融合则正在引发工业应用的创新浪潮。

2. PaaS 以其开放灵活特性成为主流选择

首先，基于通用 PaaS 的二次开发成为工业 PaaS 主要构建方式。PaaS 能够为上层工业 App 开发屏蔽设备连接、软件集成与部署、计算资源调度的复杂性，大部分领先平台都依托通用 PaaS 向用户提供服务。其次，新型集成技术成为平台能力开放的重要手段。借助 REST API 等一系列 Web API 技术，大部分工业互联网平台中的设备、软件和服务通过 JSON、XML 等统一格式实现不同业务系统的信息交互和调度管理，为企业内外协同、云端协同、能力开放、知识共享奠定基础。再次，容器技术支撑平台及应用的灵活部署。通过引入容器和无服务器计算等新型架构，能够实现平台和工业应用的灵活部署和快速迭代，以适应工业场景中海量个性化开发需求。容器技术简化了硬件资源配置的复杂性，一方面实现了平台中服务和应用的灵活部署，另一方面实现了平台自身的快速部署。例如 SAP 在 docker 13 store 中提供 HANA 的应用速成版，使应用开发者可以在本地或云端快速开发基于 HANA 平台的数据分析应用和软件。

3. 工业机理与数据科学走向融合

首先，对工业机理的深入理解是工业数据分析的重要前提。在长期工业发展过程中，工业企业面向不同行业、不同场景、不同学科积累了大量经验与知识，这些工业机理的理解和提炼能够对生产现象进行精准描述和有效分析，对传统工业生产和管理的优化起到重要作用。随着新型数据科学的兴起，这些工业机理又能够有效指导数据分析过程中的参数选择和算法选择，使其更加贴合工业生产特点。因此，GE、西门子、博世等工业巨头均将自身工业经验知识进行提炼和封装，作为其工业互联网平台的核心能力与竞争优势。其次，大数据、机器学习技术驱动工业数据分析能力跨越式提升。大数据与机器学习方法正在成为众多工业互联网平台的标准配置。Spark、Hadoop、Storm 等大数据框架被广泛应用于海量数据的批处理和流处理，决策树、贝叶斯、支持向量机等各类机器学习算法，尤其是以深度学习、迁移学习、强化学习为代表的人工智能算法，正成为工业互联网平台解决各领域诊断、预测与优化问题的得力工具。再次，数据科学与工业机理结合有效驱动数字孪生发展。基于工业互联网平台，数据分析方法与工业机理知识正在加速融合，从而实现对复杂工业数据的深度挖掘，形成优化决策。随着融合的不断深化，基于精确建模、高效分析、实时优化的数字孪生快速发展，实现对工业对象和工业流程的全面洞察。

10.4.3 工业互联网平台产业生态

1. 工业互联网平台主体

工业互联网平台产业涉及多个层次、多领域的多类主体。在产业链上游，云计算、数据管理、数据分析、数据采集与集成、边缘计算五类专业技术型企业为平台构建提供技术支撑；在产业链中游，装备与自动化、工业制造、信息通信技术、工业软件四大领域内领先企业加快平台布局；在产业链下游，垂直领域用户和第三方开发者通过应用部署与创新不断为平台注入新的价值。

（1）信息技术企业。信息技术企业提供关键技术能力，以被集成的方式参与平台构建，主要包括云计算企业、数据管理企业、数据分析企业、数据采集与集成企业和边缘计算企业五类。云计算企业提供云计算基础资源能力及关键技术支持，典型企业如亚马逊、微软、阿里巴巴等。数据管理企业提供面向工业场景的对象存储、关系数据库、NoSQL数据库等数据管理和存储的工具，典型企业如Oracle、Apache等。数据分析企业提供数据挖掘方法与工具，典型企业如SAS、IBM等。数据采集与集成企业为设备连接、多源异构数据的集成提供技术支持，典型企业如NI、博世等。边缘计算企业提供边缘层的数据预处理与轻量级数据分析能力，典型企业如华为、思科、英特尔、博世等。

（2）平台企业。平台企业以集成创新为主要模式，以应用创新生态构建为主要目的，整合各类产业和技术要素实现平台构建，是产业体系的核心。目前，平台企业主要有装备与自动化企业、生产制造企业、工业软件企业和信息技术企业四类。装备与自动化企业从自身核心产品能力出发构建平台，如GE、西门子等。生产制造企业将自身数字化转型经验以平台为载体对外提供服务，如三一重工/树根互联、海尔、航天科工等。工业软件企业借助平台的数据汇聚与处理能力提升软件性能，拓展服务边界，如PTC、SAP、Oracle、用友等。信息技术企业发挥IT技术优势将已有平台向制造领域延伸，如IBM、微软、华为、思科等。

（3）应用创新企业。工业互联网平台通过功能开放和资源调用大幅降低工业应用创新门槛，其应用主体可分为行业用户和第三方开发者两类。行业用户在平台使用过程中结合本领域工业知识、机理和经验开展应用创新，加快数字化转型步伐。第三方开发者能够依托平台快速创建应用，形成面向不同行业、不同场景的海量工业App，提升平台面向更多工业领域提供服务的能力。

2. 平台企业布局路径

工业互联网平台的理念和重要性逐渐被产业界所认识，全球各类产业主体积极布局，工业互联网平台已进入全面爆发期。综合国内外平台企业布局策略来看，目前主要有四种路径。

（1）装备和自动化企业凭借工业设备与经验积累，依托工业互联网平台创新服务模式。装备制造和自动化企业在工业现场沉淀有大量生产设备与工业系统，在其几十年的创新探索中也形成了丰富的工业知识、经验和模型，这些企业正借助平台化布局，实现底层设备数据的采集与集成以及工业知识的封装与复用，并以此为基础形成创新型的服务模式。目前，这些企业在平台构建中主要有两种方式。部分企业通过将现有工业应用向云端迁移，构建应用服务平台，实现应用的灵活部署与调用，如ABB的Ability平台、施耐德EcoStruxure平台、发那科FIELD system平台等。部分企业则直接采用PaaS、微服务等新型架构搭建平台，为应用开发提供更好的能力支持，在提供自身平台服务的同时，着力打造繁荣的第三方应用创新生态，如GE的Predix平台、三一重工构建的PaaS平台等。

（2）领先制造企业将数字化转型经验转化为服务能力，构建工业互联网平台。领先制造企业凭借自身在数字化转型过程中的成功经验，围绕生产优化、用户定制、资源整合等方面提供平台化服务，形成了多种创新模式。部分消费品生产企业基于个性化定制生产模式构建工业互联网平台，实现用户需求、设计资源与生产能力的全面打通。比如海尔的 COSMOPlat 平台，将顾客需求、产品订单、合作生产、原料供应、产品设计、生产组装和智能分析等环节互联起来并进行实时通信和分析，以满足规模化定制需求。部分集团型制造企业凭借其资源整合经验，通过平台汇聚产业上下游各环节资源，为企业提供供需对接、协同设计、制造协同等智能化应用。比如航天云网 INDICS 平台汇聚超过 100 万家企业，并在此基础上提供供需对接、智能工厂改造、云制造和资源共享等服务，目前已为近千家行业用户提供线上服务。

（3）软件企业围绕自身业务升级需求，借助工业互联网平台实现能力拓展。软件企业通过布局工业互联网平台，全面获取生产现场数据和远程设备运行数据，并通过这些数据与软件的结合，提供更精准的决策支持并不断丰富软件功能。其中，管理软件企业依托平台实现从企业管理层到生产层的纵向数据集成，提升软件的智能精准分析能力，如 SAP HANA 平台等。设计软件企业借助平台获取全生命周期数据，提升软件性能，进而形成基于数字孪生的创新应用，例如 PTC ThingWorx 平台等。

（4）信息技术企业发挥技术优势，将已有平台向制造领域延伸。信息技术企业在其现有通用技术平台基础上，不断丰富面向工业场景的应用服务能力，同时加强与制造企业合作，实现平台的定制化集成和应用部署。云计算、大数据企业凭借运营及数据服务能力，通过强化工业连接及工业分析构建平台，如 IBM Bluemix 平台、微软 Azure IoT 平台等。通信企业依托数据采集与网络互联优势构建物联管理平台，并不断提升工业数据处理能力，如华为 OceanConnect 平台等。

3. 多种方式开展平台构建

（1）基于开源通用 IT 技术。开源 PaaS 已成为平台厂商构建平台使能框架的共性选择，如 GE Predix、IBM Bluemix、西门子 MindSphere 等大部分平台都采用开源的 Cloud Foundry 架构作为平台基础框架。开源大数据技术成为平台数据架构的关键支撑，如 Hadoop、Spark 等开源数据工具。多种开源的开发工具帮助平台快速构建开发环境，如 GE Predix 通过集成 Eclipse integration、Git 和 Jenkin 等开源开发工具，强化平台应用开发能力。

（2）采用并购与合作方式。面向设备数据连接，PTC 先后并购 Kepware 和 Axeda，强化 ThingWorx 平台的数据采集能力。博世还收购智能设备软件公司 ProSyst，为平台提供即插即用的协议转换支持。面向数据分析挖掘，日立收购 Pentaho 商务智能公司，提供数据集成、可视化分析和数据挖掘等服务。此外，GE 收购 Austin Digital 强化航空数据分析能力，PTC 收购 ColdLight 提高平台机器学习能力。通过合作整合资源，不断丰富平台功能。一是实现更大范围的现场数据采集，如SAP、航天云网等企业均与西门子开展合作，借助西门子在工业自动化领域巨大的存量基础，降低设备接入难度。二是实现平台灵活部署，如GE、西门子均与微软、亚马逊开展合作树根互联与腾讯云合作，实现在不同云基础设施上的部署能力。三是强化数据分析能力，如西门子、ABB与IBM合作，将认知计算能力融入平台中。

（3）自身工业知识积累封装。工业企业长期积累形成了大量工业知识和经验，是工业领域核心价值所在。工业巨头正将物理世界的工业机理转换为数字世界的算法和模型，再封装为平台上的微服务和工业App，形成封闭的黑盒供开发者调用。开发者可以使用黑盒的关键能力，但无法获取其中的工业机理。例如，GE将其在航空发动机、燃气轮机、风机等领域长期积累的设备知识抽象为相关微服务，成为平台的核心资产。

4. 应用创新生态打造

（1）平台企业通过自主开发不断丰富应用种类。平台企业是现阶段应用创新的主力军，通过传统工业软件的云化迁移和新型工业App开发，不断提升平台服务能力。目前，GE在Predix平台应用商店中已发布多款自主开发的工业App，西门子与埃森哲、Evosoft、SAP、微软、亚马逊和Bluvision等合作伙伴展示了多种工业App，ABB正将其面向20多个工业领域的180余项工业解决方案向Ability平台迁移。

（2）借助合作伙伴拓宽行业应用创新服务能力。平台企业通过跨领域合作，吸引更多行业伙伴基于平台开展应用创新，实现平台向更多领域的延伸拓展。波音与微软合作，将设备预测维护、燃油消耗分析等航空分析应用迁移至微软的Azure平台，目前已有300余家企业基于平台使用这些服务。PTC通过ThingWorx平台伙伴计划汇聚了数百家合作企业，强化平台与这些企业应用服务的无缝集成，同时吸引合作企业基于平台开发创新应用。

（3）打造开发者社区激发创新活力。海量开发者是应用创新的重要来源，是平台生态形成的关键驱动力。当前主要平台企业均积极打造开发者社区，通过技术开源、工具提供、文档分享、专家支持、利益共享等方式，吸引开发者入驻平台参与应用创新。GE着力打造面向Predix平台的开发社区Predix.io，通过提供开发工具、微服务、应用开发指导文档，以及举办线上技术研讨会等方式，已经吸引到5万余名开发者。华为构建OceanConnect开发者社区，提供了170多种开放API和系列化Agent，以及各类技术支持、营销支持和商业合作，在油气能源、生产与设备管理、车联网、智慧农业等领域吸引超过80个行业合作伙伴入驻。

10.4.4　工业互联网平台应用场景

1. 工业互联网平台应用场景演化趋势

当前，工业互联网平台在工业系统各层级各环节获得广泛应用。一是应用覆盖范围不断扩大，从单一设备、单个场景的应用逐步向完整生产系统和管理流程过渡，最后将向产业资源协同组织的全局互联演进。二是数据分析程度不断加深，从以可视化为主的描述性分析，到基于规则的诊断性分析、基于挖掘建模的预测性分析和基于深度学习的指导性分析。设备、产品场景相对简单，机理较为明确，已经可以基于平台实现较复杂的智能应用，在航空航天、工程机械、电力装备等行业形成了工艺参数优化、预测性维护等应用模式。企业生产与运营管理系统复杂度较高，深度分析面临一定挑战，当前主要对局部流程进行改进提升，如在电子信息、钢铁等行业的供应链管理优化、生产质量优化等方面的应用。总体来看，平台应用还处于初级阶段，以设备物联 + 分析或业务系统互联 + 分析的简单场景优化应用为主。未来平台应用将向深层次演进，将在物联与互联全面打通的基础上实现复杂的分析优化，从而不断推动企业管理流程、组织模式和商业模式创新。最终，平台将具备全社会资源承载与协同能力，通过全局性要素、全产业链主体的重新组织与优化配置，推动工业生产方式、管理模式和组织架构变革。

2. 工业互联网平台当前应用场景

（1）面向工业现场的生产过程优化。工业互联网平台能够有效采集和汇聚设备运行数据、工艺参数、质量检测数据、物料配送数据和进度管理数据等生产现场数据，通过数据分析和反馈在制造工艺、生产流程、质量管理、设备维护和能耗管理等具体场景中实现优化应用。制造工艺场景中，工业互联网平台可对工艺参数、设备运行等数据进行综合分析，找出生产过程中的最优参数，提升制造品质。生产流程场景中，通过平台对生产进度、物料管理、企业管理等数据进行分析，提升排产、进度、物料、人员等方面管理的准确性。质量管理场景中，工业互联网平台基于产品检验数据和人机料法环等过程数据进行关联性分析，实现在线质量监测和异常分析，降低产品不良率。设备维护场景中，工业互联网平台结合设备历史数据与实时运行数据，构建数字孪生，及时监控设备运行状态，并实现设备预测性维护。能耗管理场景中，基于现场能耗数据的采集与分析，对设备、产线、场景能效使用进行合理规划，提高能源使用效率，实现节能减排。

（2）面向企业运营的管理决策优化。借助工业互联网平台可打通生产现场数据、企业管理数据和供应链数据，提升决策效率，实现更加精准与透明的企业管理，其具体场景包括供应链管理优化、生产管控一体化、企业决策管理等。供应链管理场景中，工业互联网平台可实时跟踪现场物料消耗，结合库存情况安排供应商进行精准配货，实现零库存管理，有效降低库存成本。生产管控一体化场景中，基于工业互联网平台进行业务管理系统和生产执行系统集成，实现企业管理和现场生产的协同优化。企业决策管理场景中，工业互联网平台通过对企业内部数据的全面感知和综合分析，有效支撑企业智能决策。

（3）面向社会化生产的资源优化配置与协同。工业互联网平台可实现制造企业与外部用户需求、创新资源、生产能力的全面对接，推动设计、制造、供应和服务环节的并行组织和协同优化，其具体场景包括协同制造、制造能力交易与个性定制等。协同制造场景中，工业互联网平台通过有效集成不同设计企业、生产企业及供应链企业的业务系统，实现设计、生产的并行实施，大幅缩短产品研发设计与生产周期，降低成本。制造能力交易场景中，工业企业通过工业互联网平台对外开放空闲制造能力，实现制造能力的在线租用和利益分配。个性定制场景中，工业互联网平台实现企业与用户的无缝对接，形成满足用户需求的个性化定制方案，提升产品价值，增强用户黏性。

（4）面向产品全生命周期的管理与服务优化。工业互联网平台可以将产品设计、生产、运行和服务数据进行全面集成，以全生命周期可追溯为基础，在设计环节实现可制造性预测，在使用环节实现健康管理，并通过生产与使用数据的反馈改进产品设计。当前其具体场景主要有产品溯源、产品/装备远程预测性维护、产品设计反馈优化等。产品溯源场景中，工业互联网平台借助标识技术记录产品生产、物流、服务等各类信息，综合形成产品档案，为全生命周期管理应用提供支撑。产品/装备远程预测性维护场景中，在平台中将产品/装备的实时运行数据与其设计数据、制造数据、历史维护数据进行融合，提供运行决策和维护建议，实现设备故障的提前预警、远程维护等设备健康管理应用。产品设计反馈优化场景中，工业互联网平台可以将产品运行和用户使用行为数据反馈到设计和制造阶段，从而改进设计方案，加速创新迭代。

10.5　工业软件

工业软件是工业互联网平台架构中平台层（见图10-1）的核心内容。软件定义工业，离不开工业软件。工业软件是工业创新知识长期积累、沉淀并在应用中迭代进化的软件化产物。第四章对工业软件的类别进行了分析，下面分析工业软件的特征和发展趋势。

10.5.1　工业软件的特征

工业软件具有以下鲜明特征。

1. 工业是根

工业软件根植于工业但脱胎于工业，只有基于高端工业才能诞生和孕育世界一流的工业软件；只有跳出工业的边界广泛吸纳软件等信息技术才能持续发展有生命力的工业软件。达索系统公司的发展，可以很好说明这一点。1967年，达索航空开始研发定义飞机模型的软件；1977年，达索航空启动开发三维交互CAD软件CATIA；1982年，达索航空成立达索系统公司专门负责发展CATIA软件；2012年，达索系统公司推出

3DEXPERIENCE 平台，构建软件生态。工业软件离不开工艺的支持。不同行业的工业控制软件，其服务对象均不相同，钢铁行业针对的是冶金工业，其控制软件很难适用机械行业，反之亦然。一套好的工业控制软件，不仅能够满足当前工艺的需要，而且在控制思想上还要有一定的超前意识，在一定时间内不会落后。

2. 知识是核心

工业软件是人类对工业领域运行规律产生的认知进行显性化的表述、结构化的分析、系统化的整理和抽象化的提炼，并实行知识化、模型化、算法化、代码化和软件化的过程。工业软件是工业创新知识长期积累、沉淀并在应用中迭代进化的软件产物。基于数学物理原理与专业学科知识，形成工具类软件；基于业务模型与流程管理等方面的知识形成业务类软件；基于提升产品自动化、智能化水平形成嵌入式软件。工业软件推动了工业知识泛化，让工业知识更好地被保护、更快地运转、更大规模地被应用。

工业软件要有行业数据知识库做支撑。行业数据知识库，是指对行业控制软件起支撑作用的行业生产过程中经验积累的集合。主要内容包括生产过程中采集到各种数据，经验计算公式、技术诀窍、各种事故处理经验及各种操作经验、操作手册、技术规范、工艺模型、算法参数、系数及权重比例分配等；既包括以文档形式存在的技术规范、操作规范、国家标准等，也包括经验公式、模型算法等软件核心内容及解决工具。

3. 应用是母

工业软件是应用出来的。工业软件往往不是单个分散的技术，而是一个体系，是各学科知识的集合，需要在生产实践中与各种知识融合，进而更新迭代。工业生产、制造对软件的精度、稳定性、可靠性等要求极高，这些都需要在应用中不断调整、扩充、完善，不可能一步到位。国际主流的工业软件产品，无不是通过不断试错来打磨升级技术，经过数十年应用沉淀后，获得行业认可的。一定程度上可以说，应用是工业软件之母。

10.5.2 工业软件的发展趋势

近年来，随着制造业竞争的加剧和客户需求的个性化，制造企业对工业软件提出了越来越高的要求；而互联网、物联网、移动通信的快速发展，计算和存储能力的迅速提升，软件开发技术的不断创新、虚拟现实 / 增强现实以及三维技术的普及，也为工业软件发展带来新的机遇。在这种背景下，工业软件正在从以下几个方面进行演进。

1. 工业软件越发重要

工业软件的重要程度不断提升。软件成为体现产品差异化的关键，70% 的汽车创新来自汽车电子，而 60% 的汽车电子创新属于软件创新。智能手机的核心差异化主要体现在操作系统和应用软件上，直接影响用户体验。

全球工业巨头高度重视工业软件，不断提升自身的工业软件整体解决方案。西门子公司斥资超过百亿美元并购了 UGS、LMS、CD-Adapco、Camstar、Mentor 等诸多工业软件，形成了工业软件 + 工业自动化的整体解决方案。著名测量设备制造企业海克斯康也投资数十亿美元，并购了 MSC.Software、Q-DAS、SPRING TECHNOLOGY、VERO 等 CAD/CAM/CAE/ 质量管理和工厂仿真等领域的知名软件厂商。罗克韦尔自动化投资 10 亿美元参股 PTC，共同推进工业物联网应用。工业巨头不断并购工业软件，说明了工业软件价值的迅速提升。我国的工业巨头宝钢、海尔、美的、三一重工、徐工等企业，也都在开展工业软件、工业物联网和工业互联网建设的实践。

发达国家对工业软件的价值认同也远远高于工业企业。例如，ANSYS 公司 2017 财年营业额约 11 亿美元，市值是 150 多亿美元；PTC 公司 2017 财年营业额 11.64 亿美元，市值是 125 亿美元；Autodesk 公司 2018 财年营业额 20.5 亿美元，市值达到 340 亿美元；达索系统公司 2017 财年营业额 32.4 亿欧元，市值达到 387 亿美元；Adobe 公司 2017 财年营业额 70 亿美元，市值则高达 1340 亿美元。市销比达到 10 多倍，而工业企业的市销比一般只有一两倍。这些数据表明，发达国家高度重视工业软件，工业软件巨头拥有雄厚的资金实力和融资能力，因而可以确保自己实现可持续发展。

2. 应用模式走向云端和设备端

工业软件的应用模式从单机应用到 C/S, B/S，走向云部署和边缘端部署。时至今日，仍然有很多工业软件是 C/S 模式，需要在客户机和服务器上都安装软件，在服务器端安装数据库。互联网的兴起，使得越来越多的工业软件转向 B/S 架构，不再需要在客户端安装软件，而是直接在浏览器上输入网址即可登录，这样使得软件的升级和迁移变得更加便捷。服务器虚拟化、桌面虚拟化等技术则可以帮助企业更好地利用服务器资源。很多智能装备，例如无线通信基站和程控交换机内部，也部署了诸多嵌入式的控制、检测、计算、通信等软件。近年来，设备端的边缘计算能力迅速增强，一些原来 PC 上部署的软件也被移植到设备端，能更高效地进行数据处理和分析。

3. 部署方式从企业内部转移到外部

工业软件的部署模式从企业内部部署（on-premise）转向私有云、公有云以及混合云。以往，制造企业购买的管理软件都是在企业内部自行部署、自行管理。云计算技术的发展，使得企业可以更高效、安全地管理自己的计算能力和存储资源，建立私有云平台；中小企业可以直接应用公有云服务，不再自行维护服务器；大型企业则可以将涉及关键业务和数据的应用系统放在私有云，而将其他面向客户、供应商及合作伙伴，以及安全级别要求不高的应用系统放在外部的数据中心，实现混合云应用。很多软件公司已支持软件的灵活部署，可以在 on-premise、私有云、公有云和混合云的模式之间动态调整。越来越多的用户企业开始接受基于公有云的部署方式，因为其最大的优势是管理方便，专业人做专业事，把复杂的 IT 运维工作交给大型的互联网 IT 公司。我国的阿里云、华为云、腾讯云、京东云，以及三大电信运营商也都提供了多种形式的云服务。

4. 从销售许可证转向订阅模式

工具类软件的销售方式从销售许可证转向订阅模式。如 Autodesk 公司的 CAD 软件目前已经不再销售许可证，只支持订阅方式。订阅模式的软件并不一定都是基于云部署，仍然可在企业内部安装，但是通过订阅定期获得授权密码。订阅模式是一种对于用户企业和软件公司双赢的模式，用户企业可以根据应用需求，灵活增减用户数，还可以即时获得最新的软件版本。而对于软件公司而言，则可以确保用户产生持续的现金流，从长期来看，订阅服务的收入会超过销售固定许可证的营收。同时，由于用户企业已经应用该软件产生了大量数据，也不可能轻易再改换门庭。

5. 工业软件走向组件化、服务化、平台化

工业软件的架构从紧耦合转向松耦合，组件化、平台化、服务化是趋势。早期的工业软件是固化的整体，牵一发而动全身，修改起来很麻烦。后来出现了面向对象的开发语言，进而产生了 SOA 架构，软件的功能模块演化为 Web Service 组件，通过对组件进行配置，将多个组件连接起来，完成业务功能。工业软件正在解构为运行于工业云平台或者工业互联网平台上的工业 App，可以实现即插即用，操作简便易用，随需而变。目前，阿里云、腾讯云、百度云、京东云、华为云，以及我国一些大型制造企业和专业的工业物联网厂商正在争先恐后地建立工业互联网平台，平台之争一触即发，那些能够更高效地支持各类工业 App 的运行，打造健康的工业互联网生态系统的平台，将会更有竞争力。

10.6 工业 App

工业 App 是工业互联网平台架构中应用层的核心内容（见图 10-1）。工业 App 是基于工业互联网、承载工业知识和经验、满足特定需求的工业应用软件，是工业技术软件化的重要成果。

10.6.1 工业 App 的本质和特征

工业 App 实际上是一种处理过的工业软件，其本质上是一种与原宿主解耦的工业技术经验、规律与知识的沉淀、转化和使用的应用程序载体，其具有以下特征。

（1）工业 App 必须与原宿主解耦。解耦的目的是要解决如何对技术进行沉淀、重启乃至有效运用这一难题，而原宿主可以是拥有工业技术经验、掌握规律与知识的人或由人构成的组织，也可以是隐含或潜藏着规律与特性的客观存在的某一个事物。任何技术如果过于依赖人或设备作为主体的经验或是能力来进行操纵，那么它的载体便不能称为工业 App。可以看出，数字化工业的一种潜在趋势是逐步减少对传统经验等的依赖，而是希望更多地将其进行数字化的记录。

（2）工业 App 追求标准化和体系化。工业 App 是对技术、规律乃至经验的沉淀与整合，而非简单记录，更不是简单收集。强调标准化意在提高数据模型和工业技术知识的重用率及重用效率，使工业 App 能够标准化运用于多重领域，同时可以让 App 使用者无须关注数据模型和知识本身，就可以直接地进行高效的使用；强调体系化即旨在形成完整的工业技术体系，以便组合整个体系中不同的工业 App，以完成复杂的工业应用。这意味着在将工业软件数字化的同时进行了总结、归纳以至升华，唯有如此才能推动未来的产品开发。

（3）工业 App 应用灵活且简便。工业 App 目标单一，只解决特定的问题，不需要考虑功能普适性，每一个工业 App 都非常小巧灵活，不同的工业 App 可以通过一定的逻辑与交互进行组合，解决更复杂的问题。每一个工业 App 集合与固化了解决特定问题的工业技术要素，因此，工业 App 可以重复应用到不同的场景，解决相同的问题。

（4）工业 App 在编码层面上具有轻代码化。工业 App 需要一个非常庞大的生态来支撑，在工业 App 生态建设的进程中，离不开掌握了工业技术知识的广大工程技术人员的参与。这就要求工业 App 的开发是在一种图形化的环境中通过简单的拖、拉、拽等操作和定义完成的，而不需要代码或仅需要少量代码。

（5）工业 App 支持平台化可移植。工业 App 集合与固化了解决特定问题的工业技术要素，因此，工业 App 可以在工业互联网平台中不依赖于特定的环境运行。

上述关于工业 App 的特征充分映射了工业 App 的根本目的，包括便于工业人实现经验与知识的沉淀，便于利用数据与信息转化为规律与特性涌现，便于将经验与隐性知识转化为显性知识，便于在一个共享的氛围中实现知识的社会化传播，便于知识的高效应用等。

10.6.2　工业 App 的分析维度

工业 App 是工业技术软件化的主要成果，其目的是在工业产品的生命周期中重用。下面分别从工业产品生命周期、技术要素、软件化和应用四个视角进行分析。

1. 工业产品生命周期

工业 App 是针对一般工业产品生命周期过程中不同阶段与环节的应用。工业产品生命周期过程可以划分为概念设计、设计开发、生产制造、运维服务、经营管理五大类工业活动，包括从最初问题发现、需求挖掘、概念提出、方案定义、设计直到数字样机完成，再到生产制造、交付运行、维护等过程，以及工业领域的经营管理等活动。

（1）概念设计阶段。主要完成产品在赛博空间从最初问题发现、需求挖掘、概念提出、方案定义到技术创新与攻关、关键元素原型机等活动。概念设计阶段需要使用到需求定义流程、概念开发流程、方案定义流程、需求获取方法、需求分析方法、需求分解知识、专业原理、各种数据分析方法、决策支持等各种工业技术要素。在这一过程中，将在不同的控制点开展质量控制、验证与确认、决策、迭代等活动，所完成的工作是从无到有的创造性工作。概念设计阶段主要关注问题定义的准确性、所要考虑的概念与解决方案要素的完整性，以及解决问题的效果与达成效果的技术可行性、可获得性等要素。

（2）设计开发阶段。主要完成产品在赛博空间根据方案定义完成工程设计、数字样机定义等过程。在这一过程中，将使用不同的工具软件与专业知识，开展机械、电子、软件、控制、液压等多专业的协同设计与集成，自上而下分解，自下而上集成，并在不同的控制点开展过程质量控制、验证与确认、决策、迭代等活动。在设计开发过程中，需要同实现环节一起考虑产品实现的各种技术或工艺约束。设计开发阶段主要关注准确地分析问题，针对问题提出不同解决方案并选优，利用现有的各种技术手段以及可行的技术创新实现该解决方案，并全面地考虑周期、成本、可行性、技术风险、安全性以及环境影响等因素。提升研发设计效率、提升研发设计产品的质量，以及更好地满足并解决问题是设计开发阶段主要考虑的问题。

（3）生产制造阶段。主要是基于设计开发阶段的系统对象完成生产或制造实现的过程。这一过程将从工艺规划设计开始，完成从原材料、成品以及软件架构开始的生产、采购和软件编码活动，并在不同的控制节点开展过程质量控制、验证、确认、决策、迭代等活动。在这一过程中可能需要对产品设计进行修改以解决生产问题、降低生产成本，或增强系统的能力。上述任何一点都可能影响系统需求，导致产品研发设计的迭代，并且可能要求系统重新验证或重新确认。所有这些变更都要求在变更被批准前进行系统评估。生产制造是对所研发设计的产品对象的物理实现，关注生产制造工艺规划与设计、生产现场的有效规划与管理、生产现场与设施设备的执行效率、生产制造数据的采集并基于数据进行产品的验证与确认，以及生产制造与产品研发设计之间的反馈与迭代。

（4）运维服务阶段。运维服务系统在其预期设定的环境中运行，从向客户交付其预期的各种服务开始，持续地为系统提供支持以使系统能够持续运行。这一过程经常会涉及系统在运行期内有计划地引入对系统的修改，这些修改可以解决系统的可维护性问题、降低运行成本，或改进系统的缺陷、提高系统的能力，或者延长系统寿命。运维服务是产品物理实体在其指定的运行环境中运行与使能支撑，关注如何更好地为用户提供服务，关注提供服务的可维护性与运行成本，以及对系统的改进。因此，它对系统运行过程中的各种运行数据、运行环境数据、使能系统数据进行采集与分析，并将分析结果与制造、研发设计进行反馈迭代，实现备件管理优化和能效优化，以便进一步改进产品能力，减少产品与设施设备的故障率和停机时间，持续为客户提供更好的服务，降低运行与运营成本。

（5）经营管理阶段。经营管理是一个通用的说法，包括企业的决策管理、业务过程控制以及技术管理等内容，涵盖决策管理、财务管理、人力资源管理、项目管理、知识管理、投资组合管理等，用于企业产品开发、制造、营销和内部管理以及战略决策等各种活动，可以提高制造企业经营管理能力和资源配置效率。企业经营管理通常要紧密结合企业业务去开展，因此要考虑经营管理与产品设计、生产制造、运行与服务等业务环节的融合。经营管理关注业务过程和企业运行的规范性、数据的准确性与及时性、风险的预测与可控等。

2. 技术要素

技术要素涉及流程与方法、数据与信息、经验与知识三大类别。

（1）流程与方法。流程与方法涵盖了人们对事物运行的客观规律与基本原理的总结，是工业技术要素的基础，是在理解对象行为的基础上对事物运行的结构化表达，是产品生命周期不同阶段各种工业技术活动的技术路径和基本方法，是数据、信息与知识的主要组织逻辑。在对工业技术知识进行描述并形成解决问题的能力过程中，数据、信息与知识都是围绕流程来组织的。这些流程和方法包括：在接受一项工作后，应该采用什么样的技术主线，有什么样的方法论可以指导工作开展，如何分解与定义活动，应该从哪里入手找到切入点，应该如何找到解决问题的抓手，采用哪些具体的方法来完成这些活动，以及活动的输入输出和交付成果，执行活动的主体，需要遵循的规范与约束等内容。流程与方法属于典型的对已有工业技术知识的还原与解析，关注活动的分解、输入输出、活动之间的逻辑关系、目标与价值，强调结构化的描述与表达。流程与方法将随着技术的升级、实践经验的提升等因素而不断优化，也可以利用信息技术对一个时间跨度上的数据进行整体分析后所发现的规律和趋势对其进行完善与优化。

（2）数据与信息。数据与信息是工业 App 技术要素维的基础要素，是工业 App 处理的主要对象之一。数据与信息包含了工业领域最基础的要素，是工业产品在生命周期过程所产生并客观存在的大量关于工业产品对象的主体、客体、数量、属性、时间、位置、环境、活动及其相互关系的一种抽象表示，这种抽象表示是为了便于人们对这些客观对象进行认识、了解，并对这些属性、位置等抽象表示进行保存、传递以及处理。人们用不同的方式方法对这些数据进行处理，结合特定的时间属性，建立起时间维度上的相互关系，就形成了信息。数据和信息是客观描述整个工业领域运行的基础，通过对这些数据与信息的分析和处理，可以获得对工业产品更深入的认知，更全面地了解工业品对象，以及为形成知识和采取行动提供基础。人们总是只获取自己关注的数据与信息而忽略其他信息，这就会造成数据与信息的缺失，使得人们对对象的认识缺乏全面性或者准确性。因此，工业 App 在对工业技术要素中的数据与信息进行获取、处理与分析时要尽量完整、准确，从而获得对对象的全面认知。

（3）经验与知识。经验与知识包含了从大量描述客观对象的数据与信息中，通过定量或定性分析，包括人对事物的直观感觉认知等，并结合一个时间跨度上的不断迭代、修正后形成的一种相对确定的认知。其中，经验更多是在直观的、多次重复的、定性的判断分析和不断修正后才获得；而知识是一种确定性很高的认知，往往可以通过解析方法还原成确定性来表达。当经验经过进一步分析、分解还原成一种确定的内容后，可以形成知识。

3. 软件化

软件化从工业 App 生命周期过程的视角，描述了产品研发设计制造与运维等生命周期不同阶段的技术要素通过软件化形成工业 App 的技术路径和过程，其目的是根据规划的工业 App 体系构建逐渐完善的工业技术生态体系，包括五个方面内容。

（1）体系 / 标准。体系 / 标准规划一般分为不同的层次，按照制造业宏观战略，以及行业、企业或组织的战略目标及相关运营规划，自上而下不断分解与细化，建立相应的工业技术发展规划，并形成工业 App 体系规划。按照一般工业 App 体系内容，需要在宏观层面围绕行业领域建立行业 App 体系；在中观层面围绕企业的产品线和产品，涵盖产品的设计、制造、运行保障以及相关管理等环节，建立产品设计 App、工艺设计 App、生产制造 App、保障 App 和退出 App 等，形成产品线 App 体系；在微观层面，围绕专业领域建立专业 App 体系。详细内容可以参考工业 App 体系规划。

（2）知识定义。工业技术知识经常以各种隐性方式存在于人的头脑中，人们对某些事物的感受、认知、基本的判断、经验、公认或约定俗成的各种看法，都属于隐性知识。另外还有大量的工业技术知识常常以技术文献、档案、数据库、软件系统、电子文档等非结构化方式散布在企业内部各个位置。由于认识角度和认识深度的差异，各种工业技术呈现局部化、不完整、不深入、冗余重复、新旧混杂、缺乏系统性、逻辑混乱甚至相互矛盾等各种情况。如果仅仅是对这些知识进行简单堆积存放，很难有效利用并发挥其价值。我们需要对已有工业技术知识按照工业技术体系和工业 App 体系规划要求进行系统性梳理，从中提取典型特征并完成知识的特征化描述。一般的数据建模过程，就是从海量数据中分析并提取出典型特征要素，完成特征化描述。

（3）封装 / 发布。当对知识完成特征化描述后，可通过技术建模活动完成对特征化工业技术知识的抽象和模型化表达，形成知识模型，然后使用软件技术将知识模型转换成工业 App。由于工业领域的复杂性，在由知识模型转换为工业 App 的过程中需要考虑多方面的因素：一是关于合规性问题，工业 App 也需要遵循各种标准和规范；二是封装工具软件的问题，工业领域包含四类模型，这些模型需要利用不同的工具软件完成，特别是描述对象时的各种领域工具软件，需要在知识模型转化成工业 App 的过程中完成工具软件适配器的封装；三是关于数据交换问题；四是人机交互问题。此外还可能包括从数据库中调用数据（比如材料数据）的问题等，这些都是在 App 开发过程中需要考虑的事项。工业 App 开发完成后，还需要一个特定的发布流程才能正式发布。经过正式发布的工业 App 才是一个可信、可用的工业 App。

（4）评估 / 应用。工业技术要素通过软件化过程形成工业 App 并投入工业领域重用前，需要一个基础，这就是工业 App 的可信度、可用性等。评估的作用就是保证工业 App 可信、可用。因此，在工业 App 开发完成之后需要进入评估环节，该环节采用多种评估方式（比如专业评估、用户评估等），评估工业 App 在工业场景中的应用效能，以及是否能够在功能和效果上有效解决工业特定环节的问题。此外，质量管理应该贯穿整个工业 App 开发过程，才能保障工业 App 质量。经过专业评估的工业 App 可以投入使用，并在工业领域中被重用。

（5）工业 App 生态。从工业 App 的定义看，工业 App 仅解决特定问题，对于复杂的工业领域，需要大量工业 App 相互组合来解决一些复杂的工业问题。由于工业所涉及的领域太多、太复杂，这就需要更多的力量来共同支撑。工业 App 所需要的工业技术要素定义、开发、标准定义、评估、法律法规、保护等，将形成一个庞大的工业 App 生态体系。工业 App 生态的形成，需要政府在政策 / 法律法规上的支持、对知识的保护，需要工业界对工业技术知识的积累与开拓，需要学术界对工业 App 理论体系的探索，需要 IT 界对信息技术的研究探索以及同工业技术的进一步融合，需要企业对工业 App 的开放性思想与共享文化支撑，需要全社会的知识工作者共同参与等。

4. 应用

工业 App 最终目标是应用。目标实现途径可以分为四个步骤，即单元重用、组合重用、联网分享和智能应用。

（1）单元重用。单元重用描述了工业 App 的最初应用形态，即在工业 App 的数量不够丰富，尤其是同系列工业 App 不够完善的情况下的一种初始应用状态。通过单元重用，可解决相对比较简单的特定问题，提升工业技术知识的价值。工程师个人或者开发团队针对一些特定的工业技术要素封装和形成特定的工业 App，该工业 App 解决特定的问题。针对这些重复性问题，工程师个人或团队内部利用特定工业 App 进行单元重用来解决特定问题。随着工业 App 成熟度的提升，单体 App 也可以借助工业互联网平台实现广泛的分享重用。

（2）组合重用。组合重用过程描述了工业 App 更进一步的应用形态。随着工业 App 数量的增加，尤其是可以解决同一大类问题的同系列工业 App 很丰富，将多个工业 App 按照一定的业务逻辑进行组合，可在更复杂业务对象的构建和描述过程中重用，提升工业技术知识的价值。组合重用模式的应用范围在当前情况下往往发生于企业范围内，由于有多个同系列工业 App 的支撑，这种重用通常是在企业内部工业 App 体系规划指导下，在完成了 App 体系内各工业 App 的建设后的一种应用。重用的范围可以是个人的组合重用，也可以是部门的组合重用，还可以是企业范围内的组合重用。组合重用可以是工业 App 的嵌套组合应用，也可以是松散的组合。在嵌套组合应用中，在多个工业 App 之上，还需要一个工业 App 来定义各 App 之间的组合逻辑以及数据交换。嵌套组合应用实际上是形成了一个新的、由多个 App 固定组合来解决更复杂问题的新工业 App。而对于另一种松散的组合应用，可以在 App 应用环境中临时定义多个 App 之间的组合逻辑和数据关系，解决临时性复杂问题。这两种组合重用模式目前都存在。

（3）联网分享。工业互联网分享描述的是一种工业 App 应用的新模式，利用工业互联网，汇集更多的工业 App 资源，开展更加广泛的工业 App 流通与分享。工业技术知识只有在分享的文化氛围下才能形成倍增效应，工业技术知识的价值才能得到更广泛的体现。其实，不管是单元重用还是组合重用，只要成熟度达到并经过正式流程发布的工业 App 都可以实现工业互联网分享。之所以将工业互联网分享定位在第三个步骤，主要还是基于对工业互联网平台作为工业操作系统这一定位的成熟度来考虑的。工业互联网分享模式提供了一种更广泛的分享应用，其重用范围是在整个工业互联网，通过工业互联网汇聚更多的工业 App 资源，需求方根据工业互联网平台的流通规则获得相应的工业 App 后，在相应的工业 App 应用环境中实现工业 App 的重用，可以是单个工业 App 的单元重用以解决特定问题，也可以是多个 App 组合重用以解决复杂问题。

（4）智能应用。智能应用过程描述了更长远的未来，此时工业 App 生态比较完善，是与先进技术结合后的一种高级应用模式。工业 App 智能应用主要包括在工业 App 生态中的智能匹配，以及自我进化与优化两方面智能模式。随着工业 App 的体系越来越完善，工业 App 数量越来越多，这个时候必将面临一个问题，对于这么多的 App，哪一个才能解决自身问题呢？通过工业 App 与语义集成的方式实现工业 App 智能匹配，当用户在任务需要的时候，平台可智能地匹配到解决该问题的工业 App。另外，人们对事物的认知逐渐深入，随着时间的推移，技术的发展也不断深入，人们从客观事物获得的数据与信息越来越多，认识事物的角度也会不断增加，工业技术知识同时不断扩展，将工业 App 与人工智能相结合，通过机器学习实现工业 App 在应用过程中的自我优化与完善，是工业 App 智能应用的一种更高级的应用形式。

10.7 工业物联网

工业物联网对应着工业互联网平台架构中的边缘层（见图 10-1），是工业互联网的核心基建部分。

10.7.1 物联网及其架构

物联网（the internet of things，IoT）由国际电信联盟（ITU）的定义为通过二维码读取设备、射频识别装置（RFID）、红外线感应器、全球定位系统和激光扫描器等信息传感设备，按照既定协议，把任何物品与互联网连接，进行信息交换和通信，以实现智能化识别、定位、跟踪、监控和管理的一种网络。物联网将传感器与智能处理相结合，运用云计算、模式识别等多种智能技术，拓展应用领域。从传感器获取的海量信息中，分析、处理得到有意义的信息，以满足不同用户的不同需求，找到新的应用领域和模式。从 PC 互联网到移动互联网都是人与人的连接，物联网（IoT）则是将身边的所有东西、事件都连接在互联网上。智慧医疗、智慧交通、智慧政务等都要基于物联网，只有相关物体或事件连接到互联网以后产生了数据才有智慧的可能。

举一个智能灯泡的例子（见图 10-2）。买回一个智能灯泡后，把它接到灯口上通电，然后扫描说明书的二维码下载 App，通过 App 和灯进行交互使设备连网，连网后设备请求接入服务，应用层会根据鉴权规则确认设备是否可以接入，允许后设备成功使用服务，就可以通过 App 控制灯的颜色、灯的亮度、灯的开关，充分享受物联网带来的便捷。这个过程可以描述为：购买→通电→配网→鉴权→使用。配网指的是将设备连接到互联网上，有的设备通过家用 Wi-Fi 入网，比如家里的摄像头；有的通过蓝牙入网，比如手环；有的通过 Zigbee 网关入网，比如智能路灯，具体入网方式与设备所要处理的业务、位置有关，整体从耗电量、通信范围、数据上传下载量等多个维度平衡选择。鉴权指设备接入应用层的时候需要确认是不是拥有应用层的标识。以上例子中，灯泡属于感知层，如何配网属于网络层，用 App 控制灯泡是应用层在起作用。因此，基本就知道了物联网的架构（见图 10-3）。

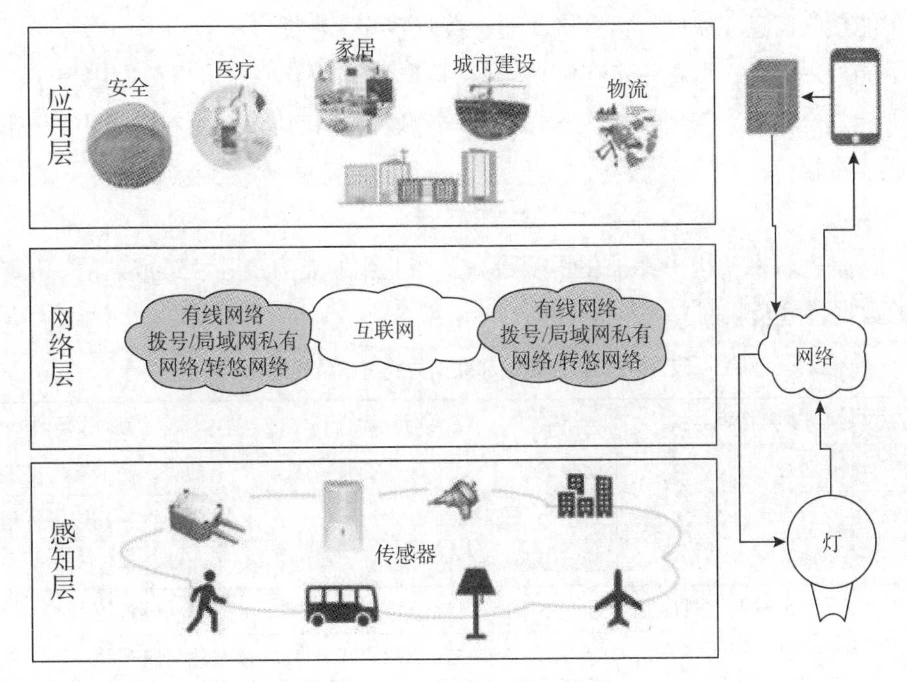

图 10-2　智能灯泡的物联

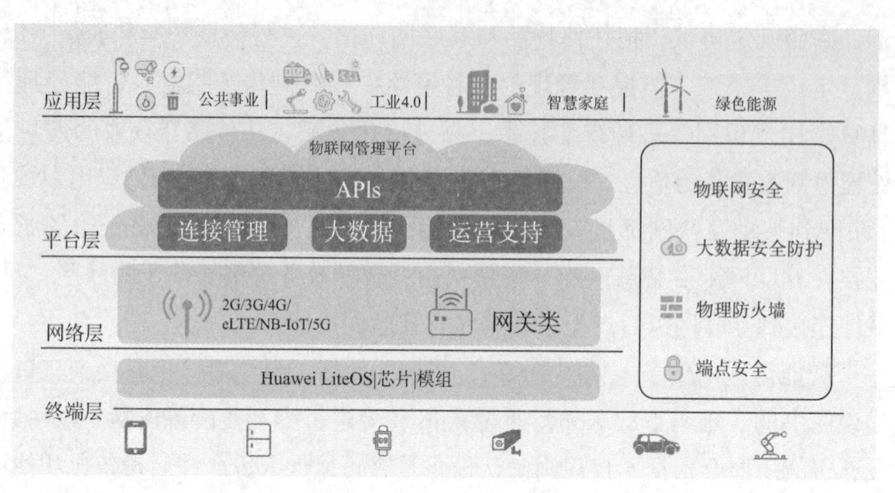

图 10-3　物联网基本架构

1. 终端层

终端层是物联网实现全面感知这一特征的核心，以使得物联网的感知能力更为全面、更为精确。未来社会是万物的感知，用什么感知？软件做不到，只有依靠终端。终端不仅是一部手机，更是一部家庭路由器、摄像头、可穿戴设备、传感器、汽车、物联网终端。它们都可以成为端，实现万物互联、万物感知，端形式多样化、端的非生物元素和生物元素高度融合，物理世界和数字世界高度融合，并具有边缘计算能力。要想成为物联网中的物，需要满足以下基本条件：

（1）能接收信息，需要有信息接收器、接收系统、数据传输通路；

（2）能处理信息，需要一定存储功能、CPU、自身操作系统、专门应用程序；

（3）能发送信息，需要数据发送器、遵循物联网通信协议、有在网络中可被识别的唯一编号。

2. 网络层

网络层是物联网架构中标准化程度最高，产业化的能力最强、最成熟的一层。物联网相关的数据传输及联网方式见表 10-2。

表 10-2　数据传输和联网方式基本特性对比

联网方式	支持拓扑结构	使用距离	应用场景
NFC	点对点	近距离	扫码、刷卡等
Bluetooth	点对点	近距离（< 100 m）	移动设备、智慧穿戴设备
Wi-Fi	星形	近、中距离（数百米）	移动设备等
ZigBee	星形、树形、网状形	近、中距离（10m 至数千米）	移动设备等
LoRa	星形	远距离（2 ～ 5km，最高可达 15km）	物流跟踪等
NB-IoT	星形	远距离（10km 以上）	智慧城市、共享单车等

NFC。近场通信（near field communication），实质是脱胎于无线设备间的一种非接触式射频识别（RFID）及互联技术，是一种非接触式的自动识别技术，它通过射频信号自动识别目标对象并获取相关数据，识别工作无须人工干预。

Bluetooth（蓝牙）。蓝牙是一种通用的短距离无线电技术，蓝牙 5.0 理论上能够在最远 100m 左右的设备之间进行短距离连线，但实际使用时大约只有 10 m。其最大特色在于能让轻易携带的移动通信设备和计算机，在不借助电缆的情况下联网，并传输资料和讯息。目前普遍被应用在智能手机和智能穿戴设备的连接以及智慧家庭、车用物联网等领域中。

Wi-Fi。Wi-Fi 被广泛用于许多物联网应用案例中，最常见的是作为从网关到连接互联网的路由器的链路。然而，它也被用于要求高速和中距离的主要无线链路。Wi-Fi 无线技术并不是为了取代蓝牙或者其他短距离无线电技术而设计的，两者的应用领域完全不同，虽然在某些领域上会有重叠。Wi-Fi 设备一般都是设计为覆盖数百米范围的，若是加强天线或者增设热点的话，覆盖面积将会更大，甚至是整幢办公大楼都不成问题。Wi-Fi 无线技术主要为移动设备接入 LAN（局域网）、WAN（广域网），以及互联网而设计。基本上来说，在 Wi-Fi 标准中，移动设备扮演的是客户端角色，而服务端是网络中心设备；与 NFC、蓝牙技术的两移动设备互联互通在点对点（peertopeer）结构上有着巨大的区别。

ZigBee。也称紫蜂，是一种低速短距离传输的无线网上协议，底层是采用 IEEE 802.15.4 标准规范的媒体访问层与物理层。主要特色有低速、低耗电、低成本、支持大量网上节点、支持多种网上拓扑、低复杂度、快速、可靠、安全。传输范围一般介于 10 ～ 100m，在增加发射功率后，亦可增加到 1 ～ 3km。这指的是相邻节点间的距离。如果通过路由和节点间通信的接力，传输距离可以更远。

LoRa。远距离无线电（long range radio），它最大的特点就是在同样的功耗条件下比其他无线方式传播的距离更远，实现了低功耗和远距离的统一，它在同样的功耗下比传统的无线射频通信距离扩大 3 ～ 5 倍。

NB-IoT。窄带物联网（narrow band internet of things）成为万物互联网络的一个重要分支。NB-IoT 构建于蜂窝网络，只消耗大约 180kHz 的带宽，可直接部署于 GSM 网络、UMTS 网络或 LTE 网络，以降低部署成本、实现平滑升级。NB-IoT 的特点是低频段、低功耗、低成本、高覆盖、高网络容量，也被称作窄带物联网。一个基站就可以比传统的 2G、蓝牙、Wi-Fi 多提供 50 ～ 100 倍的接入终端，并且只需一节电池设备就可以工作 10 年。

构建物联网网络的技术有许多可供选择，如 Modbu-STCP、Modbus-RTU、LoRa、NB-IoT、Wi-Fi、以太等。NB-IoT 与 LoRa 是当前国内两种广域物联网的主要技术流派。

下面对这两种技术流派在运营模式、运营成本、模组功耗、覆盖深度和广度等方面进行对比分析。

（1）在运营模式方面。NB 是运营商建网，优势是业主不需要考虑基站部署。但是，一方面，网络质量取决于运营商，业主无法控制。运营商是面向全行业的网络覆盖，如果出现信号盲区不可能为业主进行网络优化、信号补盲等。另一方面，数据必须经过运营商，业主需要和运营商对接获取经营数据，保密性存在问题，运营数据不可控。LoRa 是企业自建网，与 NB 运营商建网的优劣势正好相反。优势在于两个方面，一是业主可自主把控网络质量，对于网络覆盖可快速优化补充；二是可自主运营；运营数据掌握在自己手中，根据业务需要扩展网络。劣势在于需要考虑 LoRa 基站的部署建设，需要更多地考虑基站选址、供电，以及站址协调等方面的问题。

（2）在建设及运营成本方面。NB 属于运营商建网，用户需要承担的是 NB 模组硬件成本、NB 运营商网络租用成本。LoRa 属于自建网，用户需要承担 LoRa 模组成本、LoRa 基站成本；从当前的成本来说，尽管国家及运营商有补贴政策，NB 的模组硬件费用和运营成本都高，粗略估算 NB 的总成本比 LoRa 高 20% ～ 30%。

（3）在模组功耗方面。NB 的功耗当前比 LoRa 要高，但具体对比与终端数据接收及发射频率有很大关系；高频应用对 NB 的功耗影响非常显著，这与休眠 / 唤醒机制有很大关系，而 LoRa 则受此影响较少。如果是低频采集，如一月一次，那么 NB 的功耗可保证数年使用寿命，完全可以支撑应用；如果是较高频采集，如一小时甚至半小时一次，预计 NB 的功耗将至少是 LoRa 的 3 倍。

（4）在覆盖深度方面。NB 是面向公众建的公用网络，并且每台 NB 基站的建设费用可达数十万；这意味着其覆盖深度的目标是保证大部分终端可用，对于少部分应用终端不太可能去深度覆盖。LoRa 是私网，并且每台 LoRa 基站的费用只需几千；这意味着其覆盖深度可控，随时可进行补盲。

（5）在覆盖地区方面。NB 属于运营商建网，运营商考虑其效益因素，会更多地考虑在人口密集区域，如一二三四线城市，尤其是市区人口密集区做重点覆盖；那么在人口稀疏地区至少在当前阶段不是重点；LoRa 是私网建设，则不受此影响。

在很多场景下，需要考虑多重因素，比如客户数据量、数据传输距离、成本等因素。因此，根据场景进行选择，才是最明智的决定（见表 10-3）。

表 10-3 适合采用 NB-IoT 和 LoRa 技术的应用对比

应用名称	应用特征	适用技术
共享单车	分布广，单位密度小，适合借助运营商网络	NB-IoT
智能抄表	业主对采集频率不高，对网络可用性没有高要求，不考虑自建基站	NB-IoT
积水 / 管网监测	分布广，单位密度小	NB-IoT

续表

应用名称	应用特征	适用技术
通用型可穿戴系列	终端分布在整个城区，适合借助运营商网络	NB-IoT
智能停车	地磁感应磁场变化从而进行车辆出入车位的判断，上下行无线链路	NB-IoT
智能抄表	业主对采集频率有高要求需要做数据分析，对网络可用性有高要求	LoRa
道路泊车检测器	采集频率较高，而对终端寿命又有一定要求	LoRa
野外郊区的	如矿业、采掘业、郊区重工业等	LoRa
区域集中型	如高校、普教、园区用户，想建设私网对设施及应用进行管理	LoRa

3. 平台层

平台是运营商介入到各行垂直物联网产业的核心竞争力。物联网平台的主要功能包括连接管理、设备管理和应用使能。平台层由计算层、业务软件和大数据层一起组成。平台层在物联网的整体架构中起着关键的作用。它不仅实现了底层终端设备的管理、控制和操作的集成，而且为上层提供了应用开发和统一的接口，构建了设备与业务的端到端畅通无阻的通道。同时，还根据信息价值孵化的土壤，提供了相关的业务整合和数据，为提高行业的整体价值奠定了一定的基础。平台层是社会分工的产物。

物联网平台是物联网价值链的锚点，是运营物联网的战略控制点。在连接价值下降、数据为王的时代，通过物联网平台分享未来物联网的最大蛋糕，也是各运营商、设备供应商和行业巨头们共同的选择。据统计，智能终端、网络（管道）、应用使能（平台）、服务和运营的市场价值分别是30%、10%、20%和40%。

根据物联网服务层次，物联网平台主要分为四大平台类型，包括设备管理平台、连接管理平台、应用使能平台和业务分析平台。设备管理平台主要用于物联网设备接入、数据采集、设备状态检测和维护等；连接管理平台包括SIM卡管理，提供SIM卡生命周期管理、状态监测、故障诊断等功能；应用使能平台帮助物联网应用程序开发人员快速开发和部署他们需要的物联网应用程序；业务分析平台收集各种相关数据后，进行分类处理、分析、提供可视化的数据分析结果（图表、仪表盘、数据报表）。

4. 应用层

物联网最终发展的根本目标在于向世人提供丰富的物联网应用，物联网技术与各行业交叉融合，技术与信息的高度结合，衍生出多种物联网应用，创造更大的社会价值，这是物联网的最终目标。应用层就像大脑，大脑会对接收到的信息进行归类、判断并作出相应的动作或决定。

10.7.2　工业物联网工程

工业物联网（IIoT）是物联网在工业领域中的应用，是工业互联网的一部分，充当“基建”的角色，将设备层和网络层连接，强调物物互联，为平台层和应用层打下了坚实的基础。整体上来看，工业物联网涵盖了云计算、网络、边缘计算和终端，自下而上打通工业互联网中的关键数据流，为工业互联网提供各种有用的数据和养分。工业物联网是物联网和互联网交集产生的网络系统，同时也能突破自动化与信息化深度融合这一难关。因此，物联网工程是工业数字化转型的重要工程。

由物联网架构可知，物联网工程具有鲜明的特征，这些特征构成了物联网工程在数字化转型过程中的难点，对物联网工程技术人员提出了特殊的要求。首先，必须全面了解物联网的原理、技术、安全、系统等知识，并且了解物联网技术的发展趋势和现状。其次，必须熟悉物联网工程设计与实施的具体步骤、流程，而且还要熟悉物联网设备及其发展趋势，且具有设备选型与集成的经验和能力。再次，必须掌握信息系统开发的主流技术，具有基于无线通信、Web 服务、海量数据处理、信息发布与信息搜索等要素进行综合开发的经验和能力。最后，必须熟悉物联网工程的实施过程，具有协调评审、监理、验收等各环节的经验和能力。

物联网在各行各业都有应用，工业物联网占据物联网市场份额第一位。同时，工业企业也是所有行业领域中最复杂的。企业的行业、规模、产品、组织等方式千差万别，很难找到两个完成一样的企业和工厂。从企业的产品类型和生产工艺组织方式上可分为离散制造行业和流程生产行业。典型的离散制造业是通过物理（形状变化、装配和产品）来增加原材料的价值，包括机械制造、电子和电气航空制造、汽车制造和其他行业。这些企业有按订单、按库存生产，有批量生产和单小批量生产。典型的流程生产行业主要通过搅拌、分离、破碎、加热等物理或化学方法增加原材料价值，包括制药、化工、石化、电力、钢铁制造、能源、水泥等行业。这些企业主要采用库存、批量、连续的生产方式。

1. 物联网工程在离散行业数字化转型中的作用

离散制造行业，将一项完整的工作进行拆分，分解成多个模块、多个加工任务，交由不同的部门去进行制造车间协同作业，进行不连续工作，最后完成装配以达成完整产品的制造。离散制造行业具有以下主要特征：

（1）作业方式多种多样，典型的包括 Cell、流水线等，即使是同一种作业方式，其结构、布局、参数也差异巨大；

（2）以产品 BOM 为核心的模型，可以用树进行描述，最终产品一定是一个由固定个数的零件或者部件组成，是各种物料叠加的过程和机加工的过程；

（3）需要检验每个单件、每道工序的加工质量；

（4）产品工艺过程经常变更。

在大规模个性化定制趋势要求下，制造企业生产工艺、物流、质量复杂性提高，迫切需要打通信息流，释放管理压力、提高生产效率、降低生产成本、提高产品质量；需要及时准确地将计划及变革需求发布到现场，并收集过程中的输入、作业、结果信息；需要提高现场对变更的反应速度；需要对产品、物料、人员、机器、环境等进行追溯。在市场竞争日益激烈的情况下，企业需要提升管理水平，迫切需要提升管理人员改善制造流程、工艺等各种及时准确的数据；需要基于事件的现场进行可视化监控；需要归纳/综合/分析过程信息，为企业提供决策支撑。另外，离散制造企业需在符合法律要求的前提下，在需要时具备追溯能力，满足客户在进度跟踪、质量投诉、过程稽核等方面的要求。物联网在帮助离散制造行业满足以上需求时，起到提效、增质、节能、降耗、缩短交期、节省原料等作用。具体体现在以下几个方面。

（1）产品制造数据状态的实时监测。关键参数实时统计，可以提前发现生产中的异常以避免造成更为严重的问题，并利用此数据开发预测性的维护程序；

（2）开发物联网产品。通过生产和销售具有智能组件（收集产品数据和使用情况数据）的产品，提高客户参与度和改善客户运营；

（3）设施管理。可以优化工厂内能源的消耗、空间利用和办公生产力。有效管理关键环境控制因素，为员工创造安全环境并节省资金；

（4）整体设备效率提升。通过将离散流程连接到支持数据收集的传感器来获取重要见解，了解厂房的表现是否符合其设计产能，可以分析此性能数据并适时调整生产线；

（5）智能化供应链建设。创建智能系统来管理扩展到工厂范围之外的复杂供应链，以使损失最小化。

2. 物联网工程在流程生产行业数字化转型中的作用

流程生产行业具有以下主要特征：

（1）流程企业是能耗高、服务面广、配套性强、资金技术密集的重要基础产业部门，生产批量大、周期短，新产品研制开发周期长、投资大；

（2）生产品种依赖工艺流程和设备，主要原料品种单一且相对稳定，而产品种类数量多，同一原料按不同配比，可能产出的产品不同；

（3）生产过程的柔性及动态优化是通过改变生产装置的物流配比来实现的；

（4）生产计划确定后，主要生产任务是控制、调整工艺参数、降低能耗，提高产品质量；

（5）生产过程控制系统和装备一次性投资大，多数运行在高温高压，易燃易爆、有毒有害的环境下，在生产中有废弃物生成，存在环境保护问题，安全及故障诊断要求较高；

（6）生产管理与控制的目标是安全、稳定、低能耗、质量和效率等，对过程自动化和管理信息化水平要求很高。

物联网工程将帮助流程生产企业满足以下需求：

①实时监控，实现对生产过程、装置及设备运行情况、产品质量及生产成本的实时监控；

②实时响应，实现各部门在生产管理方面的业务协同，加快计划的下达、物料的供应、生产异常情况的反馈与处理；

③减少损失和损耗，通过规范化的管理流程，落实并跟踪生产计划的执行情况，减少损失和消耗；

④降低成本，实现物料数据的完整性、一致性、准确性管理，有效监控物料平衡，并降低生产成本；

⑤质量管控，实现从原材料入库、半成品、成品出厂的全过程的质量检验，严格控制产品批次及质量管理；

⑥设备保养，根据生产计划制订有效的设备检维修计划，做好设备日常维护与保养，提高设备的生产能力和综合效率；

⑦实时数据统计，提高生产数据传递的及时性、准确性，并且通过对大量生产相关数据的统计、分析，为生产过程改进提供数据支撑；

⑧生产安全，提高危化品制造与生产过程中的安全保障水平。

综上，物联网在流程行业中起着基础性、统筹性的作用，物联网是企业产品及服务数字化的前提，是连接交互获取数据的手段，是分析数据、挖掘价值的工具，是管理控制实施的途径，也是商业模式改变的基石。

3. 物联网工程在新建工程的常规实施方法

新建工程，包括新建工厂、新建产线等。物联网工程是这些新建工程实施的重要组成部分，贯穿在整个新建工程的分析、规划、设计、实施等整个生命周期过程中。重要的步骤和内容如下。

（1）数据采集。数据采集要确定两个基本的问题，即采集的内容和采集的范围。采集的内容可以用人机料法环（4M1E）工具来分析，可确保不至于遗漏关键的信息。人是指生产批次在生产指导过程中涉及的操作人员、批次分解人员、异常处理人员等；机是指生产批次在生产过程中涉及的机器设备使用情况等；料是指原材料耗用编码、耗用数量、供应商编码、IQC 检验情况等；法是指生产批次在生产过程中涉及的工艺流程管控、工程调整等情况；环是指生产批次在生产过程中的环境要求，例如环境清洁度、湿度、温度等。采集的范围可以按照 ERP/MES 的数据需求进行分析，如工控数采子系统（Modbus-TCP 采集，RS-485 采集，PLC 二次采集）、节控子系统（100A 采集模块，500A 采集模块）、标识子系统（条码采集，RFID 采集，二维码采集）、质量采集子系统（尺寸 / 表面 / 颜色，重量采集、匝数采集）。再如，质量数据采集系统包括尺寸 / 颜色 / 表面等视觉检测、重量检测、匝数 / 温湿度 / 压力等检测；节能数据采集系统包括能耗采集、边缘计算、提供按照订单计算成本的基础。工业物联网数据采集市场规模巨大，细分产品包括 PLC、DCS、传感器、工业通信模块、IPC、嵌入式控制器、工业交换机、网络及安全配套等，细分行业包括汽车、电子制造、机床、石化、食品饮料、制药、化工、冶金、船舶、航天航空等。

（2）业务流程定制。业务流程定制的难点在于企业行业、流程、市场环境、管理、实施周期、信息程度不同、企业规模等方面存在巨大差异。为了应对这个差异，提出了许多策略，如本地化实施联合团队、弹性软件框架等。图 10-4 给出了智能手机和智能功能工厂的弹性软件框架示意。

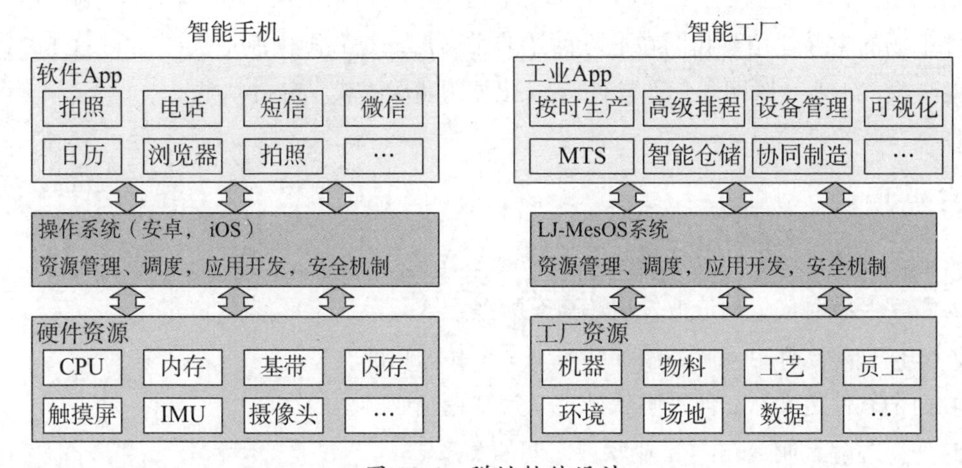

图 10-4　弹性软件设计

4. 物联网在改造工程方面的实施难点

与新建工程相比，改造工程在技术和工程方面，存在以下难点。

（1）物联网工程在改造工程中，因为有遗留系统，可能会存在网络规划、电源规划、数据采集接口、数据接口等问题，在遗留系统中没有考虑。

（2）业务流程定制方面，可能存在的问题包括：

①应用属于不同的厂家，数据对接困难；

②企业业务重组困难，系统对接难度大；

③应用冗余业务多，浪费严重；

④由于工厂已经在运行，项目实施周期长。

（3）实施中的技术难点是协议互联互通。由于设备的多样性，在生产现场存在大量控制器和现场数字设备，这些设备来自不同的制造商，遵从不同的通信标准，只能组成各自的控制系统，与特定的应用软件通信，品牌多、接口多、协议多是典型特征。

（4）实施中的工程难点。在认识水平、管理水平和执行水平方面存在差距，需要通过学习和培训提高认识水平。

（5）实施中的协作难点。物联网环节比较多，从端到中间的通道，再到云端，各环节非常复杂多样，涉及许多合作者和利益相关者，会带来各种各样的协作问题。

本章小结

制造业是我国国民经济的支柱，也是数字化转型的关键难点。软件定义是制造业数字化转型的方法，软件定义产品、软件定义管理流程、软件定义生产方式、软件定义新型能力、软件定义产业生态，各式各样的工业软件成为制造业数字化转型的关键。工业软件是工业知识长期积累、沉淀并在应用中迭代进化的软件化产物，国外厂家占据了工业软件市场的主导地位，我国在这方面还非常落后，是我国由制造大国向制造强国转变的重大瓶颈。工业互联网和工业软件 App 化，为我国提供了新的机遇。

习题十

1. 制造业的不确定性包括哪些方面？
2. 数字经济时代，制造业发展趋势有哪些？
3. 如何理解软件定义产品增加和丰富了产品的功能？
4. 何谓软件定义？如何理解软件定义是制造企业转型的途径？
5. 如何理解工业 App 与工业软件之间的关系？
6. 阐述工业软件的基本特征。
7. 查找资料，分析我国工业软件面临的困境和挑战。
8. 请说明工业 App 和工业知识之间的关系。
9. 描述工业互联网平台的架构。
10. 简述几种工业互联网平台的应用场景。
11. 描述物联网架构和特征。
12. 结合实例，分别描述分析物联网在新建工程和改造工程中的难点。
13. 比较分析在离散制造企业和流程生产企业实现物联网的异同。

第11章 量子比特

学习目标

- 了解量子力学的基本概念
- 理解量子比特的定义和标识
- 了解量子比特的实现方法
- 了解量子比特的数学和物理特征
- 了解量子比特的应用，重点理解量子密码的应用

如果把基于半导体微电子技术的比特称为经典比特，基于量子力学的比特则可称为量子比特。目前，有关经典比特的研究已比较深入，而对量子比特的探索方兴未艾。本章将学习量子比特的基本概念，了解量子比特的几种实现方法，并阐述量子计算和量子通信的基本知识。大家如果对量子比特的物理特性、实施的操作和制备方法感兴趣，可以进一步阅读相关文献。

11.1 量子力学

量子的本义是一个数学概念，是离散变化的最小单元。离散变化在日常生活中大量存在，不难理解，如人数、台阶数等都是离散变化的。如果某样事物只能发生离散变化，就说它是量子化的。与离散变化相对的是连续变化，如距离、温度等的变化都是连续变化。

离散变化是微观世界的一个本质特征。微观世界中的离散变化包括

两类，一类是物质组成的离散变化，一类是物理量的离散变化。

先来看看物质组成的离散变化。例如光是由一个个光子组成的，光子是光的量子。阴极射线是由一个个电子组成的，电子就是阴极射线的量子。可见，量子并不是一种专门的粒子，它是组成各种不同物质的最小单元，它指的是一个个的个体。不同的物质有不同的量子。

再来看物理量的离散变化。例如氢原子中电子的能量只能取 -13.6eV（eV 是电子伏特）或者它的 1/4、1/9、1/16 等，总之就是 -13.6 eV 除以某个自然数的平方，而不能取其他值，虽不能明确指出氢原子中电子能量的量子是什么，但可以说氢原子中电子的能量是量子化的，位于一个个能级上面。每一种原子中电子的能量都是量子化的，这是一种普遍现象。

人们把准确描述微观世界的物理学理论叫量子力学，把传统的牛顿力学称为经典力学。量子力学起源于 1900 年，德国科学家普朗克（Max Planck）在研究黑体辐射问题时，发现必须把辐射携带的能量当作离散变化，才能推出与实验一致的公式。在此基础上，爱因斯坦、玻尔、德布罗意、海森堡、薛定谔、狄拉克等人提出了一个又一个新概念，一步步扩展了量子力学的应用范围。大约到 1930 年，量子力学的理论大厦已基本建立，已能够对微观世界的大部分现象作出定量描述了。

描述微观世界必须用量子力学，宏观物质的性质又是由其微观结构决定的。因此，研究原子、分子、激光这些微观对象时必须用量子力学，研究宏观物质的导电性、导热性、硬度、晶体结构、相变等性质时也必须用量子力学。许多最基本的问题，是量子力学出现后才能回答的。例如：

为什么原子能保持稳定，例如氢原子中的电子不落到原子核上？

为什么原子能形成分子，例如两个氢原子聚成一个氢气分子？

为什么原子有不同的组合方式，例如碳原子能组合成石墨、金刚石、富勒烯、碳纳米管、石墨烯？为什么食盐 NaCl 会形成离子晶体？

为什么有些物质很稳定，而有些物质容易发生化学反应？

为什么有些物质能导电，有些物质不导电？为什么有些物质是半导体？为什么有些物质在低温下变成超导体？

为什么会有相变，例如水在 0℃以下结冰，0 ～ 100℃是液体，100℃以上会汽化？

为什么改变钢铁的组成，能制造出各种特种钢？

为什么激光器和发光二极管能够发光？

为什么化学家能合成比大自然原有物质种类多得多的新物质？

为什么通过观察宇宙中的光谱线能知道远处星球的元素组成？……

现代社会几乎所有的技术成就都与量子力学有关。导电性是由量子力学解释的，电源、芯片、存储器、显示器的工作原理是基于量子力学的。钢铁、水泥、玻璃、塑料、纤维、橡胶的性质是由量子力学决定的。登上飞机、轮船、汽车，燃料的燃烧过程是由量子力学决定的。研制新的化学工艺、新材料、新药，都离不开量子力学。大家有必要了解一点量子力学。

11.2 量子比特的定义与标识

量子力学与信息科学交叉形成了量子信息。对于信息科学来说，量子力学是一种可资利用的数学框架。量子信息的目的，就是利用量子力学的特性，实现经典信息科学中实现不了的功能。量子信息的内容一般包括量子通信和量子计算两个方面，这和经典信息科学的两大主题相同。参照 Shannon 信息论中比特描述信号可能状态的特征，量子信息中引入了量子比特的概念。量子比特的英文名字为 quantum bit，简写为 qubit 或 qbit。量子比特具有许多不同于经典比特的特征，这是量子信息科学的基本特征之一。目前，量子比特还没有一个明确的定义，不同的研究者采用的表达方式也各不相同。

1. 基本量子比特

经典比特指的是一个体系有且仅有两个可能的状态，一般用 0 和 1 来表示，如用 0 表示关，用 1 表示开。量子力学中是用符号 |> 来表征状态特征，被称为狄拉克符号，通常把两个基本状态分别表示成 |0> 和 |1>。量子力学有一条基本原理叫作叠加原理：如果两个状态是一个体系允许出现的状态，那么它们的任意线性叠加也是这个体系允许出现的状态。线性意味着用一个数乘以一个状态，叠加意味着两个状态相加，所以线性叠加就是把两个状态各自乘以一个数后再加起来。因此，可以给出量子比特的表示方法：若二维 Hilbert 空间的基矢为$|0\rangle$和$|1\rangle$，则量子比特$|\psi\rangle$可表示为

$$|\psi\rangle = \alpha|0\rangle + \beta|1\rangle$$

上式中α和β为复数，且$|\alpha|^2 + |\beta|^2 = 1$。量子比特既可能处于$|0\rangle$态，也可能处于$|1\rangle$态，还可能处于这两个态的叠加态$\alpha|0\rangle + \beta|1\rangle$，其中以概率$|\alpha|^2$处于状态$|0\rangle$，以概率$|\beta|^2$处于状态$|1\rangle$。对于确定的量子比特，$\alpha$和$\beta$的值是确定的，例如当$\alpha = \beta = 1/\sqrt{2}$时，对应的量子比特$|\psi\rangle = \frac{1}{\sqrt{2}}(|0\rangle + |1\rangle)$，此时量子系统处于状态$|0\rangle$和$|1\rangle$的概率均为 50%。

由线性代数可知，Hilbert 空间的基矢不唯一，一个量子比特也可以用不同的基矢表示，并且这种基矢有无穷多组。在不同的基中同一个量子比特的表示形式可以有所不同，如定义基矢$|+\rangle$和$|-\rangle$分别为$|+\rangle = \frac{1}{\sqrt{2}}(|0\rangle + |1\rangle)$，$|-\rangle = \frac{1}{\sqrt{2}}(|0\rangle - |1\rangle)$。容易验证$|+\rangle$和$|-\rangle$是正交归一的，因此它们可以作为 Hilbert 空间的一组基矢，以这组基矢也可表示量子比特$|\psi\rangle$：

$$|\psi\rangle = \alpha|0\rangle + \beta|1\rangle = \frac{\sqrt{2}}{2}(\alpha+\beta)|+\rangle + \frac{\sqrt{2}}{2}(\alpha-\beta)|-\rangle$$

2. 高阶量子比特

上述定义的量子比特，也可称为简单量子比特（single qubit）。还可定义高阶量子比特，对应于多重量子态。高阶量子比特也可称为复合量子比特，其一般表示形式为

$$|\psi\rangle = \alpha_0|00\cdots0\rangle + \alpha_1|00\cdots1\rangle + \cdots + \alpha_{2^n-1}|11\cdots1\rangle$$

n 量子位复合量子比特可表示为 2^n 项之和。用 |00> 表示两粒子体系的状态，第一个符号表示粒子 1 所处的状态，第二个符号表示粒子 2 所处的状态，|00> 就表示两个粒子都处于自己的 |0> 态。同理，|01> 表示粒子 1 处于自己的 |0> 态、粒子 2 处于自己的 |1> 态，|11> 表示两个粒子都处于自己的 |1> 态，如此等等。

高阶量子比特可对应于直积态或纠缠态，若两个粒子的状态可分，则这种状态为直积态，如

$$|\psi\rangle = \alpha|00\rangle + \beta|01\rangle = |0\rangle \otimes (\alpha|0\rangle + \beta|1\rangle)$$

若两个粒子的状态不可分，则这种状态称为纠缠态，如

$$|\psi\rangle = \alpha|10\rangle + \beta|01\rangle$$

纠缠系统构成的复合基量子比特中，最简单的是双基量子比特。

此外，三基量子比特也常用于量子通信的协议和实验中，它有 32 种可能的状态，其中常用的状态为

$$|\psi\rangle = \frac{1}{\sqrt{2}}\left(|000\rangle + |111\rangle\right)$$

3. 多进制量子比特

除了简单量子比特和复合量子比特外，还常用的一种称为多进制量子比特，这与经典通信中的多进制编码的字符相对应，如 q 进制单基量子比特可表示为

$$|\psi^q\rangle = \alpha_1|0\rangle + \alpha_1|1\rangle + \cdots + \alpha_q|q-1\rangle$$

其中，$|a_1|^2 + |a_2|^2 + \cdots + |a_q|^2 = 1$，一个 3 进制量子比特可表示为

$$|\psi^3\rangle = \alpha_1|0\rangle + \alpha_2|1\rangle + \alpha_3|2\rangle$$

也可定义 q 进制复合基量子比特，如三进制双基量子比特可以表示为

$$\begin{aligned}|\psi_2^3\rangle = {} & \alpha_{00}|00\rangle + \alpha_{01}|01\rangle + \alpha_{02}|02\rangle \\ & + \alpha_{10}|10\rangle + \alpha_{11}|11\rangle + \alpha_{12}|12\rangle \\ & + \alpha_{20}|20\rangle + \alpha_{21}|21\rangle + \alpha_{22}|22\rangle\end{aligned}$$

式中，$\sum_{i,j=0}^{2}|a_{ij}|^2 = 1$，上标 3 表示三进制，下标 2 表示双基。

11.3　量子比特的数学特性

量子比特也可以用图形来表示，公式$|\psi\rangle = \alpha|0\rangle + \beta|1\rangle$可改写为

$$|\psi\rangle = \mathrm{e}^{\mathrm{i}\gamma}\left(\cos\frac{\theta}{2}|0\rangle + \mathrm{e}^{\mathrm{i}\varphi}\sin\frac{\theta}{2}\beta|1\rangle\right)$$

式中，γ，φ，θ均为实数，$0 \leqslant \theta \leqslant \pi$，$0 \leqslant \varphi \leqslant 2\pi$，$\mathrm{e}^{\mathrm{i}\gamma}$是相因子，不具任何可观测效应，因此上式可简写为

$$|\psi\rangle = \cos\frac{\theta}{2}|0\rangle + \mathrm{e}^{\mathrm{i}\varphi}\sin\frac{\theta}{2}\beta|1\rangle$$

可以验证，上式中的参数θ、φ定义了三维单位球面上的一个点，这个三维单位球面称为Bloch球，见图11-1。可知，球面上的每一个点代表二维Hilbert空间中的一个矢量，即一个基本量子比特。

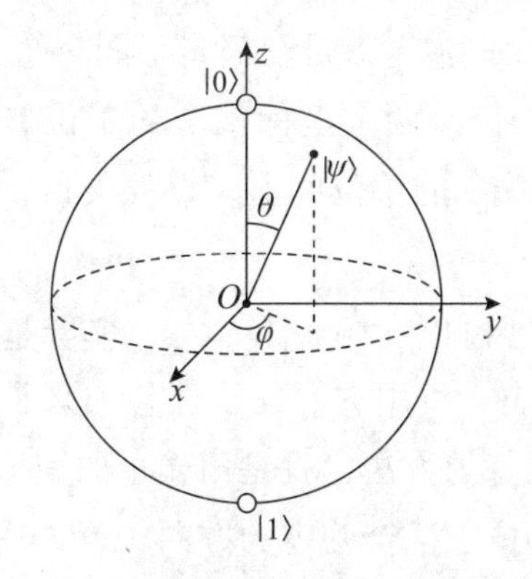

图11-1　量子比特的Bloch球表示

Bloch球为量子比特的数学意义提供了一个可视化的解释。量子比特的基矢是球的两极，而任意量子比特是Bloch球上的一个几何点，该几何点与Z轴间的夹角为θ，而该几何点在XY平面上的投影与X轴间的夹角为φ。图11-1中画出了几个特殊的量子比特对应的几何点，容易算出这些几何点（量子比特）所对应的参数φ和θ的值。

Bloch球在量子计算中起着重要的作用，常常作为测试量子通信和量子计算新思想的一个有效工具。但Bloch球只能描述基本量子比特，对复合量子比特和多进制量子比特的描述显得无能为力，原因是复合基量子比特和多进制量子比特无法用三维空间表示。

11.4　量子比特的物理特性

量子比特的物理性质丰富，包括叠加性、测不准性、纠缠性、不可克隆性、不可区分性、互不性、相干性等，这些物理性质构成了量子密码和量子保密通信的基础。下面介绍量子比特的叠加性、测不准性和纠缠性这几个主要的物理性质。

1. 叠加性

每一个量子比特对应于一个量子态，量子比特满足叠加原理。例如，设用水平偏振的光子代表 |0>，垂直方向偏振的光子代表 |1>，对于公式 $|\psi\rangle=\alpha|0\rangle+\beta|1\rangle$ 表示的量子态，若用沿水平方向的偏振片测量该光子的状态，测量的结果可能是 |0>，即光子通过偏振片，也可能是 |1>，即光子不通过偏振片，两者概率均为 50%。但是，|Ψ> 经测量后只可能有一个测量结果，即光子要么通过，要么不通过。

在叠加原理的框架下，经典的比特变成了量子比特。也就是说，这个体系的状态不是只能取 0 或取 1 了，而是可以取任意的 a|0>+b|1> 状态，例如 (|0> + |1>)/$\sqrt{2}$、(|0>−|1>)/$\sqrt{2}$、(|0> + $\sqrt{3}$|1>)/2、($\sqrt{3}$ |0>−|1>)/2 等。从两个选择到无穷多个选择，这是个巨大的扩展。显然，一个量子比特包含比一个经典比特大得多的信息量。

为了更方便地理解这个概念，可以把一个量子力学的状态理解成一个矢量，称为态矢量。可以认为，所有的 a|0> + b|1> 态矢量都属于同一个平面。而在这个平面上，|0> 和 |1> 定义了两个方向，相当于 xy 两个坐标轴上的单位矢量。在 $|a|^2+|b|^2=1$ 的条件下，a|0>+ b|1> 就是从原点到半径为 1 的单位圆上一点的矢量，单位圆上任何一点的地位都是相同的。

两个状态 |+>=(|0>+|1>)/$\sqrt{2}$ 和 |−>=(|0>−|1>)/$\sqrt{2}$，实际是把 |1> 和 |0> 向左旋转 45°。如果把 |+> 和 |−> 当作基本状态，可用它们的线性叠加来表示单位圆上所有的状态。事实上，一种常见的实现量子比特的方法，就是用光子的偏振态。光是一种电磁波，不断地产生电场和磁场。如果电场位于某个确定的方向，就说这个光子是偏振的。四个状态 |0>、|1>、|+> 和 |−>，分别对应光子的偏振处于 0°、90°、45° 和 135°。

取一组矢量，如果其他所有的矢量都能表示成这组矢量的线性叠加，那么这组矢量就叫作基组。|0> 和 |1> 构成一个基组，|+> 和 |−> 也构成一个基组，这样的基组有无穷多个。

如果把经典比特当作开关，只有开和关两个状态（0 和 1），则量子比特是旋钮，有无穷多个状态。显然，旋钮的信息量比开关大得多。

2. 测不准性

在基本量子比特的一般表达式中，量子比特可能处于 0 态，也可能处于 1 态，对应的概率分别为 $|\alpha|^2$ 和 $|\beta|^2$，又根据叠加原理得出，该量子比特还可以处于这两个态的线性态 α|0>+β|1>，但无法知道该量子比特具体处于哪一个状态，要想获得确定的结果必须测量该量子比特。

在量子力学中，每一次测量都必须对应某个基组。两次测量可以用不同的基组，比如可以这次用 |0> 和 |1>，下次用 |+> 和 |−>，但每次都必须确定当前用的是哪个基组。如果待测量的态是基组中的一个态，那么测量后这个态不变。比如说在 |0> 和 |1> 的基组

中测量 |0>，必然得到 |0>。如果待测量的态不是基组中的一个态，比如说在 |0> 和 |1> 的基组中测量 *a*|0>+*b*|1>，其中 *a* 和 *b* 都不等于 0，这时这个态会发生突变（也称塌缩、坍缩等），以 $|a|^2$ 的概率变成 |0>，以 $|b|^2$ 的概率变成 |1>，但无法预测变成 |0> 还是 |1>，能预测的只是概率。如果在 |0> 和 |1> 的基组中测量 $|+>=(|0> + |1>)/\sqrt{2}$，会以一半的概率得到 |0>，一半的概率得到 |1>。但对于单独的一次实验，没办法做出任何预测。这种内在的随机性是量子力学的一种本质特征。

值得指出的是，量子比特的这种特性使得量子比特和经典比特的性质完全不同。对于经典比特，任何条件下都能被精确测定，而对于量子比特，若测量基矢不合适，则不可能对该量子比特获取精确的信息。经典力学中也有随机性，也有概率，但背后的原因不一样，可改进的余地也不一样。经典力学中，概率反映的是信息的缺乏，例如投硬币产生的随机性是因为硬币出手时的方位、速度、气流等因素影响，人们可通过减少这些因素的干扰来增强预测能力，例如用真空消除气流的影响，用机器固定掷的方向和力度，从而使掷出某一面的机会显著超过另一面，甚至可以确定地掷出某一面。但在量子力学中，测量结果的概率是由体系本身状态决定的，不受外界的干扰，信息缺乏与否也完全影响不了它，因此完全无法改进。量子比特的测不准性增加了量子计算的难度，但在量子保密通信中起着基础而重要的作用。

3. 量子纠缠性

大家可以从函数的分离变量来理解量子纠缠性。把一个二元函数 $F(x, y)$ 写成一个关于 x 的函数 $f(x)$ 与一个关于 y 的函数 $g(y)$ 的乘积，即找出 $f(x)$ 和 $g(y)$，使得 $F(x, y)=f(x)g(y)$。如果可以，则称 $F(x, y)$ 是可分离变量的。有些二元函数是可分离变量的，例如 $F(x, y)= xy$、$F(x, y)= xy+x+y+1$ 都是可以分离变量的，但 $F(x, y)=xy +1$ 则不行。同样的定义可以推广到二元以上的函数，例如 $F(x, y, z)$ 是否可以写成 $f(x)g(y)u(z)$，就是这个三元函数能不能是可分离变量的。

在量子力学中，体系的状态可以用一个函数来表示，称为态函数。单粒子体系的态函数是一元函数，多粒子体系的态函数是多元函数。如果这个多元函数可以分离变量，也就是可以写成多个一元函数直接的乘积，称为直积态；不能分离变量，称为纠缠态。

对于直积态，体系整体的二元态函数就是两个粒子各自的一元态函数的乘积，在测量粒子 1 的时候，不会影响粒子 2 的状态，所以可以说粒子 1 处于某某状态，粒子 2 处于某某状态。这就是分离变量的结果。

若有这样一个状态：$|\beta_{00}>=(|00> + |11>)/\sqrt{2}$，它是 |00> 和 |11> 的一个叠加态，能不能写成 (*a*|0> + *b*|1>)(*c*|0> + *d*|1>)？答案是不能。假如可以，则因为这个状态中不包含 |01>，所以 *ad*=0，则 *a* 和 *d* 至少有一个为 0。若 *a*=0，则 |00> 就不会出现；若 *d*=0，|11> 又不会出现。无论如何都自相矛盾，所以假设不成立，$|\beta_{00}>$ 不是直积态，而是纠缠态。

这时就说这个体系整体处于 $|\beta_{00}>$ 状态。当 $|\beta_{00}>$ 测量粒子 1 的状态时，会以 50% 的概率使整个体系变成 |00>，此时两个粒子都处于自己的 |0>；以 50% 的概率使整个体系变成 |11>，此时两个粒子都处于自己的 |1>。虽单次测量结果无法预测，但可以确定，粒子 1 变成什么，粒子 2 也就同时变成了什么，两者同步变化。

对状态 $|\beta_{01}>=(|01> + |10>)/\sqrt{2}$，测量粒子 1 的状态时，会以 50% 的概率发现粒子 1 处于 |0>，粒子 2 处于 |1>，50% 概率发现粒子 1 处于 |1>，粒子 2 处于 |0>。粒子 1 变成什么，粒子 2 就同时变成了相反的状态。

处于纠缠态的两个粒子是一个整体，无论它们相距有多远。当对粒子 1 进行测量的时候，两者是同时发生变化的，并不是粒子 1 变了之后传一个信息给粒子 2，粒子 2 再变化。所以这里没有发生信息的传递。

现在科学家们认为，纠缠是一种新的基本资源，其重要性可以和能量、信息、熵或任何其他基本的资源相比，可能会在下一个历史时代大放异彩。不过目前还没有描述纠缠现象的完整理论，人们对这种资源的理解还远不够深入。

11.5 量子比特的实现

目前，量子信息和量子计算实验研究中，用到的量子比特实现方法各种各样。归纳起来，承载量子比特的物理实体有光子、光学相干态、电子、原子核、光学栅格、单个充电的量子点对和量子点等。其中对光子而言，可用偏振态、光脉冲中的光子数和光子出现的时间来表示量子比特 $|0\rangle$ 和 $|1\rangle$；对于光学相干态，可用其不同分量表示不同量子比特；对于电子，可用其自旋方向或电子的有无来表征量子比特；对于原子核，可采用不同的核自旋方向表示不同的量子态；对于光学栅格，可采用原子的自旋方向表示量子比特；对于单个充电的量子点，可用电子的位置表示量子比特；对于量子点，可用量子点的自旋方向表示量子比特。汇总起来，见表 11-1。

表 11-1 量子比特的物理实现方式

物理实体	属　性	|0>	|1>
光子	光子的偏振	水平偏振	垂直偏振
	光脉冲的光子数	无光子（真空态）	单个光子
	光子的出现时间	无延时（相对于时钟）	有延时（相对于时钟）
光学相干态	压缩光场的光学分量	幅度压缩态	相位压缩态
电子	电子自旋	自旋向上	自旋向下
	电子数目	无电子	单个电子
原子核	核自旋	自旋向上	自旋向下

续表

物理实体	属　性	|0>	|1>
光学栅格	原子自旋	自旋向上	自旋向下
单个充电的量子点对	电子的位置	电子在左边点上	电子在右边点上
量子点	量子点自旋	自旋向上	自旋向下

11.6　量子比特的变换

在一个量子系统中，经常会涉及量子比特的变换，包括单个量子比特的变换和多个量子比特的变换。在量子力学中，一种变换对应一个量子力学算符，而在量子信息领域中，一种变换就是一个量子比特逻辑门。量子比特逻辑门是构成量子器件及量子逻辑运算单元的基本单位，广泛应用于量子计算、量子编码、量子通信和量子信息处理中。下面介绍单量子比特逻辑门，有关多量子比特逻辑门的知识，有兴趣的读者可以进一步阅读相关书籍。单量子比特逻辑门包括 Pauli-X 门、Pauli-Y 门、Pauli-Z 门、量子 Hadamard 门、相位门和 $\pi/8$ 门。

1. Pauli-X 门

Pauli-X 门又称为量子非门，简称 X 门，其将量子比特中的状态 $|0\rangle$ 和 $|1\rangle$ 交换，即把状态 $\alpha|0\rangle+\beta|1\rangle$ 变为 $\beta|0\rangle+\alpha|1\rangle$。若用矩阵表示这一变换，对应于 Pauli-X 矩阵，这里用 $\boldsymbol{X}$ 表示该变换矩阵

$$\boldsymbol{X} \equiv \begin{bmatrix} 0 & 1 \\ 1 & 0 \end{bmatrix}$$

若把量子态 $\alpha|0\rangle+\beta|1\rangle$ 写成向量形式 $[\alpha\ \beta]^{\mathrm{T}}$，则量子非门的输出为

$$X\begin{bmatrix} a \\ \beta \end{bmatrix} = \begin{bmatrix} \beta \\ a \end{bmatrix}$$

2. Pauli-Y 门

Pauli-Y 门（简称 Y 门）即对量子比特施行 Pauli-Y 矩阵（算子）运算，用 $\boldsymbol{Y}$ 表示该算子，即

$$\boldsymbol{Y} = \begin{bmatrix} 0 & -\mathrm{i} \\ \mathrm{i} & 0 \end{bmatrix}$$

若把量子态 $\alpha|0\rangle+\beta|1\rangle$ 写成向量形式 $[\alpha\quad\beta]^{\mathrm{T}}$，则 Pauli-Y 门的输出为

$$Y\begin{bmatrix}\alpha\\ \beta\end{bmatrix}=e^{i\pi/2}\begin{bmatrix}-\beta\\ \alpha\end{bmatrix}$$

3. Pauli-Z 门

Pauli-Z 门（简称 Z 门）即对量子比特施行 Pauli-Z 矩阵（算子）运算，用 $\boldsymbol{Z}$ 表示该算子，即

$$\boldsymbol{Z}=\begin{bmatrix}1 & 0\\ 0 & -1\end{bmatrix}$$

若把量子态 $\alpha|0\rangle+\beta|1\rangle$ 写成向量形式 $[\alpha\quad\beta]^{\mathrm{T}}$，则 Pauli-Z 门的输出为

$$Z\begin{bmatrix}\alpha\\ \beta\end{bmatrix}=\begin{bmatrix}\alpha\\ -\beta\end{bmatrix}$$

在二维坐标平面中，Z 门是将量子比特进行旋转。

4. 量子 Hadamard 门

量子 Hadamard 门，简称 H 门。其变换矩阵 $\boldsymbol{H}$ 为

$$\boldsymbol{H}\equiv\frac{1}{\sqrt{2}}\begin{bmatrix}1 & 1\\ 1 & -1\end{bmatrix}$$

若把量子态 $\alpha|0\rangle+\beta|1\rangle$ 写成向量形式 $[\alpha\quad\beta]^{\mathrm{T}}$，则 H 门的输出为

$$H\begin{bmatrix}\alpha\\ \beta\end{bmatrix}=\frac{1}{\sqrt{2}}\begin{bmatrix}\alpha+\beta\\ \alpha-\beta\end{bmatrix}=\alpha\frac{|0\rangle+|1\rangle}{\sqrt{2}}+\beta\frac{|0\rangle-|1\rangle}{\sqrt{2}}=\alpha|+\rangle+\beta|-\rangle$$

可见，H 门是将以 $|0\rangle$ 和 $|1\rangle$ 为基矢的 Hilbert 空间转化为以 $|+\rangle$ 和 $|-\rangle$ 为基矢的 Hilbert 空间。

5. 相位门

先介绍相移门（phase shift gate）的概念。相移门对应的矩阵 $\boldsymbol{R}_\theta$ 为

$$\boldsymbol{R}_\theta=\begin{bmatrix}1 & 0\\ 0 & e^{i\theta}\end{bmatrix}$$

若把量子态 $\alpha|0\rangle+\beta|1\rangle$ 写成向量形式 $[\alpha\quad\beta]^{\mathrm{T}}$，则 R_θ 门的输出为

$$R_\theta\begin{bmatrix}\alpha\\ \beta\end{bmatrix}=\begin{bmatrix}\alpha\\ e^{i\theta}\beta\end{bmatrix}$$

可见，R_θ 门不改变基矢 $|0\rangle$，将基矢映射为 $e^{i\theta}|1\rangle$，等效于在 Bloch 球面上水平旋转 θ 度。当 $\theta=\pi/2$ 时，相移门称作相位门，变换矩阵 $\boldsymbol{S}$ 为

$$S=\begin{bmatrix}1 & 0\\0 & i\end{bmatrix}$$

S门等效于在Bloch球面上将量子比特水平旋转90°。

6. $\pi/8$门

相位门中，当$\theta=\pi/4$时，称作$\pi/8$门，其变换矩阵$\boldsymbol{T}$可写为

$$\boldsymbol{T}=\begin{bmatrix}1 & 0\\0 & \mathrm{e}^{\mathrm{i}\pi/4}\end{bmatrix}$$

量子比特经过T门后，输出为

$$T\begin{bmatrix}\alpha\\\beta\end{bmatrix}=\begin{bmatrix}\alpha\\\mathrm{e}^{\mathrm{i}\pi/4}\beta\end{bmatrix}$$

在Bloch球面上相当于绕水平面旋转45°。

上述量子比特逻辑门对应的矩阵均为酉矩阵。虽然存在无穷多个2×2酉矩阵，但是任一单量子比特酉门都可以分解成一个旋转运算和绕z轴旋转的门再加上一个全局相移$\mathrm{e}^{\mathrm{i}a}$的乘积，即

$$U=\mathrm{e}^{\mathrm{i}a}\begin{bmatrix}\mathrm{e}^{-\mathrm{i}\beta/2} & 0\\0 & \mathrm{e}^{\mathrm{i}\beta/2}\end{bmatrix}\begin{bmatrix}\cos\frac{\gamma}{2} & -\sin\frac{\gamma}{2}\\\sin\frac{\gamma}{2} & \cos\frac{\gamma}{2}\end{bmatrix}\begin{bmatrix}\mathrm{e}^{-\mathrm{i}\delta/2} & 0\\0 & \mathrm{e}^{\mathrm{i}\delta/2}\end{bmatrix}$$

其中，α、β、γ和δ是实数。第二个矩阵是普通的旋转，第一和最后一个矩阵为在不同平面内的旋转。通过该分解可精确描述任意单量子比特逻辑门的操作。

多量子比特量子逻辑门有很多种，如受控非（controlled-NOT，CNOT）门、交换门（swap gate）、受控U门、Toffoli门和Fredkin门，有兴趣的读者可以阅读相关资料。

11.7 量子比特的应用

量子信息与经典信息相比有很大的优势。一个包含n个经典比特的体系，总共有2^n个状态。想知道一个函数在这个n比特体系上的效果，需要对这2^n个状态都计算一遍，总共要2^n次操作。当n很大的时候，2^n是一个巨大的数字。

对n个量子比特的体系，使每个量子比特都处于自己的$|+\rangle=(|0\rangle+|1\rangle)/\sqrt{2}$态，那么整个体系的状态就是$|++\cdots+\rangle=(|00\cdots0\rangle+|00\cdots1\rangle+\cdots+|11\cdots1\rangle)/2^{n/2}$。这是个直积态，不是纠缠态。0和1的所有长度为$n$的组合都出现在其中，总共有$2^n$项，刚好对应$n$个经典比特的$2^n$个状态。对这个叠加态做一次操作，得到的就是所有$2^n$个结果的叠加态。

量子比特的一次操作，就达到了经典比特 2^n 次操作的效果。

优势巨大，利用不易。因为所有 2^n 个结果是叠加在一起的，读取出来需要做测量，而一做测量就只剩下一个结果，其余的结果都被破坏了。所以只能把这个优势称为潜在的巨大优势，真要利用它，需要非常巧妙的算法。适用这个问题的算法不一定适用于那个问题，而在解决有些问题时不一定找得到算法。量子计算机的强大，是与问题相关的，只针对特定的问题。

量子信息的研究内容包括量子通信和量子计算。下面介绍量子信息的四项应用，即在量子计算方面的量子因数分解和量子搜索，在量子通信方面的量子隐形传态和量子密码术。在所有这些应用中，量子密码术是目前唯一接近实用的。

11.7.1 量子因数分解

所谓因数分解，就是把一个合数分解成质因数的乘积，例如 $21=3\times 7$。因数分解是数学中的经典难题。例如

$$2^{67}-1=147,573,952,589,676,412,927$$

这是个 18 位数，人们一直认为它是一个质数，直到 1903 年，才发现它是一个合数，等于 $193,707,721\times 761,838,257,287$。

如何分解一个数字 N？最容易想到的算法，是从 2 开始往上，一个一个地试验能否整除 N，一直到 N 的平方根为止。如果 N 用二进制表示是个 n 位数，即 N 约等于 2^n，那么尝试的次数大致就是 $2^{n/2}$。这是指数增长的计算量。

在计算机科学中，把计算量指数增长的问题称为不可计算的，把计算量多项式增长的问题称为可计算的。不可计算的意思并不是计算机不能算，而是计算量增长得太快，很容易就会达到把全世界的计算机集中起来算几十亿年都无法得出结果的程度。计算量与算法有关，对于因数分解，在经典计算机的框架中，目前最好的算法叫作数域筛，计算量有所减少，但仍然是指数增长。

可以看出因数分解有易守难攻的特性。它的逆操作，即算出两个质数的乘积，是非常容易的，而它本身却是非常困难的。这种特性使它在密码学中得到了重要的应用，是现在世界上最常用的密码系统 RSA① 的基础。

RSA 是一种公开密钥密码体系，它的密钥是对全世界所有人公开的。为什么敢公开？因为这个密钥是一个很大的合数，解密需要把它分解成两个质数，发布者充分地相信其他任何人在正常的时间内是解不开的。但是 RSA 有两大并不那么保密的隐患：

①虽然目前大家公认的最好的算法是数域筛，但如果能找到更好的给它解密的算法呢？况且，说不定有某些国家、某些组织已经掌握了呢；

① RSA：三位发明者 Ron Rivest、Adi Shamir 和 Leonard Adleman 的首字母缩写。

②量子计算机可以破解 RSA。

如前所述，量子计算相对于经典计算有潜在的巨大优势，只是实现这种优势需要巧妙的算法设计，只有对少数问题能够设计出相应的算法。因数分解，就是这样的问题之一。1994 年，肖尔（Shor）发明了一种量子算法，把因数分解的计算量减少到了多项式级别，也就是从不可计算变成了可计算。肖尔算法的计算量是 $\Theta(n^2\log n\log\log n)$。现在之所以 RSA 还在用，是因为因数分解的量子算法只是理论，真正实现它还是非常困难的，造出有实用价值的量子计算机还需要很多努力。2007 年，第一次真正用量子算法实现了质因数分解，把 15 分解成 3×5。2017 年在实验中分解的最大数是 291311=523×557。

11.7.2 量子搜索

遍历搜寻问题指的是从一个海量元素的无序集合中，找到满足某种要求的元素。要验证给定元素是否满足要求很容易，但反过来查找这些合乎要求的元素则很费事，因为这些元素并没有按要求进行有序的排列，而且数量又很大。在经典算法中，只能按逐个元素试下去。量子计算机比传统计算机具有的众多优势之一是其优越的速度搜索数据库。Grover 的算法证明了这种能力。该算法可以二次加速非结构化搜索问题，但其用途远不止于此。

图 11-2 大量排成一行的数据中，希望找到类似于图中深色框代表的数据，当然也有可能不止一个，要使用经典计算找到紫色框（标记项），则平均要检查 $N/2$，最糟糕的情况是需检查所有 $N-1$ 个元素。但是，在量子计算机上，可以使用 Grover 的幅度放大技巧，以大约 $\sqrt{N}$ 的步长找到标记的项目。二次加速确实节省了长列表中标记项目的大量时间。另外，该算法不使用列表的内部结构，这使其具有通用性。这就是为什么它能迅速为许多经典问题提供了二次量子加速的原因。

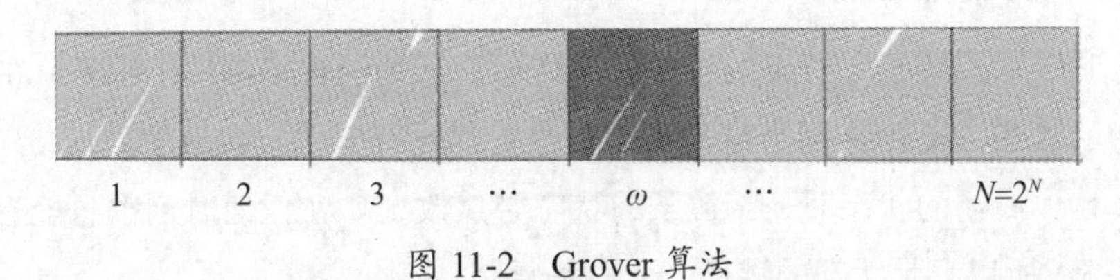

图 11-2 Grover 算法

设想有一部杂乱无章的 N 个人名的花名册，其中的人名没有按照任何特别的顺序排列，而且每个名字可能出现不止一次。想在其中找到某个名字，该怎么办呢？

经典框架下，是从头看到尾。如果运气好，第一个就是；如果运气不好，到最后一个即第 N 个才找到。平均而言，这需要 $N/2$ 次操作。如果 N 表示成二进制有 n 位，那么计算量就是 2^{n-1} 的量级，又是指数增长，不可计算。这个结果不可能改进了，因为排列顺序是完全没有规律的。

但是量子计算机却能够改进。1996 年，Grover 提出了一种搜索的量子算法。基本思路是把所有的解对应的态矢量记为 $|\omega>$，初始状态对应的态矢量记为 $|s>$。虽然不知道 $|\omega>$ 是什么，但 Grover 的算法可以把态矢量向 $|\omega>$ 的方向旋转，每次旋转都靠近一点。经过 N 的平方根量级的步数，就可以 50% 的置信度找到解。

把整个过程每重复一次，都会把不确定度减半。如果迭代 10 次，不确定度就会下降到 $1/2^{10}$=1/1024，大约是 0.1%，也就是说置信度上升到 99.9%。所以只要先定个置信度的小目标，比如说 99% 或 99.99%，只要不是 100% 就行，量子搜索算法很快就能达到。

结果不再是完全确定的，这是量子搜索算法付出的代价。好处是计算量从 N 的级别下降到了 $\sqrt{N}$ 的级别，而不确定程度可以随需求任意减少，最多多迭代几次。

经典搜索算法不能改进，是因为它只能给出确定的答案，找到了就是找到了，没找到就是没找到。但只要你放弃这个刚性的要求，接受以一定的概率找到解（这个概率可以非常接近 100%），量子搜索算法就可以减少计算量。这实际上是各种问题的量子算法的一个普遍特点。

因数分解的量子算法对经典算法是指数级的改进，把不可计算变成了可计算。无格式搜索的量子算法对经典算法却只是平方级的改进，$\sqrt{N}=2^{n/2}$ 还是指数增长，没有发生质的变化，仍然是不可计算，但改进已经非常大了。如果 N 等于 1 亿，这就是 1 万倍的节约。

一类问题不可计算的意思，并不是完全不能计算，而是在问题尺度大到一定程度后算不动。量子搜索带来的计算量下降，可以使算不动的界限大大地向外推，使在实际条件下能够计算的问题范围大大增加。由于搜索非常常见且重要，所以量子搜索的重要性并不逊于量子因数分解。

11.7.3 量子隐形传态

量子隐形传态，是把粒子 A 的量子状态传输给远处的粒子 B，让粒子 B 的状态变成粒子 A 最初的状态，A 和 B 两个粒子的空间位置都没有变化。在量子隐形传态中，当 B 粒子获得 A 粒子最初的状态时，A 粒子的状态必然改变。在任何时刻都只能有一个粒子处于目标状态，所以只是状态的转移，而不是复制。

量子隐形传态的方案包括若干步，其中一步是把一个两比特的信息（即 00、01、10、11 这 4 个字符串之一）从 A 处传到 B 处，B 根据这个信息确定下一步做什么（在四种待选的操作中选择一个），才能把 B 粒子的状态变成目标状态。这个信息需要用经典的通信方式（如打电话、发邮件）传送，速度不能超过光速，所以整个量子隐形传态的速度也不能超过光速。量子隐形传态是在不知道 A 粒子状态的情况下，把 B 粒子变成这个状态。一旦对 A 粒子做测量，就将强迫 A 粒子的状态落到了基组中的一个状态上面，而A的状态仍然未知。

在宏观世界里复制一本未知的书或一个未知的电子版文件是很容易的，在量子力学中却不能复制一个粒子的未知状态。也就是说，未知的经典比特可以复制，未知的量子比特却不能复制。这是量子与经典的一个本质区别，叫作量子态不可克隆定理。

因此，在经典计算机中有复制这个操作，在量子计算机中却没有。在这个定理的限制下，量子隐形传态是对一个未知的量子态能做移动操作，而不是复制。所以在未来的量子计算机中，量子隐形传态是一个基本的元素，人们希望用它来传输量子比特。总而言之，量子隐形传态是以不高于光速的速度、破坏性地把一个体系的未知状态传输给另一个体系。

1997年第一次实现了单自由度的传递，2015年实现了双自由度的传递。光子具有自旋角动量和轨道角动量，在1997年的实验中，传递的只是自旋，2015年实现了自旋和轨道自由度的同时传输。

如果要实现量子隐形传态传物传人，就必须传输多个自由度。这在理论上是完全可以实现的。但跟传输一个自由度相比，多自由度传输实验难度提高非常多。量子隐形传态需要一个传输的量子通道，这个通道是由多个粒子组成的，这些粒子纠缠在一起，使得一个粒子状态的改变立刻造成其他粒子状态的改变。让多个粒子在一个自由度上纠缠起来，已经是一个很困难的任务了，而要传输多个自由度，就需要制备多粒子的多个自由度的超纠缠态，更加令人望而生畏。

如果要传送人呢？来估算一下。12克碳原子是1摩尔，即6.023×10^{23}个原子。人的体重如果是60kg，就大约有5000摩尔的原子，3×10^{27}个。假设描述一个原子的状态需要10个自由度，那么要完整地描述一个人，就需要10^{28}量级的自由度。

11.7.4 量子密码术

1. 传统密码体制面临的困境

在密码学中，把明文变换成密文需要两个元素，即变换的规则和变换的参数，前者是算法，后者是密钥。例如有算法：在英文字母表上前进x步，如果取x=1，fly at once（明文）变成了gmz bu podf（密文），x即为参数（密钥）。密码学的一个基本原则是，在设计算法时，必须假设敌人已经知道了算法和密文，唯一不知道的就是密钥。密码学的研究目标，就是让敌人在这种情况下破译不了密文。

通信双方都知道同一组密钥，A用它将明文转换成密文，B用它将密文变换回原文，这种方法叫作对称密码体制。对称密码体制的密码本身可以是安全的，但密钥的分发不安全。信息论的创始人香农证明了一个数学定理：密钥如果满足三个条件，那么通信就是绝对安全[①]的。这三个条件是：

①密钥是一串随机的字符串；

②密钥的长度跟明文一样，甚至更长；

③一次一密，指每传送一次密文就更换密钥。

满足这三个条件的密钥叫作一次性便笺。对称密码体制的密码本身可以满足这三个条件，所以是安全的。例如，有密文 DHDSBFKF，算法是：在英文字母表上前进 x 步，其中 x 对每一位都单独取值。这样密钥的长度至少跟原文一样，而且是随机的，一次一密使得频率分析无效。但是密钥的配送和保存都存在泄露的风险，而且配送的次数越多、保存的时间越长，泄露风险越大。一次一密减少了保存的时间，却增加了配送的次数；一次多密无疑又增加了保存的风险。

为了解决密钥配送和保存的问题，提出了非对称密码体制或者公钥密码体制。在公钥密码体制中，有公钥和私钥，公钥是公开的，私钥是不公开的。如果把公钥类比为锁，私钥类比为钥匙，A 与 B 之间的保密通信可以描述为：B 打造一把锁和相应的钥匙，把打开的锁公开寄给 A。A 把文件放到箱子里，用这把锁锁上，再公开把箱子寄给 B。B 用钥匙打开箱子，信息传输就完成了。如果有敌对者截获了箱子，他没有钥匙打不开锁，仍然无法得到文件。在公钥密码体制中，由私钥得到公钥易，由公钥得到私钥难，即易守难攻，如因数分解问题。但是公钥密码体制仍然不能保证绝对安全。无论是经典的还是量子的算法，都在不断改进，RSA 在理论上已经被量子的因数分解算法攻克了。当然可以寻找其他的易守难攻的数学问题，但谁也无法预料，将来算法进步后是不是能破解这个问题呢。

总之，对称密码体制本身是安全的，但分发密钥的信使不安全；非对称密码体制不需要信使，但算法存在被破解的风险。这是传统密码体制的不足。

2. 量子密码术

量子密码术其实是一种对称密码体制，但不需信使就能共享量子密钥。量子密码术吸收了对称和非对称两种密码体制的优点，克服了它们的缺点。

量子密钥是在双方建立通信之后，通过双方的一系列操作产生出来的。利用量子力学的特性，可以使双方同时在各自手里产生一串随机数，而且不用看对方的数据，就能确定对方的随机数序列和自己的随机数序列是完全相同的。这串随机数序列就被用作密钥。量子密钥的产生过程，同时就是分发过程，这就是量子密码术不需要信使的原因。

量子密钥是一串随机的字符串，长度可以任意长，而且每次需要传输信息时都重新

① “绝对安全”是一个数学用语，它的意思是敌人即使截获了密文，也无法破译出明文。

产生一段密钥，这样就完全满足了香农定理的三个要求，因此用量子密钥加密后的密文是不可破译的。量子保密通信的全过程包括两步。第一步是密钥的产生，这一步用到量子力学的特性，需要特别的方案和设备。第二步是密文的传输，这一步就是普通的通信，可以利用任何现成的通信方式和设施。量子保密通信所有的奇妙之处都在第一步上，所以它又被叫作量子密钥分发。

3. 量子密码术的实现方法

量子密码术有若干种实现方案，有些用到量子纠缠，有些不用量子纠缠。量子纠缠是个可选项，而不是必要条件。不仅如此，量子纠缠是一种多粒子体系的现象，而对于实验来说，操纵多个粒子肯定比操纵一个粒子困难。目前绝大多数量子密码术的实验都是用单粒子方案做的，也正因为量子密码术可以不用量子纠缠，技术难度相对较低，所以发展最快，最先接近产业化。

量子密码术的方案常称为某某协议，目前单粒子的方案包括 BB84 协议、B92 协议、诱骗态协议等[①]。BB84 协议是最早的一个方案，而且诱骗态协议可以理解为它的推广。所以只要理解了 BB84 协议，就理解了量子密码术的精髓。

在 BB84 协议中，用到光子的四个状态：|0>、|1>、|+> 和 |->。在实验上，这四个状态是用光子的偏振来表示的，分别对应光子的偏振处于 0° 、90° 、45° 和 135° 。|0> 和 |1> 构成一个基组，|+> 和 |-> 构成另一个基组。在某个基组下测量这个基组中的状态，比如说在 |0> 和 |1> 的基组中测量 |0>，那么结果不变，测完以后还是 |0> 这个态。在某个基组下测量这个基组之外的状态，比如说在 |0> 和 |1> 的基组中测量 |+>，那么结果必然改变，以一半的概率变成 |0>，一半的概率变成 |1>。

BB84 协议的操作过程。A 端由随机数发生器产生一个随机数 0 或者 1，记作 a。根据这个随机数决定选择哪个基组：得到 0 就用 |0> 和 |1> 的基组，得到 1 就用 |+> 和 |-> 的基组。选定基组之后，再产生一个随机数记作 a'，根据这第二个随机数决定在基组中选择哪个状态：得到 0 就在 |0> 和 |1> 中选择 |0> 或者在 |+> 和 |-> 中选择 |+>，得到 1 就在 |0> 和 |1> 中选择 |1> 或者在 |+> 和 |-> 中选择 |->。经过这样双重的随机选择之后，A 把选定状态的光子发送出去。

B 端收到光子的时候，并不知道它属于哪个基组，需要猜测。B 端产生一个随机数（记作 b），得到 0 的时候就在 |0> 和 |1> 的基组中测量，得到 1 的时候就在 |+> 和 |-> 的基组中测量。B 端测得 |0> 或者 |+> 就记下一个 0，测得 |1> 或者 |-> 就记下一个 1，把这个数记为 b'。

---

① BB84 协议是美国科学家 Charles H. Bennett 和加拿大科学家 Gilles Brassard 在 1984 年提出的，BB84 是两人姓的首字母以及年份的缩写。

如果B猜对了基组，$a=b$，那么光子的状态就是B的基组中的一个，所以测量以后不会变，a'必然等于b'。而如果B猜错了基组，$a \neq b$，那么光子的状态就不是B的基组中的一个，所以测量后会突变，a'和b'就有一半的概率不同。

把这样的操作重复若干次，双方发送和测量若干个光子。结束后，双方公布自己a和b随机数序列，比如说a的序列是0110，b的序列是1100。然后找出其中相同的部分，在这个例子里就是第二位（1）和第四位（0），并记下来，这个随机数序列就可以用作密钥。如果发送和接收n个光子，由于B猜对基组的概率是一半，就会产生一个长度约为$n/2$位的密钥。a、b两个序列中不同的部分，它们对应的a'和b'有可能不同，直接抛弃。

如果在A、B之间有窃听者（T），如何保证密钥不被偷走呢？假设T获得了A发给B的每一个光子。BB84协议如何保证在这种情况下，T也偷不走情报？如果T只是把这个光子拿走，但如果A、B之间的通信被阻断，T仍然拿不到任何信息。T希望自己知道这个光子的状态，然后把这个光子放过去，让B去接收。这样A和B看不出任何异样，不知道T在窃听，而在A和B公布a和b序列后，T看自己手上的光子状态序列，也就知道了他们的密钥。但是T的困难在于，他要知道当前这个光子处在什么状态，就要做测量。可是他不知道该用哪个基组测量，那么他只能猜测。这就有一半的概率猜错，而猜错以后就会改变光子的状态。

例如A发出的状态是|+>（这对应于a=1，a'= 0），T用|0>和|1>的基组来测量|+>，就会以一半的概率把它变成|0>，一半的概率把它变成|1>，然后B再去测量这个光子。如果B用的基组是|0>和|1>（b=0），公布后会发现这里$a \neq b$，这个数据就被抛弃。而如果B用的基组是|+>和|->（b = 1），公布后会发现这里$a=b$，这个数据要保留。这时，无论是|0>还是|1>，在|+>和|->的基组下测量时都以一半的概率变成|+>（b'= 0），一半的概率变成|->（b'= 1）。因此，a'和b'有一半的概率出现不同。

只要T猜错了基组，a'和b'就会有一半的概率不同。E猜错基组的概率是一半，所以总而言之，在E做了测量的情况下a'和b'不同的概率是$1/2 \times 1/2=1/4$。这就是窃听行为的蛛丝马迹。那么，通信方的应对策略就呼之欲出了。为了知道有没有窃听，A和B在得到a'和b'序列后，再挑选一段公布。这是BB84协议中的第二次公布。假如在公布的序列中出现了不同，那么就知道有人在窃听，这次通信作废。如果公布m个字符，T蒙混过关的概率就是3/4的m次方。这个概率随着m的增加迅速接近于0。因此，如果公布了很长一段都完全相同，那么就可以以接近100%的置信度确认没有窃听，通信双方就把a'和b'序列中剩下的部分作为密钥。量子密码术跟一些光学技术联用，可以确定窃听者的位置，这是量子密码术特有的一个巨大优势。当发现有窃听者时，停止通信，不生成密钥，不发送密文，不会泄密。因此，即使在最不利的情况下，量子密码术也可以保证不泄密。

量子密码术的安全性表现在五个方面：

①密文即使被截获了也不会被破译；

②不会被计算技术的进步破解；

③没有传递密钥的信使；

④可以在每次使用前现场产生密钥，平时不需要保存密钥；

⑤在密钥生成过程中如果有人窃听，会被通信方发现。

这几点是量子密码术的本质特点，任何协议都是如此。传统密码术或者只能满足第一点、第三点和第四点（非对称密码体制，第一点依赖于数学复杂性，不是严格满足的），或者只能满足第一点和第二点（对称密码体制），无论如何都无法满足第五点。量子密码术是目前唯一的既不需要信使也不惧怕算法进步的保密方法，更是唯一能发现窃听的保密方法。量子密码术的安全性是物理原理的产物，建立在量子力学的基础上。对于军事和金融这样亟须保密的领域，量子密码术显然具有非常高的战略意义。

4. 量子密码术的工程成果

以上是量子密码术的基本原理。为了把这些原理付诸实践，还有大量的工程技术性质的问题需要解决。例如，BB84 协议要求 A 每次只发一个光子。但实际的单光子光源效率很低，用它会导致成码率非常低，比如说几百年才能生成 1 字节的密钥。绝大多数实验用的是效率高的激光光源，但激光不是严格的单光子，极有可能在一个脉冲中出现多个光子，这就给窃听者留下了可乘之机。

原则上，窃听者 T 可以在遇到单光子时拦截下来不让通过，在遇到多个光子时拿走一个，让其余的光子通过。通信双方难以分辨光子的减少是来自窃听还是来自信道的自然损耗，于是在他们公布 a 和 b 序列之后，T 就知道了该用什么基组去测量自己偷走的这些光子，然后就可以得到密钥。这一招叫作光子束分离攻击。实际上，对经典通信窃密的基本思路也是一样的：从大量的信号中偷走一部分，让通信方无法察觉。量子密码术之所以要用单光子，妙处正在于此。

实验条件的种种不完美之处，会给量子密码术的安全传输距离设置一个上限，超过这个距离就可能泄密。在量子密码术最初的实验中，传输距离不到 1m。到 21 世纪初，安全传输距离提高到了 10km 的量级。但由于上述的激光不是单光子的问题，安全传输距离无法提高到 20km 以上。当时许多科学家认为安全传输距离无法再增加了。

然而，2003—2005 年，韩国科学家黄元瑛和中国科学家王向斌、罗开广等人想出了一种巧妙的办法，即前面提到的诱骗态协议。激光光源发射的光子数有一定的分布，发射许多光脉冲就相当于发射一些单光子脉冲、一些多光子脉冲和一些零光子脉冲（也就是没发）。在脉冲的平均光子数小于1时，诱骗态方法可以使得实验等效于只用单光子脉冲。对于量子密码术的安全性而言，这相当于把实际的不完美的光源变成了完美的单光子源。克服了这个重要障碍以后，量子密码术的安全传输距离开始迅猛增长，不断刷新纪录。自那以来，大多数纪录都是中国科学技术大学的实验团队创造的。

对量子密码术的另外一类攻击是在探测器上，实际体系中大部分漏洞来自于此。例如，原则上用强激光照射接收器可以将其致盲，然后就可以控制它，欺骗通信者。为此，人们又发明了安全性与测量仪器无关的量子密钥分发技术。这个新技术是中国科学技术大学潘建伟团队率先实现的，被评为2013年全球物理学十大进展和2014年中国十大科技进展之一。

2016年8月，墨子号量子卫星上天时，光纤中的安全传输距离已经超过了200km。2016年11月，中国科学技术大学、清华大学、中科院上海微系统与信息技术研究所、济南量子技术研究院等单位合作，又把安全传输距离提高到了404km，而且在102km处的安全成码率已经足以保证安全的语音通话。也就是说，距离102km的量子保密电话已经是在技术上可行了。但对于城市之间、国家之间甚至大洲之间的通信，几百千米的距离远远不够。如何在更长的距离上实现量子保密通信？科学家们提出两条技术路线。

一条技术路线是每隔一两百千米加一个中继器。它运用的是量子密码中继器的原理。假设有一串节点，记作1号、2号、3号……N号。先在1号和2号之间建立量子通信，产生一个密钥，记作k_1。然后在2号和3号之间建立量子通信，产生一个密钥，记作k_2。2号把k_1作为待传输的明文，用k_2对它加密，传输给3号。3号同样把k_1传输给4号，4号把k_1传输给5号，……一路把k_1传输给N号。最后1号把真正要传输的信息用k_1加密，用任意的通信方式传给N号，就完成了。

带中继的量子密码术跟两点之间直接连接的量子密码术相比，安全性下降了。因为现在所有的N个节点都知道密钥k_1，你必须守住中间的$N-2$个中继器，任何一个中继器被攻破都会泄密。但是跟经典通信比，安全性还是要高得多。因为在经典通信中，漫长的通信线路上每一点都可能泄密，每一点都要防御，这是个令人望而生畏的任务。而现在只需要防守明确的$N-2$个节点，防线缩短了很多，安全性自然大大提升了。我国已经建设了量子保密通信京沪干线，在北京、济南、合肥、上海的内部量子网络的基础上，通过几十个中继节点把它们连接起来。这样，就可以在2000km的范围内，实现量子保密通信。

另一条技术路线是用卫星作中继器。只要建成20颗卫星的星座，就可以覆盖全球实现量子保密通信。但困难也是显而易见的，例如单光子在自由空间传输问题、高速相对运动中地面与卫星的探测器对准问题等。墨子号量子科学实验卫星在这方面取得了巨大进步，它解决了单光子在自由空间的传输问题。光子在真空中基本没有损耗，所以只需要考虑在大气层中的损耗就行了。而在某些波段，光子穿过10km厚的大气层只损耗20%。所以在同样相距上千千米的情况下，自由空间传输的效率比光纤高得多。高速相对运动中地面与卫星的探测器对准问题，对墨子号来说也不是问题。星地对准的控制难度虽然高，但也在当代技术的能力范围之内。墨子号发射之后，已经多次跟地面站实现了对准。星地对准不是用生成密钥的那个单光子来做的，而是用另外的信标光。

墨子号是世界第一颗量子科学实验卫星，其科学目标包括三大实验，即星地之间的量子密钥分发、量子隐形传态和量子纠缠分发。2017年6月，中国科学技术大学潘建伟、彭承志等人率先实现了千千米级的星地双向量子纠缠分发，并以此为基础对量子力学的基本原理进行了实验检验。同年8月，他们又首次实现了从卫星到地面的量子密钥分发和从地面到卫星的量子隐形传态。至此，墨子号的三大科学目标提前并圆满实现。

综上，无论是地面中继器抑或卫星中继器，都是未来的量子保密互联网的重要基础设施，就像通信网络对于互联网一样。网络的本质特征之一就是边际收益递增，即网络中已有的用户越多，新用户得到的好处就越多。建好基础设施，有了足够多的用户，用户的创造性就会迸发，奇迹就会创造出来，这是网络发展的一般规律。开创量子互联网，将是中国对世界的重大贡献。

本章小结

从物质基础来看，半导体的微型化已经接近极限，简单说，摩尔定律终将在某个半导体物理极限上止步不前，5nm或者更小，极限在哪并不重要，但极限一定存在。摩尔定律失效后，提高计算能力可以依赖多核堆积，但拼装带来的计算能力提升也会存在上限。量子比特、量子计算和量子通信将会是下一个热点。量子力学的许多定律具有本质的随机性，可以颠覆人类世界的很多既有认知，具有无限拓展的可能性。但是无论从理论还是从实际情况来看，对于量子领域而言，人类还只是刚刚触及，量子比特、量子计算和量子通信，短期内无法完全取代经典比特、现有计算和现有通信，它们相互补充，必将共同繁荣。

习题十一

1. 如何理解量子？

2. 和经典比特相比，量子比特具有哪些不同的特征？

3. 目前量子比特有哪些物理实现方式？

4. 阐述量子单比特转换逻辑门的含义。

5. 为什么在公开密钥密码体系中，它的密钥可以对全世界所有人公开?

6. 如何理解算法中不可计算的含义?

7. 是否可以用量子隐形传态来实现人或物的传递？难度在哪里?

8. 如何理解现代密码体制面临的困境？量子通信是如何解决这些困境的?

参考文献

[1] 保罗·迪拉克．狄拉克量子力学原理 [M]. 北京：科学出版社，2008.

[2] ZANT P. 芯片制造：半导体工艺制程实用教材 [M]. 韩郑生，译．北京：电子工业出版社，2015.

[3] 何道清，张禾，石明江．传感器与传感器技术 [M]. 北京：科学出版社，2020.

[4] 爱德华·克劳利，布鲁斯·卡梅隆，丹尼尔·塞尔瓦．系统架构：复杂系统的产品设计与开发 [M]. 爱飞翔，译．北京：机械工业出版社，2016.

[5] SHEN A，VERESHCHAGIN N K. 可计算函数 [M]. 陈光还，译．北京：高等教育出版社，2014.

[6] 郑丽，刘宇涵．电子商务概论 [M]. 北京：清华大学出版社，北京交通大学出版社，2019.

[7] 尼古拉·尼葛洛庞帝．数字化生存：20 周年纪念版 [M]. 胡泳，范海燕，译．北京：电子工业出版社，2017.

[8] 于秀丽．数据结构与数据库应用教程 [M]. 北京：清华大学出版社，2019.

[9] 张永光，翟绪论．比特流分析 [M]. 北京：电子工业出版社，2018.

[10] 何强，李义章．工业 App：开启数字工业时代 [M]. 北京：机械工业出版社，2019.

[11] Carol 炒炒，刘焯琛．一个 App 的诞生：从零开始设计你的手机应用 [M]. 北京：电子工业出版社，2016.

[12] 安筱鹏．重构：数字化转型的逻辑 [M]. 北京：电子工业出版社，2019.

[13] 汤潇．数字经济：影响未来的新技术、新模式、新产业 [M]. 北京：人民邮电出版社，2018.

[14] 方跃．数字化领导力 [M]. 上海：东方出版中心，2019.

[15] FOWLER S J. 生产微服务：在工程组织范围内构建标准化的系统 [M]. 薛命灯，译．北京：电子工业出版社，2017.

[16] 文卡·文卡查曼．数字化决策 [M]. 谭浩，译．广州：广东人民出版社，2018.

[17] 王赛 . 增长五线：数字化时代的企业增长地图 [M]. 北京：中信出版集团，2019.
[18] 王兴山 . 数字化转型中的企业进化 [M]. 北京：电子工业出版社，2019.
[19] 刘锋 . 崛起的超级智能 [M]. 北京：中信出版集团，2019.
[20] 托马斯·保尔汉森，米夏埃尔·腾·洪佩尔，布里吉特·福格尔 – 霍尔泽 . 实施工业 4.0：智能工厂的生产·自动化·物流及其关键技术 / 应用迁移和实战案例 [M]. 工业和信息化部电子科学技术情报研究所，译 . 北京：电子工业出版社，2015.
[21] 刘培杰数学工作室 . Boole 代数与格论 [M]. 哈尔滨：哈尔滨工业大学出版社，2017.
[22] 杨炳儒 . 布尔代数及其泛化结构 [M]. 北京：科学出版社，2008.
[23] PETZOLD C. 编码的奥秘 [M]. 伍卫国，王宣政，孙燕妮，译 . 北京：机械工业出版社，2000.
[24] 雷波，陈运清 . 边缘计算与算力网络：5G+AI 时代的新型算力平台与网络连接 [M]. 北京：电子工业出版社，2020.
[25] 宋冰 . 智能与智慧：人工智能遇见中国哲学家 [M]. 北京：中信出版集团，2020.
[26] 朱海波 . 三网融合竞争与规制 [M]. 北京：社会科学文献出版社，2018.
[27] 华鸣，何光威，闫志龙，等 . 三网融合理论与实践 [M]. 北京：清华大学出版社，2015.
[28] 朱扬勇，熊赟 . 数据学 [M]. 上海：复旦大学出版社，2009.
[29] THOMAS H C，LEISERSON C E，RIVEST R L，等 . 算法导论：原书第 3 版 [M]. 殷建平，徐云，王刚，等译 . 北京：机械工业出版社，2013.
[30] 凌继宝，陆中源 . 机械工业工程计算实用手册 [M]. 北京：中国标准出版社，2006.
[31] 尹丽波 . 数字基建 [M]. 北京：中信出版集团，2020.
[32] 皮埃罗·斯加鲁菲 . 智能的本质：人工智能与机器人领域的 64 个大问题 [M]. 任莉，张建宇，译 . 北京：人民邮电出版社，2017.
[33] 黄耿 . 新一代数字化工程设计 [M]. 北京：科学技术出版社，2020.
[34] 孙永正 . 管理学 [M]. 北京：清华大学出版社，2007.
[35] 张俊伟 . 极简管理：中国式管理操作系统 [M]. 北京：机械工业出版社，2013.
[36] 张新程 . 物联网关键技术 [M]. 北京：人民邮电出版社，2011.
[37] UCKEKMANN D，HARRISON M，MICHAHELLES F. 物联网架构：物联网技术与社会影响 [M]. 别荣芳，孙运传，郭俊奇，等译 . 北京：科学出版社，2015.
[38] 陆仲绩 . 自主 CAE 涅槃之火 [M]. 大连：大连理工大学出版社，2012.
[39] 亚当·布兰登伯格，贝利·奈勒波夫 . 竞合策略：商业运作的真实力量 20 周年经典

版 [M]. 黄婉华，冯勃翰，译 . 台北：云梦千里文化，2015.
[40] 中生代技术社区 . 架构宝典 [M]. 北京：电子工业出版社，2019.
[41] 周俊鹏 . 前端技术结构与工程 [M]. 北京：电子工业出版社，2020.
[42] 乔梁 . 持续交付 2. 0 业务引领的 DevOps 精要 [M]. 北京：人民邮电出版社，2019.
[43] 杰弗里 · 韦斯特 . 规模 [M]. 张培，译 . 北京：中信出版集团，2018.
[44] 丁少华 . 重塑：数字化转型范式 [M]. 北京：机械工业出版社，2020.
[45] 托马斯 · 库恩 . 科学革命的结构 [M]. 金吾伦，胡新和，译 . 北京：北京大学出版社，2012.
[46] 布莱恩 · 阿瑟 . 技术的本质 [M]. 曹东溟，王健，译 . 杭州：浙江人民出版社，2018.
[47] 卡萝塔 · 佩蕾丝 . 技术革命与金融资本：泡沫与黄金时代的动力学 [M]. 田方萌，胡叶青，刘然，等译 . 北京：中国人民大学出版社，2007.
[48] 于海澜，唐凌遥 . 企业架构的数字化转型 [M]. 北京：清华大学出版社，2019.
[49] 何继善，陈晓红，洪开荣 . 论工程管理 [J]. 中国工程科学，2005(10)：5-10.
[50] 陈煜波，马晔风 . 数字人才：中国经济数字化转型的核心驱动力 [J]. 清华管理评论，2018(Z1)：30-40.
[51] 施德俊 . 式与能：数字化转型升级的战略五阶段 [J]. 清华管理评论，2019(Z1)：104-115.
[52] 覃雄派，王会举，李芙蓉，等 . 数据管理技术的新格局 [J]. 软件学报，2013，24(02)：175-197.
[53] 郑江淮，张睿，陈英武 . 中国经济发展的数字化转型：新阶段、新理念、新格局 [J]. 学术月刊，2021，53(07)：45-54+66.
[54] 蔡曙山 . 论数字化 [J]. 中国社会科学，2001(04)：33-42.
[55] 孙其博，刘杰，黎彝，等 . 物联网：概念 / 架构与关键技术研究综述 [J]. 北京邮电大学学报，2010，33(03)：1-9.
[56] 罗军舟，金嘉晖，宋爱波，等 . 云计算：体系架构与关键技术 [J]. 通信学报，2011，32(07)：3-21.
[57] 王珊，王会举，覃雄派，等 . 架构大数据：挑战、现状与展望 [J]. 计算机学报，2011，34(10)：1741-1752.
[58] 邵奇峰，金澈清，张召，等 . 区块链技术：架构及进展 [J]. 计算机学报，2018，41(05)：969-988.
[59] 吴华，王向斌，潘建伟 . 量子通信现状与展望 [J]. 中国科学：信息科学，2014，

44(03)：296-311.

[60] 苏晓琴，郭光灿 . 量子通信与量子计算 [J]. 量子电子学报，2004(06)：706-718.

[61] 龙桂鲁，范桁，郑超，等 . 量子计算新进展：硬件 / 算法和软件专题编者按 [J]. 物理学报，2022，71(07)：7.

[62] 肖旭，戚聿东 . 产业数字化转型的价值维度与理论逻辑 [J]. 改革，2019(08)：61-70.

[63] 金碚 . 中国工业的转型升级 [J]. 中国工业经济，2011(07)：5-14+25.

[64] 金碚，吕铁，邓洲 . 中国工业结构转型升级：进展、问题与趋势 [J]. 中国工业经济，2011(02)：5-15.

[65] 王昭洋，池程，许继平，等 . 工业软件一体化与标识解析路径研究 [J/OL]. 中国工程科学：1-10[2022-04-24]. http：//kns. cnki. net/kcms/detail/11. 4421. G3. 20220308. 0944. 004. html

[66] 郭朝先，苗雨菲，许婷婷 . 全球工业软件产业生态与中国工业软件产业竞争力评估 [J]. 西安交通大学学报 (社会科学版)，2022，42(02)：22-30.

[67] 延建林，孔德婧 . 解析工业互联网与工业 4. 0 及其对中国制造业发展的启示 [J]. 中国工程科学，2015，17(07)：141-144.

[68] 吕文晶，陈劲，刘进 . 工业互联网的智能制造模式与企业平台建设：基于海尔集团的案例研究 [J]. 中国软科学，2019(07)：1-13.

[69] 袁勇，王飞跃 . 区块链技术发展现状与展望 [J]. 自动化学报，2016，42(04)：481-494.

[70] 陈康，郑纬民 . 云计算：系统实例与研究现状 [J]. 软件学报，2009，20(05)：1337-1348.

[71] 施巍松，孙辉，曹杰，等 . 边缘计算：万物互联时代新型计算模型 [J]. 计算机研究与发展，2017，54(05)：907-924.

[72] 赵梓铭，刘芳，蔡志平，等 . 边缘计算：平台 / 应用与挑战 [J]. 计算机研究与发展，2018，55(02)：327-337.

[73] 雷波，刘增义，王旭亮，等 . 基于云 / 网 / 边融合的边缘计算新方案：算力网络 [J]. 电信科学，2019，35(09)：44-51.

[74] 杨帅 . 工业 4. 0 与工业互联网：比较 / 启示与应对策略 [J]. 当代财经，2015(08)：99-107.

[75] 沈苏彬，杨震 . 工业互联网概念和模型分析 [J]. 南京邮电大学学报 (自然科学版)，2015，35(05)：1-10.

[76] 王晨，宋亮，李少昆．工业互联网平台：发展趋势与挑战 [J]. 中国工程科学，2018，20(02)：15-19.

[77] 余晓晖，刘默，蒋昕昊，等．工业互联网体系架构 2. 0[J]. 计算机集成制造系统，2019，25(12)：2983-2996.

[78] 赵敏．工业互联网平台的六个支撑要素：解读《工业互联网平台白皮书》[J]. 中国机械工程，2018，29(08)：1000-1007.

[79] 王俊豪，周晟佳．中国数字产业发展的现状 / 特征及其溢出效应 [J]. 数量经济技术经济研究，2021，38(03)：103-119.

[80] 联友科技．工业互联网的标识解析 [EB/OL]. (2021-10-26)[2021-10-08]. https://zhuanlan.zhihu.com/p/426002230.

[81] 石秀峰．企业数字化转型：转型架构的设计 ![EB/OL]. (2021-09-220)[2021-11-02]. http：//www.uml.org.cn/zjjs/202109225.asp.

[82] 黄培．从全球视野破解中国工业软件产业发展之道 [EB/OL]. (2019-10-06)[2020-05-21]. https://blog.e-works.net.cn/6399/articles/1364131.html.

[83] WANG Y T. 怎么理解 IaaS/SaaS 和 PaaS 的区别？ [EB/OL].(2019-07-100)[2020-10-11]. https://www.zhihu.com/question/20387284.

[84] 王概凯．架构漫谈 [EB/OL].(2018-03-050[2020-12-23].https://www.cnblogs.com/gym333/p/8508012.html.

[85] 困比比.P 问题 /NP 问题 /NPC 问题 /NP-hard 问题详解 [EB/OL].(2018-09-19)[2021-08-09]. https://blog.csdn.net/qq_29176963/article/details/82776543.

[86] 刘峰．互联网大脑，城市大脑的“大脑”究竟什么含义？ [EB/OL].(2019-09-20)[2021-06-18]. http://blog.sciencenet.cn/blog-39263-1198745.html.

[87] 娜娜．物联网产品入门之架构篇 [EB/OL].(2019-08-23)[2020-01-12]. http://www.woshipm.com/pd/2709311.html.

[88] 排序算法时间复杂度 / 空间复杂度 / 稳定性比较 [EB/OL].(2017-07-30)[2019-12-14]. https://blog.csdn.net/yushiyi6453/article/details/76407640.

[89] GeSI.SMART2020：实现信息时代的低碳经济 [R/OL].(2010-02-02)[2019-10-8]. http://www.doc88.com/p-38347088476.html.

[90] 工业互联网白皮书 [EB/OL].(2021-12-26)[2022-01-01].https://www.aisoutu.com/a/1335990.

[91] 袁岚峰．绝对安全的量子密码 [EB/OL].(2019-05-13)[2020-08-09]. https://zhuanlan.zhihu.com /p/65637193.

[92] 袁岚峰 .“量子之盾”能做什么？从“墨子”号说起 . [EB/OL].(2017-12-15) [2021-08-13]. https://wap.sciencenet.cn/blog-3277323-1089839.html?mobile=1.

[93] 关于量子比特的含义、特性、实现及各种操作 [EB/OL].(2021-05-10) [2021-07-09]. https://www.renrendoc.com/paper/125965333.html.

[94] 袁岚峰 . 你完全可以理解量子信息 [EB/OL].(2017-11-08)[2021-04-09]. https://zhuanlan.zhihu.com/p/30867045.

[95] 算 术 编 码 简 介 [EB/OL].(2021-02-08)[2023-01-10]. https://www.cnblogs.com/sddai/p/14388218.html.

图书资源支持

感谢您一直以来对清华版图书的支持和爱护。为了配合本书的使用，本书提供配套的资源，有需求的读者请扫描下方的“书圈”微信公众号二维码，在图书专区下载，也可以拨打电话或发送电子邮件咨询。

如果您在使用本书的过程中遇到了什么问题，或者有相关图书出版计划，也请您发邮件告诉我们，以便我们更好地为您服务。